그린카
전기장치

양순용 지음

UUP.

그린카 전기장치

2011년 9월 23일 초판 인쇄
2011년 9월 30일 초판 발행

지은이 | 양순용
펴낸이 | 이철
펴낸곳 | UUP(울산대학교출판부) 680-749 울산광역시 남구 대학로 93(무거동) 울산대학교 출판부
전화 | (052)259-2488
팩스 | (052)277-3011
홈페이지 | http://uup.ulsan.ac.kr
출판등록 | 제370-1996-000001호(1996.3.13)
₩ 17,000

ISBN 978-89-7868-247-3(93550)

차례

머리말

그린카전기장치의 교재를 개발함에 있어 시간이 너무 촉박하여 생각처럼 다양하게 취급하지 못했음을 먼저 언급을 하고 머리말을 쓰고자 한다.

우선 그린카의 전기장치란 무엇을 의미하는가에 대해 의문이 들 것으로 생각이 되어진다. 보통은 카 일렉트로닉스 혹은 카 메카트로닉스란 제목으로 소수의 교재가 있는 실정이며 특히 자동차 전기장치란 제목의 교재는 너무 전기전자에 치우친 경향이 있으며 현재 그린카에 대한 전기장치의 교재는 없는 실정이다. 따라서 본 교재를 작성하게 되었다.

최근 세계적인 문제가 되고 있는 지구온난화가 핫이슈이다. 미래의 저탄소화 사회의 실현을 위해 탈석유화가 급선무로 대두되고 있다. 이러한 자동차를 위해서는 석유외의 에너지로 달리는 것이 중요한 요소로 기솔린을 사용하지 않는 내연기관의 등장이다. 그렇게 되면 내연기관의 성능향상과 함께 개발해온 것과는 다르게 가까운 미래의 자동차기술은 크게 변화게 될 것이다. 요즘 각광을 받고 있는 하이브리드차는 물론 연료전지자동차와 전기자동차 등 이 등장하게 될 것이다. 더욱이 카 일렉트로닉스가 지지하는 분야가 더욱더 넓어지게 될 것이다. 따라서 본 교재에서는 이러한 자동차를 그린카라고 하고 이에 관한 전기장치에 대해 기술한 것이 그린카 전기장치이다.

본 교재를 개발함에 있어 많은 도움을 준 차량성능실험실 대학원생들에게 감사의 뜻을 전하며 특히 정찬세, 김학선, 양해림군에게 감사의 뜻을 표한다. 끝으로 재정적인 지원을 해준 울산대학교 그린카인력양성센터에 감사를 드리는 바이다.

2011년 2월

저자 씀

제1장 ●●● Car Mechatronics의 소개

1.1 Car Mechatronics의 역사

자동차가 최초로 개발된 18세기 말에는 엔진, 차체 등의 기계부품과 조명, 연소를 위한 점화코일, 배터리 등 전기부품으로만 구성되었다. 전자 부품이 자동차에 적용된 것은 1960년대 이후에야 가능했는데 1930년대의 진공관의 경우 공간과 과대한 전력 소비, 진동 등의 문제가 있었고 트랜지스터, 다이오드 등의 전자 소자가 개발된 것이 1940년대 후반, IC(Integrated Circuit)가 개발된 것이 1950년대이기 때문이다. 1967년 IC가 자동차에 적용된 이후 아날로그 회로를 이용한 Fuel Injection System, Cruise Control, Antilock Brake System 등이 개발되었지만 시스템이 고가이고 소비자가 위 시스템의 필요성을 굳이 느끼지 못 하였기 때문에 상용화되어 사용되지는 못하였다.

1960년대 시작된 Car Mechatronics는 1971년 정밀한 Ignition Timing Control을 위한 Microcomputer의 적용으로 정밀제어 개념이 도입되었지만 정작 Car Mechatronics를 대중화시킨 것은 1970년대 중반부터 시작된 미국의 배기가스와 연비에 관한 법률이었다. 또한 Oil Shock도 Car Mechatronics의 활성화 원인 중 하나이다. 자동차 개발자 입장에서는 엔진출력 향상과 배기가스 중의 유해 물질 감소를 동시에 이루어내야만 했는데 엔진의 기계적인 구조 개선보다는 정확한 공연비의 조절, 최적의 점화시간 조절, Idle speed control 등이 필요하게 되었고 이에 대한 해결책이 Microcomputer를 이용한 Digital Engine Control이었다.

1980년대 이후 사용자의 요구에 따라 전자식 디스플레이 장치, 전자식 에어컨, 전자식 튜너를 이용한 카 라디오 등의 편의 장치로 Car Mechatronics가 확대되었고 Digital Engine Control 뿐만 아니라 승차감 및 안전성에 의한 요구로 Transmission Control, ABS, Air Bag, Suspension Control, Steering Control, Traction Control 등으로 확대되었다.

1990년대 이후는 각각의 Control Unit(Microcomputer)간의 통신, 통합이 진행되었고 GPS의 자동차의 적용이 이루어짐으로서 Navigation, Entertainment 기능이 추가되었으며 자동차에서의 인터넷 이용기술이 개발 중에 있다.

2000년을 기준으로 자동차의 개발비용에서 전자 공학이 차지하는 비율은 점차 늘어나고 있다. Fig. 1.1 은 자동차의 개발비용 중 전자 부분의 비율의 흐름을 나타내고 있다.

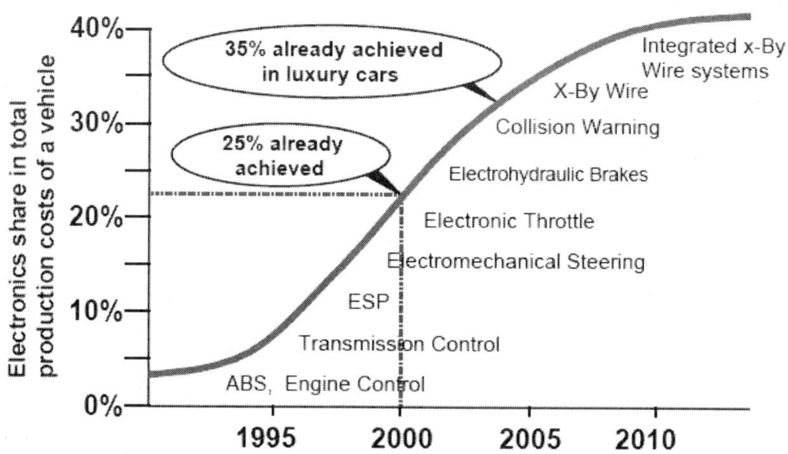

Fig 1.1 차량 생산비용 중 전자부품 비율

1.2 Car Mechatronics의 개요

Car Mechatronics는 자동차의 성능 향상, 안전 확보, 배기가스 저감을 통한 환경 문제, 편의성 등을 위해 종래의 기계식에 Microcomputer로 대표되는 전자 기술을 접목시켜 구성한 것을 의미하는 것이다.

자동차의 상태를 측정하는 각종 센서로부터의 정보를 Control Unit(Microcomputer) 내부의 알고리즘으로 판단하여 Spark plug, Injector, Valve 등의 엑츄에이터를 작동시키고 동시에 운전자에게 표시하는 것으로 간략히 설명할 수 있고 이들의 구성에 대해 하나의 예를 나타내면 Fig. 1.2 와 같다. 각종 센서류가 입력부, 각종 Control Unit을 제어부, 엑츄에이터 및 디스플레이류를 출력부로 분류하였다.

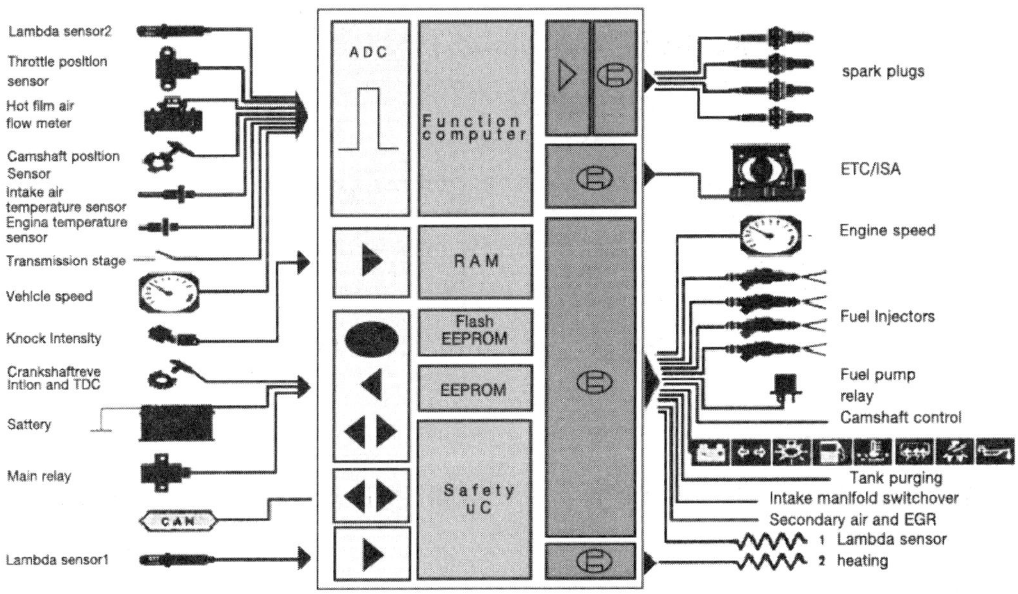

Fig 1.2 Car Mechatronics의 개략도

1.3 Car Mechatronics의 현황

마이크로 컴퓨터로 대표되는 반도체의 성능이 비약적으로 향상되어 Car Mechatronics에 요구되는 고신뢰성, 저가격화, 소형화를 만족시키는 제품이 실용화되기 시작되었다. 1990년대에 들어와서 현재의 자동차에 있어 많은 분야에 적용되게 되었다.

Car Mechatronics의 분류방법은 목적에 따라 여러 가지 방식으로 분류가 가능하나 본 글에서는 동력을 발생시키고 전달하는 Powertrain Control, 승차감과 차량 자세를 유지하는 Vehicle Control, 편의성과 안전을 목적으로 하는 Body Control,

정보와 통신을 목적으로 하는 Information & Communication의 4개 분야로 Fig. 1.3 처럼 분류하였다.

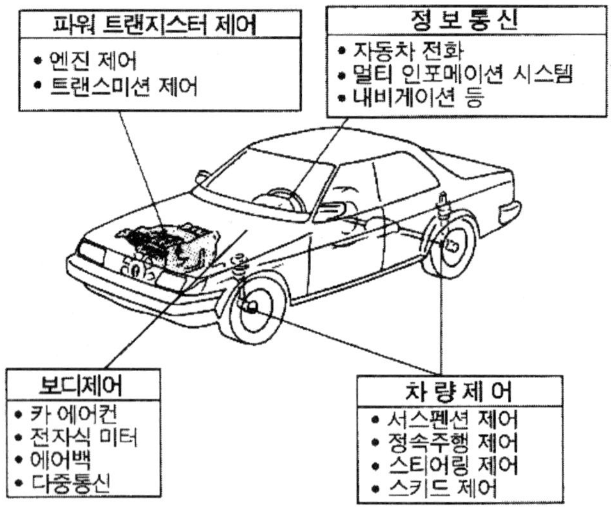

Fig 1.3 Car Mechatronics 분류

1) Powertrain Control

자동차의 동력발생 및 전달에서의 제어를 뜻하며 Engine Control과 Transmission Control로 구성된다.

공기와 연료 액적(스프레이 상태)을 가속페달에 연결된 Throttle valve의 개폐로 실린더에 공급하던 Carburetor에 비해 Car Mechatronics에서는 Fig. 2에서처럼 센서, 제어기, 엑추에이터로 생각할 수 있다.

주요한 센서로는 가속페달을 얼마나 밟는지 측정하는 TPS(Throttle Position Sensor), 흡입공기량을 측정하는 AFS(Air Flow Sensor), 배기가스 내의 산소량을 측정하는 O_2센서 등이 주요한 센서로 사용되고「공기온도, 1번 실린더 위치, 냉각수 온도 등 센서가 아주 많다. 주요한 엑츄에이터는 실린더 내로 연료를 분사하는 Injector, 혼합기의 폭발을 위한 Spark plug 등이다. 제어기로는 ECU가 이용된다.

운전자가 가속페달을 얼마나 밟는지를 TPS에서 측정하고 AFS 등에서 공기량과 온도를 측정하여 공급하면 Injector가 공기량에 맞는 연료만큼만 분사하게 된다. 여기에 점화 코일이 spark를 튀겨 폭발하게 된다. 실린더를 빠져나간 배기가스 내의 산소량을 O_2센서에서 체크하여 다음 폭발때는 연료량과 점화시기를

ECU에 내장된 알고리즘에 따라 변화시켜 최적의 혼합비인 14.7:1로 조절함으로써 완전연소를 유도하고 출력을 증대시키는 효과를 가져온다.

또한 피스톤의 완전 상승 이전에 폭발이 일어나는 Knock 현상을 억제하는 Knock Control, 공회전 속도를 일정하게 하는 Idle Speed Control, Diagnosis 등이 Engine Control에 포함된다.

엔진의 회전은 800~6000[rpm:분당 회전수]이지만 일반적인 자동차의 속도는 0~170[km]이므로 회전력의 적절한 분배를 위해 변속기가 존재한다. 요즘의 자동차는 1~5단의 서로 다른 기어를 클러치와 기어 스틱을 이용해 운전자가 직접 조작하는 수동 기어(Manual)보다는 전진 2단, 후진 1단의 2~3개의 유성기어 세트를 전자유압 밸브로 조작하는 자동 기어(Automatic)를 선호한다. Car Mechatronics에서는 차속과 TPS를 통해 운전자의 의도를 파악, TCU(Transmission Control Unit)를 통해 전자 유압 밸브를 조작함으로써 최적의 변속 제어를 실행한다.

Automatic은 엔진측 기어와 구동측 기어가 직접 맞물리는 Manual과는 달리 유체를 매개로 동력을 전달하므로 반응속도와 연비면에서 불리한 점을 가지므로 이를 극복하기 위해 기어 스틱의 조작 각도를 센싱하여 클러치 조작을 해 주는 Semi-Auto 타입(SAAB社)과 자동 변속기의 D(Drive)단 오른쪽에 +,-단을 추가로 설치해 강제로 기어 변속을 행하는 타입(현대 H-MATIC, Porsche社)이 채택되어 연비 향상, 주행성능 향상을 꾀하고 있다.

또한 ECU와 TCU의 통합화가 이루어지거나 각 제어 유닛간의 통신에 관한 연구가 많이 이루어지고 있다. 이후 서술할 ABS, Power Steering, Suspension, Air Bag, ETACS 등의 각 제어 유닛간의 통신을 위해 X-by Wire 연구가 활발히 이루어지고 있으며, 일부 고급 차량에는 적용중에 있다.

2) Vehicle Control

구동력을 바탕으로 조향, 정지, Suspension에 관한 부분이다. Power Steering Control, ABS(Anti-lock Brake System), Cruise Control, TCS(Traction Control System), 4 WS (Wheel Steering), ECS(Active Suspension Control), Suspension Control 등이 포함된다.

Power Steering은 랙 & 피니언을 이용하여 운전자가 강제로 조작하던 기계식 조향장치에서 유압을 보조 동력으로 이용하는 유압식 조향장치가 이용되고 최근에는 전기 모터를 이용한 정밀한 조향장치가 장착되고 있다. 이를 이용해 저속이나 주차시에는 Steering Wheel을 가볍게, 사고 위험이 높은 고속에서는 Steering Wheel을 무겁게 한다. 또한 회전반경을 줄이기 위해 네 바퀴를 모두 조향에 이용하는 4 WS(Wheel Steering)이 개발되어 일부 차종에 적용되고 있다.

ABS는 제동시 도로와 타이어 사이의 최대 마찰력을 이용하고 타이어가 Lock되는 현상「Lock up시 좌,우 타이어와 노면 사이의 마찰력이 다를 때(예: 한 쪽만 빙판)나 회전시는 자동차가 Spin을 일으킴」을 방지하기 위한 시스템으로 브레이크 페달을 밟는 힘을 증폭시키기 위한 마스터 실린더에서 전달되는 유압을 전자 밸브를 이용하여 제어한다. 실제로 브레이크 페달을 밟았다가 뗐다가 하는 동작을 ABS는 초당 10회 정도를 수행한다.

TCS는 ABS와는 반대 개념으로 미끄러운 노면에서의 출발시나 좌,우 타이어의 마찰력이 서로 다를 때 동력 배분을 행하는 것으로 근래에는 ABS와 통합되는 경향을 보인다. 또한 Proportional valve에 의해 전, 후륜의 제동력을 고정값으로 배분하던 것을 노면 상황이나 차륜속 등을 센싱하여 지능적으로 분배해 주는 EBD-ABS가 적용되고 있다.

Cruise Control은 우리나라는 쓰일 일이 거의 없고 미국이나 캐나다, 호주 등의 광활한 대륙에서의 도로에서 많이 쓰이는 것으로 운전자가 일정 속도로 계속 주행하고 싶을 때 자동차가 세팅된 속도대로 주행하는 장치이다. 과거의 Cruise는 Throttle valve의 개폐 정도를 전기 모터를 이용하여 제어하였으나 Injector가 장착된 현재의 차량에서는 보다 손쉽고 정밀한 속도 제어를 행하고 있다.

노면으로부터의 충격은 차체를 통해 운전자에게 전달되게 되고 이는 승차감과 직결된다. 타이어와 차체 사이의 Suspension은 일반적으로 충격을 완화하기 위한 스프링과 댐퍼로 이루어지고 스프링 상수와 댐핑 계수는 승차감과 직결된다. Active Suspension Control은 댐퍼를 전자 밸브나 ER 유체 등을 이용하여 조절한다. 전방의 장애물을 감지하여 미리 댐핑 계수를 조절하거나 차량의 높이 자체를 조절하여 고속에서는 차량의 높이를 낮춤으로서 최적의 승차감을 유지한다. Suspension Control의 궁극적인 목표는 Sky Hook이라는 용어로 설명되는데 이는 차체가 공중에서 떠가는 것처럼 타이어만 상하 운동을 하는 것이다. : 예전에 자동차 선전에서 보신 분들도 많으리라 생각된다!!

그 외 4WD(Wheel Drive) 차량에서 2WD, 4WD로 전환하는 장치도 전자화됨으로써 기존에 정지시 차축에서 수동으로 전환하던 것을 주행중에도 전환할 수 있는 정도로 진화되었다.

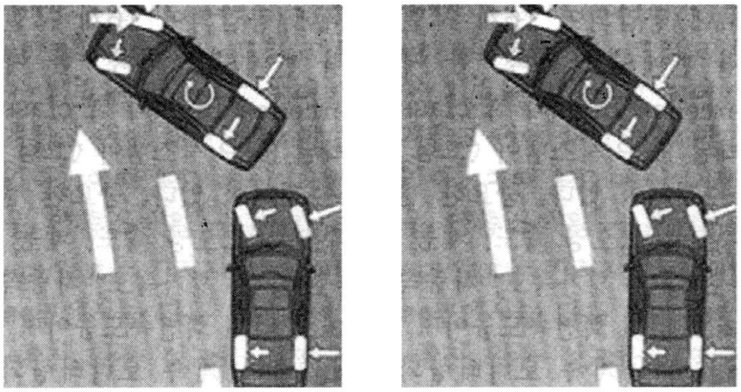

(a) 오버스티어 발생시 횡방향 제어　　(b) 언더스티어 발생시 횡방향 제어

Fig 1.4 차량의 횡방향 제어

최근의 Vehicle Control의 경향은 각 시스템을 통합하여 주행시 횡방향을 제어하는 쪽으로 나아가고 있다. Bosch社의 ESP(Electronic Stability Program)이 대표적으로 중요 센싱 변수로 Yawing rate, 제동압력, 조향각, 횡가속도, 차속, 차륜속 등이며 Fig. 1.4 (a)처럼 왼쪽으로의 급선회시 Over-steer가 발생하여 스핀되려고 할 때 ESP는 우측 후륜에 제동력을 가해 차체를 정상으로 회복시키고 Fig. 1.4 (b)의 Under-steer 발생시 좌측 후륜에 제동력을 가해 차체를 차선 안으로 강제로 밀어 넣게 된다.

횡방향 제어를 위한 ESP가 Mercedes A class에 적용된 모습을 Fig. 1.5 에 나타내었다.

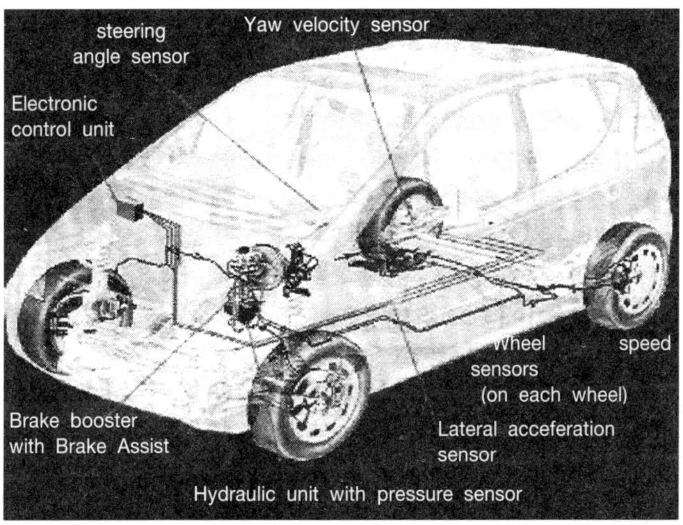

Fig 1.5 횡방향 제어를 위해 Benz A Class에 적용된 ESP

3) Body Control

편의성과 안전을 중점으로 한 Control로 편의성을 염두에 둔 전기장치의 통합 형태를 ETACS로 표현하기도 하고 별도의 Control Unit을 구성하게 된다. ETACS에는 전자식 에어 컨디셔너, 와이퍼 Control, Lamp Control, 자동차 도난 방지방치, 도어록, 파워 윈도우, 파워 시트 등이 포함된다.

안전 운전 장치로는 Air Bag, Head Up Display, Seatbelt Control, 졸음운전 방지장치 등이 있다.

ETACS는 운전자가 몸으로 직접 체험하는 직접적인 기능들로 우선 시동을 걸기 위해서는 별도의 ID가 등록된 키가 필요하다.(이모빌라이져-도난방지) 차문을 열면 승차가 쉽도록 시트가 자동으로 뒤로 당겨졌다가 운전석에 앉으면 미리 설정된 시트 위치로 이동하고 백미러가 자동 조정된다.(파워시트) 더운 여름철이나 추운 겨울철에는 사용자가 온도를 세팅하면 거기에 맞는 히터 또는 에어컨이 작동하여 실내 온도를 조절한다.(Full Auto Air Conditioner) 주행 중 비가 오면 레인센서가 비의 양을 측정해 와이퍼의 작동시간을 제어한다.(Wiper Control) 야간 운행 중 뒷차의 라이트가 지나치게 밝을 시 Room mirror 내의 센서가 작동, Room mirror를 순식간에 어둡게 만들어 눈부심을 방지한다. 창문을 올리다 손 등의 이물질이 감지되면 자동으로 내려가 사고를 방지한다.(Power Window) 위 내용들은 시판되는 차량에 모두 적용중이다. 오픈카의 경우 주행중에도 Roof를 전자식으로 개폐 가능하도록 하는 기능이 적용되어 있고 SAAB社 차량은 눈이 많이 오는 기후 특성상 헤드 램프용 와이퍼가 적용되기도 한다.

편의성과도 연관이 있지만 안전 운전과 관련이 많은 장치로는 Head Up Display가 있다. 계기판을 보기 위해 시선을 아래로 내리는 것을 방지하기 위한 기술로 정면 유리 하단에 계기판을 투시하여 보여 주는 장치로 Cadillac 등 일부 차종에는 야간 운행 중 헤드 라이트 범위 밖의 물체를 보기 위해 적외선 장치를 장착하기도 한다. 또한 후진시 운전자 시야가 미치지 않는 차량 후미의 물체를 감시하기 위한 후면 감시장치가 있다.

장거리 주행 등 운전자의 졸음을 유발하는 운전 조건에서 운전자의 졸음 여부를 판단하여 목소리 등을 통한 경고 기능을 가지는 시스템이 있다. 이는 차량 내 자외선 카메라로 운전자의 눈꺼풀 움직임을 측정하여 졸음 여부를 판단한 후 단계적으로 운전자에게 경고를 보낸다. 음성 경보후 시트 진동, 차량 정지로 이어진다.
미국 도로교통안전국(NHTSA)에 따르면 1998년부터 2001년 사이 에어백 덕분에

목숨을 건진 사람이 6,856명이나 되지만 에어백의 급팽창에 의해 목숨을 잃은 사람도 175명이나 된다. 이의 보완책으로 압력저감형 에어백(Depowered Airbag)이 1997년부터 적용되고 있으나 시트밸트의 미착용시 효과가 충분치 못하므로 미국에서는 2003년 9월부터 Advanced Airbag의 의무장착을 법제화하였다.6)

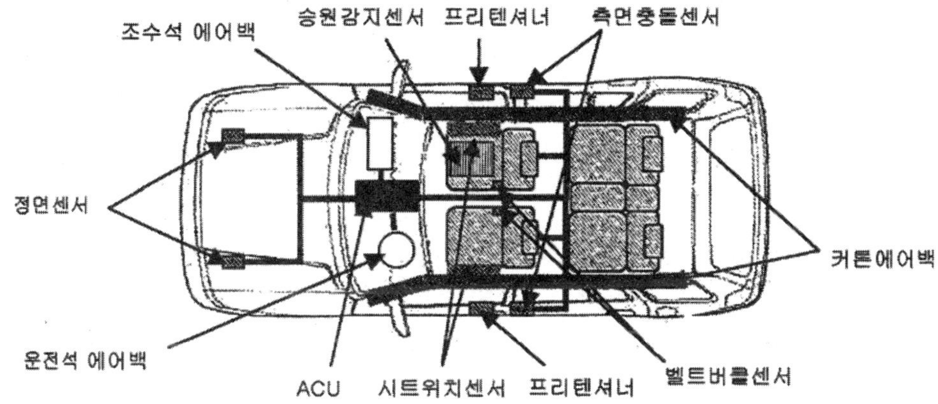

Fig 1.6 Advanced Airbag System의 예

Advanced Airbag은 충돌의 세기 정도, 탑승자의 무게, 시트밸트의 착용 여부, 시트의 위치 등에 따라 에어백의 전개여부와 팽창압력을 결정하여 승객의 상해를 최소화하는 시스템이다. 구성을 Fig. 6에 나타내었다. 기존의 정면 충돌을 위주로 한 운전석, 조수석 에어백에 측면충돌을 염두에 둔 커튼 에어백과 차량 전복시 승객을 보호하는 전복 에어백(Rollover Airbag System)이 고급차와 앉는 위치가 높은 SUV 차량을 중심으로 많이 장착되고 있는 실정이다. 또한 다리의 상해를 방지하기 위한 무릎 에어백(Knee Airbag)이 기아 자동차의 스포티지를 시작으로 장착되기 시작하였다.

4) Information & Communication

앞서 기술한 것처럼 자동차는 운송수단 뿐만 아니라 사무공간, 여가생활 등 용도가 다양화되고 이를 충족하기 위한 정보 제공 수단이 강구되었다. 차량의 정보를 운전자 및 승객에게 제공하는 기본적인 기구는 역시 계기판으로 차속, 엔진회전수, 냉각수온, 연료량, 센서 이상 유무, 엔진 오일 상태, 전기 상태, 문 열림, 시트벨트 착용 유무, 헤드램프 및 방향 지시등 작동유무 등을 알려준다. 최근의 자동차는 남은 연료량으로 갈 수 있는 거리, 연비 등 주행에 관해 운전자에게 advice하는 수준까지 도달하였으며 이를 트립 컴퓨터로 실현하였다.

정보 제공의 기폭제는 GPS였다. 위성정보를 이용해 지도 및 경로를 운전자에게 알려주는 Navigation System은 길안내뿐 아니라 Navigation에 필요한 모니터로 하여 통합 AV 시스템이 가능하게 하였다. 이로써 자동차에 Multimedia 기능이 추가되었다. 현재는 TV 수신, DVD 관람뿐 아니라 인터넷 이용으로 범위를 확장하고 있다.

Navigation이 자동차의 정보 제공과 Multimedia, Entertainment를 가능하게 한 반면 차량간 통신에 관해서도 연구가 활발히 이루어졌다. 지능형 교통체계(ITS : Intelligent Transortation System)가 그것이다. ITS는 Fig. 1.7 과 같이 다양한 분야로 이루어진다.7)

ACC(Adaptive Cruise Control)은 자율자동주행 시스템으로 차량에 거리 측정센서, 엑추에이터, 제어기를 장착하여 앞 차량을 따라 주행하는 시스템이다. 인간의 운전과 달리 초당 20회 정도의 연산이 이루어지므로 차량 간격을 획기적으로 줄이고 뒷차의 경우 운전자가 필요없게 된다. 제한된 도로에서 보다 많은 차량이 효과적으로 운행하기 위한 시스템이라 할 수 있다. Fig. 1.8 에 개념도를 나타내었다.

ACC를 확장한 개념이 차량군집제어(VPC : Vehicle Platoon Control)이다. 보다 많은 차량에 ACC를 동시에 적용한 것이라 할 수 있는데 여러 차량이 선두 차량을 따라 주행하는 것이다. 많은 화물을 같은 목적지로 운송할 때 유용한 시스템으로 Fig. 1.9 에 개념도를 나타내었다. 차량 간 통신이 무엇보다 중요하다고 할 수 있겠다.

5) 기타

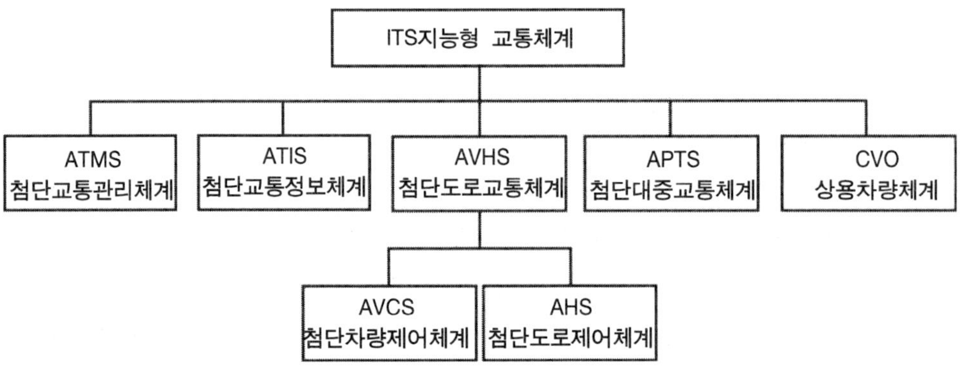

Fig 1.7 ITS의 분류

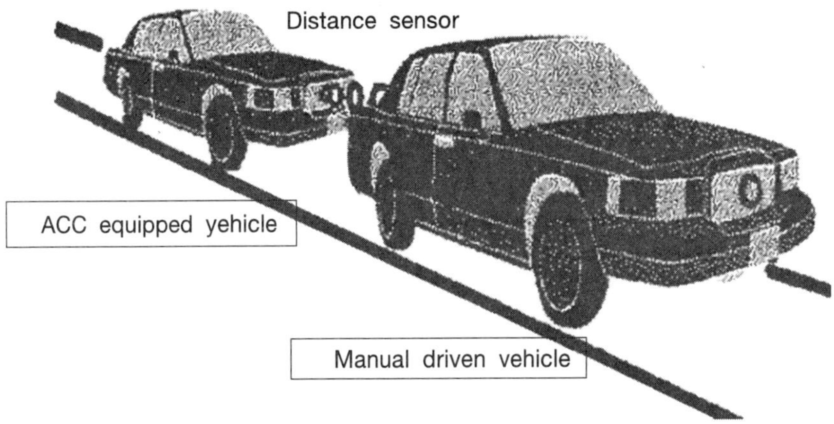

Fig 1.8 Adaptive Cruise Control

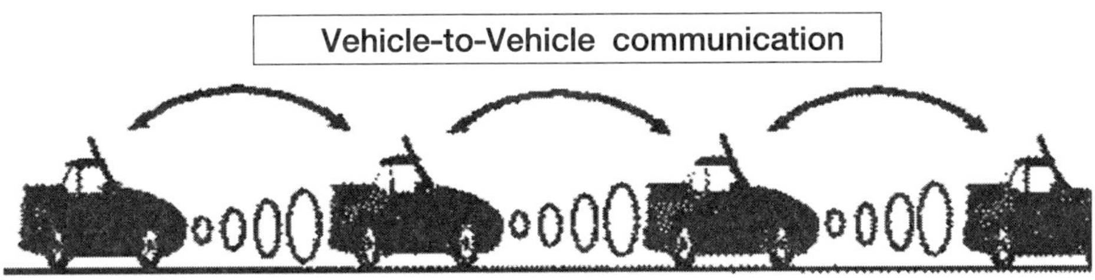

Fig 1.9 Vehicle Platoon Control

■ 참고문헌

1. Hans-Peter Schoner, "Automotive mechatronics", Control Engineering Practice, 2004 vol 12, 1343~1351.
2. "신 카 일렉트로닉스", 미즈타니 간수, 산해당, 1992.
3. 배재일, "자동차에서의 전기 전자", 자동차공학회지 제23권 No호,2001.12
4. "카 일렉트로닉스산업의 발전전략", 산업연구원, 1999.4
5. 장재덕, "CAR 일렉트로닉스공학", 골든벨, 2002.
6. 허건수, "차량 조향 제어", 자동차공학회지, 2000.8.
7. 홍석길, "에어백 개발 신기술 동향", 자동차공학회지, 제 25권 제2호, 2003.4

제2장 ••• Car – Electronics 의 동향

2.1 생산과 설계를 연결하는 MBD (Model Based Development)

자동차의 설계부분에서는 MBD (Model Based Development) 로 불리는 수학모델 베이스의 개발이 침투하고 있다. 동시에 생산부문에도 3D CAD를 이용한 시작, 개선이 진행되고 있다. 오랫동안 개별 계통으로 분리되어 있던 설계와 생산이 모델이라는 말을 키로 연결되기 시작되고 있다. 여기에서는 이와 같은 동향의 배경과 장래의 예측을 Virtual 과 Real (가상과 현실)의 융합과 활용이라는 관점에서 살펴본다.

1) 복잡화하는 자동차

자동차는 복잡화되고 있다. 고급차는 수만점의 부품에 백개 정도의 마이컴, 그리고 그 이상의 모터가 사용되고 있다.

와이퍼, 파워윈도, 파워시트, 파워 슬라이딩 도어 등등, 워가 붙은 것은 현재 거의 모터구동이다. 그리고, 그들을 CAN (Controller Area Network) 등파의 차체 LAN이 종횡으로 결합되어 있다. 덧붙여, 자동차의 전자화는 메카에서 소프트웨어라고 하는 변화를 가속하고 있다. 실제 고급차에는 C언어로 1천만엔에 달하는 소프트가 사용되고 있다. 이것은 Windows XP의 4분의 1에 해당하는 규모이고, 현재 일본에서 사용되고 있는 휴대전화와 같은 규모의 소프트 양이다.

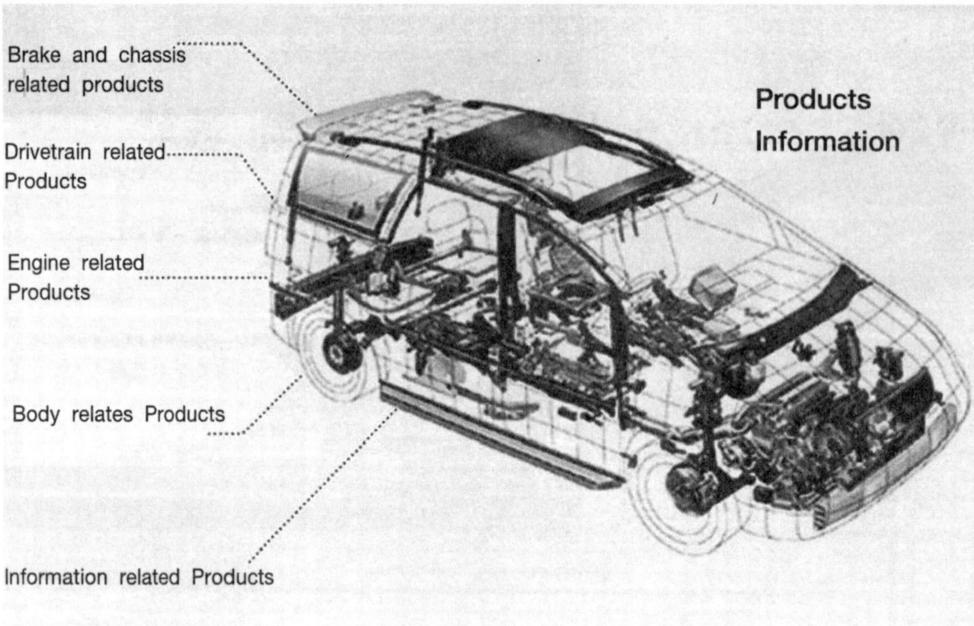

Fig 2.1 자동차의 Products Information

이 소프트웨어는 자동차의 기구와 동작을 알기 어렵게 하고 있다. 옛날의 차는 본네트를 열면 정직하게 엔진룸이 나타났다. 보는 것만으로 점화계, 구동계의 움직임이 이해되었다. 그러나, 최신의 자동차 본네트를 열면 엔진커버가 시계를 막는다. 고생하여 커버를 벗겨보는것은, 손이 들어가지 않을 정도의 최적화된 패키지된 엔진룸이다. 혼자 자동차는 MN 사상을 주장하고 있다. Mam Maximum, Mecha Minimum 이다. 엔진룸은 최소로 하고, 주거공간을 넓게하는 사상이다. 그 위에 충돌안정성까지 배려하지 않으면 안된다. 결국 일반 운전자의 점검 용이성까지는 배려되어 있지 않다.

그래서, 무엇보다도 소프트에 의한 동작기술이다. 옛날은 캠이 바꾸게 한 것이, 지금은 C언어의 스윗치 문이다. 이것은 엔진룸을 보아도 보이지 않는다. 게다가 각 부품이 다운사이징 되어 작게 되어있다. 옛날은 메카 만으로 되어진 자동차가 전자부품인 하드웨어가 축척되어 있다. 그래서, 하두웨어 위에 눈에 보이지 않는 소프트웨어가 동작하고 있다. 이렇게 되어서는 알 수 없다.

초보자는 알 수 없는 자동차는 잘 아는 사람도 알기 어렵다. 사정은 의료계에도 유사하다. 병원에 가면, 청진, 분진은 다니고, 혈액검사에 CT, 의사는 눈앞에 있는 환자는 보지 않고, 검사결과에 치중한다. 자동차도 유사하다. 옛날은 오일의 냄새와 배기음의 이상이 이상을 발견하는 실마리였지만, 지금은 검사장치가 이상을 알려 준다.

최근의 자동차를 잘 모르는 사람을 위해 조금 설명을 하면, 예를들어 조수석의 데시포트 밑에 CAN의 커넥트가 있다. 이상이 있는 자동차를 딜러에게 가지고 가면, 먼저 Fig. 2.2 에 보이는 것처럼 시험장치를 커넥터에 접속한다.

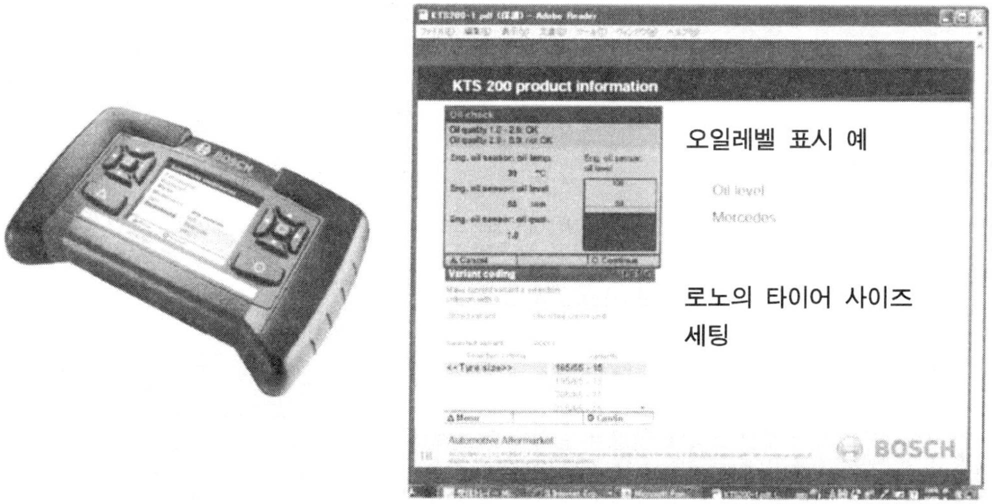

Fig 2.2 자동차 시험장치와 프로그램

그러면 그 이상이 어디에 있는가가 장치에 표시된다. 이것은 각 마이컴보드(자동차 업계에서는 ECU, Electic Control Unit)에 OBD(On Board Diagnosis) 의 기능이 탑재되어 있기 때문이다. 그래서 이상 보드를 교환하면 OK이다. 이 예에서 알 수 있는 것 과 같이 자동차는 전부 인간의 이해를 넘어서고 있다.

이와같은 복잡한 위기에 몰아치는 것은 개발기간의 단축이다. 옛날은 편안했다. 언젠가는 크라운, 이것과 크로나와 카로라를 만들고 있으면 좋았다. 결국 세단 전성시대가 있었다. 그러나, 이미 코로나는 없어지고, 크라운에 대응한 세도릭크도, 카로라에 대응한 사니모 사라졌다. 지금 유행은 크로스오버 이다. 세단, 왜건, 미니밴의 구분에 만족하지 않는 소비자에게 구매하게 하기 위해 새로운 차종을 개발해야 한다.

더욱이 소비자도 자기가 원하는 차를 알고 있지 못한다. 눈앞에 있어, 매력적이면 구입한다는 예기다. 따라서 크로스오버(Cross-Over)이다. 이것은 기존의 차종을 합쳐 새로운 차종을 만드는 것이다. 오프로드의 시티유스라고 하는 잘 알 수 없는 장르의 SUV(Special Utility Vehicle)를 시작으로, RV(Recreational Vehicle)의 장르를 타파한 오디세이. 더욱이 왜건과 쿠페의 크로스오버, SUV롸 세단의 크로스오버와 신장르가 대성황이다. 그것만큼 자동차 메카는 고민도 깊다.

개발기간이 길게되면, 다른회사가 발견한 판매선에 추월되지 못한다. 예를 들면, 오디세이, 1990년 전후의 경제 버블시대는 시마현상이 소문으로 되었다. 닛산은 시마, 도요타는 세르시오, 고급차부터 팔린 시대였다. BMW의 3 시리즈가 롯본기 카로-라고 대표되었다. 그것이, 1992년 東証의 평균주가가 3만 9천엔에서 1만 5천엔으로 하락과 함께 형태가 변했다. 버블붕괴후 롯본기에서 인기가 있었던 차는 미즈비시의 파제로 엿다. 도요타는 란드쿠르저와 하이락스, 닛산은 사파리와 테라노가 있었지만, 혼다는 세단 뿐이었다. 미국에서 제프헤로키를 수입해서 판매하였지만, 업적은 나쁘기만 하였다. 거기에서 파제로로그 동급으로 3열시트를 구비한 차를 어코드 라인에서 생산한 것이 오디세이이다. 이것이 팔렸다. 소비자의 구미에 맞았다. 도요타가 대항차인 이프삼을 출하하는데에 2년이상이 걸렸다. 이 때문에 혼다는 RV 시장을 구축하였다.

제 1위 메이커는 타사의 판매선을 파괴해야만 한다. 엘 그란드에는 알 피아드, 피트에는 버츠, 레가시에는 말디나이다. 최후의 레가시에 이기기 못하고, 곧 후지중공업을 도요타의 계열 회사로 만들었다. 이것은 제 1메카 이외에도 같은 형상이다. 2008년 11월에 발표된 3m(조금 안되는 것으로) 4인이 탈 수 있는 도요타 iQ, 이것이 시장에서 팔리기 시작하면 타 메이커에서도 대항할 수 있어야 한다.

이와같이, 대항상품을 가능한 단기간내에 개발되어야 한다. 마치에서 큐브, 비츠에서 bB는 10개월이라고 듣고 있다. 현재, 같은 차체에서 신차종의 개발은 반년이라고 이야기 된다. 이것이 더욱더 짧아지고 일명 경제산업성의 위탁을 받아서 보합한 연합이 작성한 아카데미 로드맵(ARM)에서는 20년 후에는 Fig 2.3 에 표시된 것처럼 1개월, 30년 후에는 3일으로 신차개발이 된다고 예상하고 있다.

Fig 2.3 아카데미 로드맵

1개월은 납차기간이다. 결국 1개월로 신차가 개발되면, 소비자가 선호하는 차를 주문할 수 있다는 것이다. 자택의 차고가 좁으면 1.6m의 카로라는 주문할 수 있다는 것이다. 거꾸로, stretch(직선적인) 한 카로라리즘도 주문만 있으면, 기본형이 약간 상승된 가격으로 만들 수 있다는 것이다. 30년후의 3일안에 만들어 진다면 차검을 받는 감각으로, 차종변경이 가능하다는 것이다. 연인시대의 라이트 웨이트 스포츠카가 결혼해서 세단으로 변신한다. 그래서 어린이가 태어나면 세단에서 와곤, 와곤에서 미니밴으로 변신한다. 그래서, 어린이라 독립하면 락그쥬얼리 타이프의 스포츠카로 변신할 수 있다는 것이다. 겉보기는 변해도, 같은 차이다. 가족의 추억이 배인 락그쥬얼리카로서 조드로 외출하는 부부이다.

한편 복잡화하는 자동차가 있고, 다른 한편에서는 개발기간의 단축이다. 이것은 자동차에 종사하는 기술자의 입장에서는 매우 어려운 것이다. 사실은 이와 경쟁하는 중에 Fig 2.4 에 표시된 것처럼 리콜이 확대되고 있다.

당시, 경차를 포함한 년간 일본 국내 판매대수가 약 600만대 였는데, 2005년과 2007년에는 리콜 대수가 판매대수를 윗돌고 있다. 이것은, 지금까지의 개발방법이 막다르게 되어 있다는 증거이다.

복잡화, 개발기간의 단축, 그리고 리콜의 증대, 이들의 몸체에 해답은 MBD(Model

Based Development)이다. 자동차 부품들의 자동차 구성요소를 모델로 나타낼 수 있고, 요소의 복잡한 것은 해석과 최적화의 토양에 올릴 수 있다. 또 각 요소의 모델을 포함한 모델을 통합화 하는 것으로, 차체의 해석, 최적화도 가능하다. 이런 의미에서 복잡화하는 자동차의 신뢰성 향상을 위한 비상수관이 MBD라 할 수 있다. 다음과 같이, 설계, 생산, 연계라는 형태로 MBD가 변화는 설계 · 생산의 세계를 살펴보자.

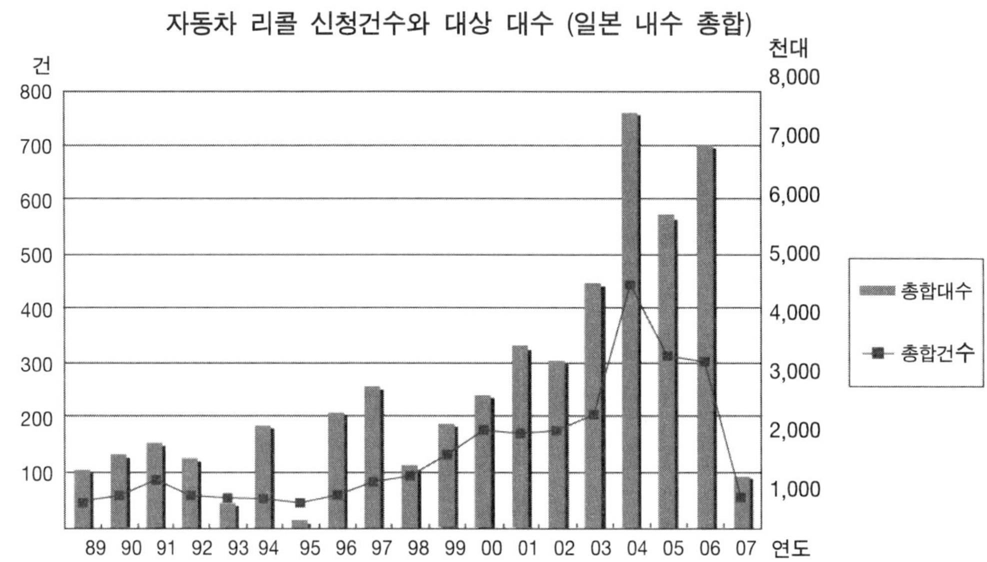

Fig 2.4 일본의 차량 판매대수와 리콜대수

2) 설계

설계의 기간단축 및 신뢰성 향상의 버싱수단이 MBD이다. MBD자체, Model Based Design 라는 단어가 시작되었다. 결국 MBD는 설계에서 시작되었다. 현상의 MBD를 간단히 말하면, PC를 사용한 설계효율과 신뢰성 향상이다.

H/W 부품과 S/W 부품을 Pc에서 시뮬레이션과 설계를 하는 것이다. 무엇보다도, MBD의 초기는 S/w 개발을 대상을 하고 있었다. C언어에서 Matlab / Simulink 으로 이행이 MBD였다. (Fig 2.5) 결국, Matlab Based Design이었다.

```
double x1;
double func(double u1,
   double u2) {
  if (0.5 * (u2 - u1) > x1 + 5)
    x1 = x1 + 5;
  else if (0.5 * (u2 - u1) < x1
    - 5)
    x1 = x1 - 5;
    else
    x1 = 0.5 * (u2 - u1);
return x1;
}
```

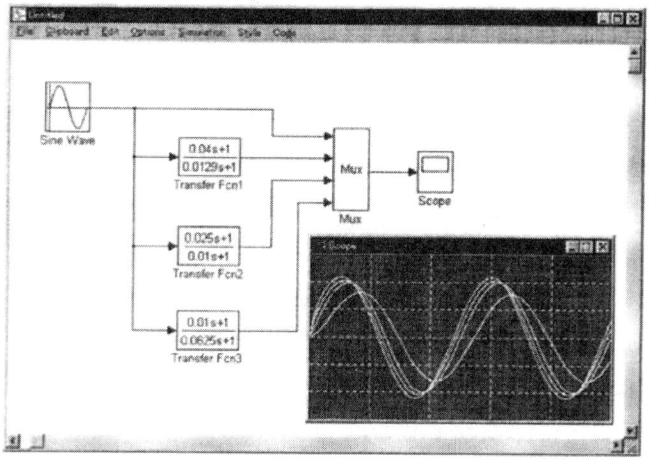

Fig 2.5 C 언어에서 Matlab으로의 변환

자동차 업계는 15년정도 전에 어셈블러에서 C언어로 바뀌었다. 당시, 어셈블러 옹호파는 어셈블러가 실행시간이 짧고, 그리고 생성코드가 짧은것을 우위점으로 주장했다. 그러나 C언어에 패배했다. 이유는 가독성과 이식성의 향상이기 때문이다. 어셈블러는 마이컴의 명령체계 베이스이므로 고급언어라고 예기되는 C언어에 비해 프로그램이 커지므로 사람이 읽기 어렵다. 또, 마이컴이 변하면 전면 새로 수정해야 한다. 사실, 고급차로 개발한 기술은 범용차로 하라는 것과 같은 것이다. 그러나 고급차는 32비트 RISC 마이컴을 제어에 사용하고, 범용차는 16비트 마이컴이다. 어셈블러는 전면 수정해야 한다. 그것이 C언어에는 작성되어 있으면 컴파일러의 스위치를 32비트 마이컴에서 16비트 마이컴으로 수정하면 그것은 된다. 그러나, 그것은 15년전의 것이다. 현재는 C언어로의 개발이 막혀있다. S/W가 증대하고 C언어에 의한 가독성의 레넬은 넘어가고 있기 때문이다.

Window XP의 4천만행의 S/W 문고판으로 읽는 속도로써 보면, 1만시간이 걸린다. 년간 노동시간 2천시간으로 5년치이다. S/W를 읽고있는 중에 새로운 S/W가 나온다. 결국 XP의 S/W를 시작해서 끝까지 읽는 사람은 없다.

이 결과를 샤틀까지 가지고 있고, 마이크로소프트의 높은 사람에게 XP 개발체제를 질문했다. 천명오더(Order)의 프로그램머가 참가하고 있다고 말해졌다. 엔진 제어용 S/W는 수십만행 오더에 달하고 있다. 이것만으로도 전부 읽은 사람은 없다. 더욱이 천만행에 이르는 자동차 전체의 소프트를 통해 읽는 사람은 없다. 명확하게 C언어보다 추상도가 높은 표기를 할 수 없다.

소프트는 설계 프로세스 전체의 Ancher(앵커) 닻이다. 결국 H/W가 완성하고 나서, S/W 설계가 종래 행해졌다. 이 때문에 결정된 버그가 현재화하는 부분도 있다. 그 때문에 개발공정의 개선은 S/W부터 시작되었다.

문자 베이스의 언어에서 도형베이스의 언어도 이행이라고 하는 S/W제작의 큰 흐름 중에서, 제어계 설계에는 Matlab / Simulink가 주목되고, C언어를 바꿔놓기 시작했다. 그렇지만, C언어화로 어셈블러가 없어진 것이 아니고, MBD화로 C언어가 없어지는 것은 아니다. Matlab / Simulink와 Real Time Workshop(Fig 2.6)을 포함하면 블록도에서 C언어가 자동으로 생성된다.

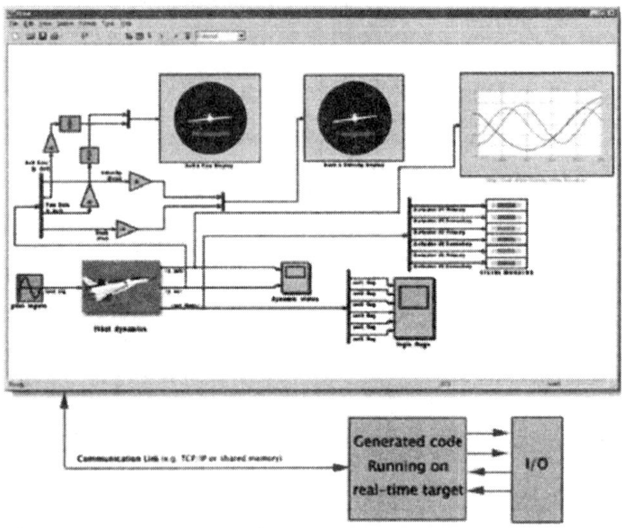

simulimk의 블록선도에서 접목과 주문이 가능한 최적화된 C소스 코드를 자동으로 생성한다.

Fig 2.6 Real Time Workshop

이것을 컴파일 하면, 어셈블러가 생성된다. 결국 개발이 상위로 이행하고, 복잡한 것을 인간에게 이해 가능한 레벨로 하는것이 MBD 이다.

MBD의 출발점은 모델화 이지만, 모델의 정의가 각양각색이다. 여기에서는 퍼스컴으로 시뮬레이션 가능한 것을 모델로 부른다. 결국, 계산기가 이해되는 표현이다. S/W를 작성해본 적이 있는 사람이면 아는 것처럼, S/W는 수식의 집단 이외 아무것도 아니다. 계산한 결과를 격납하는 대입문, 프로그램의 흐름을 결정하는 제어문, 어느것도 수식이다. 이 때문에 계산기에 이해되는 모델은 수학모델이라고 한다.

더욱이, 수학모델 만드는 것은 어렵다고 예기되어지고 있다. 그러나 이 어려움도 계산기의 발달로 바뀌고 있다. 결국 자동 Tool의 개발이다. 이 하나는 물리 모델화의 Tool이다. 이것은 부품으로써, 메카요소와 유압요소, 일렉트릭스 요소를 가지고 있고, 이것을 결합하여 가는 것으로 엔진과 트랜스미션 등의 수학모델을 작성하는 Tool이다. 다른 하나는 통계적 모델이다. 이것도 Tool이 준비되어 있다. 실재의 모델 입출력 신호에서 AR모델과 비선형 특성을 구하는 Tool이다.

더욱이, 엔진과 트렌스미션의 설계도 PC를 이용하여 행해지고 있다. 여기에서 FEM(Finite Element Method) 모델이 작성된다. 이 모델에서 근사적으로 Matlab / Simulink 모델을 얻는것도 넓게 행해지고 있다.

이들의 Tool을 이용하여 관계하는 모든 요소를 모델화 한다. 그래서 그들을 결합해서 전체시스템이 모델을 작성하면, 여러 가지 파라메타, 여러 가지 조건화에 대한 시뮬레이션을 통해서 설계를 종합할 수 있다. 이것은 SILS(Software In the Loop System)으로 불린다. 이것은 어디까지나 PC 상에서 설계이므로 개발기간은 비약적으로 단축된다. 또, 실행이 어려운 조건화에 대한 시뮬레이션도 실기 때문에, 평소이외의 고장시의 거동도 확인, 최적화하는 것이 가능하다.

이 SILS와 평행하게 요소부품을 작성하고, 작성된 부품을 결합하여 Simulation 하는 것이 HILS (Hardware In the Loop System)이다. 이것을 만족하면 시작차를 만들고, 테스트 코스등에서 제어 파라메타 조정을 하여 이것을 해결해서 내구시험을 거쳐 양산으로 진행한다. 이 과정 자체는 Con Current Engineering이다. H/W가 되고나서 제어프로그램을 개발하고, 엔진의 台上시험에 반년 정도 걸린다. 이것을 이 MBD 방식을 취하면, H/W가 되고나서, 3일 정도에서 엔진이 台上에서 회전하는 것으로 된다. Fig 7을 폭스바겐사의 Eco Racer로 불리는 컨셉 차이다. 설계에서 테스트 주행까지 2주간 걸렸다고 한다. 이것이 자동차업계의 이상적인 형태이다.

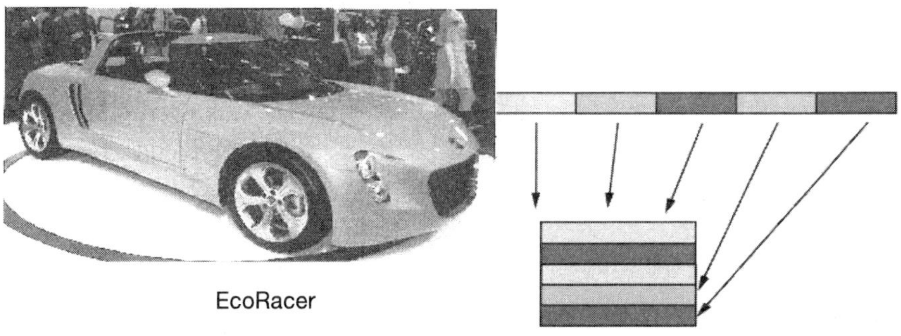

Fig 2.7 동시공학의 예시 (폭스바겐의 Eco Racer)

3) 생산

생산의 상황을 살펴보자. 옛날 세계 전략차는, 예를들면 일본에서는 생산을 개시하고, 개선활동을 통해 생산 Know-How를 축적한다. 그래서, 그 Know-How를 가지고 해외공장의 Line을 만드는 것이었다. 그러나, 지금은 맞지않게 되었다. 현재는 Window도 허리웃영화로 세계 동시에 실시된다. 사정은 세계전략차도 동일하다. 일본에서도 미국에서도 구미에서도 동시에 신형차의 생산은 시작한다. 이 때문에 3D CAD(3 Degree Compter Aided Design)이 필수이다. 예를들면 Fig 2.8 은 Frame의 Delmina 사가 개발한 CATIA라 불린 3D CAD이다.

DELMIA V5 Automation은 각종 프로그램이 가능한 로직 제어기(PLC)의 프로그래밍이 가능하다.
또한 장치와 선 단위, 혹은 생간라인 전체를 비쥬얼화 해서 로직을 검증하고 시스템 성능을 검증할 수 있다.

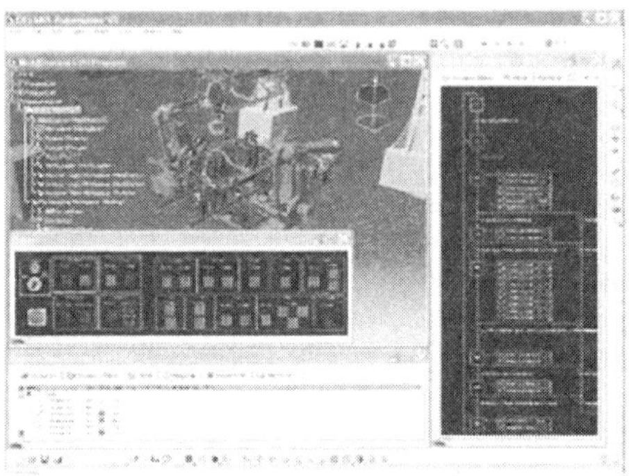

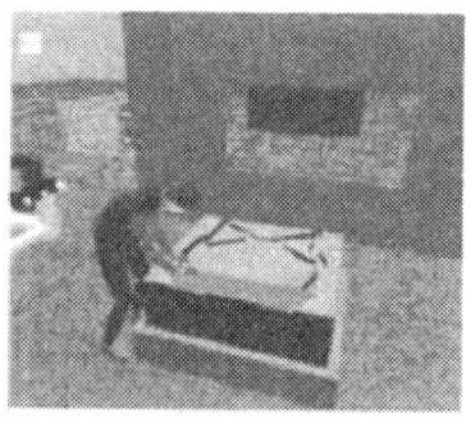

Fig 2.8 CATIA software

이와 같이 사람도 Tool도 라인의 모든 모델을 3D CAD내에 들어가고, 단가공, Tool의 위치, 작업원의 동선을 확인 한 뒤에 실제 생산을 하게 된다.

물론 3차원을 생산라인 뿐만 아니라, 제품설계에서도 3D CAD는 불가결하다. 제품은 3차원이고, 그 3차원의 공간에서 크기를 가지고 있다. 그것뿐 아니라, 제품의 강도 설계, 열설계, 전자양립성의 설계와 3차원 공간을 고려한다.

각 부품은 3D CAD를 이용해서 설계하고, 그것을 합체시킨 자동차의 제품 모델도 3D CAD로 표현된다. 그래서, 각 3차원의 자동차를 생산하는 라인과 공장도 3D CAD로 표현되고, 그 3D CAD 위에 생산 Know-How도 시험된다. 그것뿐만 아니라, 3D CAD 위에서 설계 데이터가 자동적으로 가공프로그램으로 변환되고, 자동적으로 부품이 만들어져가는 CAD-CAM(Competer Aided Manufacturing)이 진행되고 있다. 물론 조립의 일부는 산업용 로봇이 담당하고 있다. 실은, 이 동작 Program 개발에도 Matlab / Simulink가 사용되고 있다. 공학기계가 로봇화 되고 있다. 생산의 현장도 MBD가 진행되고 있다.

인간은 다르고, 피곤해 한다. 인간은 일정하지 못하다. 균질한 것은 단시간 내에 효율적으로 만드는 것을 인간이 기술이라기 보다는 기계의 기술이다. 벌써, 제품으로써의 자동차는 카-네비가 길을 운전자에게 지시한다. 그래서 운전자의 핸들 조작과 엑셀패달, 브레이크 패달의 조작을 기계가 총괄해서, 보다 효율적으로 보다 안전하게 핸들과 엑셀과 브레이크를 조작하고 있다. 운전이 좋은사람에게는 기계가 보호해주고, 운전이 싫은 사람은 기계가 모든 것을 조작을 대행하는 것으로 된다.

생산라인도 같다. 인간보다 기계가 잘하는 분야에서는 기계만으로 묵묵히 작업을 진행해 간다. 인간의 기술이 필요한 분야에서는 인간을 기계가 보호해서 공존하는 생산이 행해진다. 더욱이 완전자동화 공장도 보수에는 아직 사람의 손이 필요하다. 설치와 파기도 인간의 손이 필요하다. 먼 장래에는 설치도, 파기도, 보수유지도 전부 기계가 한 날도 멀지 않았다. 그러나 그와같은 궁극의 자동화공장도 인간의 눈이 있어야 한다. 그것은 기계의 독주 감시기능이 필요하기 때문이다.

이와 같이, 어느시대가 되어도 기계의 움직임은 인간이 파악할 필요가 있다. 그래서, 인간은 3차원만 안다. 이외에는 인간과의 인터페이스는 3차원 CAD가 필수적이다. 동시에 Matlab / Simulink 처럼 동작기술 CAD도 기계의 동작이체, 설계에 필수적이다. 결국 이들의 연계는 필수적이다.

4) CAE 연계

지금까지, 설계와 생산의 각각에 있어 모델의 이용과 그 융합을 소개했다. 별도의 형태고 양자융합도 시도되고 있다. 예를들면 Body계의 제어에서는 도아 등의 CATIA 모델이 부품회사에 주어지고, 그 도아의 제어알고리즘의 설계가 행해지고 있다. 물론 라인에 대한 로봇등의 생산설비의 CATIA 모델이 주어진다면, 로봇의 제어 알고리즘 개발도 행해진다. 그런 중에 생산라인을 총괄하는 PLC알고리즘도 개발된다. CATIA 파생이 Delmia에서는 그 PLC의 알고리즘도 3D CAD 위에서 동작한다.

이와 같이 3D CAD와 Matlab / Simulink의 연계는 이미 시작되고 있다. 물론 Mathlab / Simulink 와 FEM의 CAD와의 연계도 앞서 소개 한 것처럼 시작하고 있다. 엔진, 트렌스미션, 샤시, 보디 등 자동차의 부분마다 사용되는 CAD가 다르다. 또, 선행개발, 개발, 설계, 양산 등의 부서별에도 사용되는 CAD가 다르다. 그러나, CAD가 연계되면 설계에서 생산까지 전 과정을 PC위에서 가능하게 된다. 이 버츄얼한 개발과 평행해서 설계 부품과 생산 라인을 설계, 개발한다면, 개발의 효율화와 신뢰성의 실현이 가능하게 된다.

문제는 이들을 어떻게 연계시키는 것이다. Fig 2.9을 각 도구에서 공유하는 구조로써 XML(XML Metadata Interchange)가 이용되고 있다.

실증 시연의 정보연계 그림

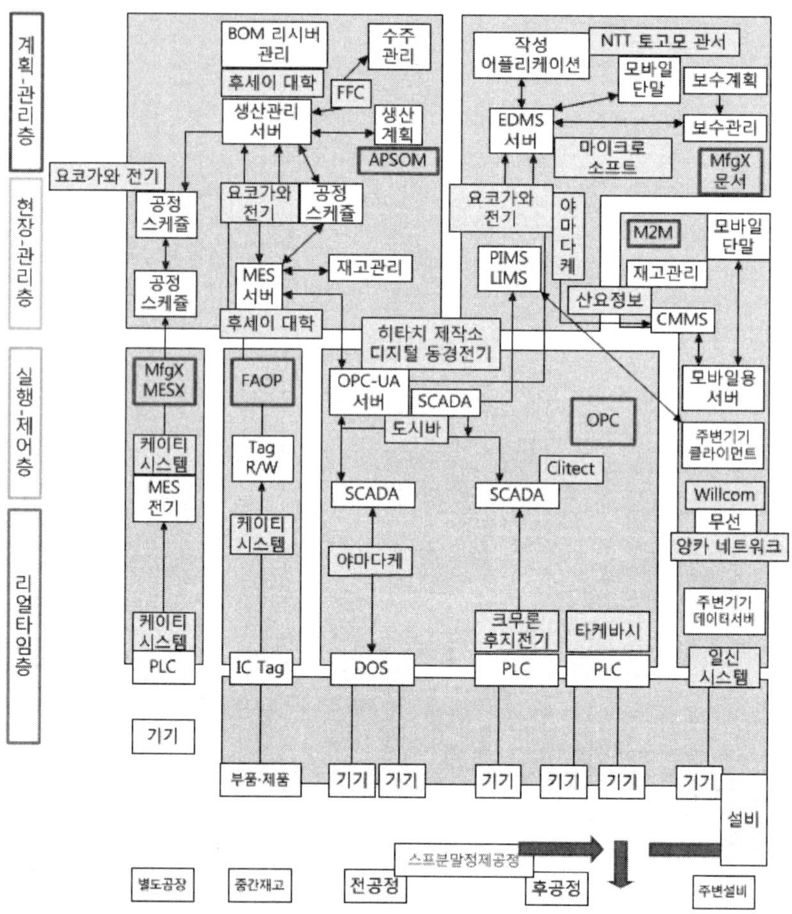

Fig 2.9 CAD 의 연계 구조

또, 표준과 베터가 다른 설비기기의 연계에 있어서는 MOF(Manufacturing Open Forum)이 적극적으로 사용되고 있다. 여기에서는 Fig9에 표시한 스프공장등의 공정을 PC 위에서 시뮬레이션 가능한 환경을 개발함과 동시에 XML 베이스에서 실재의 기기가 연계될 수 있는 구조를 개발하고 있다.

이와 같은 의미에서 CAE간의 연계, 실제 기기간의 연계는 고도로 발달한 정보기술을 구사하는 것으로 가능한 단계에 접어들고 있다.(Fig 2.10)

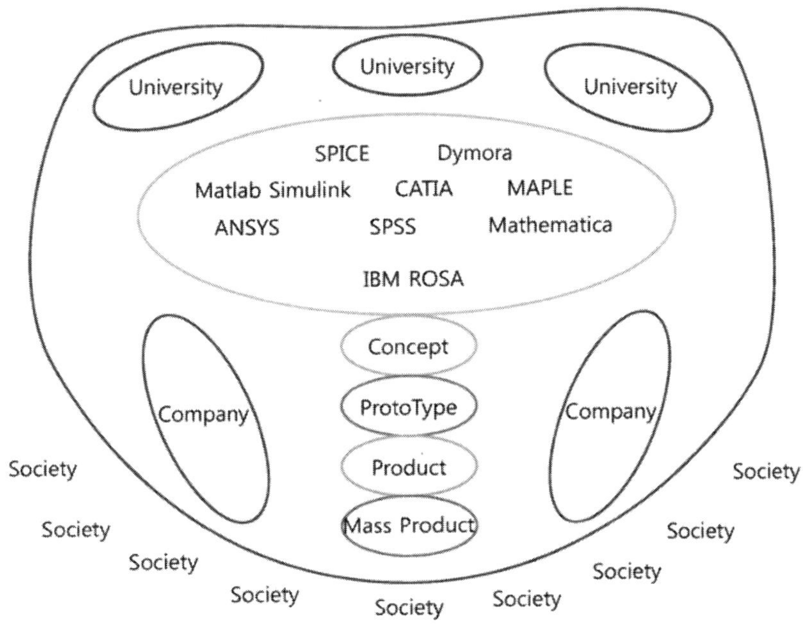

Fig 2.10 CAE 연계

물론, 기기가 연계되는 것만으로 공장을 움직이지 않는다. 설계는 행해지지 않고, 이 복잡한 모델, 시스템을 인간이 알기 쉽게 제시하는 것이 필요하다. 그것에도 수학 모델이 큰 역할을 하게 된다. 복잡한 모델을 인간이 이해할 수 있는 3차원 표시까지 하는 것 과, 실험계획법을 베이스로 복잡한 실험조건을 전략화 하는 것도 행해진다. 여기에 머물지 않고, 시뮬레이션을 통해 동작을 이해시키든지, S/W의 동작을 H/W화 해서 보이지 않게 하는것도 가능하다.

5) 결 론

이상 자동차의 설계와 생산을 중심으로 모델이용의 현상을 소개했다. 자동차 업계에서는 지금까지 설계와 생산의 인맥은 분리되어 왔다. 좋은 제품을 단기간 내에 개발하고 양산하기 위해서는 양자의 연계가 필수적이다. 사람이 분리되어 있는 2개의 큰 공정을 CAE가 연결하기 시작했다.

이 설계와 생산의 연계에 있어 현실화 했지만, 이것이 최종 목표는 아니다. 알고 있는바와 같이, 이미 생산은 조달, 판매, 유통과 SCM과 ERP를 통해서 연계를 시작하고 있다. ARM가 예측하는 것처럼 공장과 시장의 거리를 급속히 짧아지고, 세계중은 연계시해서 시뮬레이션 하고, 최적화하여 갈 필요가 있다. 그러나 그것이 하나더 통일모델을 만드는 것이 아니고, 각각의 부서, 각각의 네넬, 각각의 국가별 모델을 연계시켜서 유연한 모델이 아니고는 안된다. 이것을 21세기형 모델로써, 설계와 생산의 미래에 대한 모델의 역할을 생각해서 나아간다면, 좋을 것이다.

2.2 차체용 전자기기 / 디바이스 시장동향

자동차의 전자화가 가속되고 있다. 자동차 업계에서는 「환경」「안전」「쾌적」을 키워드로 여러 가지 기술이 진행되고 있지만, 전동화와 전자제어가 이것들을 지탱하고 있는 핵심기술로 위치를 차지하고 있는 것이 배경이다. 최근에는 엔진과 전동기의 하이브리드차와 장애물을 감지하여 사고를 방지하는 예방안전시스템, 차체 카메라에 의한 주차지원시스템 등이 등장하고 있다. 장래에는 자동차와 외부 인프라를 협조시킨 고도 도로교통 시스템(ITS)가 본격화 할 것으로 기대되고 있다. 이들을 전자화 하는데 꼭 필요한 전자 디바이드, 전자부품의 최신동향을 살펴보자.

자동차 업계에는 3개의 방향선에서 개발이 진행되고 있다. 하나는, 『환경성능』의 방향성으로, 온난화 원인으로 되는 이산화탄소와 대기오염 물질의 배기량을 줄이는 것. 2번째는, 『안전성능』의 방향성으로 사고를 일으키지 않는다. 또는 만일 일어나도 피해를 최소한으로 할 것. 3번째는, 자동차로 이동할 때 편리성을 높이는 『쾌적성능』이다. 이들의 3가지 개발 키워드로 자동차는 진화해서 가지만, 그 중에서 유압과 케이블 등 기계적인 기구에서 움직였던 것이 전자 제어화와 전동화로 전환이 일어나고 있다.

일반적인 승용차에서는 차량 전체의 코스드를 점하고 있는 일렉트로닉스 관련 코스드는 20%정도 이지만, 고급차에서는 30%, 하이브리드차에서는 50% 정도 된다고 말해진다. 전자화의 진전에 의해 차량 평균 일렉트로닉스 관련 코스드는 더 욱더 높아질 전망이다. 이미 일렉트로닉스가 자동차의 성능을 좌우할 정도로 되어있다.

일렉트로닉스 업체에 매우 자동차용 전자부품시장은 매력적인 시장이 되었다. 첫 번째 이유는 시장규모의 크기. 일본 자동차 부품공업회의 통계에는 2006년도에 5.5조엔에 달하는 규모로 성장하였다. (Fig 2.11)

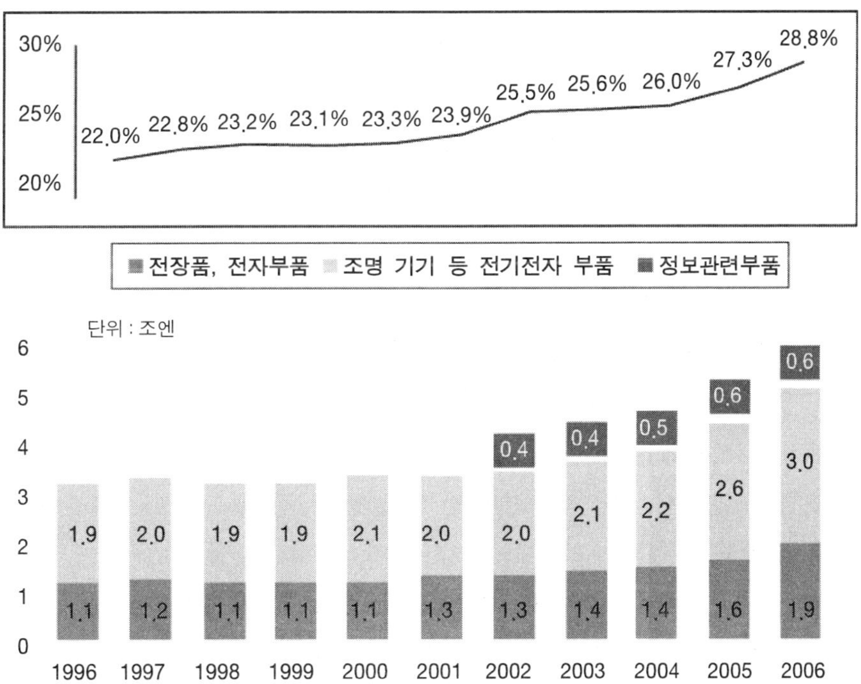

출처 : 일본자동차부품공업회

Fig 2.11 일본의 차체용 전자기기 · 부품 사용의 추이와 전자화 비율

자동차 부품 전체의 출하액도 성장하고 있지만, 자동차용 전자부품의 성장률이 그것을 상회하고 있고, 전자부품의 비율은 2006년도에 28.8%로 조금씩 확실하게 상승하고 있다. 2번째 이유는 거래의 안정성, 예를 들면, 휴대폰의 모델 체인지 사이클은 매우 빠르고, 상품투입 후 1~2개월이 생산되므로, 3~4개월에서 생산이 끝나게 된다. 그것에 대해 자동차의 모델 체인지는 수년 간격이므로, 그 사이에 계속적인 거래가 가능하다. 또 납입가격도 년간 10% 가까이 하락하는 IT 업계와는 다르고, 자동차 업계 쪽이 가격 하락이 적다. 3번째 이유는, 일본계열 자동차 업체는 강하다. 미국의 자동차 업계의 쉐어가 떨어지는 편으로, 일본계열 자동차 업체의 쉐어가 더 증가하고 있다. 일본 부품 메이커로써는 개발 커뮤니케이션의 편리함과 거래량 증가의 가능성이 유리하다. 4번째 이유는, 기술단련의 장으로써의 존재. 자동차의 전장품에 참여함으로 기술, 상품력이 미워진다. 다른 제품으로 파급효과로 머다라고 생각하는 일렉트로닉스 업체가 많다. 내구성등 고성능을 요구하는 자동차시장에 참여함으로 자사의 기술력을 타업계에 어필할 수가 있다.

1) 환경분야에 관련한 전자화 동향

환경대응은 자동차 메이커로써는 긴급한 과제이다. 정도의 차이는 있지만, 일본, 미국, 구미에서는 각각 새로운 연비규제가 도입 될 것이 계획되고 있다. 이들 규제 대응을 위해 여러 가지 일렉트로닉스 기술에 끊임없이 이용된다.

(1) 기술개발이 진행하는 자동차

하이브리드 자동차와 전기자동차 처럼 전동화의 움직임이 활발하다. 하이브리드 자동차는 일반적으로 전기와 가솔린 양쪽으로 주행하는 자동차를 말한다. 감속시에 에너지를 전력으로 회수하고, 주행시 재이용 기위해 일반적으로, 종래의 가솔린 자동차와 교해서, 저연비, 저환경부하 등의 장점이 있다. 이들의 기술은 수십년 전에 개발되어 있었지만, 모터, 2차전지, 전력변환장치, 제어기 등의 고성능 일렉트로닉스 부품이 실용화 되었기 때문에, 여기 수년 시장에서의 존재감이 증대하고 있다. 이후 각 컴포넌트의 더한층 고도화에 의해 큰 시장으로 기대된다.

외부에서 충전 될 수 있도록 하여, 전동화도를 크게 하여, 앞에서 언급한 것 처럼 하이브리드 자동차 보다도 더욱더 저환경 부하를 실현할 수 있는 플러그인 하이브리드 자동차(PHEV, Fig 2.12)와 순수 전기차만으로 주행하는 전기자동차(EV)도, 현실감을 뽐내고 있다.

이들이 실현되기 위해 2차전지에 전력을 충전하기 위해 차체기와 인프라측에서의 충전기도 필요하게 된다.

전지의 용량이 크게 되면, 충전에도 시간이 걸리기 때문에, 이용자의 편리성을 생각하게 되면, 간단한 조작으로 급속충전 가능한 장치가 일정면 밀도에서 설치되도록 된다.

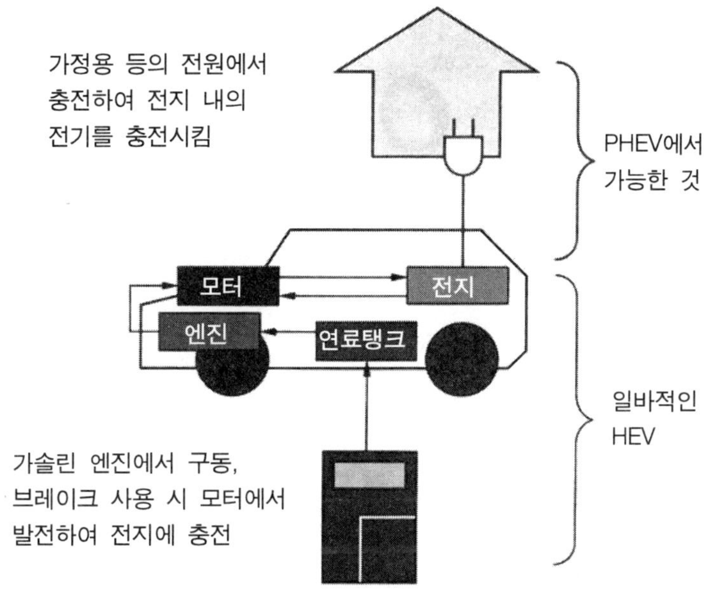

Fig 2.12 플러그인 하이브리드 차(PHEV)의 구조

물론 기존의 엔진에도 환경부하 저감기술이 개발되고 있다. 디젤 엔진에서는 일렉트로닉스 기술을 구사하는 것으로 NOx와 PM이 대폭 개선되고 있다. 흡기, 연소, 배기를 종합적으로 매니지먼트 하기위해 압력센서와 온도센서 등 각종 센서와 고속 연산 가능한 ECU, 피에로 소자 등의 전자부품이 많이 사용되고 있다.

(2) LED는 에너지 절감에 효과적

종래형의 광원으로 변해서 LED(발광 다이오드)가 자동차에 사용되기 시작했다. 예를들면 백열전구를 LED로 하는 것에 의해서, 전력소비량을 수분의 1로 하는것이 가능하다. 수명도 수배로 늘어남에 따라 실질 메인터너스 프리로 된다.

하이 마운트 스톱램프에는 옛날부터 적색 LED가 사용되고 있었지만, 최근에는 Hend ramp에 백색 LED를 사용한 모델도 등장하고 있다.

백색 LED는 조명용으로 미리 주목받고 있었지만, 발광효율이 낮았기 때문에 Head ramp와 같은 큰 광량을 얻는 것에는 발열량이 증대되어 시스템이 대형화 되는 문제가 있다. 근년, 소자 그것과 광학제어시스템이 개량되어 실용화 되었다.

Head ramp를 LED로 하는 것에 의해, 의장성을 높이는 것도 가능하게 되었다. Head ramp는 자동차의 얼굴을 결정짓는 중요한 컴포넌트이기 때문에 우수한 디자인의 자동차 등장을 기대해 본다.

2) 안전분야에 관한 전자화동향

여기까지의 안전기술은 충돌 시 피해를 가볍게 하는 충돌안전이 중심이었다. 지금부터는 사고를 일으키지 않는 예방안전에 중심으로 되어 간다.(Fig 2.13) 이 분야에도 고도한 전자부품이 활약하고 있다.

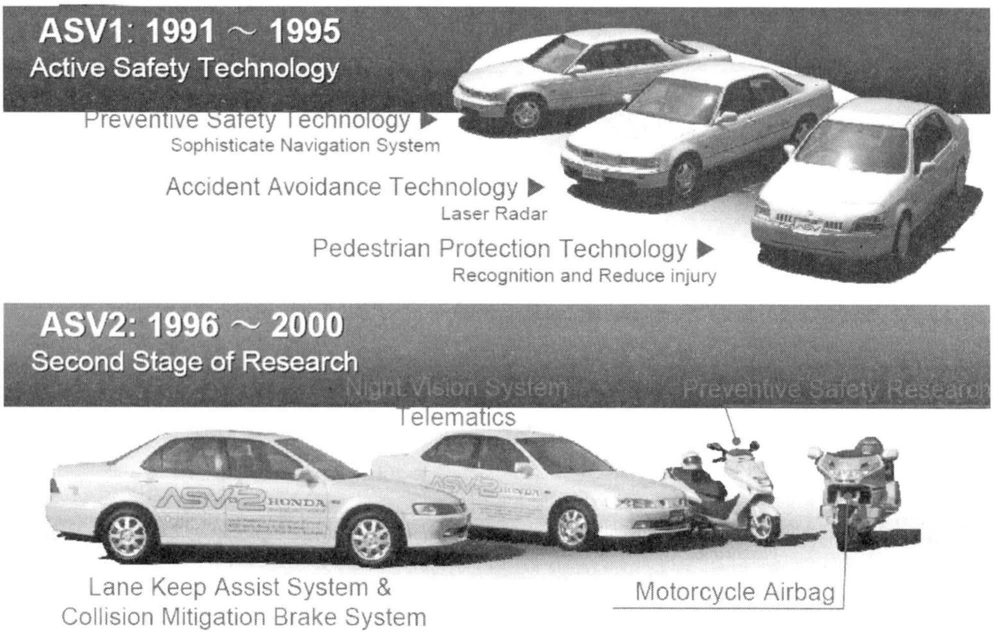

Fig 2.13 선진안전자동차(ASV)의 이미지

(1) 장애물 자동감지, 차량을 자동제어

차선을 이탈했을 때, 경보하는 Lame Keeping 기능과, 선행차와의 거리와 상대 속도를 검출해서 차간거리를 자동적으로 지키는 Auto Curse 기능이 이미 실용화 되어 있다. 이들은 고정도 레이더 센서와 CCD 카메라, 차속, 조향각 센서등이 활약하고 있다.

가까운 장래, 자동차끼리 회하해서 사고를 방지하는 차량간 통신도 실용화 될 것 같다. 항공기에서는 주위의 항공기와 신호를 주고 받으면서 파일럿에게 회되등의 지시를 내는 TCAS로 불리는 충돌방지장치가 실용화 되어 있지만, 차차간 통신은 이 자동차 판이다. 교차점등에 설치된 통신기기를 통해서 자동차끼리 상호 속도, 진행방향은 물론, 방향지시기 작동의 유무와 브레이크 조작 등 까지 정보를 교환하고, 합류점의 사고와 직진차와 우회전차의 충돌 가능성 등을 예측한다.

그 외에 위험을 판단하면 음성과 카네비 화면등에서 운전자에게 경고한다. 안전 분야에서는 만일의 오동작도 허락되지 않기 때문에, 신뢰성 높은 센서와 반도체, 수동부품이 활약한다.

(2) 자동차 카네비 정보와도 연계

카네비의 지도 데이터는 내장 통신모듈에서 자동 갱신되도록 되어 있다. 자동차에는 늘 회신의 지도 데이터가 있기 때문에, 카네비가 지금까지의 지도표시와 길안내에서 차량제어 지원장치로 변화해 간다.

예를 들면, 자동차가 커브에 다다랐다는 것을 카네비 정보에서 감지하여 커브 앞에서 브레이크를 걸면 자동적으로 기어를 시프트다운 하는 네비 협조 시프트 제어와, 산길 주행시에 최적의 변속비를 선택하는 기능등이 실용화되어 있다. 또, 자동차에 탑재한 카메라에서 노면위의 기호(횡단보도 등)를 읽고, 카네비의 위치 정도를 보완하는 기술도 개발되어 있다.

3) 쾌적분야에 관한 전자화 동향

(1) 카네비가 『쾌적기기』로 탈피

1980년대 실용화된 카네비는, 지도표시와 자동경로탐색의 기본기능에 엔터테이먼트 기능, 운전지원 기능을 더하여 『쾌적기기』로써 진화하고 있다. 전자메일통신과 음악 다운로드는 물론이고, 현재 위치 주변의 교통정보와 일기예보, 관광정보, 맛있는 집 정도등을 확인할 수 있는 서비스가 시작되고 있다. 이미 실용화되어 있는 주차지원 시스템에서는, 복수의 차채카메라에 투영된 차량주위의 화상을 차량 상방향에서 촬영한 영상을 가공하여 카네비에 표시되는 기능이 등장하고 있다. 자동차와 주위의 위치관계가 일목요연하게 알 수 있도록 종열주차와 차고에 넣는 것을 스마트하게 행하도록 되어 있다. 이와같은 카네비는 이후 운전자와 자동차를 연결하는 인터페이스로써 진화하여 갈 것이다.

① by wire에 의해 차내를 넓게

달리고, 회전하고, 멈추고 라고 하는 자동차의 기본적 기능에도 전자화의 파도가 밀어닥치고 있다. 유압과 케이블 등 기계적인 기구에서 동력을 전달하고 있던 것을, 전기신호를 통해서 모터를 움직이는 『by wire』기술이 개발되고 있다. 바이와이어 기술을 도입하면 기계적 기구를 절감할 수 있기 때문에, 차량의 경량화와 차내공간의 확대, 차량디자인의 자유도를 높일 수 있다. 덧붙여, 제어계의 파라메터를 용이하게 조절할 수 있기 때문에, 고령자, 신체장애자 등의 각각 운전자의 상황에 맞는 적절한 성능을 얻는 것이 기대된다.

예를 들면, 『stearing by wire』가 실현되면, 컬럼샤프트라 불리는 금속제의 부품이 없어지고, 운전자의 발밑에는 아무것도 없는 넓은 공간이 생긴다. 핸들과 휠을 전기적으로 접속하면 되기 때문에, 오른쪽 핸들과 왼쪽 핸들차도 공용화 하는것이 가능하다. 전기적인 시스템에 이상이 생겼을 때, 신뢰성 확보에 문제가 남는 것, 이후 이와같은 기술과제가 해결되어 by wire화의 흐름이 진행될 것으로 보여진다.

4) 전자부품, 전자 디바이스의 최신동향

근년 자동차는, 카일렉트로닉스를 충분히 활용하여, 환경의 부하를 막아내고, 점점 더 안전, 쾌적한 타는 물건으로 진화하고 있다. 그 무대의 뒤에는 전자부품, 전자 디바이스가 활약하고 있다. 예를들면, 카네비는 정보를 표시하는 디스플레이, 지도 정보를 읽어 들이는 메디어 드라이브, 현재지의 정보를 위성에서 받아들이는 GPS 센서, 연산에 의한 정보처리와 각 컴포넌트의 구동을 담당하는 IC LSI, 전류를 조정하는 컨덴서, 스위치, 각종 부품을 고정, 배선하기 위한 프린트 기판 등, 다종 다양한 전자부품, 전자 디바이스로 구성되어져 있다. (Fig 2.14)

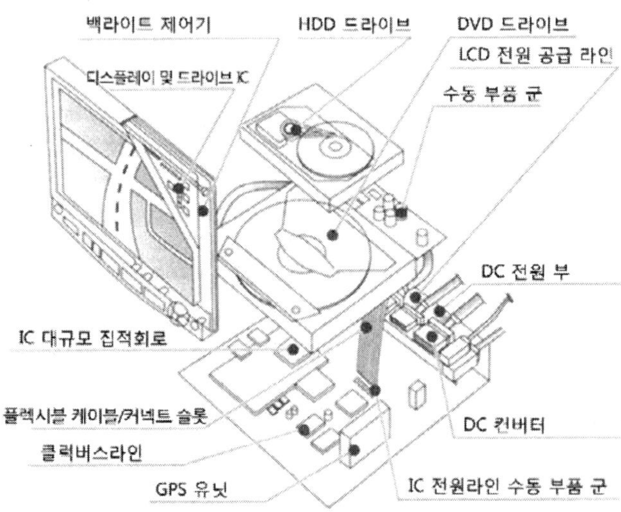

Fig 2.14 카네비를 구성하는 전자부품

그래서, 기능의 추가와 소형화처럼, 카네비가 진화하는 정도에 따라 전자부품, 전자 디바이스도 개량, 개선되어 때로는 신규의 부품, 디바이스가 채용된다. 이후에는, 전자부품, 전자 디바이스의 최근 개발동향을『전자디바이스』『수동부품』『변환부품』『접속부품』『기타부품』5가지로 분류하여 소개한다.

5) 전자디바이스의 개발동향

(1) 차재 마이컴의 발전으로 자동차의 두뇌는 점점 더 명석하게~!

자동차의 두뇌인 ECU(Electronic Control Unit)의 중핵을 담당하는 것이 차재 마이컴이다. 전방감시와 by wire와 같은 복잡한 카-일렉트로닉스의 채용, 또 극한의 환경성능을 구한 엔진제어의 고정도화가 진행됨에 따라, 차재 마이컴의 미세화, 고성능화의 요구수준이 높아지고 있다. 또 너무 증가 되어버린 ECU를 통합하는 움직임이 활발하게 되어있고, SOC(System On Chip)화와 ECU의 시스템화가 진행될 전망이다.

(2) 파워디바이스는 손실저감이 급무

파워 디바이스는 전력의 승강압, 직교변환, 정류에 꼭 필요한 디바이스이다. 그 주역은 다이오드와 스위칭 소자이다. 일반적으로 모터 구동 등의 수백V 클래스의 카 일렉트로닉스에는 IGBT가 이용되고, 그 이외의 수십V 클래스의 용도에는 MOSFET가 이용된다. 환경성능이 부가가치로 되는 작금에 있어서, 대전력을 도통시키는 파워디바이스의 손실저감이 강하게 요구되어지고 있다. 동시에, 손실과 깊은 관계가 있는 내열성과 온도특성의 성능향상이 요구되어지고, 이들의 실현에 향한 디바이스 개발이 진행되고 있다. 예를들면, 실리콘 계열에서는 Super 장션구조를 갖는 MOSFET가 시장을 형성하고 있다. 또 SiC(Silicon Carbride)와 GaN(Gallium Nitride)등의 wide 디바이스는, 현시점에서는 개발단계에 있는 것, 장래 파워 일렉트로닉스 전체에 큰 혁신을 가져다줄 잠재력을 가지고 있다.(뒤에 설명)

(3) 멀티 인터페이스로 진화한 차재 디스플레이

차재 디스플레이는, 옛날에는 카스트레오, 이어서 카네비의 표시 디바이스로 주로 이용되어 왔지만, 근년에는 DVD와 TV만이 아니라, 하이브리드 시스템의 구동상황과 카메라가 장착된 전방, 주변 감시화상을 표시하는 멀티 인터페이스로 진화했다. 더욱이 터치 판넬 기능의 부가에 의해 다른 카 일렉트로닉스의 조작성, 편리성이 격단이 향상했다. 금후는 터치판넬의 조작기능과 시인성의 양립, 더욱이 Head up display의 자채 응용이 진행 될 것이다.

6) 수동부품의 개발동향

(1) 과혹한 환경에서도 견딜 수 있는 저항, 인덕터, 콘덴서

칩저항, 칩인덕터, 콘덴서는 회로내를 흐르는 전류, 전압의 제어에 없어서는 안될 부품이다. 모터와 전원의 제어회로에 포함되어, ECU와 카네비 등 모든 카 일렉트로닉스 기기에 실장된다. 가전등에도 많이 사용되는 수동부품이지만, 차재용도에서 특히 주목되는 것이 내환경 특성이다. -50℃~150℃의 범위에서 Heat cycle, 수천 Hz의 엔진진동과 돌발적인 충격, 때로는 Oil 등의 열화원인이 존재하는 과혹한 환경에서도 충분한 구동신뢰성이 확보 된다면, 차재 수동부품으로 된다. 그년에는 구동계의 카 일렉트로닉스를 ECU를 엔진룸에 탑재할 움직임도 있기 때문에, 수동부품에 요구되어지는 내환경 특성의 수준은 점점 더 높아질 경향이 있다.

7) 변환부품의 개발동향

(1) 센서 활용에 의해 크린으로 안전한 주행이 실현

자동차에는 옛날부터 다양한 센서가 다양한 용도로 탑재되어 왔다. 예를들면, 압력센서, 공기유동센서, 배기가스 센서, 온도센서는 엔진의 고효율 구동에 따른 정밀제어를 실현하기 위해 중요한 역할을 담당하고 있다. 한편, 가속도 센서는 에어백과 프리텐션등의 안전설비를 정확하게 구동시키기 위해 충격검지와 액티브 서스펜션과 Auto curuse(자동운전)등 구동계의 전자화를 지지하는 기반 디바이스로 되어 있다. 각속도 센서와 변위센서도, 운전자의 핸들, 패달 조작을 정확하게 하고, by wire화의 기초가 될 것이다. 이들의 센서에는 한층 더 고정도화, 소형화가 요구되어 지고 있다. 또, 사이즈와 정도에서 우위인 MEMS 센서로 시프트가 진행된다.

(2) 운전자 대신 위험을 발견하는 레이더, 카메라

안전 성능 향상을 향한 각종 레이더 센서 및 카메라의 채용이 활발하게 진행되고 있다. 코너와 주차 시 접촉방지에 이용되는 소나 레이더와 야간 보행자 발견을 지원하는 적외선 카메라는 태동기에서 보급기로 진행되고 있다. 한편 지금 제일 개발이 활발한 것은 미리파레이더와 레이저 레이더를 이용한 선진 안전 시스템이다. 미리파 레이더는 76GHz 전후의 전파를 이용하여 주변차량과 장애물과의 거리와 상대속도를 측정하는 디바이스이다. 한편 레이저레이더도 같은 기능을 가진 디바이스이지만, 고스트 면에서 유리한 반면, 기상조건의 영향을 받기 쉬운 특징을 갖는다. 어느것도 100~200mm까지 측정 가능하다. 이들은, 지금까지 주로 뒤쫓는 주행지원에 이용되어 왔다. 그 후 CCD / CMOS 카메라와 조합하여 24GHz 대 미리파 레이더의 등장에 의해 free cruckshue saftey, 진로변경시 접근 차량의 경고, 충돌시 충격 완화 등, 한층 더 고부가 가치 응용이 탄생했다. 이들은 현재 고급차를 중심으로 탑재되어 있다. 금후, 중급차와 대중차 까지의 보급을 촉진하기 위해서는 시스템 가격을 대폭 낮추어야 한다. 여기에서는 미리파레이더에 이용된 SiGe MMIC (Momolithic Microwave Integrated Circuits)등의 신소재 디바이스가 활약하게 될 것이다.

8) 접속부품의 개발동향

(1) 방열특성의 강화가 진하된 배선기판

배선기판은, 전력과 신호의 곱급뿐만 아니라, 전자 디바이스, 부품을 고정하는 역할을 담당하고 있다. 근년에는, ECU의 소형화 요청으로 배선의 다층화와 부품의 내장에 의한 고정일도화가 진행되는 경향이다. 더욱이 전자부품, 전자디바이스가 내는 열을 분산하고, 효율적으로 없내는 것도 배선기판의 역할이다. 특히 파워반도체의 기판에는, 세라믹과 합금등이 방열성을 강화한 재료의 개발, 채용이 진행되고 있다.

(2) 고기능화가 진행된 스윗치, 커넥터

사람이 직접 접하는 인터페이스인 조작 스윗치는 눈으로 보는 것 말고 질감과 접촉감을 추구하는 개발이 진행되고 있다. 커넥터는 이름 그대로, 배선과 배선을 접촉하기 위한 부품이다. 방수기구와 노이즈 대응 등에 의한 부가가치화가 진행됨과 동시에, 부품점수 절감과 실장작업효율 향상에 의한 코스트 절감을 위한 개발이 진행되고 있다.

9) 기타 부품의 개발동향

(1) 고속화가 진행되는 차량용 네트워크

카 일렉트로닉스화가 박차를 가하고 있음에, 자동차에 탑재되는 ECU 수, 그리고 ECU 간을 통하는 정보량은 비약적으로 증가했다. 한층 더 카 일렉트로닉스화의 발전에 대비하여, 차내의 정보유통계의 고속화가 급무이다. 현재 CAN(Controller Area Network)로 불리우고 최대 1Mbps의 차량용 LAN 규격이 주류로 되어 있지만, 향후 카일렉트로닉스화가 특히 진행되고 있는 하이브리드 자동차의 파워트레인계 시스템을 한번 살펴보면, Flex-ray 등의 차세대 고속 차량용 LAN 채용이 될 것으로 생각되어 진다.

(2) 차세대 ITS 실현을 지원하는 DSRC (Dedicate Short Range Communications)

차세대 ITS(Intelligent Transport System)을 실현하고, 도로교통의 환경성, 안전성, 쾌적성을 향상 하기 위해서는, 차차간, 도로간의 통신이 중요하다. 여기에서 필요한 것은 DSRC이다. DSRC는 전부 ETC(Electric Toll Collection)용도로 58Ghz 무선통신이 실용화되어 있다. DSRC를 활용한 다양한 응용의 개발, 실용화가 향후 활발하게 될 것이다.

10) 향후 중요한 트렌드

(1) SIC가 가져다 주는 임팩트

SIC 디바이스가 갖는 손실저감의 포텐셜을 유효하게 사용하기 위해서는, 종래의 실리콘 디바이스보다 높은 온도에서 구동될 필요가 있다고 말해진다. 또, 고온에서 구동되는 것으로 냉각조건이 완화되므로 Heatsink 등을 소형 경량화 될 가능성이 있다. 이러한 관점에서 SIC 디바이스를 탑재한 고온 인버터 / 컨버터 개발이 진행되고 있다.(Fig 2.15) 그렇지만 이것들이 혼재되어 회로를 형성하기 때문에 수동부품과 접속부품의 고온특성이 문제로 되고 있다.

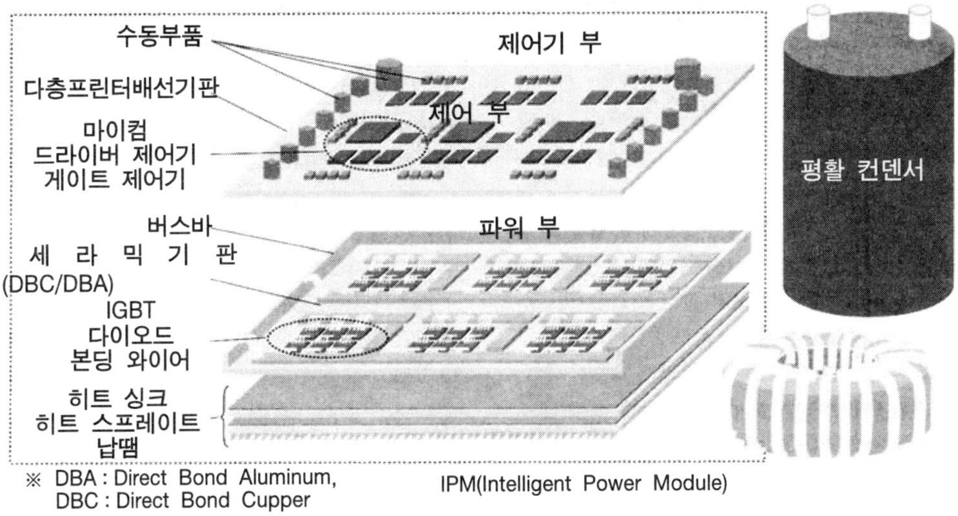

Fig 2.15 하이브리드 자동차의 인버터 구성 (이미지)

이것은, 종래의 수동부품과 접속부품은 종래의 실리콘 디바이스의 이용조건(100℃ 이하 정도)에 맞추어설계되어 왔기 때문에, 200℃와 300℃에도 성능과 신뢰성을 유지시키기 위해 소재에서 근본적으로 고칠 필요가 있다. SIC화의 움직임이 본격화하는 중에 디바이스 메카 뿐만 아니라, 수동부품과 접속부품 메카에도 빠른 개발이 요구된다. 동시에 SIC화의 트랜드는 파워일렉트로닉스 업계의 세력도를 바꿀 수 있는 이벤트가 될 것이다.

여기까지, 자동차에 탑재되는 전자부품, 전자 디바이스의 개발동향에 있어 기술하였다. 현재의 자동차 산업은 일렉트로닉스화의 격동의 와중에 있고, 차량용 전자부품, 전자디바이스 산업에도 계속적인 기술혁신이 구해지고 있는 것은 명백하다. 전자부품, 전자 디바이스 메카에 있어서 기술과 수익의 양면으로 차량용 용도로 개발한 것은 의의가 크다. 한편, BRICS 제국의 경제성장, 연료가격의 변동이 심함, 미국빨 금융위기에 보여지는 것처럼 카일렉트로닉스 업계를 둘러싸고 있는 환경이 격화되고 있는 사실이다. 이들의 영향에서 카일렉트로닉스의 사업환경도 매우 악화로 가는 것이 불가피하다. 이와 같은 상황 중에서는, 기술력과 코스트 경쟁력의 종합력이 필요하다는 것은 말할 필요도 없다. 세계 경제의 침체와 같은 불우를 기업체질의 변화 기회로 잡고, 한층 더 기술력과 코스트 경쟁력을 연마하는 것이 다음의 성장기회 획득과 직결한다.

제3장 ●●● ICE(Internal Conbustion Engine) 기관

3.1 전자 제어 기관

1) 전자 제어 기관의 역사

전자 제어 기관의 시초는 1950년대 이지만 그 근거는 그보다 훨씬 이전에 시작된 기계식 연료 분사 제어에서부터 시작되고 있다.

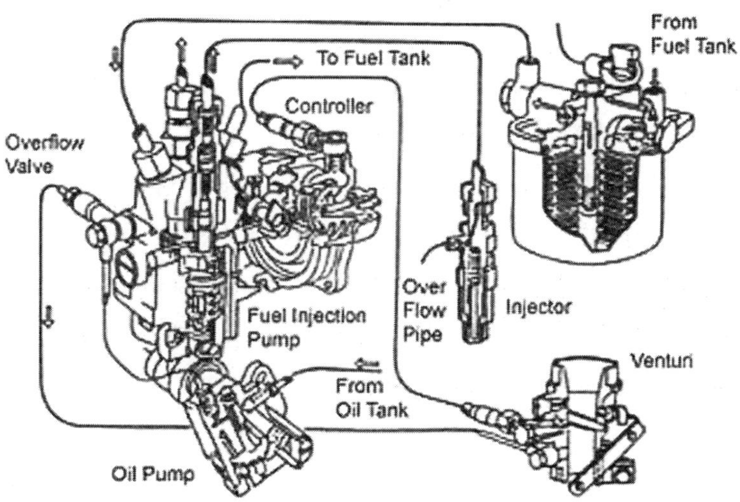

Fig 3.1 Gutbrod의 연료 분사

1930년대 항공기 엔진을 대상으로 연료 분사 제어에 대한 연구가 진행되어 오다가 제 2차 세계대전 기간 중 군용기에 적용한 것이 가솔린 엔진의 엔진 연료 분사 제어의 시초라고 볼 수 있다. 그러나 그때까지도 자동차 분야에서는 연료 분사 제어의 장점에도 불구하고 경제성을 만족하지 못하는 단점으로 인해 적용되지 못하다가 출력, 과도 응답 및 성능 향상이 요구되는 경주용 차에 1950년 말 최초로 실용화되었다. 이후 1950년에서 1953년 사이에 걸쳐 Goliath와 Gutbrod의 양사가 2기통 2 Cycle 기관을 승용차 기관에 적용하면서 최초로 실용화되었다.

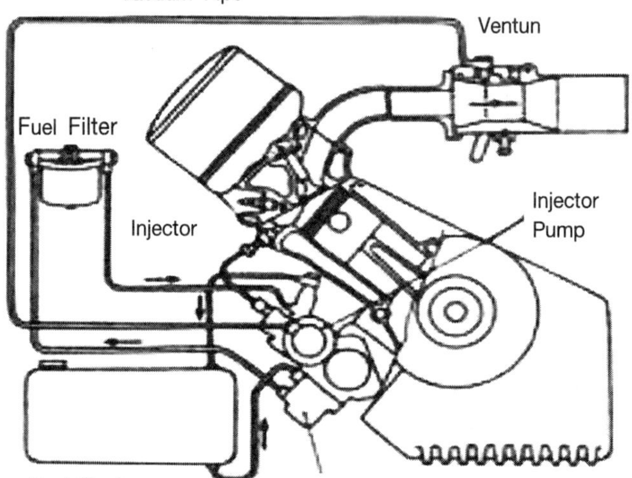

Fig 3.2 Benz 300 SL의 연료 분사

그 후 1957년 Benz사가 Benz 300SL모델의 4Cycle 기관에 연료 분사 제어를 적용시켰으며, 1950년대 시판된 가솔린 분사 장치는 모두 디젤 엔진용 분사 펌프로부터 출발한 플런저식 분사 장치로 Bosch사가 개발하여 공급했다. 1958년 발표된 Benz 200SE에 장착된 연료 분사 장치는 기계식 제어이긴 하나 흡기관에 Group Injection으로 분사하는 방식이 적용되었으며, 또한 Start Injector와 온도시간 Switch에 의한 시동방법, 시동 및 Warm-up에 따른 공기의 중량, 흡기 온도 및 대기압에 대한 공연비 보상 장치 등이 도입되었다.

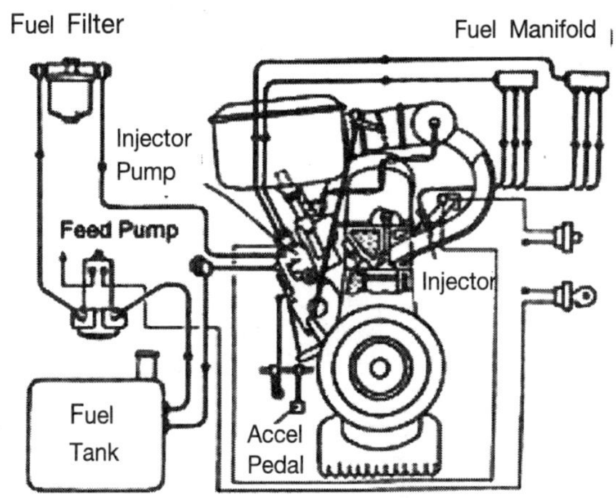

Fig 3.3 Benz 200 SE의 연료 분사

하지만 이상은 기계식 제어 장치이며 전자 제어식 연료 분사 장치의 효시라고 볼 수 있는 것은 Bendix사가 1953년에 개발에 착수해 1957년 발표한 Electroinjector 이다. 이후 10년 뒤인 1967년 Bosch사가 개발한 D-Jetronic이 많은 자동차 회사에 채용되면서 엔진 전자 제어의 발전을 이루는 발판이 마련되었다. Bosch사가 개발을 시작한 1962년 전후의 상황을 살펴보면 자동차에 의한 대기 오염 문제는 1950년대부터 부각되기 시작했고, 특히 1957년부터 1960년대 전반에 걸쳐서는 미국 연방 정부 및 California 주정부에 의한 오염조사 결과에 의해 배기가스 대책을 자동차 업체에 요구했으며, 1960년에는 California 주에 자동차 배기가스에 의한 대기 오염을 규제하는 법이 제정되어 1965년 7월부터 시행되었다. 그때 당시 고안된 배기가스 대책은 촉매 방식, After-Burn, Manifold Air Injection 등 주로 후 처리에 의한 것이 대부분이었다.

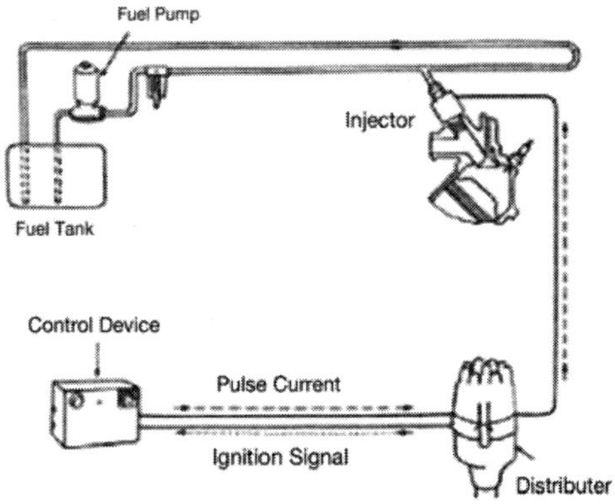

Fig 3.4 Electrojector (Bendix)

한편 전자 기술의 발전을 보면 트랜지스터는 게르마늄에서 실리콘 트랜지스터로 넘어 가면서 가격이 낮아지고, 신뢰성이 향상됨에 따라 자동차 부품으로 사용이 가능하게 되었다. 즉 이러한 배출가스 규제법의 등장과 전자 기술의 발전에 따라 공연비 제어의 정도가 좋은 전자 제어식 장치인 D-Jetronic이 등장하게 된 것이다.

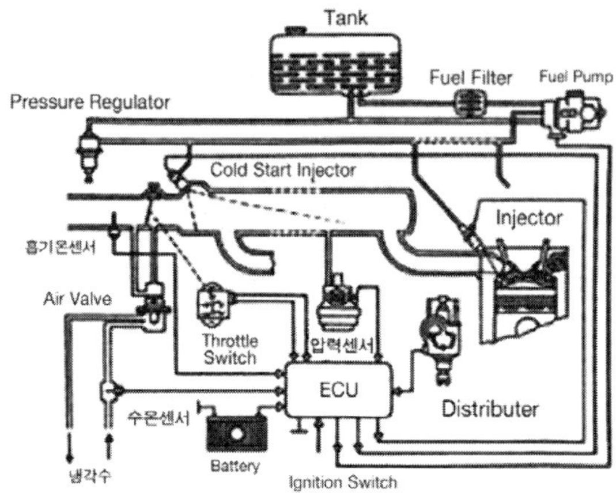

Fig 3.5 D–Jetronic (Robert Bosch)

Bosch사는 D-Jetronic 발표 5년 뒤인 1972년 Mass Flow 방식의 연료 분사 형태가 다른 2가지 종류의 엔진 전자 제어 장치(ECU), 즉 기계식 연료 분사 방식인 K-Jetronic과 전자 제어식의 순차 분사 방식인 L-Jetronic을 발표했다. 이 방식들은 Speed Density와 같은 간접적인 공기량 측정에 비해 공기 유량계(Air Flow Meter)로 직접 공기량을 검출하기 때문에 배기 가스 규제를 만족시킬 수 있을 만큼 공연비 제어 정도를 향상시킬 수 있었다.

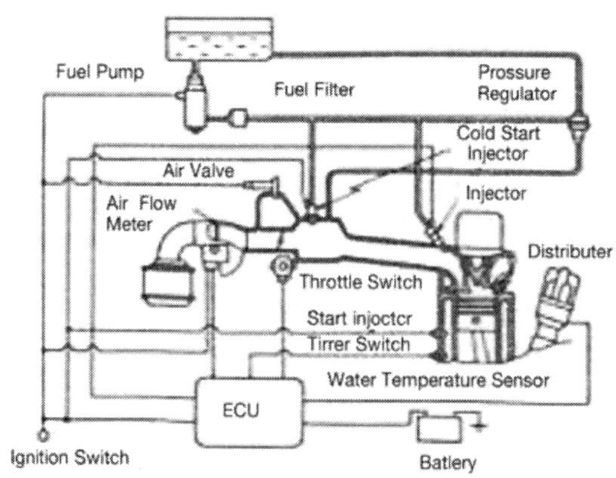

Fig 3.6 L–Jetronic (Robert Bosch)

배기 가스 규제에 대응하기 위해 앞에서 기술한 후처리 기술 외에도 새로 도입된 기술로는 O2 Sensor와 3원촉매기가 있다. 3원촉매기는 배출 가스 중 유독 성분인 HC와 CO의 산화 및 NOx 환원 반응이 동시에 일어나도록 하는 촉매로 배출 가스를 정화시키는 장치이다. 그러나 이런 정화 성능은 공연비가 이론 공연비 부근의 좁은 범위 내에 있을 때에만 가능하였다. 따라서 촉매 전단에 산소(O2) 농도를 O2 Sensor를 이용하여 검출하고 연료 분사량을 Feedback 보정하여 공연비를 이론 공연비 부근에 유지시키는 제어 방법으로 배기 규제를 대응할 수 있었다. Mass Flow 방식에 O2 Sensor를 이용하여 Feedback 제어를 추가한 ECU는 1977년 닛산, 도요다에 의해 실용화되었으며 현재 거의 모든 차종에 적용되고 있다.

한편, 공기유량을 검출하기 위한 Mass Air Flow 계측 방법에 대해 살펴보면, 1972년 Bosch가 발표한 L-Jetronic은 Vane식이며, 칼만 와류 방식이 1980년 MELCO(미쓰비시전기)에서, 열선(Hot-Wire) 방식이 1981년 Hitachi와 Bosch에 의해 발표되었다.

이후 전자기술은 트랜지스터에서 IC(Integrated Circuit)로 발전하여 마이크로 컴퓨터 시대를 맞이하게 되었으며 이는 『아나로그 시대』에서 『디지털 시대』로의 변천을 의미한다. 마이크로 컴퓨터를 엔진 제어에 본격적으로 적용하기 시작한 것은 1976년 GM의 점화 시기 제어이며, 이로 인해 기존의 기계식 방식보다 엔진의 운전 조건에 따른 정밀한 점화 시기 제어가 가능하게 되었다. 이후 ECU는 연료 분사, 점화 시기 제어, 공회전수 제어 (ISC : Idle Speed Control)등을 조합한 통합 제어 방식으로 발전하게 되었다. 이와 같이 아나로그 시스템에서 디지털 시스템으로 제어 방식이 바뀌면서 다음과 같은 특징이 나타나게 되었다.

첫째, 연료 및 점화 제어 시스템이 통합되어 운전 파라메터를 서로 공유하여 제어하는 시스템이 증가하였으며 이로 인하여 출력, 연비 및 운전성을 향상시킬 수 있었다.

둘째, 제어 정밀도 향상, Feedback 제어, 학습 제어가 가능하게 되었으며 ECU 내의 Memory를 이용하여 목표치로부터 벗어난 값을 기억하고 이것에 대한 적절한 조치를 하는 것이 가능하게 되었다. 그리고, 이러한 학습 제어를 사용하여 엔진 및 각종 부품의 Aging에 의한 보정이 가능하게 되었다.

셋째, 마이크로 컴퓨터의 출현에 의해 Speed Density 방식으로부터 발전하여 복잡한 제어와 자유로운 특성의 실현이 가능해 졌다. 엔진 속도와 흡기관 압력으로 표시된 운전 조건에 대해 필요한 연료량을 Program으로 정밀하게 제어하는 것이 가능해 졌기 때문에 Speed Density 방식도 Mass Flow 방식과 거의 동등한 공연비 제어 정도를 확보할 수 있게 되었다. 아울러 O2 Sensor Feedback 및 학습 제어가 추가된 Speed Density 시스템도 이 시기에 등장하게 되었다.

마지막, 넷째는 독립 분사 방식을 사용한 희박 연소 시스템(Lean-Burn)의 등장이다. 1984년 도요다는 Speed Density 방식의 T-LCS(Toyota Lean Combustion System)를 실용화시켰으며, 그 이후 연소압을 검출하고 공연비 Feedback을 행하는 연료압 Sensor 방식의 Lean-Burn System을 개발하였다.

2) 전자제어기관 시스템의 구성

보통 엔진 전자 제어 시스템을 말하면 센서와 액츄에이터를 제외한 제어기 자체만을 언급하기 쉬우나 광범위한 의미에서 엔진 전자 제어기를 이해 하고자 한다면 센서, 액츄에이터 및 엔진까지 포함한 전체 시스템을 다루어야 한다. 아래 그림은 엔진 전자 제어 시스템의 전체 구성도이다.

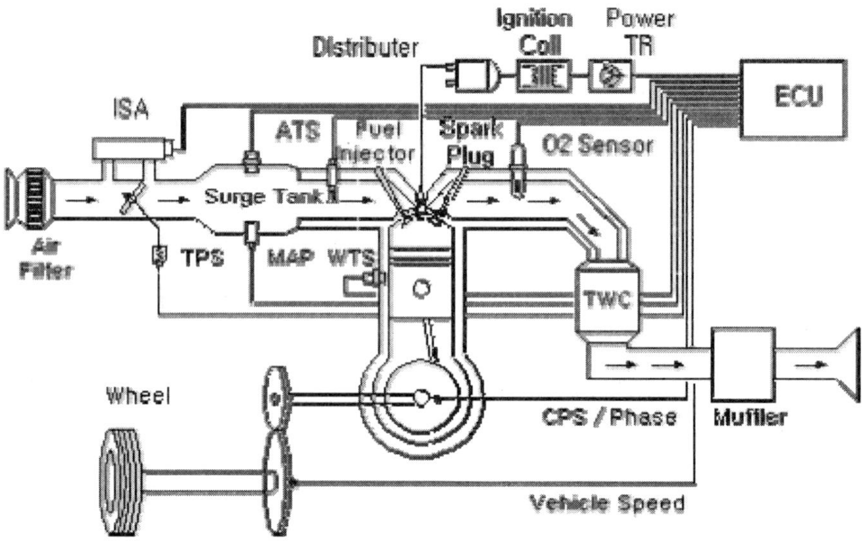

Fig 3.7 전자 제어 엔진 시스템 구성

위에 있는 그림에서 왼쪽이 흡기계, 오른쪽이 배기계이고, 오른쪽 위에 ECU (Engine Control Unit)라고 적혀 있는 네모난 박스가 마이크로컴퓨터를 내장하여 직접적으로 엔진을 제어하는 부분이다. 내부는 아래 그림과 같이 마이크로 컴퓨터, 전원부, 입력 처리 회로, 출력 처리 회로 등으로 구성된다.

물론 엔진 구조에 따라 다음과 같은 센서 액츄에이터가 추가 또는 대체될 수 있으나 기본적인 구조는 위에 기술한 바와 같이 그림에서 크게 벗어나지 않는다.

▨ DLI (Distributerless Ignition) System

▨ Mass Air Flow Sensor (Hot-Film or Kalman Vortex)

▨ 광전식 Crank각 및 Cylinder 구분 Sensor

▨ ISA (Single Coil, Double Coil, Step Motor, Servo Motor)

▨ Solenoid Valve (ON/OFF Type, Duty Type)

▨ OBD II 관련 (Differential Pressure Sensor 등)

3) 전자제어기관 시스템의 향후 전망

엔진 전자 제어 시스템(ECU)는 사회적 요구에 의한 대기 오염, 연료 소비의 저감과 함께 소비자 요구의 다양화에 대응하는 과정에서 성장을 거듭해 왔으며, 자동차용 엔진에 요구되는 특성을 보면 아래 그림과 같이 다양하다. 또한 최근에는 엔진뿐만 아니라 Brake 및 Suspension과 같은 차량의 다른 시스템에도 적용되고 있다. 여기에서는 이러한 전자 제어 시스템의 확산과 더불어 향후 엔진 전자 제어 시스템이 어떤 방향으로 발전해 나갈 것인가에 대하여 살펴보기로 한다.

지구 환경 보존의 요구가 높아짐에 따라 배출가스의 유해성분을 줄이면서도 연비가 높은 엔진을 만드는 것이 향후 엔진 전자 제어 시스템이 추구해야 할 과제로 대두되었으며, 또한 고객의 엔진에 대한 요구 사항이 고응답성, 고성능화, 차량의 실내 공간의 확보, 주행 저항의 감소 등 다양화, 복잡화 되어가고 있는 것이 현실이다. 이러한 요구 조건 등을 모두 만족시키기 위해서는 자유롭게 정밀한 제어를 할 수 있는 전자 제어를 사용하는 것이 유일한 해결 방법이다.

위와 같은 요구를 충족시키기 위한 ECU의 발전 방향으로는 다음과 같은 것들을 고려해 볼 수 있다.

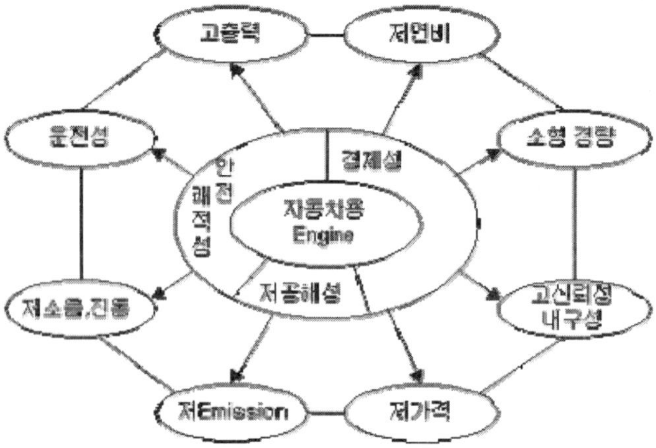

Fig 3.8 전자제어 엔진의 과제

- ▨ OBD(On Borad Diagnosis) II
- ▨ OBD(On Borad Diagnosis) III
- ▨ Wide Range O2 Sensor를 이용한 실린더별 공연비 제어
- ▨ Lean Burn Engine Control
- ▨ GDI(Gasoline Direct Injection) Engine Control
- ▨ 연소실내 압력의 직접 측정을 이용한 Knock Control
- ▨ ECU와 TCU(Transmission Control Unit)의 통합
- ▨ CAN 통신을 이용한 자동차 내의 Controller간 통신
- ▨ Immobilizer 제어 등

3.2 전자제어 기관의 입출력 처리

1) ECU의 입출력 처리 개요

EMS(Engine Management System)는 아래 그림에서 보는 것처럼 ECU와 센서 및 액츄에이터들로 구성된다. 이중 센서는 입력, 액츄에이터는 출력장치이며 이것을 통합하는 것이 ECU이다.

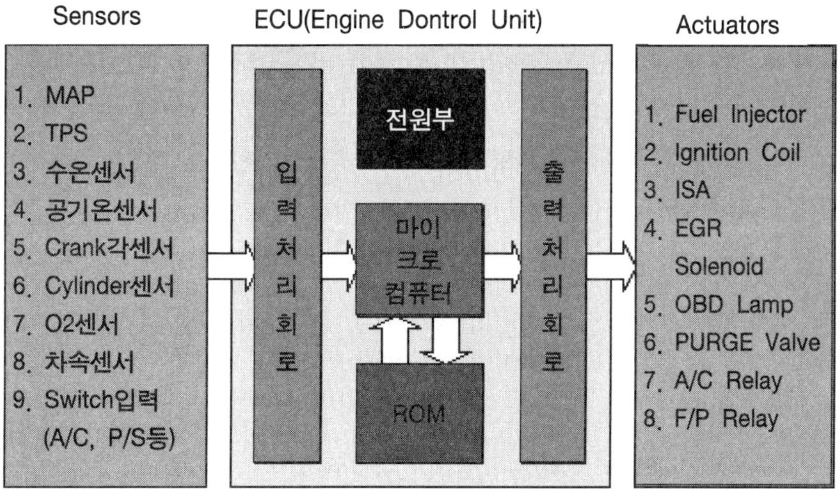

Fig 3.9 전자제어 엔진의 입출력

(1) 센서(Sensor)

센서는 압력, 온도, 변위 등 측정된 물리량을 마이크로 컴퓨터나 전기·전자 회로에서 다루기 쉬운 형태의 전기신호로 변환시키는 역할을 한다. 특히 자동차에 사용되고 있는 센서는 그 신호 형태 및 특성 자체가 광범위하며, 전기적으로도 서로 다른 특성을 보이고 있다. 따라서, 0～5V 범위의 전압만을 다루는 마이크로 컴퓨터로부터 센서 신호를 받아 처리하기 위해서는 별도의 회로가 필요하며 이 기능을 하는 것이 위 그림과 같은 입력 처리 회로이다.

▨ TPS(Throttle Position Sensor)
▨ MAP(Manifold Absolute Pressure) Sensor
▨ Hot Film Air Flow Sensor
▨ Water Temperature Sensor
▨ Air Temperature Sensor
▨ O2 Sensor
▨ Knock Sensor
▨ Crank Position Sensor
▨ Hall Sensor
▨ Vehicle Speed Sensor

(2) 액츄에이터(Actuator)

액츄에이터는 센서와 반대로 유량, 구동 전류, 전기 에너지 등 물리량을 마이크로 컴퓨터의 출력인 전기 신호를 이용하여 발생시키는 것이다. 자동차에서 쓰이는 액츄에이터 종류 역시 다양한 형태의 물리량을 요구하며 이를 위해 출력 처리 회로가 필요한 것이다.

▨ Fuel Injector

▨ Ignition

▨ Idle Speed Actuator

▨ Purge Control Solenoid Valve

▨ EGR Gas Control Solenoid Valve 등

2) Sensor와 입력 신호 처리

ECU에서 사용하는 기본적인 센서는 다음과 같은 것이 있으며 차종 및 제작회사에 따라 센서가 추가되는 경우도 있다.

▨ Throttle Position Sensor : 스로틀밸브 개도 위치(악셀레이터 페달을 밟은 정도)

▨ Manifolld Absolute Pressure Sensor : 흡입 공기량(간접)

▨ Hot Film Air Flow Sensor : 흡입 공기량(직접)

▨ Water Temperature Sensor : 엔진의 냉각수 온도

▨ Air Temperature Sensor : 흡입 공기 온도

▨ O2 Sensor : 배기중의 산소 농도

▨ Crank Position Sensor/ Hall Sensor : 엔진회전수와 1번 실린더 피스톤 위치

▨ Vehicle Speed Sensor : 차속

▨ Knock Sensor : Knocking 발생 유무 판단

(1) Sensor의 장착 위치

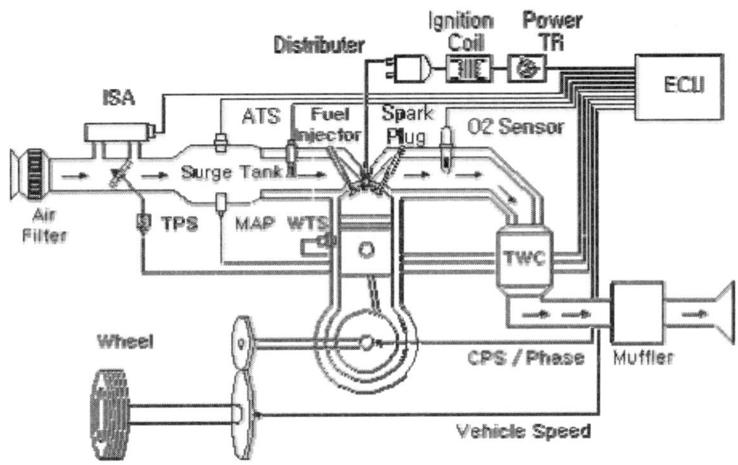

Fig 3.10 전자제어 엔진의 센서

(2) Sensor의 종류와 기능

- 스로틀밸브 개도 센서(Throttle Position Sensor; TPS)

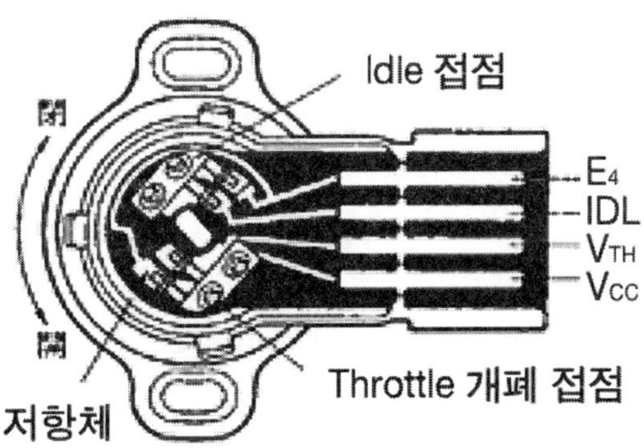

Fig 3.11 스로트밸브 개도 센서

TPS는 스로틀밸브 개도, 물리량으로는 각도의 변위를 전기 저항의 변화로 바꾸어 주는 센서이다. 즉 운전자가 악셀레이터 페달을 밟았는 지 또는 밟지 않았는지와 밟았다면 얼만큼 밟았는지를 감지하는 센서이다. 즉, ECU는 이 센서를 통해 운전자의 가속 또는 감속 상태를 판단 할 수 있는 것이다. 위 그림은 Throttle Body에 있는 센서의 구조를 나타낸 것이며 흡기매니폴드 서지탱크 앞에 장착되어 있다.

작동원리는 악셀레이터 페달에 연동되어 TPS 축이 회전하면 그 회전량은 저항의 변화분으로 변환되는데 이것은 흔히 사용하는 Potentiometer라고 볼 수 있다. 그러나 ECU 내에 있는 마이컴은 저항값의 변화를 바로 정보로 인식하지 못하기 때문에 TPS에 전원을 공급하여 전압값으로 바꾸고 A/D (Analog to Dital) 변환시킨 디지털 정보를 입력으로 받는다.

TPS의 출력 특성은 다음과 같이 스로틀밸브의 개도가 커짐에 따라 5V에 가까워지고 반대로 스로틀밸브가 닫혀 있을 때는 Idle 접점은 on되어 5V가 된다.

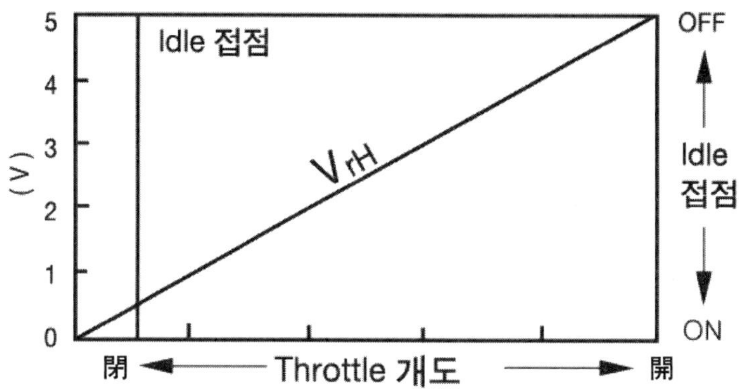

Fig 3.12 TPS 의 출력 특성

TPS가 고장 날 경우 보정 기능으로는 신호값을 2.5V 로 입력하여 스로틀 개도 50%로 고정 입력 하게 되며 간헐적으로 엔진이 부조하며 공회전 상태 불량, 가속성 저하, 배출가스 과다 발생 및 급감속시 시동 꺼짐 현상이 나타나게 된다.

- **맵센서**(Manifold Absolute Pressure Sensor ; MAP Sensor)

흡입 공기량을 측정하는 센서로 보통 MAP센서라도 부르며 흡기매니폴드 서지탱크 내에 장착되어 흡입 공기압을 전압의 형태로 측정한다. 그러나 실제 측정하려고 하는 물리량은 흡입 공기량인데 비해 공기압을 측정하여 사용하므로 간접 측정 방식이 된다.

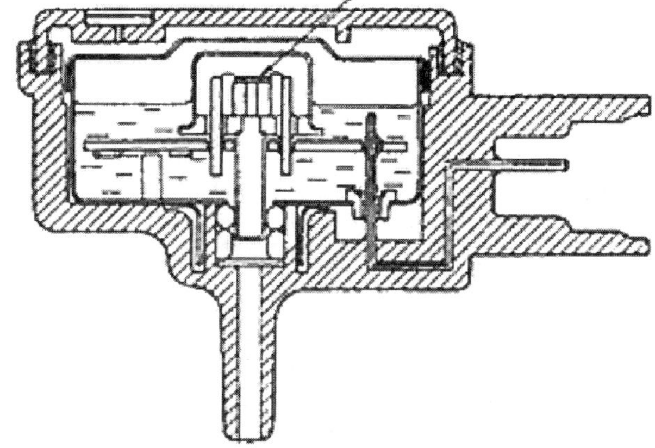

Fig 3.13 MAP 센서

위 그림의 실리콘 다이아프레임의 양단에 한쪽은 대기압이 한쪽은 흡기매니폴드 서지탱크 내의 압력이 연결된다. 그리고 엔진이 작동하게 되면 실린더 내의 부압이 형성되고 대기압은 일정 하니까 당연히 압력차가 생기게 되는데, MAP 센서는 이와 같은 압력차를 전압의 차로 변환하는 실리콘 다이아프레임의 압전효과를 이용하여 흡입 공기압을 전압의 형태로 변환시키는 것이다.

이 출력 역시 아날로그 형태의 신호이므로 ECU에서는 A/D 변환이 필요하며 출력 특성은 전형적인 1차 선형방정식 $y = ax + b$ (y는 전압 b는 압력)를 만족하는 출력이 된다.

MAP 센서가 고장 날 경우 엔진 시동성과 아이들 상태가 불량하며 가속성이 저하되고 엔진이 부조 하게 된다.

- **공기 유량 센서**(Air Flow Sensor)
  - **칼만 와류식 방식** (Kalman vortex type)

공기의 흐르는 통로에 기둥을 세우면 그 기둥 뒤에는 규칙적인 소용돌이가 발생하게 되는데 이 와류현상을 칼만와류라 한다. 칼만 와류방식은 이 칼만 와류현상을 이용한 것으로 와류발생부에 초음파를 송신한 후 와류에 의해 변화된 초음파를 수신하여 이를 주파수로 변조하여 디지털 신호로 ECU에 입력되는 방식으로 공기량에 따라 주파수가 비례하여 변하기 때문에 이를 가지고 공기량의 정보를 알게 된다. 칼만 와류식의 AFS 가 고장날 경우 시동성 불량 및 시동 불가,

아이들 상태 불량, 가속성 저하, 급가속 혹은 급감속시 시동 꺼짐의 현상이 나타나게 된다.

Fig 3.14 Karman 와류식 AFC

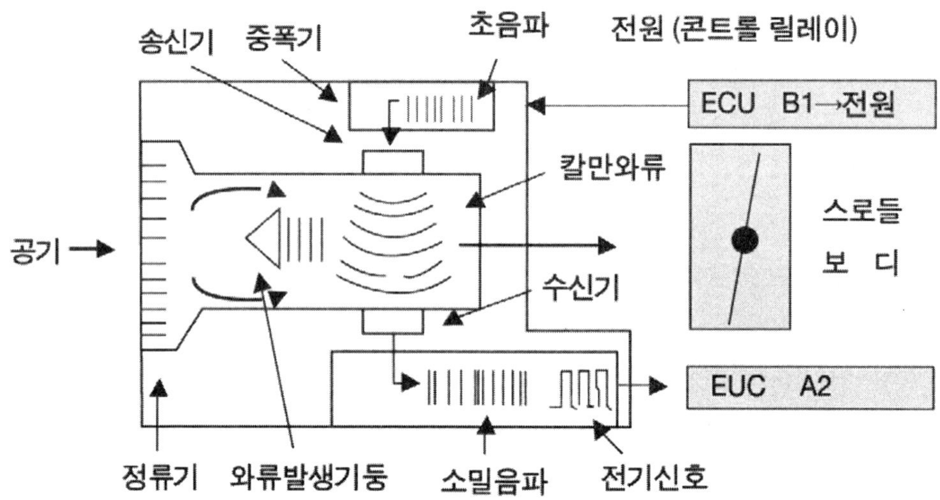

Fig 3.15 칼만 와류방식의 회로도

■ **핫 필름 방식** (Hot Film Type)

Fig 3.16 핫 필름 방식 AFS

공기 유량 센서의 일종으로 MAP 센서와 같이 공기량을 간접 측정하는 것이 아니라 직접 측정하는 방식의 센서이다.

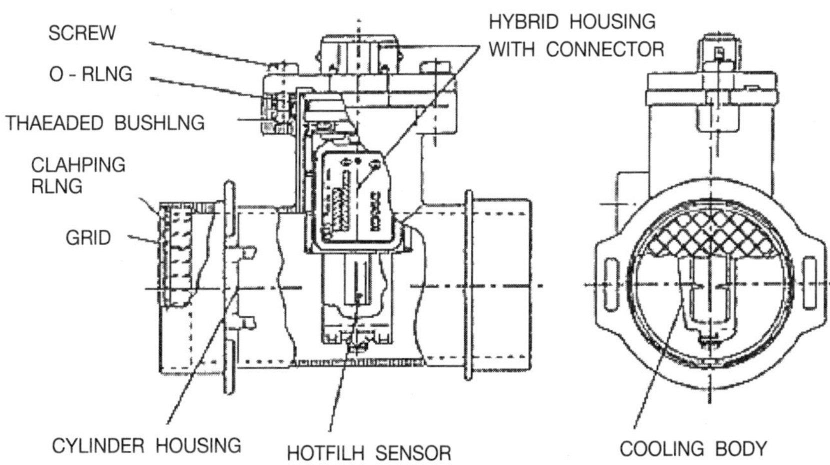

Fig 3.17 핫 필름 방식 AFS의 구성

장착 위치는 Air Cleaner와 Throttle Body (ISA와 TPS가 있는 부분) 사이에 있으며 MAP 센서 보다는 훨씬 앞에 장착된다. 따라서 MAP 센서보다 정확하고 빠른 공기량 측정이 가능하다. 오른쪽 그림의 동그란 원이 흡입 공기가 흘러가는 통로이다.

이 방식은 먼저 Hot Film을 가열시키고 엔진이 작동하여 실린더로 공기가 유입되면 상대적으로 온도가 낮은 유입 공기에 의해 Hot Film이 식게된다는 원리를 이용하고 있다. 온도가 강하하면 아래 그림에서 브리지 회로를 구성하고 있는 Hot Film의 저항이 변화하게 되고 이것은 최종적으로 전압의 형태로 나타난다. 이 신호도 물론 A/D 변환이 필요하다.

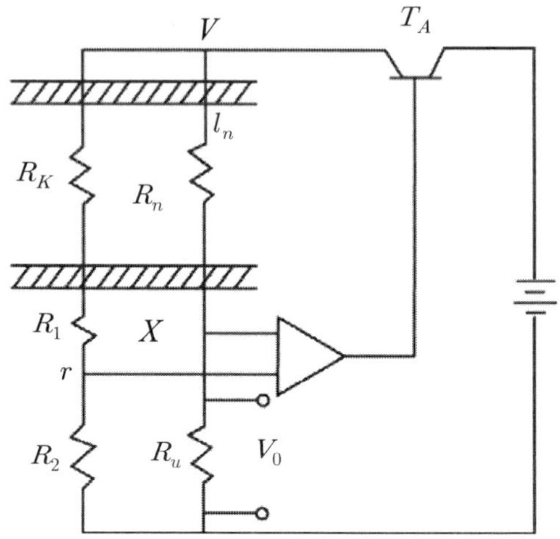

R_n : Hot Film저항
R_u : 표준 저항
R_K : 공기 온도 보상 저항
R_1, R_2 : 브리지 저항

Fig 3.18 핫 필름 방식 AFS의 회로

핫 필름(Hot film) 방식의 AFS가 고장 날 경우 배출가스 과다 발생 및 연료 소모가 많아지며 가속성이 불량한 현상이 나타나게 된다.

■ 핫 와이어 방식 (Hot wire Type)

흡입공기 통로에 백금선의 발열체를 놓으면 발열체는 공기량에 따라 열을 빼앗겨 냉각되는데 이를 다시 가열하는데 전류가 필요하며, 공기량이 많으면 많을수록 많은 전류가 필요하게 된다. 이 전류량을 감지하여 상대적으로 공기량의 정보를 ECU가 얻게 된다.

핫 와이어 (Hot wire) 방식의 AFS가 고장이 날 경우 2,400 rpm 이상으로 rpm이 올라가지 않거나 시동성 불량, 아이들 상태 불량, 가속성 저하, 연료 소모과다의 현상이 나타나게 된다.

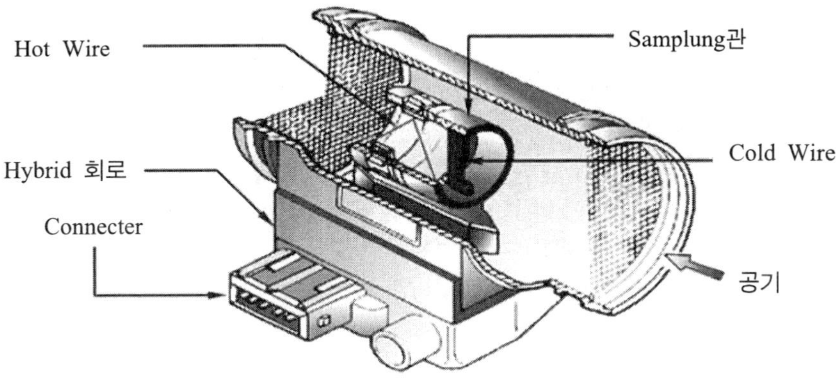

Fig 3.19 열선식 AFS의 구조

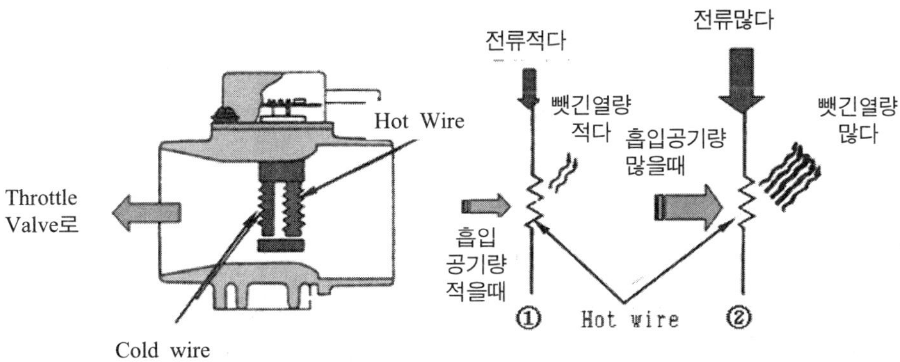

Fig 3.20 열선식 AFS의 계측원리

- **냉각수 온도 센서**(Water Temperature Sensor; WTS)

냉각수 온도 센서(WTS)는 온도를 전압으로 변환시키는 센서로서 냉각수가 흐르는 실린더 블록의 냉각수 통로에 Thermister 부분이 냉각수와 접촉할 수 있도록 장착되어 있으며 기관의 냉각수 온도를 측정한다.

냉각수 온도는 기관의 제어시에 연료보상을 위해 가장 널리 쓰이는 변수이기 때문에 이 냉각수온 센서는 측정방법은 간단 하지만 매우 중요한 센서이다.

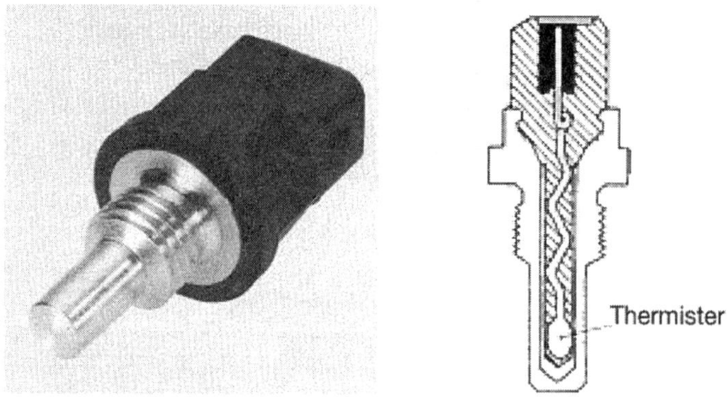

Fig 3.21 냉각수온 센서

수온 센서가 고장 날 경우 냉간시에 엔진 시동과 아이들 상태가 불량하며 냉간시 가속성 및 응답성이 저하된다. 고장시 보정 기능으로는 시동 직후 60초 동안 고장을 판단한 경우에 신호값을 80도로 고정 입력하고 주행 중 고장을 판단한 경우 신호값을 40도로 고정하여 입력시키게 된다.

- 흡기 온도 센서(Air Temperature Sensor; ATS)

흡기 온도 센서(ATS)는 냉각수 온도 센서(WTS)처럼 실린더에 흡입되는 공기의 온도를 전압으로 변환시키는 센서로서 MAP 센서와 동일한 위치인 Surge Tank내에 ATS의 Thermister 부분이 흡입 공기와 접촉할 수 있도록 장착되어 있다. ATS와 MAP 센서는 장착 위치가 같고 상호 기능적인 연계성 때문에 최근에는 이 두 센서를 하나의 Assay로 만들어 공급하기도 한다. 온도센서는 아래의 특성 곡선처럼 Thermister가 온도에 따라 저항값이 변화하는 특성을 이용하고 있는데, Thermister를 구성하는 물질에 따라 측정 가능한 온도 범위와 특성이 달라진다.

보통 아래 그림과 같이 온도가 높아지면 저항값이 감소하는 특성을 NTC(Negative Temperature Coefficient)라 하며 그 반대의 경우를 PTC(Positive Temperature Coefficient)라 한다. 엔진에서 사용하는 센서는 NTC 특성을 갖고 있으나 ECU 내부 계산에서는 수온에 해당하는 변수가 최대치일 때 120도를 나타내는 PTC형 변수를 사용하므로 A/D 변환 후 NTC를 PTC로 바꾸는 선형화 작업이 필요하다.

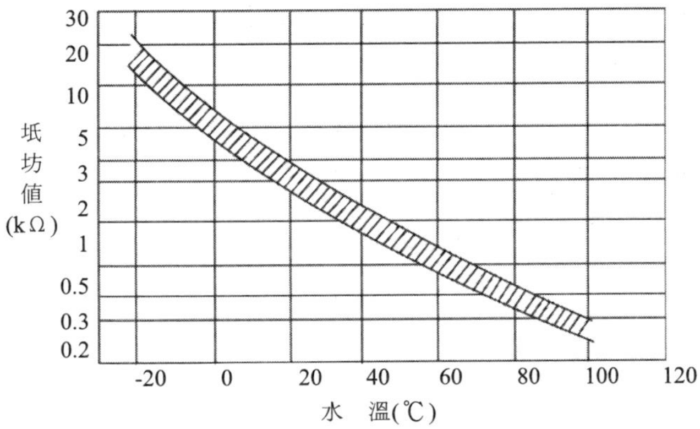

Fig 3.22 ATS의 출력 특성

ATS의 경우 고장 날 경우 간헐적인 엔진 부조가 생기고 가속성이 저하되며 연료소모가 과다하게 된다. 이러한 경우 차종에 따라 다소 차이가 있지만 신호값을 20도로 고정시켜 입력값을 주게 되고 공연비 흡기온 보정이 정지하게 된다.

- **산소센서**(O2 Sensor)

O2 센서는 배기가스 중의 산소의 농도를 측정하여 전압값으로 변환시키는 센서로서 흔히 λ센서라고도 하는데, 그 이유는 공기 과잉율을 나타내는 λ값이 1인 부분에서 센서의 출력 전압이 급격히 변하는 특성을 보이기 때문이다. λ=1인 상태가 기준이 되는 이유는 이때 3원촉매기(Three Way Catalyst ; TWC)의 배기가스 정화율이 가장 좋기 때문에 배기가스의 농도가 이 값 주위로 유지되면 유해한 배기가스 성분을 최대로 줄일 수 있다. ECU의 λ 또는 A/F Feedback Control의 목적도 크게는 배기가스 저감에 있고 작게는 O2 센서의 출력을 λ=1로 유지하는데 있다.

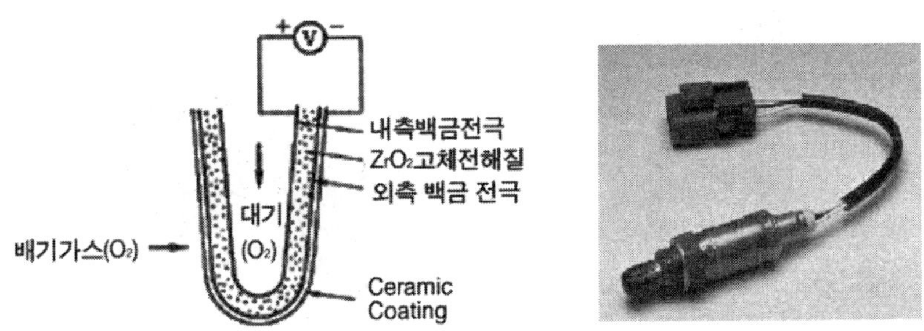

Fig 3.23 산소센서

O2 센서는 배기매니폴드와 3원촉매장치 사이에 센서의 감지부분이 배기가스 중에 노출 되도록 장착되어 있다.

출력 특성은 아래의 그림처럼 농후(Rich)와 희박(Lean)의 2가지 상태만을 감지하며 출력 전압의 범위도 다른 센서(0~5V)와는 달리 0~1V의 출력전압을 나타낸다. Rich는 λ<1(Air<Fuel ; 전압 1V 부근)인 상태를 Lean은 λ>1(Air>Fuel ; 전압 0V 부근)인 상태를 나타내며, 얼마만큼 농후한지 또는 얼마만큼 희박한지에 대한 정보는 알 수 없다. 산소센서가 고장 날 경우 공연지 피드백을 정지하게 되며 배출가스 과다발생, 연료소모 증가, 가속성 불량, 삼원촉매의 손상이 나타나게 된다.

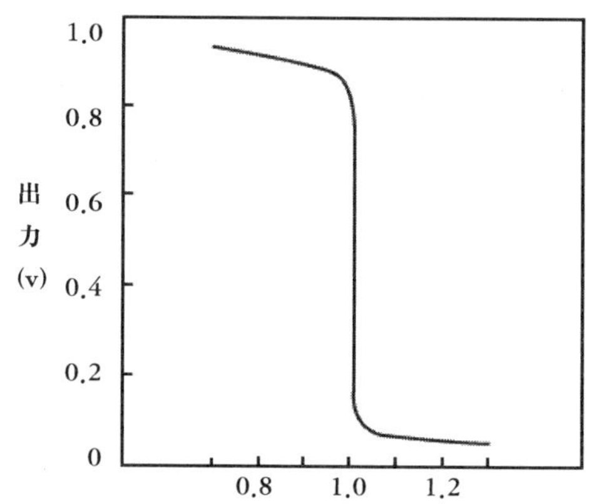

Fig 3.24 산소센서의 특성

- **크랭크각 센서**(Crank Position Sensor ; CPS) / **홀 센서**(Hall Sensor)

크랭크각 센서와 홀 센서는 각각 엔진 회전수와 현재의 실린더가 몇 번지를 감지하는 센서이다.

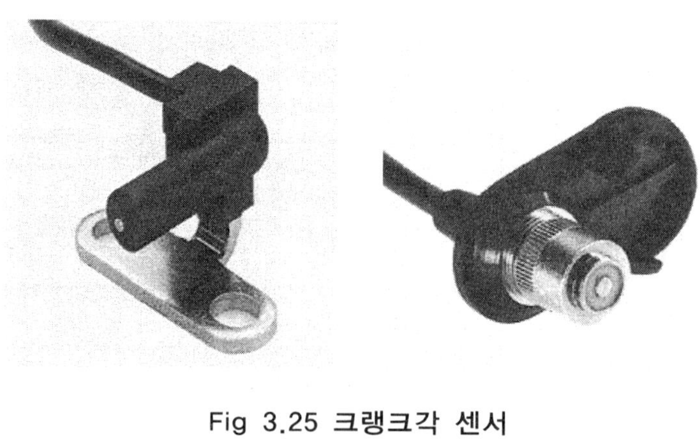

Fig 3.25 크랭크각 센서

엔진 회전수는 ECU에서 가장 중요한 변수일 뿐더러 신호처리 자체도 상당히 어렵다.

CPS 센서는 마그네틱 픽업(Magnetic Pickup)방식으로 엔진 회전시 Ring Gear와 Sensor 사이에 발생하는 Magnetic Flux Field에 의해 AC 전압을 발생시키는데, 이 AC 전압은 Ring Gear와 Sensor 사이의 Gap이 크면 클수록, 엔진회전수가 높으면 높을수록 더 크게 된다. 따라서, 최소 20rpm은 되어야 엔진 회전수를 감지할 수 있는 AC 전압 Level을 얻을 수 있다.

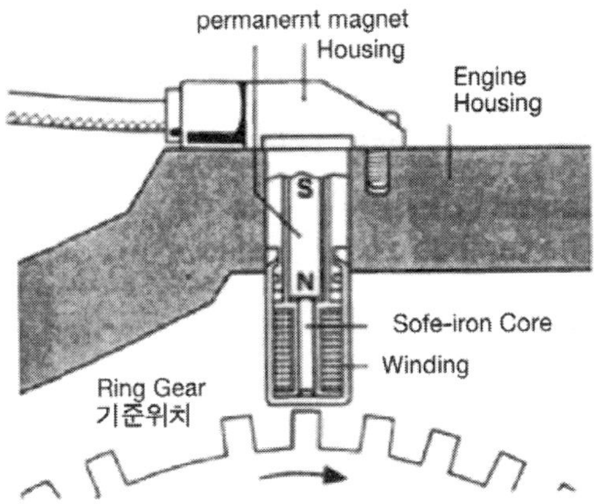

Fig 3.26 크랭크 각 센서의 원리

CPS 센서는 크랭크 축 플라이휠 옆에 장착되는데 그림과 같이 보통 4실린더 기관에는 크랭크 각(CA : Crank Angle) 360도에 60개의 이빨을 가공한 Ring Gear를 사용하고, 이 60개 이빨의 기준위치(1번 실린더의 BTDC 114도 CA)에 위치한 이빨 2개는 빼고(Missing Tooth) 가공한다. 아래 그림은 센서가 회전할 때 나오는 출력 신호와 ECU 내의 마이컴에서 받아들이는 신호형태를 나타낸 것이다.

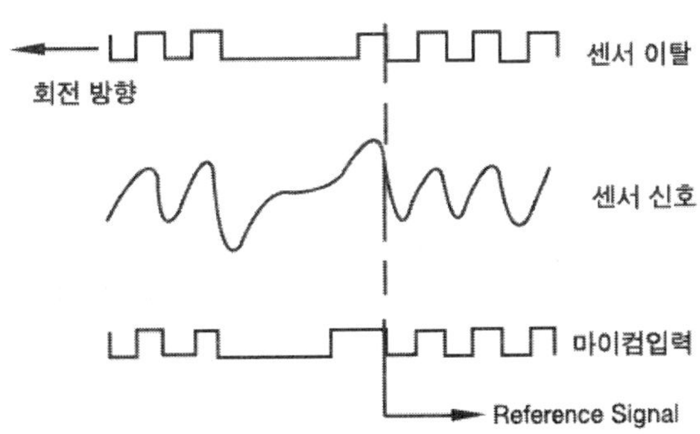

Fig 3.27 크랭크 각 센서의 출력신호

Hall Sensor는 캠축에 장착되며 캠의 각도로 360도, 즉 크랭크 축의 각도로 720도 마다 아래 그림과 같은 Vane (실제 형상으로는 원통에 Pin을 박아 놓은 것과 같은 형상)이 기준위치 (1번 실린더의 BTDC 114도 CA)에 있다.

Hall Sensor에는 Hall Effect IC가 내장되어 있으며 이 IC에 전류가 흐르는 상태에서 자계를 인가하면 전압이 변하는 원리로 작동된다. 즉 엔진 회전에 의해 Vane이 장착된 Wheel도 회전하고 Vane이 있는 곳과 없는 곳에서는 Gap의 차이가 있으므로 자계도 차이가 있으며 따라서 출력 전압도 아래의 그림처럼 다르게 나오게 된다.

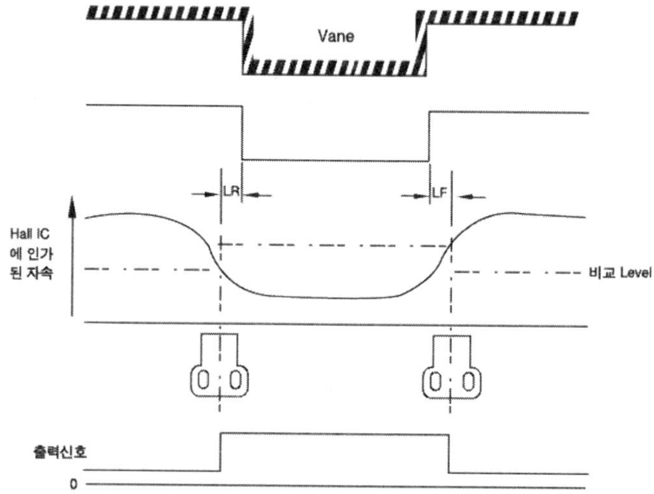

Fig 3.28 Hall Senser의 출력 특성

앞에서 기술한 바와 같이 위 두 가지 센서는 위의 그림들과 같이 크랭크축과 캠축에 장착되며 다음은 이 두 신호를 이용하여 점화시기를 구동한 예이다.

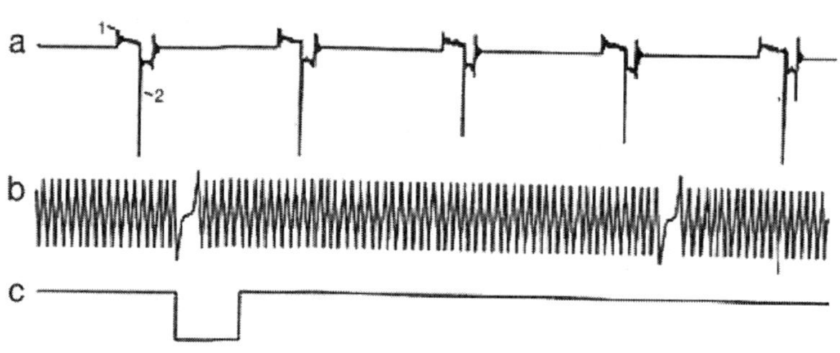

Fig 3.29 CPS와 Hall Sensor의 출력 비교

a. Ignition Coil Secondary Voltage
   1. Close, 2. Ignition
b. Crank rpm Sensor Signal
c. Camshaft Hall-Sensor Signal

한편, 광전식 센서의 경우는 배전기 안에 아래의 그림과 같은 형태로 센서를 내장시키고 있다.

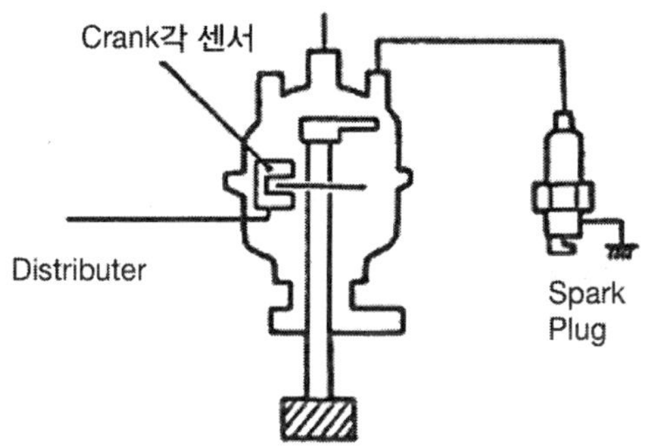

Fig 3.30 광전식 CPS

크랭크 각 센서가 고장 날 경우 엔진 컨트롤 릴레이 제어를 중지하게 되며 인젝터 구동제어를 하지 않게 되어 시동이 꺼지고 재시동이 불가하며 간헐적 불량의 경우는 차량의 울컥거림이 시동 꺼짐 현상이 나타나게 된다.

- **차속 센서(Vehiclele Speed Sensor)**

차속 센서는 말 그대로 차속을 측정하는 센서로 클러스터 패널에 장착된 리드스위치로부터 신호를 측정한다.

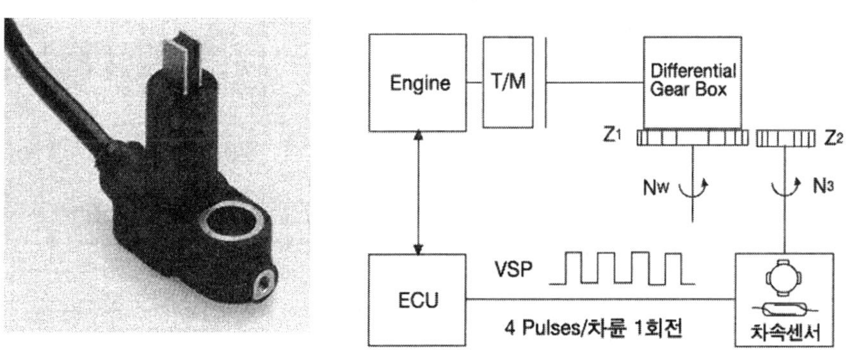

Fig 3.31 차속센서와 차속센서 회로 구성

차속센서가 고장 날 경우 ECU는 상시 주행 상태로 판단하게 되며 출발 혹은 정지시 시동이 꺼지려고 하거나 꺼지는 현상이 발생하게 된다. 또한 가속성 및 가속 응답성이 저하되게 된다.

- **노크센서(Knock Sensor)**

Knock Sensor는 Knocking이 발생하였는지의 유무를 판단하는 센서로 내부에 장착된 압전 소자와 진동판을 이용하여 압력의 변화를 기전력으로 변화시킨다. 엔진의 이상 연소로 인해 Knocking이 일어나면 엔진 출력이 떨어지고 심한 경우 피스톤의 손상까지도 유발될 수 있기 때문에 엔진 제어에서는 이 Knocking이 발생하였는지의 유무를 판단하고 점화시기를 지각시켜 엔진 출력을 향상시키고 엔진을 보호하는 Knock 제어를 하고 있다.

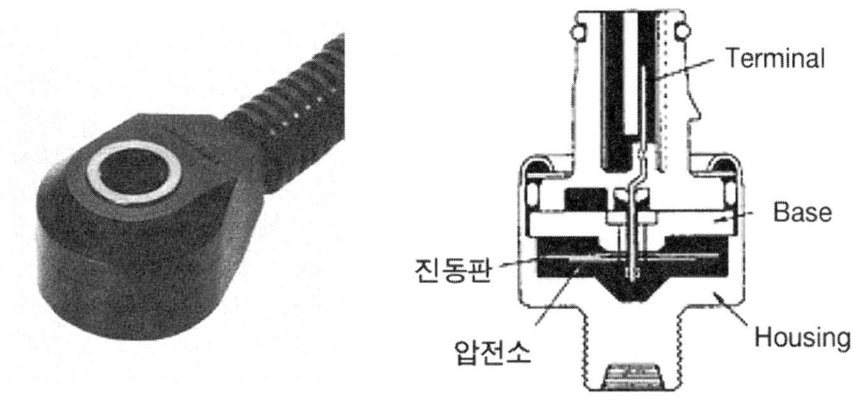

Fig 3.32 노크센서

Knock Sensing을 위한 압력 측정은 Accelerometer를 실린더 내부에 장착하여 직접 실린더 내압을 측정하는 방법도 있지만 대부분의 상용화된 엔진 제어 시스템에서는 실린더 블록에 장착하여 Knocking을 감지하는 저렴한 공진형 Knock Sensor를 사용하고 있다.

공진형 Knock Sensor의 특성은 아래 그림에 나타난 바와 같이 특정 주파수에서만 큰 출력 나타내는 특성이 있다. 즉, Knocking이 발생했을 때의 엔진의 진동 주파수와 동일한 공진 주파수를 갖는 Knock Sensor를 선정하면 Knocking이 발생했을 때에 큰 값의 진폭을 센서출력에서 얻을 수 있게 된다.

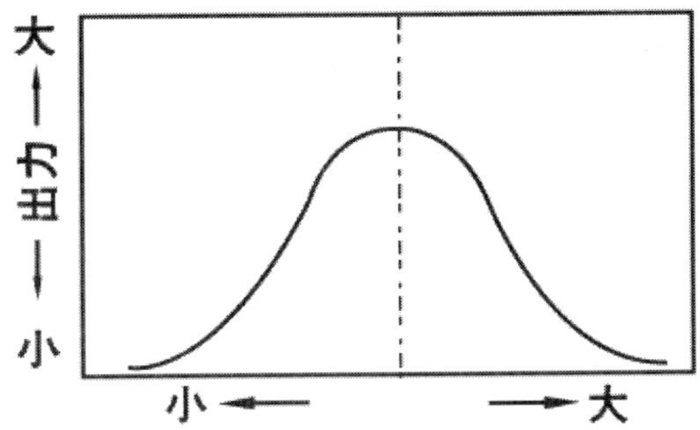

Fig 3.33 노크센서의 출력

아래의 그림은 Knock이 발생하지 않았을 때와 발생했을 때의 출력을 보여주고 있다.

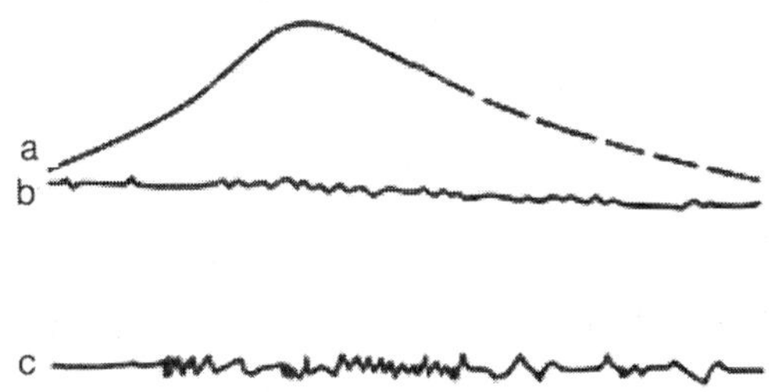

Fig 3.34 Knock 신호 without Knocking
a. Cylinder Pressure Signal
b. Filtered Cylinder Pressure Signal
c. Knock Sensor Signal

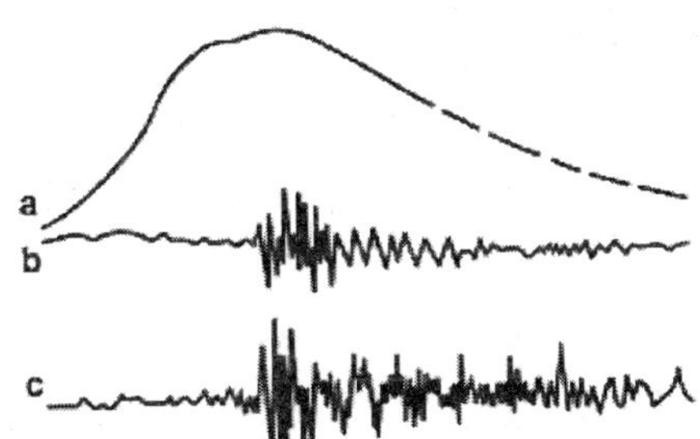

Fig 3.35 Knock 신호 with Knocking
a. Cylinder Pressure Signal
b. Filtered Cylinder Pressure Signal
c. Knock Sensor Signal

노크센서가 고장 날 경우 노킹제어를 ECU에 미리 설정된 데이터로 고정 제어를 하게 되며 가속성 저하 및 노킹 발생의 현상이 나타나게 된다.

- **TDC(NO.1) 센서**

TDC 센서는 1번 실린더가 압축상태에 있는 것을 감지하는 센서로 이 신호를 기준으로 점화순서를 제어한다. 이 신호를 감지하는 방식에 따라 광학식과 홀 소자식으로 나누어진다.

광학식은 주로 캠 샤프트나 디스트리뷰터 내에 위치하며 그 구조는 슬릿판을 중심으로 발광 다이오드와 포토 다이오드로 구성되어 있다. 크랭크 축이 회전하면 이와 동기하여 슬릿판이 회전하며 빛이 슬릿을 통과하여 포토 다이오드에 빛이 전달되고 전압이 발생되어 비교기가 on 되므로 ECU에 센서전압(5V)이 입력된다. 또한 슬릿판이 회전되어 빛이 차단되면 ECU에 0V가 입력된다. 이러한 동작이 반복되며 이 신호를 가지고 ECU는 엔진이 회전하는 것을 판단하게 된다.

홀소자식은 2개의 영구 자석 사이에 도체를 직각으로 설치하고 도체에 전류를 공급하면 도체 내의 전자는 공급전류와 자속의 방향에 대해 직각방향으로 굴절되어 한쪽은 전자의 과잉상태가 되고 다른 한쪽은 전자 부족 상태가 되어 양단에 전위차가 발생되는 홀 효과를 이용하여 출력된 전압을 증폭하여 신호가 발생되며, ECU는 이 신호에 의해 1번 및 4번 실린더의 TDC 위치를 판단한다.

TDC 센서가 고장 날 경우 엔진 가속성능이 저하되며 연료 소모가 과다하게 되고 배출가스 상태가 불량하게 된다.

3) Actuator와 출력 신호 처리

ECU에서 사용하는 기본적인 액츄에이터는 다음과 같이 연료 인젝터, 점화 시기 및 공회전을 조절 기능 등으로 크게 구별할 수 있다.

▨ Fuel Injector : 연료 공급량을 조절한다.

▨ Ignition System : 혼합기의 연소가 제대로 되도록 점화 시기를 조절한다.

▨ Idle Speed Actuator : 공회전시 공기량을 제어한다.

(1) Actuator의 장착 위치

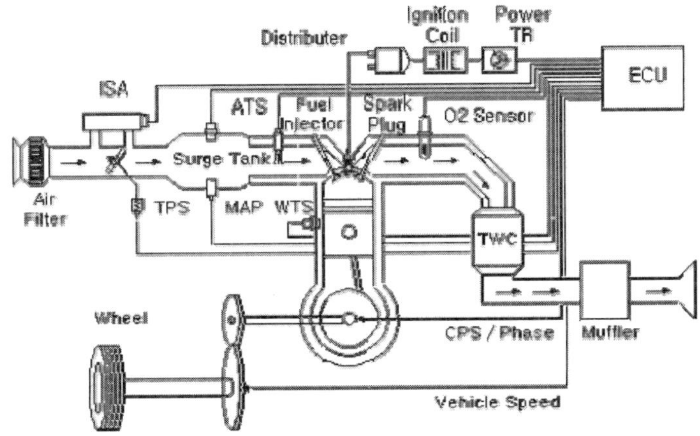

Fig 3.36 전자제어 엔진의 엑츄에이터

(2) Actuator의 종류 및 기능

- **연료 인젝터**(Fuel Injector)

Fuel Injector는 전기적 신호(Injection Pulse Width) 만큼의 연료량을 공급하는 역할을 한다.

Injector를 이해하기 위해서는 전자 제어 엔진의 연료 공급계 (Fuel Supply System)에 대해 먼저 알아야 하는데, 연료는 연료계를 구성하는 아래의 경로에 따라 엔진 작동 중 계속 회전한다.

(Fuel Tank → Fuel Pump → Fuel Filter → Fuel Rail(Delivery pipe) → Injector → Fuel Regulator → Fuel Tank)

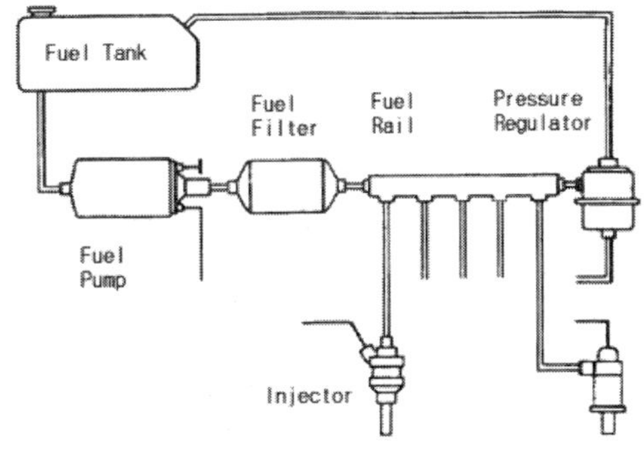

Fig 3.37 인젝터와 연료회로

Fuel Rail은 딜리버리 파이프라고도 하며 Injector와 연료 압력 조정기(Fuel Regulator)가 장착되는 곳이다. 이 중 Fuel Regulator는 정확한 연료 공급을 위해 연료압을 일정 압력(300 kPa) 정도로 유지하는 역할을 한다.

- **점화 장치**(Ignition System)

점화계의 역할은 두 가지로 분류되는데 첫째는 엔진 상태에 따른 최적의 점화시기에 혼합기의 연소가 이루어지도록 하여 최고의 출력을 얻는 것(점화시기제어)이고, 둘째는 정상적인 연소가 가능한 전기 에너지를 확보하는 것이다. (Dwell Time 제어)

점화계의 액츄에이터 부분은 아래의 그림과 같이 배터리, 파워트랜지스터(ECU로 부터 점화 시기 및 Dwell 제어 신호를 받는 부분), 점화코일, 배전기, 점화플러그 등으로 구성된다.

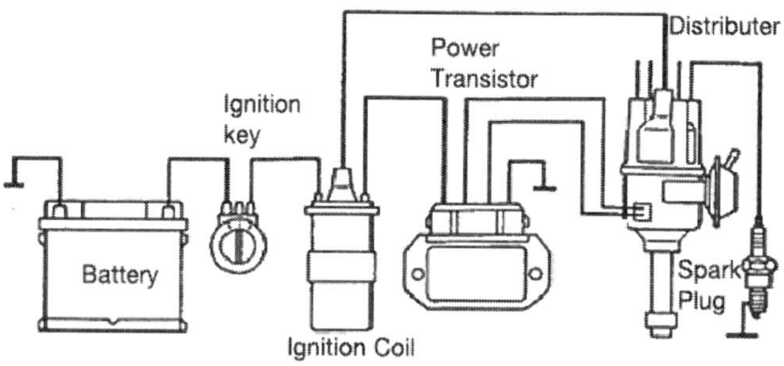

Fig 3.38 인젝터의 전기회로

■ **파워 트랜지스터**

파워 트랜지스터는 점화 1차 코일에 흐르는 전류를 단속하여 점화 2차 코일에 고전압을 발생케 하는 역할을 한다.

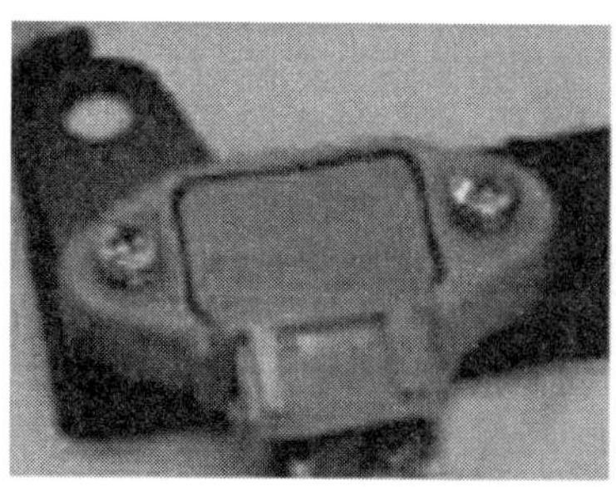

Fig 3.39 파워트랜지스터

■ **점화코일**

점화 코일은 자기 유도 작용과 상호유도작용 그리고 변압의 원리와 렌츠의 법칙이 합쳐진 것으로 하나의 코일에 흐르는 전류를 차단할 때 그 사라지는 전기를 잡기위해서 코일 자체에 생기는 역기전력의 힘을 이웃한 코일에 상호유도하여 변압의 힘을 이용하여 더욱 크게 증폭시켜 고전압을 만들어 내는 장치이다.

Fig 3.40 점화코일

최근에는 배전기 없이 각각의 실린더를 직접 제어하는 DLI(DistributerLess Ignition) System이 보편화되고 있으며 동시점화방식과 독립점화방식이 있다.

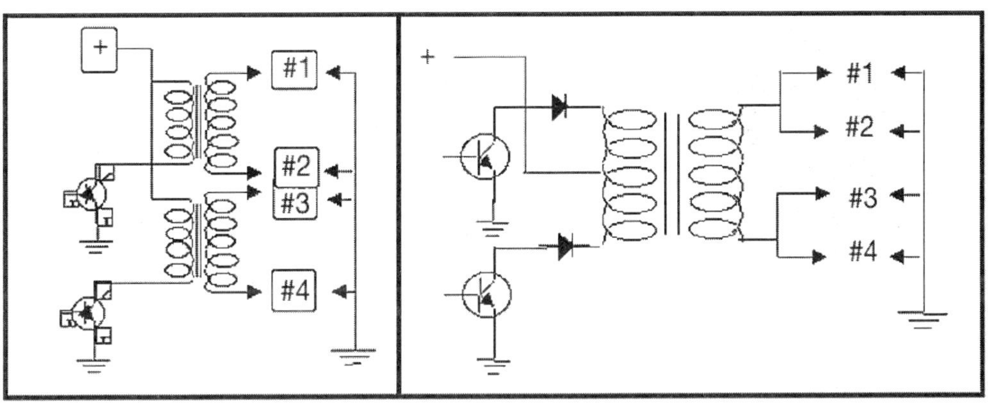

Fig 3.41 점화코일의 회로

DLI 방식은 고압 배전부가 없으므로 누전의 염려가 적고 아크가 생기는 에어캡 이 줄어서 전파 장애가 적고 전압강하가 적어 에너지 손실이 적다. 또한 진각의 폭에 제한을 받지 않으며 실린더별로 점화시기 제어가 가능하고 2차 고전압이 안정되고 여유있다.

Fig 3.42 점화코일의 방식(좌:동시점화 우:독립점화)

- **공회전 속도 조절**(Idle Speed Actuator)

Idle Speed Actuator (ISA)는 공회전 상태의 공기량을 제어하여 최적의 엔진 회전수를 유지하는 역할을 하며, 제어 방식에는 아래 그림과 같이 Throttle Valve 직동 방식과 Bypass Air 방식의 두 가지가 있다. Throttle Valve 직동 방식에는 서보모터가, Bypass Air 방식에는 스텝모터가 적용되고 있는데 Throttle Valve 직동 방식은 서보모터의 회전에 의한 변위 만큼 Throttle Valve를 직접 열거나 닫는 방식이고, Bypass Air 방식은 별도의 Bypass 통로를 만들어 Throttle Valve가 닫혔을 때 이곳을 통과하여 엔진으로 유입되는 공기량을 스텝모터에 의해 제어하는 방식이다.

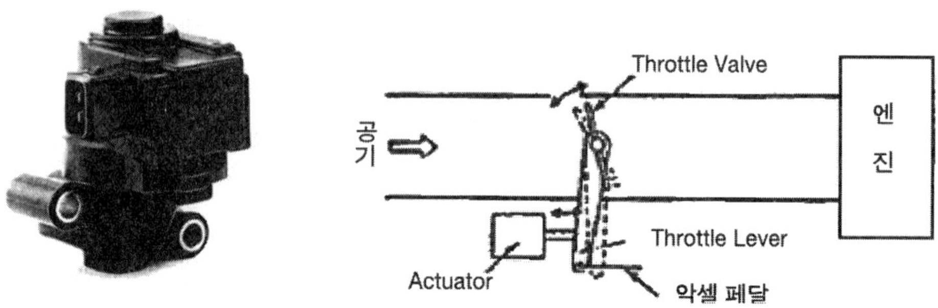

Fig 3.43 Throttle Valve 작동 방식 ISA

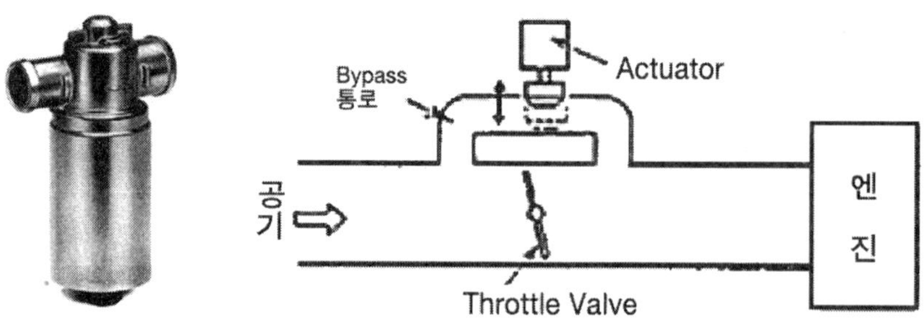

Fig 3.44 Bypass Air 방식 ISA

3.3 연료량 제어

1) 연료량 제어의 개요

자동차에 전자 제어가 도입된 배경에는 엔진의 출력 또는 연비 향상과 같은 기능적인 측면도 있지만 북미에서 시작된 배기가스 규제에 따라 엔진 제어 기술도 발전되어 가고 있는 추세이다. 아래 그림은 배기 가스 중 HC의 규제치 추이를 나타낸 것으로 급격히 강화되었음을 보여 주고 있다.

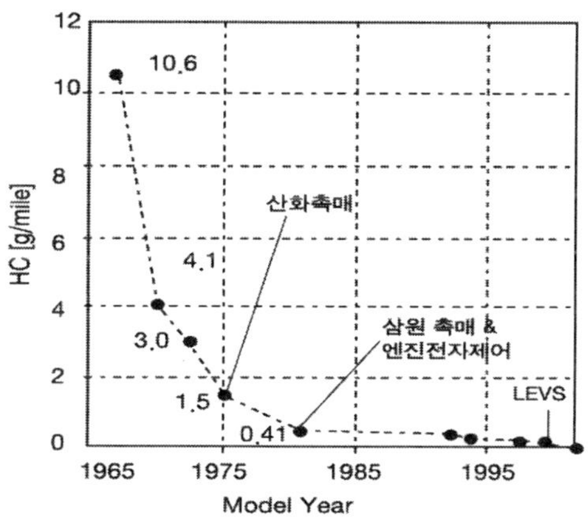

Fig 3.45 년도별 HC 규제치 변화

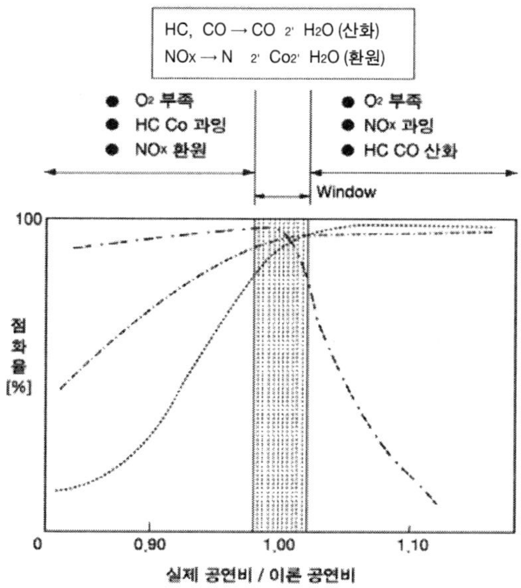

Fig 3.46 공연비 비교

일반적으로 엔진의 배기 시스템에는 삼원 촉매를 장착하여 배기 가스를 정화하는데 이 정화율은 공연비에 따라 결정되며, 아래 그림에서 보면 알 수 있듯이 실제 공연비가 이론 공연비와 일치 할 때 정화 효율이 최대가 된다. 다시 말하면 이 때 배기 가스 중 유해 성분을 최소화시킬 수 있다. 즉 연료량 제어의 목적은 실제 공연비가 이론 공연비가 될 수 있도록 흡입 공기량에 대한 연료량을 계산하고 실제 그 양 만큼의 연료를 인젝터를 통하여 공급하는 것이 된다.

2) 연료량 제어 부분의 구성

▨ 기본 연료량 계산
▨ 보정 연료량의 계산
▨ 연료량 피드백 제어

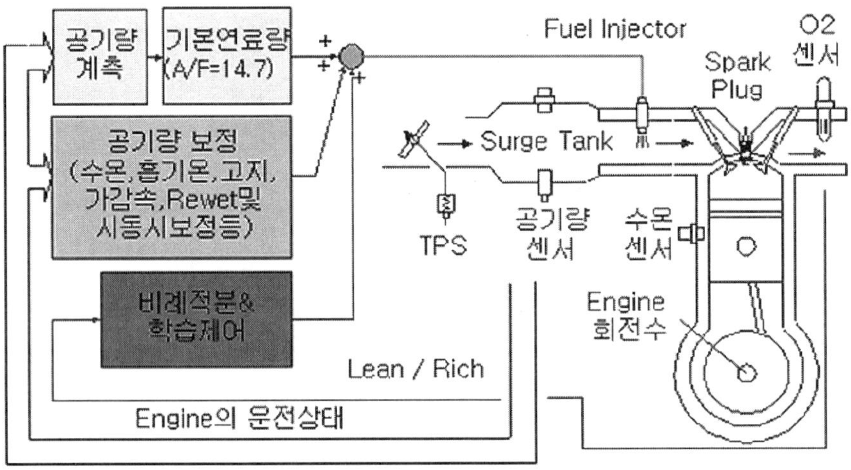

Fig 3.47 연료량 제어 개념

(1) 공기량 계측과 기본 연료량의 계산

연료량 제어의 목적은 공연비를 이론 공연비(14.7:1)로 일정하게 유지하는 것이며 공연비는 다음의 식으로 계산된다.

$$A/F = Qa / Qf \qquad 식(3.1)$$

여기서 Qa : 흡입공기의 중량

Qf : 공급연료의 중량

즉 A/F를 제어하기 위해서는 Qa를 측정하고 일정 A/F를 유지키 위한 Qf를 계산하여 그만큼의 연료를 실린더에 분사하면 된다.

- **공기량 계측**

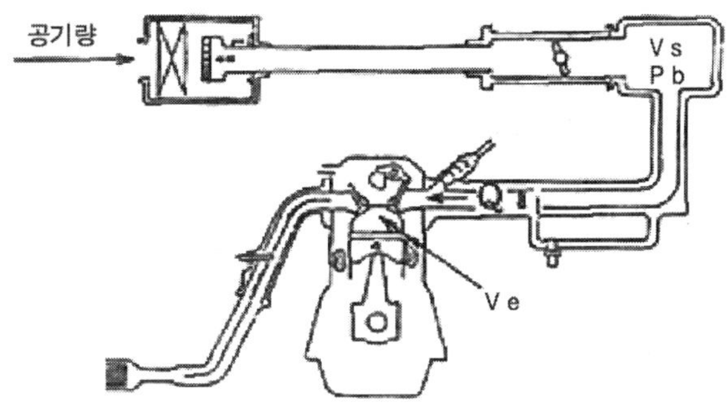

Fig 3.48 **공기량 계측**

연료량 제어의 첫 번째 단계는 센서로부터 얻은 정보를 이용하여 공기량을 계산하는데, 이때 사용되는 식은 다음과 같다.

$$Qa = Vc \cdot Pb \cdot \eta = Qs \ / \ (Ne/30) \qquad \text{식(3.2)}$$

여기서 Vc : 1 Cylinder 당 용적

Pb : 흡기관 압력

η : 충진효율

Qs : 센서로 부터 측정한 공기량

Ne : 엔진 회전수

- **기본 연료량의 계산**

연료량이란 Injector 유량 특성에 맞는 Pulse를 부여하는 것이며 아래의 식으로 표현 할 수 있다

$$Tb = Qa \times k + Td \quad \text{식(3.3)}$$

여기서 Tb : 기본 연료량에 해당하는 구동 시간

K : 보정 계수 (Injector 상수)

Td : 무효 분사 시간

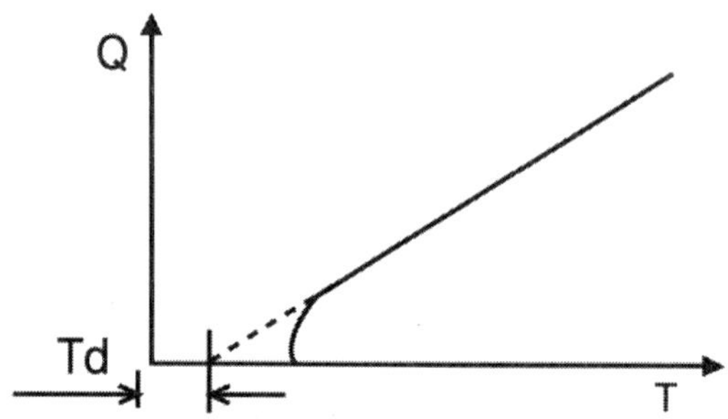

Fig 3.49 연료량 특성곡선

(2) 보정 연료량의 계산

기본 공기량은 정상 상태에서 계산한 값들이다. 즉 온도와 같은 엔진 주변 환경의 변화 또는 가속이나 감속과 같은 과도 상태가 되었을 때는 최적의 공연비를 보장 할 수 없고, 결과적으로 가속 성능이 떨어지고 배기 가스 중 유해 성분의 제어 역시 불가능해지는 상태가 된다. 따라서, 이를 개선하기 위한 제어가 보정 연료량의 계산이며 다음과 같은 것들이 있다.

- ▨ 시동후 보정
- ▨ 냉각수온 보정 (흡기온 보정)
- ▨ 가속 보정
- ▨ 연료량 Feedback 보정
- ▨ 고지 보정
- ▨ 감속 보정
- ▨ Rewet 보정
- ▨ 학습 보정
- ▨ Purge 보정
- ▨ Battery 보정

위와 같은 보정들은 보정 방법들이 대부분 비슷하기 때문에 여기서는 대표적인 보정에 대해서만 설명하기로 한다.

- **시동 후 보정**

엔진 시동 시에는 평소 보다 많은 공기량이 요구되며 이를 위해 시동후 공기량을 아래 그림과 같이 일정 시간 증량시키는 것이 시동후 보정이다

.

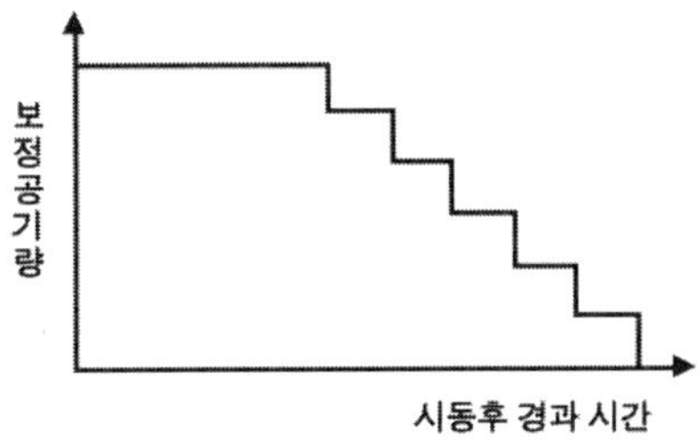

Fig 3.50 보정 공기량

- **냉각수 온도 보정 (흡기 온도 보정)**

냉각수 온도 또는 흡기 온도가 낮을 때는 평소보다 많은 연료량이 요구된다.

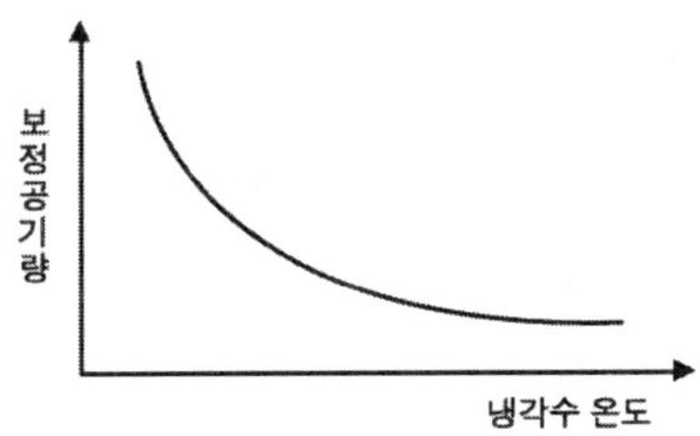

Fig 3.51 온도에 따른 보정 공기량

- **가속 보정**

가속시에도 아래와 같이 연료량을 증량시키는데, 보통 가속의 판단은 스로틀밸브 개도의 변화와 공기량의 변화를 감지하여 판단한다.

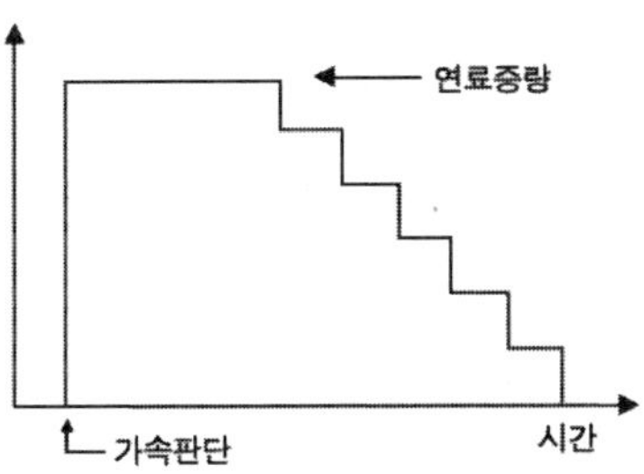

Fig 3.52 가속에 따른 보정 연료량

- **연료량 Feedback 보정**

기본 공기량만으로는 A/F를 일정한 값으로 제어하는 것이 불가능하며 이를 위해 PI Control을 적용한 연료량의 Feedback 보정이 요구된다.

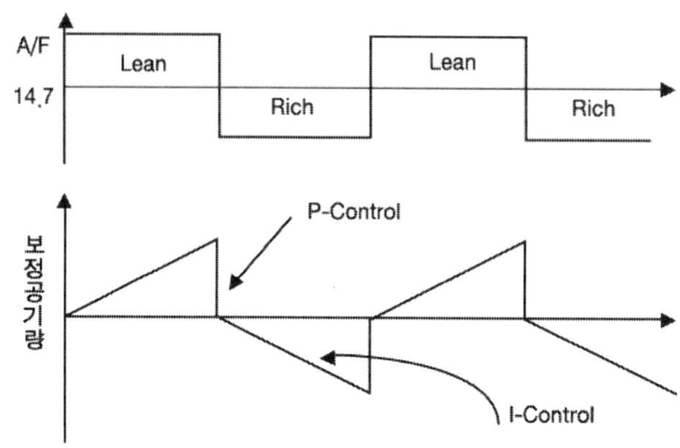

Fig 3.53 PI control을 이용한 feedback 보정

3) Injection Pulse Width의 구동

Injection Pulse Width의 구동 방법은 크게 Bank Injection 과 Sequential Injection으로 구분된다. (2개의 실린더를 짝을 지어 분사하는 Group Injection도 있음)

(1) 동시분사(Bank Injection)

시동시 적용되는 Mode로 시동시 부족한 연료량을 공급하기 위하여 4개의 실린더에 동시에 연료를 공급하는 방식으로 추운 겨울날 아침 시동시 많은 영향을 주는 부분이다.

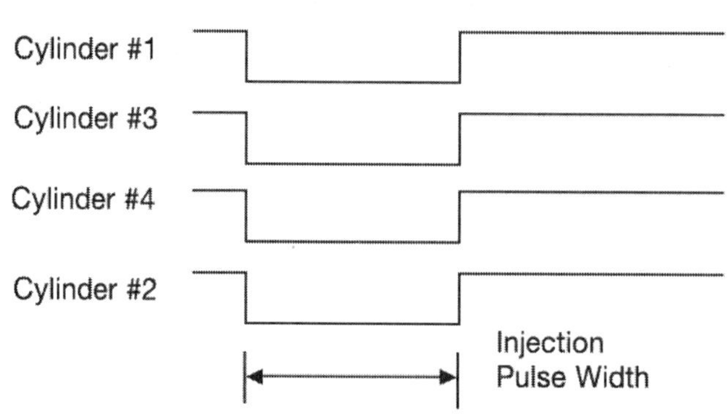

Fig 3.54 동시분사 신호펄스

(2) 순차분사(Sequential Injection)

시동시를 제외한 일반 상태에서 적용하는 Mode로 각각의 기통에 개별적으로 연료를 공급하되 현재 행정상태에 맞는 기통을 찾아내어 연료를 분사하는 방식이다.

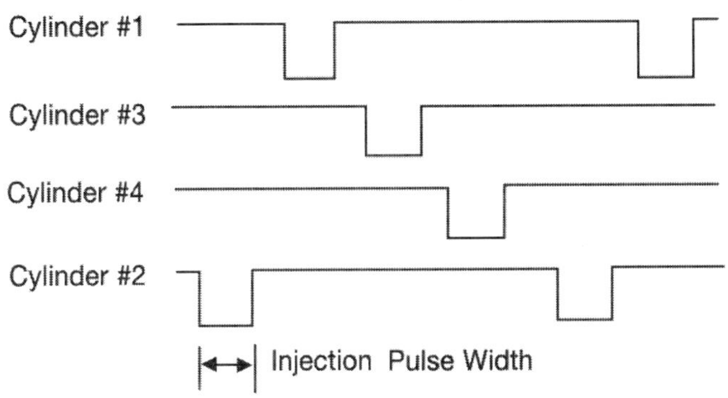

Fig 3.55 순차분사 신호펄스

3.4 점화 시기 제어

1) 점화 시기 제어의 개요

점화 시기 제어의 목적은 현재 엔진의 운전 상태에 맞는 최적의 점화 시기를 제어하여 운전성을 향상시키는 것으로 아래의 그림과 같이 점화 시기 제어는 크게 기본 점화 시기와 점화 시기 보정치의 두 가지로 구분된다.

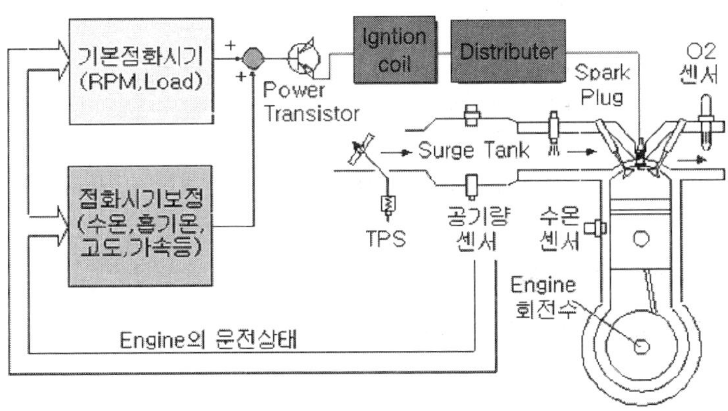

Fig 3.56 점화시기 제어의 개념

2) 기본 점화 시기 및 Dwell Time의 계산

점화 시기를 제어하는 신호는 아래의 그림과 같으며 제어 대상 변수는 점화 시기와 Dwell Time의 두 가지가 있다.

▨ 점화 시기 : TDC로부터의 진각 [°]

▨ Dwell Time : 점화에 필요한 에너지의 Charging 시간 [ms]

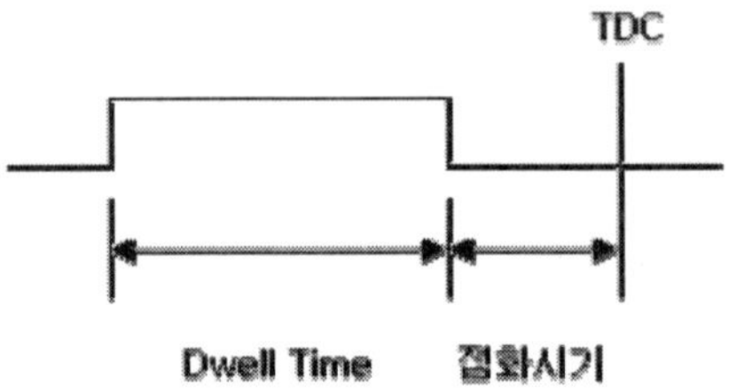

Fig 3.57 점화시기와 Dwell Time

(1) 기본 점화 시기 계산

냉각수 온도 또는 엔진 회전수와 부하에 따라 미리 Table로 설정해둔 값을 가져온다.

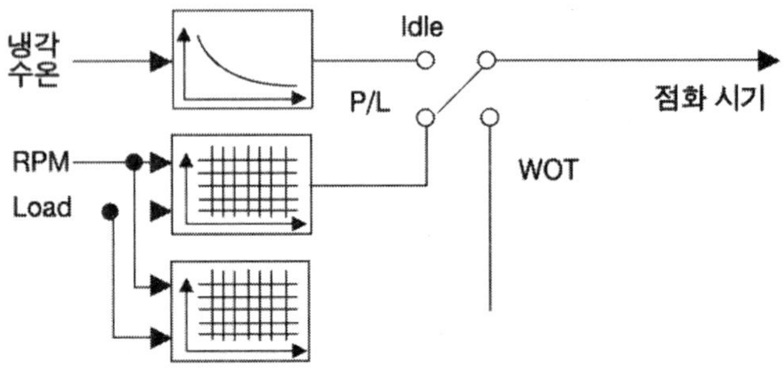

Fig 3.58 점화시기의 계산

(2) Dwell Time의 계산

엔진 회전수와 Battery 전압에 따라 충전에 필요한 시간을 미리 준비해둔 Table에서 읽어 온다.

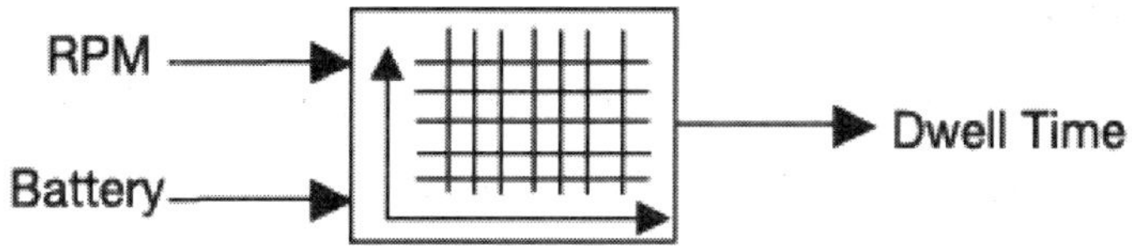

Fig 3.59 Dwll Time의 계산

3) 점화 시기 보정량의 계산

점화 시기 제어도 연료량 제어와 같이 기본 점화 시기 제어만으로는 엔진의 운전 상태에 따라 최적의 점화 시기를 구현하기가 어렵기 때문에 다음과 같은 상황에 따라 보정치를 계산하여야 한다.

- ▨ 수온 보정
- ▨ 가속 보정
- ▨ Anti-Surge 보정
- ▨ Knock 보정
- ▨ 고지 보정
- ▨ 감속 보정
- ▨ Rewet 보정
- ▨ Idle 안정화 보정
- ▨ 각종 부하 보정 (에어컨, 전기부하 등)

이와 같은 보정 항목중 보정 방법이나 내용이 대부분 비슷하기 때문에 여기서는 다음과 같은 대표적인 항목에 대해서만 설명하기로 한다.

(1) 수온 보정

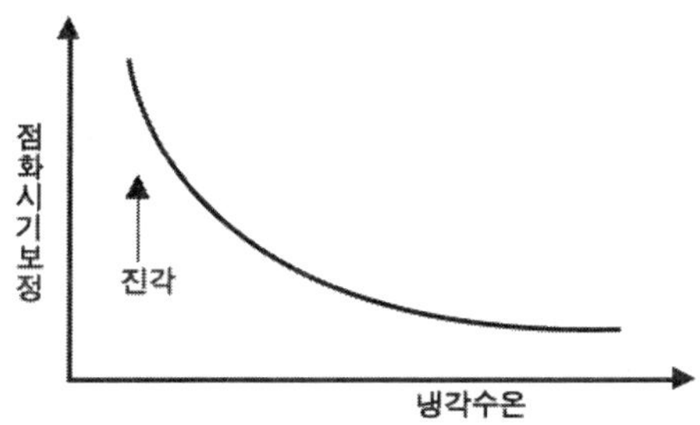

Fig 3.60 냉각수도에 따른 점화시기 보정

(2) 가속 보정

만족스러운 가속 성능을 얻기 위한 방법으로 연료량의 증량과 동시에 아래 그림과 같이 점화 시기도 동시에 조절하여 제어하는 방법이다.

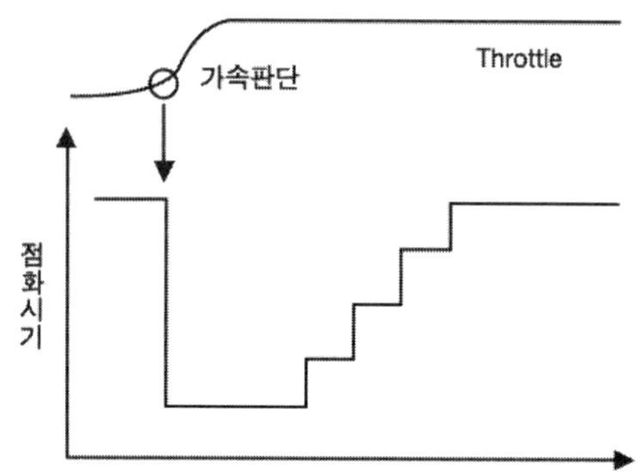

Fig 3.61 가속에 따른 점화시기 보정

(3) Anti-Surge 보정

엔진에서 Surge란 아래의 그림과 같은 엔진 회전수의 Fluctuation을 의미하며, 이를 방지하기 위한 제어로 엔진 회전수 Fluctuation을 감지하고 그 정도가 어느 정도 이상일 경우 점화 시기를 제어하는 방법을 말한다.

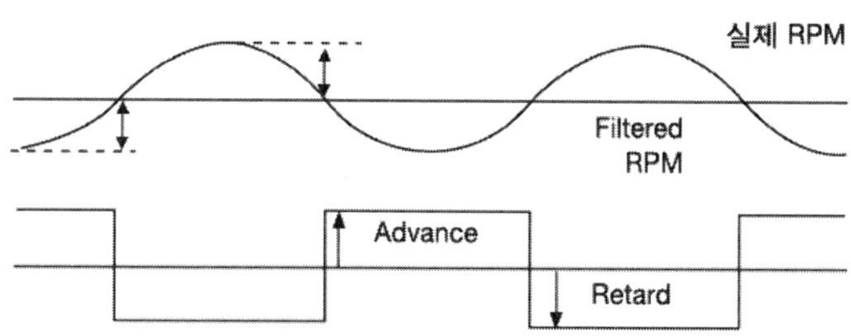

Fig 3.62 Anti-Surge에 따른 점화시기 보정

(4) Knock 보정

Knocking의 발생은 엔진의 출력 저하 및 엔진의 손상 등을 가져오기 때문에 앞에서 기술한 Knock Sensor를 이용하여 Knocking의 발생을 감지하고, 그때 점화 시기를 지각시키는 제어를 통해 Knocking을 제거한다.

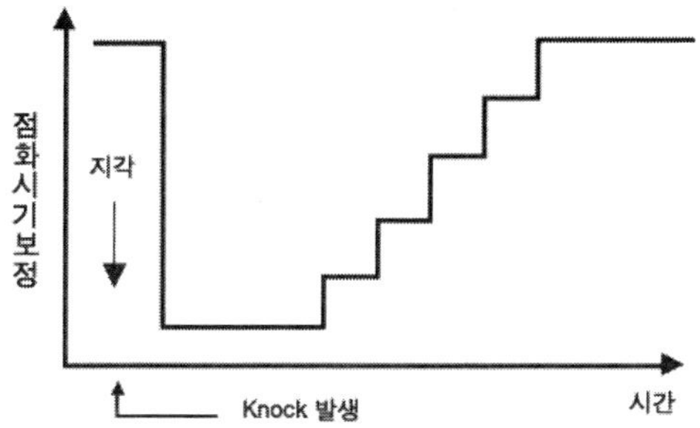

Fig 3.63 Knock에 따른 점화시기 보정

4) 점화 시기 구동 방법

점화 시기의 구동 방법에는 크게 배전기가 있는 Distributer Type과 배전기가 없는 DLI (DistributerLess Ignition) Type이 있다.

(1) Distributer Type

Distributer가 장착되어 아래의 점화 신호를 해당 기통에 맞춰 분배시키는 방식이다.

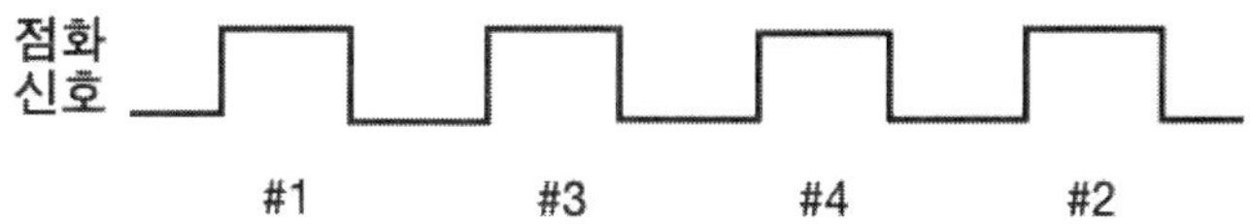

Fig 3.64 Distributer의 점화 신호

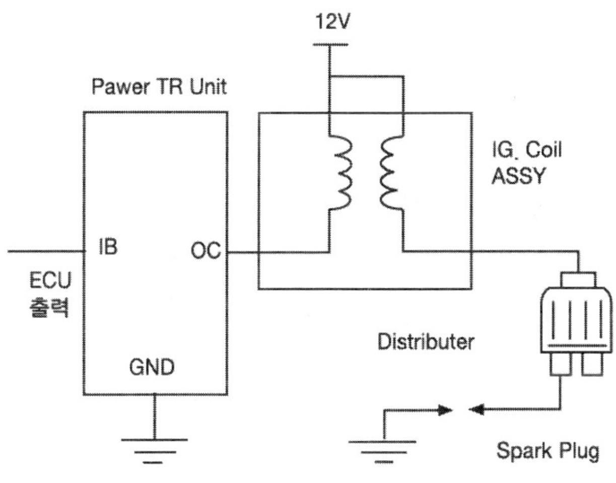

Fig 3.65 Distributer의 점화 회로

(2) DLI (DistributerLess Ignition Type)

Distributer가 없는 대신 2개의 ECU의 점화 신호 출력이 사용된다.

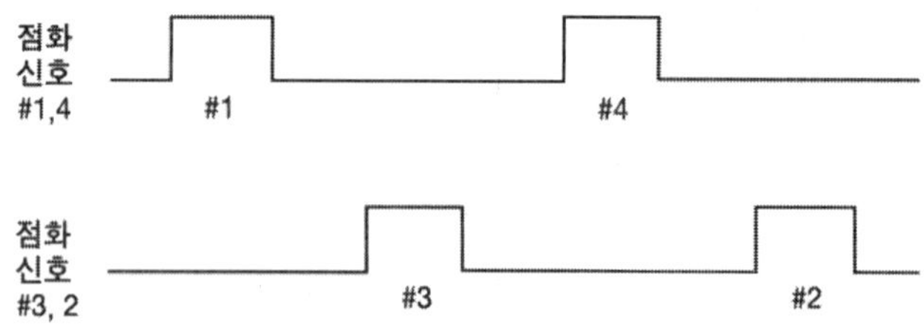

Fig 3.66 DLI 엔진의 ECU 점화 신호

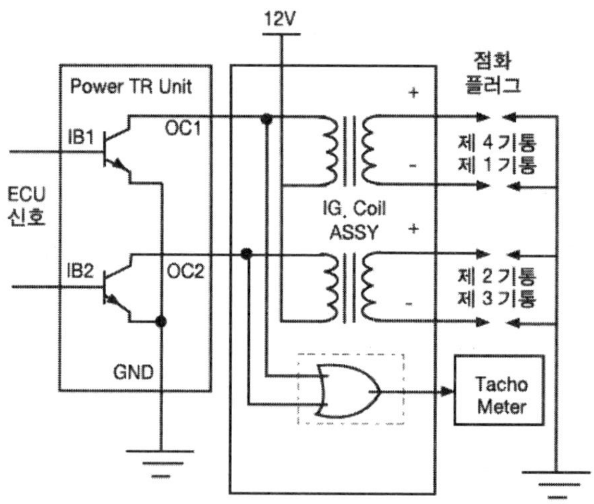

Fig 3.67 DLI 엔진의 점화회로

5) 공회전 속도 제어

(1) 공회전 속도 제어의 개요

공회전 속도 제어는 현재의 엔진 상태에 맞는 공회전 속도를 유지하여 연비를 향상시키고 공회전시 엔진 소음을 감소시키기 위한 시스템으로 그 구성은 다음과 같다.

▨ 기본 공기량 계산

▨ ISC Feedback 보정량 계산

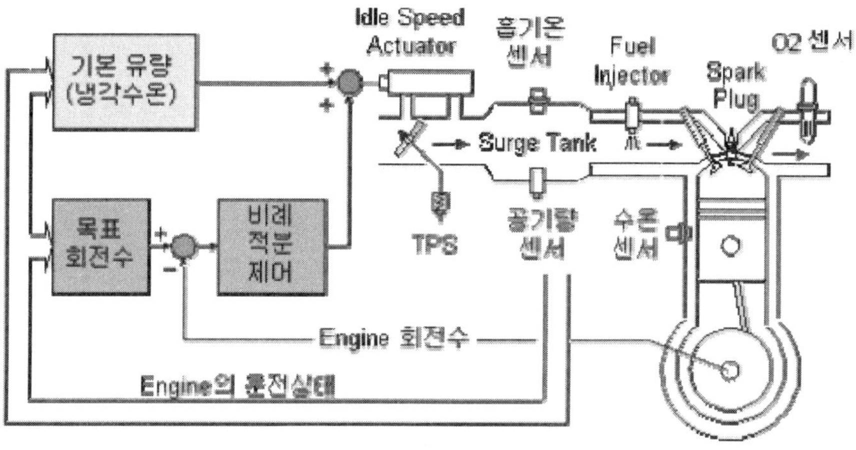

Fig 3.68 공회전 제어의 개념

6) 기본 ISC Duty의 계산

기본 ISC Duty는 기본 공기량을 의미하는데 보통 공회전 시에는 엔진 냉각수 온도의 함수로 계산하며 악셀레이터 페달을 밟았을 때의 부분 부하 시에는 스로틀밸브 개도의 함수로 결정되는 양이다.

실제로는 부하 Switch 입력에 따라 보다 세분화된 ISC Duty를 계산하고 Filtering 하는 단계가 있지만 복잡하기 때문에 여기서는 생략한다.

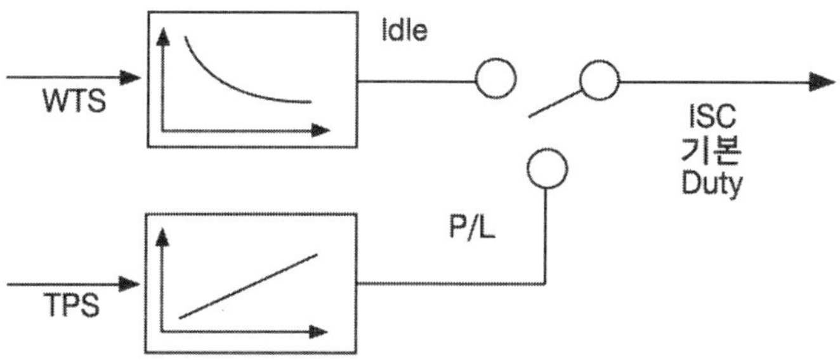

Fig 3.69 ISC 의 Duty 계산

7) ISC 보정량과 목표 RPM의 계산

공회전수 제어 역시 과도 상태 또는 다양한 엔진 상태의 변화를 기본 ISC Duty 하나 만으로 제어하는 것은 불가능하다. 따라서, 다음과 같은 보정을 이용하여 그

영향을 보정한다.

- ▨ 시동후 보정
- ▨ Dashpot 보정
- ▨ 각종 부하 보정
- ▨ ISC Reference RPM 계산
- ▨ ISC Feedback 보정
- ▨ 흡기온 보정
- ▨ 고지 보정
- ▨ 미속 주행 보정
- ▨ 회전수 저하 보정
- ▨ ISC 학습 제어

위와 같은 여러 가지 보정중 보정 방법이나 내용이 대부분 비슷하기 때문에 여기서는 다음과 같은 대표적인 보정에 대해서만 설명하기로 한다.

(1) 시동후 보정

시동시에는 악셀레이터를 거의 밟지 않기 때문에 시동시 엔진 회전수 및 엔진 Stall 여부는 공회전수 제어에 민감한 영향을 받게된다. 보통 시동후 엔진회전수를 2000에서 3000rpm 정도 올렸다가 떨어뜨리는 기능도 바로 이 시동후 보정이 담당하게 된다.

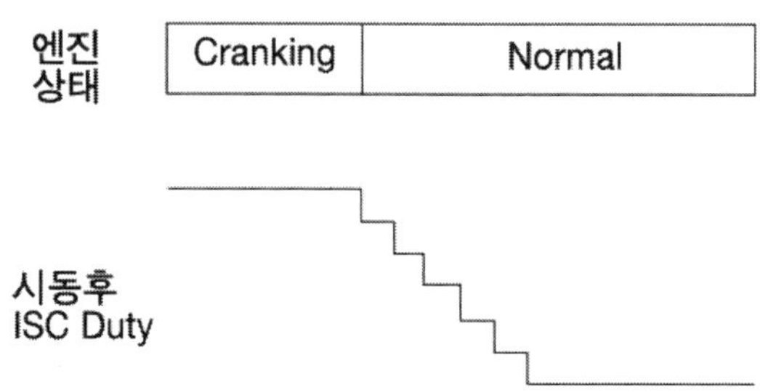

Fig 3.70 시동 후 ISC 보정

(2) Dashpot 보정

악셀레이터 페달을 밟았을 때의 부분 부하 상태에서 악셀레이터 페달을 밟지 않은 상태의 공회전 상태로 진입시 스로틀밸브의 급격한 닫음으로 인한 Engine Stall을 방지하기 위하여 ISC 유량을 서서히 감소시키는 기능을 말한다.

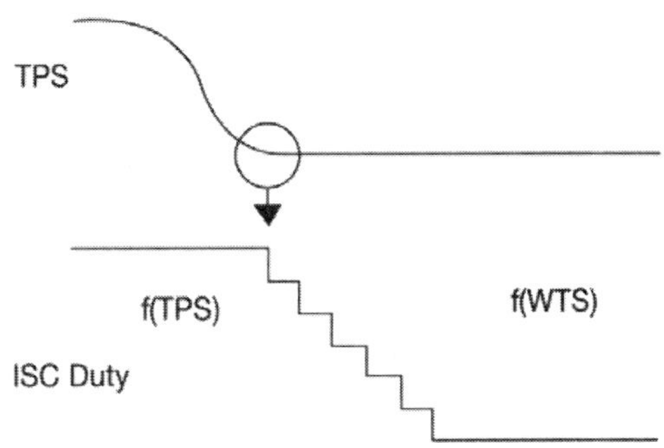

Fig 3.71 Dashpot ISC 보정

(3) 각종 부하 보정

에어컨, 전기부하, Power Stering, Radiator Fan 등의 작동으로 인해 공회전 rpm이 불안정하게 되는 현상을 개선하기 위한 보정으로 ISC 유량을 증가시킨다.

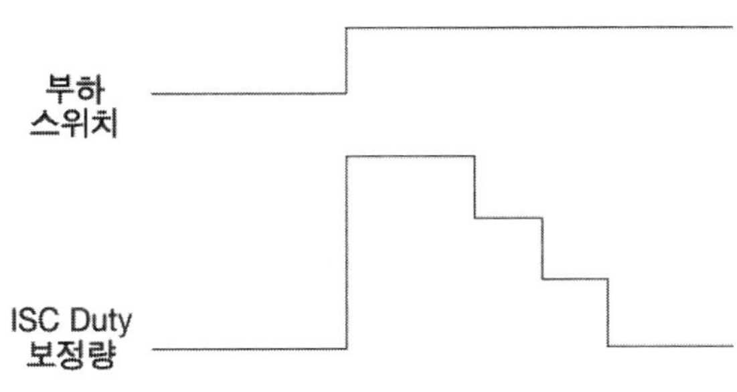

Fig 3.72 기타 부하에 따른 ISC 보정

(4) ISC 기본 회전수 계산

공회전시의 목표 엔진 회전수를 설정하는 역할을 한다. 현재의 엔진 상황에 맞게, 예를 들어 평상시 목표 회전수가 700rpm이었다면 기온이 낮을 때나 에어컨이

on되어 엔진에 부하가 작용하고 있을 때는 750 또는 800rpm 정도로 높게 설정하여 공회전 속도의 안정성을 도모하는 기능이다.

(5) ISC Feedback 보정

엔진 상황에 따라 목표 회전수가 정해지면 이를 맞춰 주기 위해 현재의 엔진 회전수를 Feedback 받아 목표 회전수와의 편차를 구하고 이 편차가 "0"이 되는 방향으로 ISC Duty를 증가시키는 것이 바로 이 ISC Feedback 보정이다.

보통 PI Control로 구성되며 그 수식은 다음과 같습니다.

ISCPRO = Kp×(Nobject-Nreal)

ISCINT[k] = ISCINT[k-1]+Ki×(Nobject-Nreal)

ISCCOR = ISCPRO + ISCINT

여기서 ISCPRO : ISC 비례 보정 (P-Control)

ISCINT : ISC 적분 보정 (I-Control)

ISCCOR : ISC Feedback 보정치

Nobject : 엔진 목표 회전수

Nreal : 현재 엔진 회전수

Kp : 비례 이득

Ki : 적분 이득

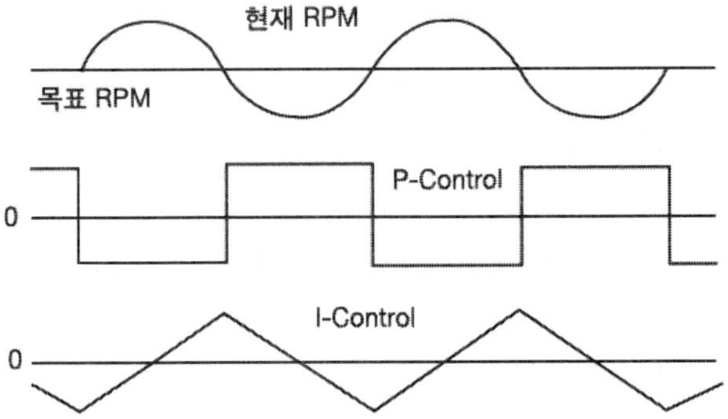

Fig 3.73 ISC Feedback 보정

8) ISC Duty의 구동 방법

ISC 공기량 제어는 아래의 Duty 신호를 Solenoid Valve에 인가하여 수행한다.

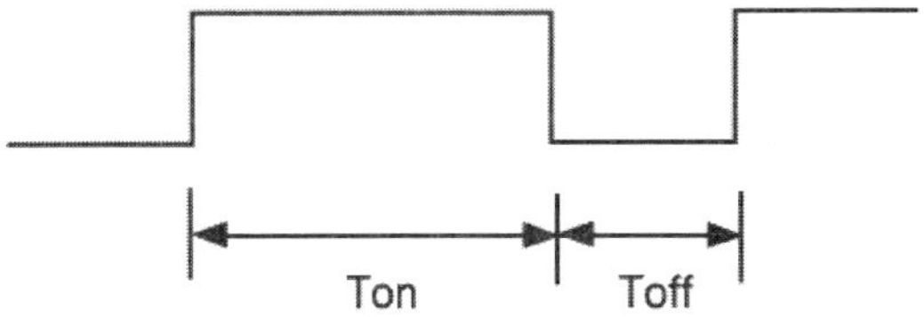

Fig 3.74 ISCI Duty Signal

$$ISC\ Duty = [\ Ton\ /\ (Ton + Toff)\ ] \times 100 \qquad 식(3.4)$$

공회전 제어시 공기량을 제어하는 방법은 Throttle Body 형태와 Actuator의 종류에 따라 다르다.

3.5 CRDI (Common Rail Direct Injection) 엔진

1) 연료 분사장치의 적용 배경

디젤 엔진의 소음 감소와 연료의 경제성 및 유해 배기가스의 감소에 대한 필요성이 항상 대두되었으나, 기계적으로 제어되는 연료 분사장치로 대응하기에는 한계에 다다랐다. 이러한 요구 사항을 만족시키기 위해 정밀하고 정확하게 측정되는 연료 분사량과 함께 고압의 분사 압력을 요구하는 장치가 필요하다.

이에 따라 디젤 엔진의 전자 제어화 및 고압 직접 분사장치를 개발하여 사용하게 되었다. 디젤 엔진 연료장치에서 새롭게 개발된 것이 "커먼 레일(Common Rail)" 이라 부르는 연료 저장 파이프(어큐뮬레이터, accumulator)와 초고압 연료 공급장치 및 인젝터이며, 복잡한 장치를 정밀하게 제어하기 위해 전기적인 압력 및 출력 요소와 ECU를 두고 있다.

배출가스와 소음에 대한 강력한 규제와 낮은 연료 소비율에 대한 필요성의 결과로 인하여 디젤 엔진의 분사장치에 대한 요구가 갈수록 높아지고 있으며, 효율적인 연료와 공기의 혼합을 형성하기 위해서는 약 350 ~ 2000 bar 의 압력으로 연소실 내에 연료를 분사하여야 하며, 분사된 연료량은 매우 정밀하게 제어되어야 한다. 그리고 디젤 엔진에서 회전속도와 부하의 제어는 연료 분사량으로 한다. 기존의 디젤 엔진은 기계식 거버너(조속기)로 분사량을 제어하는 것에 반해 커먼 레일 방식에서는 공기와 연료의 비율을 ECU에 의해 전자제어 되는 방식이다.

2) 직접 분사식 시스템의 개요

직접 분사식 시스템에서는 분사 압력은 엔진의 회전속도와 분사된 연료량에 독립적으로 생성되고 각각의 분사과정에 준비된 커먼 레일에 저장된다.

연료의 분사개시와 분사량은 엔진의 ECU에서 계산되고 분사 유닛을 경유하여 인젝터의 솔레노이드 밸브를 통하여 각 실린더에 분사된다. 분사펌프의 도입은 1927년 보시에서 디젤 엔진 연료 분사시스템을 제작하면서 시작되었으며, 주요 적용 범위는 모든 크기의 상업용 디젤 엔진과 운반 차량 및 선박용에 사용되고 있다.

현재 사용되는 CRDI 엔진은 과거의 분사펌프의 개념을 탈피한 방식으로 실린더 당 약 160Kw의 출력을 발생하며, 약 1350 bar의 분사압력이 사용된다. 기존의 연료 분사 시스템과 비교하여 직접분사 디젤 엔진에 사용되는 커먼 레일 연료 분사시스템은 매우 정밀한 제어가 이루어진다.

(1) 보시 1세대

CRDI(Common Rail Direct Injection) 엔진의 특징은 커먼 레일(Common Rail, 고압의 연료를 저장하는 파이프) 을 사용한 것이며, SOHC 4밸브 직접분사식 디젤 엔진의 싼타페 2.0 엔진, 트라제 2.0 엔진에서 사용하고 있다. 또한 기존의 디젤 엔진에 비해서 약 30% 정도의 출력 및 연비가 향상되며, 기존 디젤 엔진의 문제점인 배기가스를 최소화하여 배기가스 규제를 만족하는 환경 친화적인 디젤 엔진이다.

저공해 저소음을 위하여 연소실의 중앙에 인젝터를 수직으로 설치하고 연료를 주 분사 전에 점화 분사(파일럿 분사)를 시키며, 평형 축(balance shaft)을 두고 있다.

(2) 보시 2세대, 델파이 CRDI

보시 2세대 CRDI 엔진은 쏘렌토 2.5TCI, 스타렉스 2.5TCI에 델파이 CRDI 엔진은 테라칸 2.9에 탑재된 초고압 직접분사 방식의 디젤 엔진이다. 보시 2세대 CRDI-2.5 TCI 및 델파이 엔진은 디젤 커먼 레일 연료 분사방식 엔진으로 기존에 적용되었던 보시 1세대 엔진의 커먼 레일 방식에서 연료 압력 제어 시스템이 변경 적용된 커먼 레일 디젤 엔진이다.

보시 2세대 CRDI-2.5 TCI 및 델파이 커먼 레일 엔진은 기존의 기계식 연료 분사펌프 방식의 연료 분사 방식에서 벗어난 초고압 직접분사 방식의 전자에어 디젤 엔진으로 커먼 레일에 연료를 고압으로 압축 저장하고 이를 엔진의 ECU가 각종 차량의 입력 센서의 신호를 바탕으로 연료 분사량을 결정하여 인젝터를 통하여 연소실에 분사하는 방식이다. 이에 따라 초고압에 의한 연소 효율의 증대와 정교한 연료 분사량의 제어로 디젤 엔진의 출력 향상, 배기 가스의 현저한 감소, 엔진의 고속회전 및 디젤 엔진 특유의 소음과 진동이 감소되었다.

3) CRDI 엔진의 특징

① 터보 차저와 인터 쿨러를 사용하는 초고압 직접분사 방식의 전자제어 디젤 엔진이다.
② 롤러 스윙 암을 이용하는 DOHC 4밸브 디젤 엔진이다.(보시 2세대, 델파이)
③ 서펀타인 방식의 벨트 설치 방법으로 보조 기구를 구동시킨다.
④ EGR 냉각기를 이용하여 PM(입자상 물질)을 감소시킨다.
⑤ 평형 축 및 라더 프레임을 이용하여 소음 및 진동의 감소 및 변속기의 결합인 강성을 증대시켰다.

4) 연료 분사장치의 구조와 그 작용

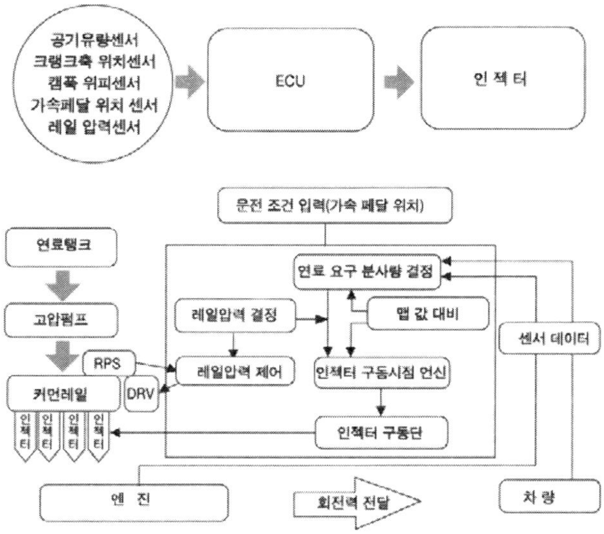

Fig 3.75 연료 장치의 전자 제어 개요

3.6 CRDI 엔진의 구성

1) 흡·배기 장치

엔진의 출력을 증대시키기 위해서는 각 실린더의 배기량(행정체적)을 크게 하거나, 실린더 수를 늘리거나 엔진의 회전속도를 높여야 한다. 그러나 기술적, 경제적으로 여러 가지 제약이 따르기 때문에 터보 차저와 인터 쿨러를 이용하여 충전 효율을 높여 엔진의 출력을 증가시키며, 터보 차저의 기능은 다음과 같다.

(1) 터보 차저(Turbo Charge)

배기가스를 이용하는 것으로 배기가스가 터빈을 구동시키면 펌프가 구동되는 방법으로 공기를 압축한 다음 실린더에 공급한다. 그러나 터보 차저에 의해 압축된 공기는 온도가 매우 높기 때문에 실린더에 공급하기 전에 인터 쿨러로 냉각시킨 다음 실린더에 공급하면 충전 효율이 개선된다.

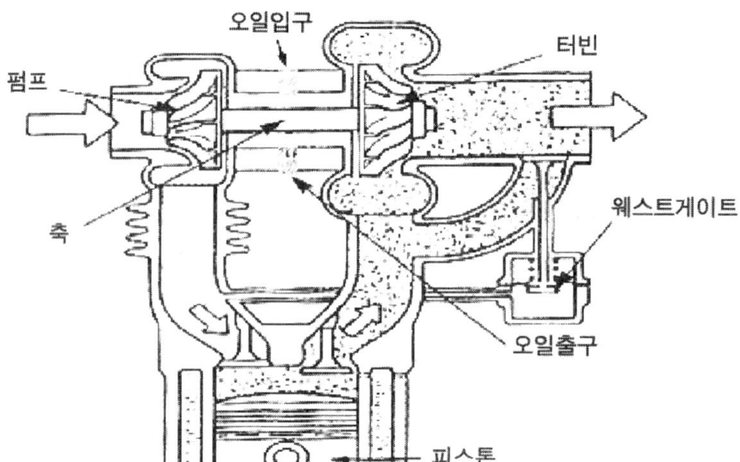

Fig 3.76 터보 차져의 구조

(2) 위스트 게이트

많은 배기가스 질량이 유동할 때 과도한 충전 공기 압력이 발생하지 않도록 하기 위해서는 이 유동의 일부분을 바이패스 밸브(웨스트 게이트)에 의해 터빈을 경유하여 배기 계통으로 전화시켜야 한다.

터빈이 약 120,000 rpm까지 회전하면 오일의 단속적인 공급 및 오일의 오염은 베어링에 손상을 주어 연결 축에 심한 과열로 인하여 축과 센터 하우징이 고착되기 때문에 터보 차저에 손상을 준다. 이를 방지하기 위하여 일정한 회전속도 이상이 되면 압력에 의해 웨스트 게이트 밸브가 열려 터보 차저의 기능을 유지시켜 주는 역할을 한다.

(3) 인터 쿨러

터보 차저에 의해서 가압된 흡입 공기는 폐쇄된 공간에서 압축되기 때문에 온도가 상승하며, 온도가 상승하면 부피를 팽창시켜 실린더에 충전할 수 있는 공기의 양에는 한계가 따른다. 따라서 인터 쿨러는 이러한 한계를 극복하기 위해 터보 차저에서 가압한 후 고온이 된 공기를 냉각시켜 공기의 밀도를 크게 함으로써 체적효율을 높여 실린더로 공급되는 공기의 절대량을 증가시켜 엔진의 출력을 향상시킨다.

2) 자동냉각팬

자동 냉각 팬 커플링은 엔진의 냉각수 온도에 따라 팬의 회전속도를 조절하며, 팬의 회전속도 조절은 라디에이터를 경유하여 흐르는 공기를 감지하여 유동 커플링의 유체(점성 오일) 양을 변화시키는 바이메탈에 의해 이루어진다.

라디에이터를 경유하여 흐르는 공기의 온도가 높을 때 앞 끝의 바이메탈이 변형되어 저장실의 밸브를 열게 된다. 밸브가 열려 점성 오일이 흘러나오면 커플링 케이스와 로터 사이의 점도가 증가하고 케이스에 설치된 팬은 축의 속도와 비슷한 속도로 빨라진다.

(1) 작동 원리

라디에이터를 경유하는 공기의 온도가 낮을 경우 밸브는 분배 관의 조절 구멍을 막는다. 따라서 펌프 구멍으로부터 역 방향으로 힘을 받은 점성 오일이 저장실에 저장되면 작동실로 보내지지 않는다. 따라서 점성 오일은 작동실에서 감소되고 케이스와 커버의 슬립으로 인해 로터는 저속으로 회전하게 된다.

(2) 팬 클러치의 구조

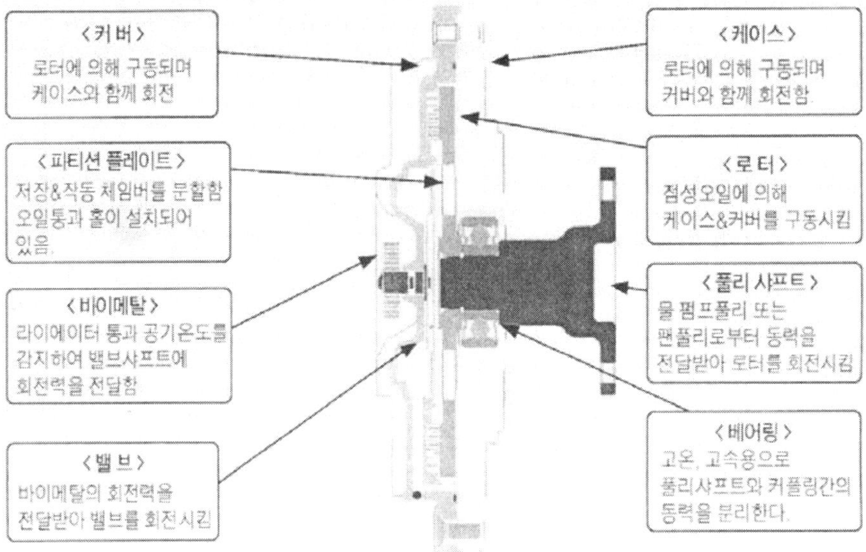

Fig 3.77 팬 클러치의 구조

3) 연료 시스템 단계별 구성

(1) 연료 장치의 다이어그램(diagram)

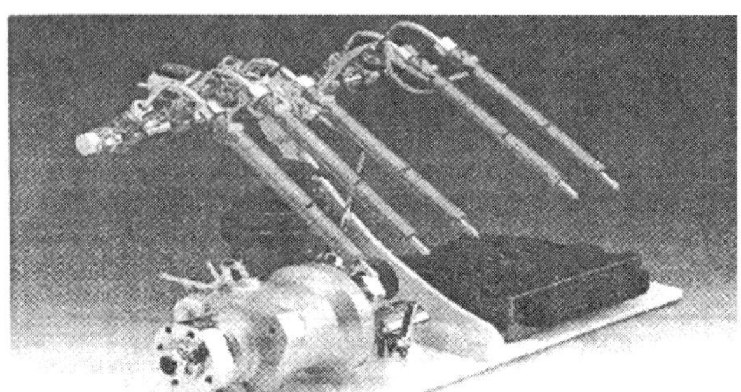

Fig 3.78 연료 분사 시스템

연료장치의 구성 요소들은 고압의 연료를 형성하여 분배할 수 있도록 되어 있으며, 또한 ECU에 의해 전자제어 된다. 따라서, 연료장치는 기존 디젤 엔진의 연료 분사장치에서 사용되었던 분사펌프 형식의 연료 공급 방식과는 완전히 다르다.

커먼 레일 연료 분사장치는 연료의 저압 연료계통, 고압 연료계통, 그리고 제어 부분의 ECU로 구성되어 있다. 그리고 연료 공급 과정은 저압 연료펌프 → 연료 필터 → 커먼 레일 → 인젝터이다.

(2) 저압 연료 계통

커먼 레일 연료 분사장치의 저압 연료 계통은 연료 탱크(스트레이너 포함), 1차 연료펌프(저압 연료펌프), 연료필터, 저압 연료 라인으로 구성되어 있다.

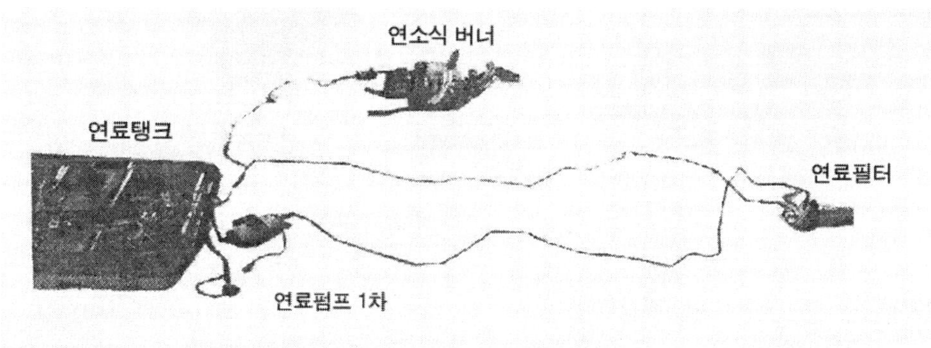

Fig 3.79 저압 연료계통의 구성

- 연료 탱크

연료 탱크는 부식되지 않는 재질을 사용하며, 허용압력은 작동압력의 2배(최소 0.3bar 이상)이며, 과도한 압력의 발생을 방지하기 위해 적당한 플러그 및 안전밸브가 부착되어 있고 최소한의 충격, 경사진 도로의 선회에서 누출 방지는 물론 연료 공급이 원활하도록 설계되어 있다.

- 연료 필터

기존의 디젤 엔진보다 정화된 연료공급이 요구되며, 연료에 이물질이 들어있을 때 펌프의 구성 요소, 밸브, 인젝터 등에 손상을 초래할 수 있다. 연료 필터는 연료가 고압 연료펌프에 도달하기 이전에 정화하여 고압 연료펌프에서 원활한 작용이 이루어질 수 있도록 한다.

(3) 고압 연료계통

고압 연료계통은 고압 연료펌프(압력 제어 밸브 부착), 고압 연료 라인, 커먼 레일 압력센서, 압력 제한 밸브, 유량 제한기, 인젝터 및 어큐뮬레이터로서의 커먼 레일, 연료 리턴 라인으로 구성되어 있다.

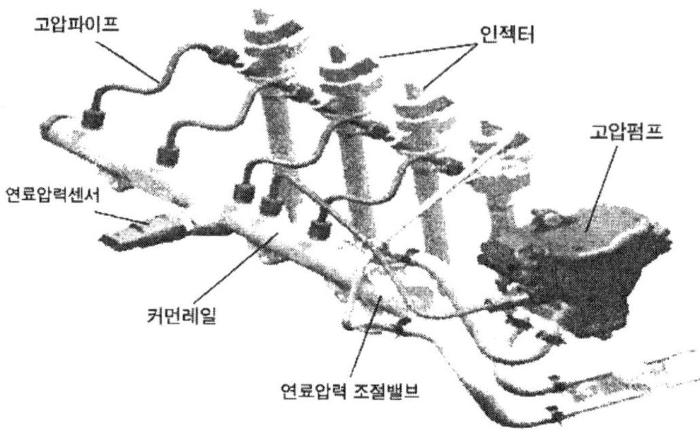

Fig 3.80 고압 연료 라인

- 고압 연료 펌프

이 펌프는 연료를 고압으로 형성시키는 장치이며, 캠축에 의해 구동되는 로터리형이다. 고압 연료펌프는 연료를 약 1350bar 의 압력으로 가압시키며, 이 가압된 연료는 고압 라인을 통하여 관모양의 커먼 레일로 이송한다.

- 커먼 레일 (common rail)

커먼 레일은 고압펌프로부터 공급된 연료를 저장하는 부분이다. 그리고, 인젝터가 연료를 분사하더라도 커먼 레일 내의 연료 압력은 항상 일정하게 유지된다. 이것은 연료 고유의 탄성으로부터 어큐뮬레이터(축압기)의 효과가 증가하기 때문이다.

연료의 압력은 커먼 레일의 압력 센서에 의해 측정되며, 압력 제어 밸브에 의해 원하는 값으로 유지된다. 연료 압력을 커먼 레일 내에서 1350bar로 조절하는 것은 압력 제한 밸브이다. 그리고 상당히 가압된 연료는 유량 제한기에 의해 커먼 레일로부터 인젝터로 향한다.

- 인젝터(Injector)

인젝터는 연료 분사장치로서 솔레노이드 밸브와 니들 밸브 및 노즐로 구성되어 있으며, ECU에 의해 제어된다. 인젝터의 노즐은 ECU의 신호에 의해 솔레노이드 밸브가 작동되어 열리면 연료가 엔진의 연소실에 직접 분사된다.

인젝터의 노즐이 열려서 분사 후 남은 연료는 리턴 라인을 통하여 다시 연료 탱크로 돌아간다.

- 고압 파이프

연료 라인은 고압의 연료를 이송하므로 계통 내의 최대 압력과 분사를 정지할 때 간헐적으로 일어나는 높은 주파수의 압력 변화에 견딜 수 있어야 하므로 연료 라인의 파이프는 강철을 사용한다.

커먼 레일과 인젝터 사이의 고압 파이프는 모두 동일한 길이로 구성되어 있으며, 커먼 레일과 각각의 인젝터 사이의 길이는 각각의 파이프 길이에서 굽힘에 의해 보상되어 있다.

4) 저압 연료라인

(1) 저압 연료 펌프

저압 연료 펌프는 고압의 연료 라인에 충분한 연료를 공급하기 위한 장치이며, 전기식 모터 펌프이다. 이 펌프는 고압 연료펌프로 연료를 이송할 뿐만 아니라 저압 연료 라인 내에 비상 상태일 때 연료 유동을 방지하는 역할을 한다.

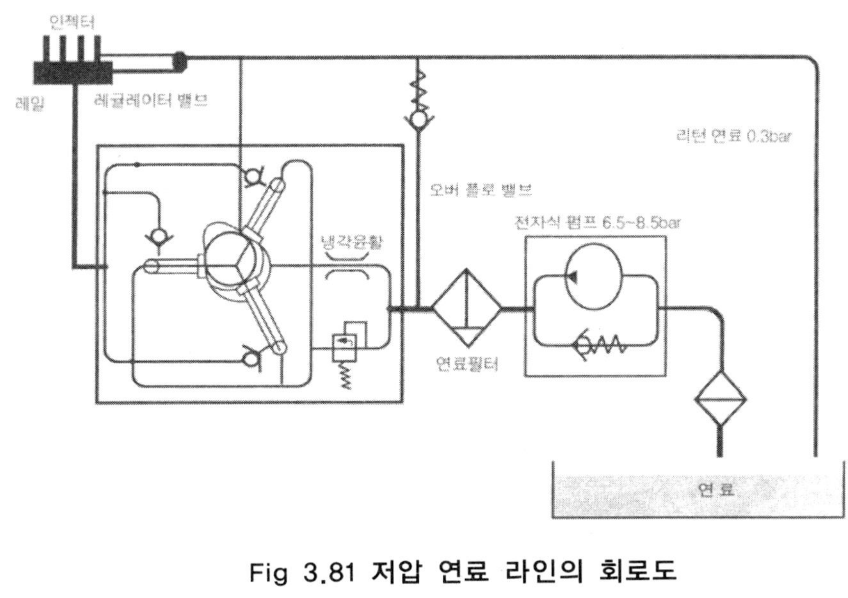

Fig 3.81 저압 연료 라인의 회로도

엔진의 시동 과정과 함께 작동을 시작하는 저압 연료펌프는 엔진의 회전속도에 관계없이 독립적으로 연속하여 작동하며, 과잉 공급된 연료는 오버플로 밸브(over flow valve)를 통해 탱크로 되돌아간다.

엔진 가동 정지와 동시에 이송된 연료의 착화를 방지하기 위해 안전 회로가 설치되어 있으며, 저압 연료펌프는 연료 탱크 바깥쪽에 설치되어 있다. 마운팅은 연료 탱크 바깥쪽에서 오는 전기 배선 연결과는 별도로 연료 스트레이너, 연료계, 연료 저장실로 사용되는 스월 포트(swirl port) 등으로 구성되어 있다.

커먼 레일에 대한 저압 연료펌프는 롤러 셀 방식(roller cell type)이다. 이러한 펌프의 형태는 기본적으로 슬롯(slot) 형태의 로터가 부착된 체임버를 구성하며, 이동이 가능한 롤러는 슬롯에 위치한다.

연료 압력과 더불어 로터의 회전은 바깥 롤러 통로와 슬롯의 구동 측면에 대하여 롤러 바깥쪽으로 이동한다. 이에 따라 롤러는 회전하는 실(seal)처럼 작동하며, 체임버는 인접하는 슬롯의 롤러와 롤러 통로 사이에 형성 된다.

펌픙 그 자치는 타원형의 입구 통로가 닫히면 체임버의 체적은 계속적으로 감소한다. 출구 통로가 열리면 연료는 전동기를 통하여 흐르면서 측면 커버를 통해 펌프로 나간다. 전기 모터는 영구 자석 방식으로 전기 모터와 펌핑 요소는 같은 하우징에 위치한다.

(2) 연료 필터

연료 속의 이물질은 펌프의 구성 성분, 밸브 및 인젝터의 손상을 초래할 수 있다. 따라서 연료 필터는 고압 직접 분사 기관에 절대적으로 필요하며, 필터가 불량하면 작동 성능이 급격히 떨어진다.

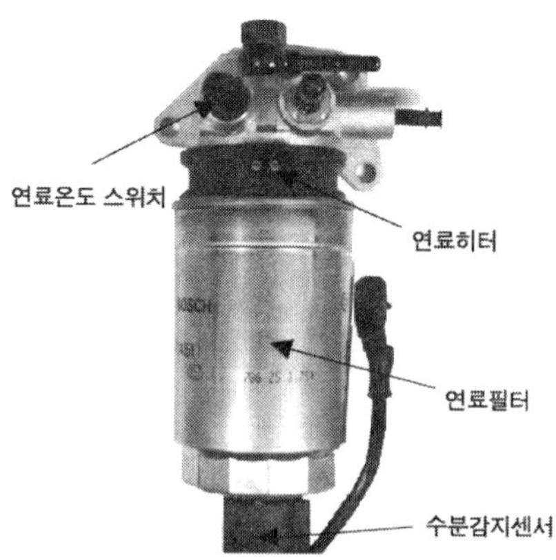

Fig 3.82 연료 필터

경유는 온도 변화에 의한 수분의 응축으로 수분을 함유할 수 있으며, 수분이 연료 계통에 들어가면 부식되어 손상을 줄 수 있다. 다른 분사 장치와 마찬가지로 커먼 레일 또한 규칙적으로 수분이 유출되는 수분 저장실이 설치된 연료 필터가 필요하다.

5) 고압 연료 라인

(1) 고압 연료펌프

고압펌프는 엔진의 작동 조건에 필요한 연료 압력을 발생시킨다. 이 펌프는 엔진의 캠축으로 구동되는 레이디얼 펌프 방식으로 저압 연료펌프에서 송출된 연료를 다시 고압으로 형성하여 커먼 레일로 배출한다.

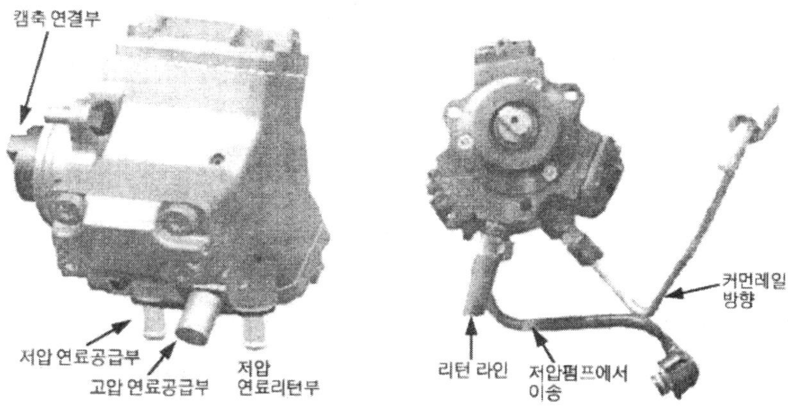

Fig 3.83 고압 펌프

고압 연료펌프는 저압과 고압 사이의 중간 영역에 있으며, 차량의 급출발이나 커먼 레일에서 압력의 급속한 형성에 필요한 여분의 연료를 공급하는 기능도 한다.

- 고압 연료펌프의 작동 원리

고압 연료펌프 안쪽에는 서로 120°의 각도로 되어 있는 3개의 반지름 방향의 펌프 피스톤에 의해 연료가 압축된다. 매 회전마다 3번의 송출 행정이 일어나기 때문에 펌프 구동장치에 응력이 일정하게 유지되도록 낮은 피크의 구동력이 발생하며, 기존의 분사펌프를 구동하기 위해 요구되는 회전력 값의 1/9배 이다. 펌프를 구동하기 위해 요구되는 출력은 커먼 레일에 설정된 압력과 펌프의 회전속도(송출량)에 비례하여 증가한다.

설정 압력은 1350bar이며 엔진의 출력은 이것을 바탕으로 인젝터의 분사량에 의해 결정된다. 따라서 연료의 누출 또는 압력 제한 밸브에 이상이 발생하면 엔진의 출력에 영향을 줄 수 있다.

고압 연료펌프의 작동은 구동 캠의 작동에 의해 캠의 형상에 따라 펌프의 피스톤을 상하로 이동시킨다. 이때의 이송 압력이 안전 밸브의 전개 압력이상 되면 저압 연료펌프는 고압 연료펌프의 입구 밸브를 통하여 펌프 피스톤이 하사점으로 이동하고 있는 펌핌 요소의 체임버로 이송한다.

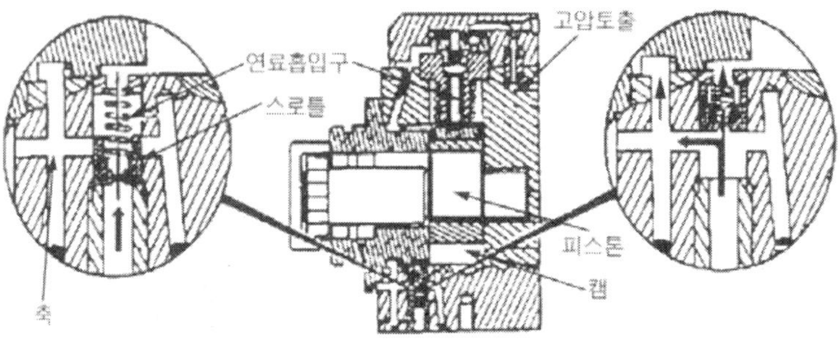

Fig 3.84 고압 펌프의 단면도 1

펌프 피스톤이 하사점을 지나면 입구 밸브가 닫힌다. 연료가 펌핑 요소의 체임버에서 빠져나가는 것이 불가능하기 때문에 연료는 송출 압력 이상으로 압축된다. 증가하는 압력은 커먼 레일 압력에 도달하자마자 출구 밸브를 연다. 그리고 압축된 연료는 고압 회로로 들어간다.

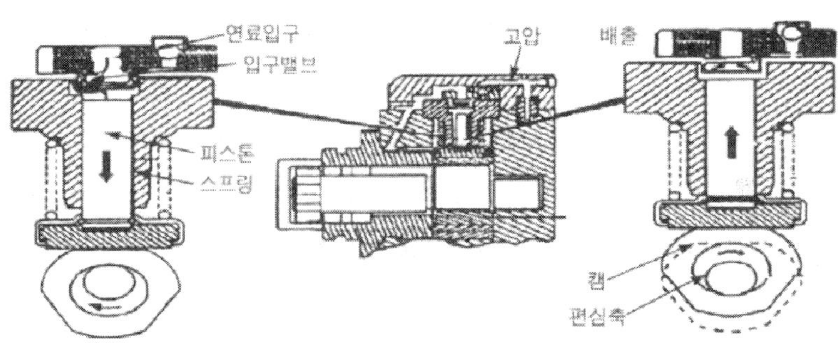

Fig 3.85 고압 펌프의 단면도 2

연료 압송은 펌프 피스톤이 상사점에 도달할 때까지 계속된다. 그 후 압력이 떨어지면 출구 밸브가 닫힌다. 펌핑 요소의 체임버에 남이있는 연료는 이완되고 펌프 피스톤은 다시 하사점으로 이동한다. 펌핑 요소의 체임버 압력이 저압 연료 펌프 압력 이하로 떨어지자마자 입구 밸브가 열리고 펌핑 과정이 다시 시작된다.

- 고압 연료펌프의 압력제어 밸브

압력제어 밸브는 ECU에 의해서 듀티 제어되며, 커먼 레일에 설치되어 고압 연료펌프의 압력을 제어한다. 이 밸브는 엔진 부하의 함수로써 커먼 레일에서의 정확한 압력을 설정하고 커먼 레일 내의 압력이 과도하면 열려 연료의 일부분이 리턴 라인을 통하여 연료 탱크로 되돌아가간다.

반대로 커먼 레일 내의 연료 압력이 낮아지면 압력 제어 밸브가 닫히고 저압계통으로부터 고압계통으로 라인을 형성한다. 그리고 고압계통과 저압계통을 각각 밀폐하기 위해 전기자는 볼을 실(seal) 위치로 강제로 압착시킨다.

전기자에 작용하는 힘은 2가지가 있는데 첫째로 스프링 장력에 의해 아래로 눌려지는 힘과, 둘째로 전자력에 의해 움직이는 힘이다.

■ 압력제어 밸브에 에너지가 인가되지 않았을 때

커먼 레일이나 고압 연료펌프의 출구에서 고압의 연료가 고압 연료펌프 입구를 통하여 압력제어 밸브에 작용된다. 이때 압력이 인가되지 않는 전기자는 힘을 발휘하지 못하기 때문에 고압 연료는 압력제어 밸브를 열거나 송출량 만큼의 열림을 유지하기 위한 스프링의 장력보다 커진다. 스프링 장력은 최대 100bar 정도이다.

■ 압력제어 밸브에 에너지가 인가되었을 때

고압 회로에서 연료의 압력이 증가하면 전기자의 힘은 스프링의 장력에 추가적으로 발생하면서 압력제어 밸브의 한쪽은 고압과 스프링의 장력이 결합된 힘이 작용하고 다른 한쪽은 전기자의 힘이 작용하기 때무에 이 사이에서 평형을 이루기 위하여 닫히거나 닫힌 상태를 유지하기 위한 에너지가 인가된다. 펌프 이송량의 변화나 고압계통에서의 연료의 변화는 압력제어 밸브의 제어량에 따라 보상된다.

(2) 커먼 레일(고압 어큐뮬레이터)

고압 연료펌프로부터 이송된 연료가 축압 저장되는 부분이며, 모든 실린더의 인젝터에 연료를 공급하는데 사용된다. 고압 연료펌프에서의 송출과 연료의 분사 때문에 발생하는 압력의 변동은 커먼 레일의 체적에 의해 완화되며, 연료의 많은 양이 공급되더라도 커먼 레일은 내부 압력을 일정하게 유지한다.

이것은 분사 압력이 인젝터를 여는 순간부터 일정하게 유지되고 커먼 레일에는 가압된 연료로 채워진다. 고압에 의한 연료의 압축성은 축압 효과를 얻기 위해 이용된다. 분사를 위해 연료가 커먼 레일을 통과하여도 커먼 레일에 있는 압력은 일정하게 유지되지만 고압 연료 펌프와 연료 공급 펄스에 의한 압력은 변동된다.

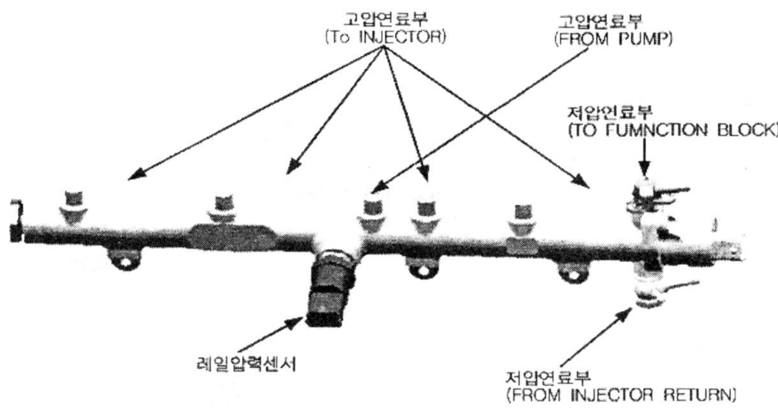

Fig 3.86 커먼 레일의 구조

(3) 인젝터(Injecter)

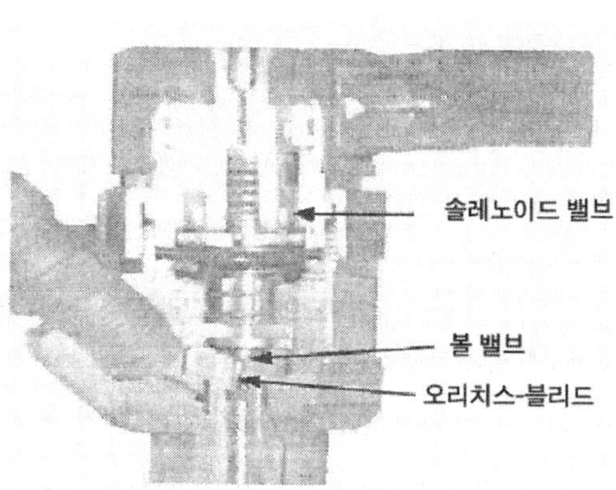

Fig 3.87 인젝터 단면도

- 인젝터의 구성 요소

고압의 연료를 실린더의 연소실로 분사하는 기구로서 ECU에 의해 제어되며, 분사 개시와 인젝터의 작동은 엔진의 시동과 연료의 압력을 생성하는 고압 연료 펌프와 더불어 인젝터 닫힘(고압 작용), 인젝터 열림(분사 개시), 인젝터 완전 열림, 인젝터 닫힘(분사 완료) 등의 4단계로 나누어 볼 수 있다. 이러한 작동 단계는 인젝터의 구성 성분에 작용하는 힘의 분배에 의해 결정되며, 엔진의 가동 정지와 커먼 레일에서의 압력이 없는 상태에서는 노즐의 스프링은 인젝터를 닫는다.

■ **인젝터 닫힘(휴식 상태)**

인젝터 솔레노이드 밸브에 전원이 인가되지 않은 상태이다. 오리피스가 닫힌 상태이며, 밸브 스프링은 전기자의 볼을 블리드 오리피스의 시트로 이동시킨다. 커먼 레일의 고압은 밸브 제어 체임버에서 형성되고 동일한 압력이 노즐의 체임버 체적에도 가해진다. 제어 플런저의 끝 면에 작용하는 커먼 레일의 압력은 노즐을 압력 단계에서 적용된 전개 힘에 대해 닫힘 위치를 유지시킨다.

■ **인젝터 열림(분사 개시)**

인젝터의 솔레노이드 밸브에 높은 전류가 인가되면서 인젝터는 신속히 열린다. 솔레노이드 밸브는 밸브 스프링의 장력을 이기면서 오리피스를 열고 이와 동시에 인젝터 초기 작동에 인가되었던 높은 전류가 낮아지면서 지속적으로 솔레노이드 밸브에 가해진다.

오리피스가 열리면 연료는 밸브 제어 체임버 위쪽으로 흐르며 이곳에서 연료의 리턴 라인을 경유하여 연료 탱크로 흐른다. 오리피스는 압력의 균형을 막음으로 밸브 제어 체임버의 압력이 낮아지게 되며, 밸브 제어 체임버에서 커먼 레일과 같은 압력에 있는 노즐의 체임버 압력을 낮춘다.

밸브 제어 체임버에서 감소된 압력은 제어 플런저에서 작용하는 힘이 작아지도록 하기 때문에 노즐의 니들 밸브가 열려 분사가 시작된다. 노즐의 니들 밸브 전개 속도는 블리드 오리피스를 통한 유동류의 차이에 의해 결정된다.

연료는 커먼 레일에서의 압력과 거의 동일하게 연소실로 분사되고, 분포력은 전개 상태 동안의 힘으로 결정되며, 분사기간은 동일하다.

인젝터는 실린더 헤드에 설치되고 연료는 고압 라인을 통하여 인젝터에 공급되며, 블리드 오리피스를 통하여 제어 체임버(control chamber)에 공급된다. 제어 체임버는 솔레노이드 밸브에 의해 열리는 통로를 경유하여 연료 리턴 라인과 연결되어 있다.

블리드 오리피스가 닫힌 채 밸브 제어 플런저에 작용된 연료의 압력은 노즐의 니들 밸브 압력 값을 이기고 니들 밸브를 밸브 시트에서 강제로 이동시키면서 고압의 통로가 열려 연료가 분사된다.

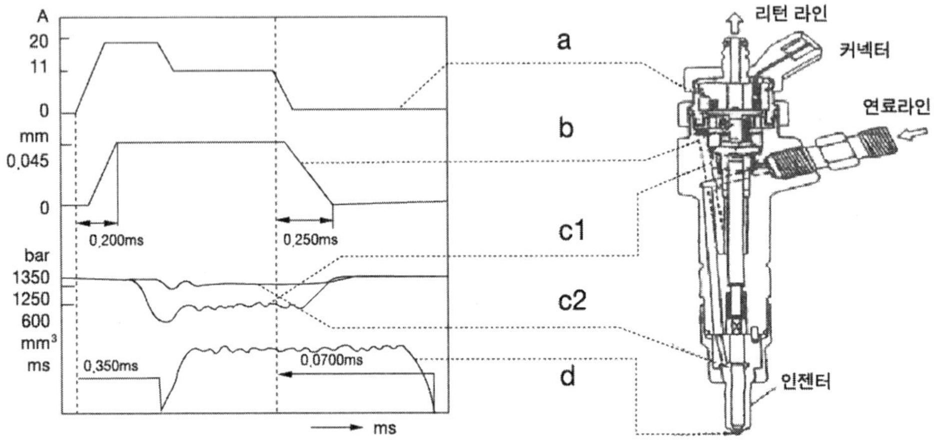

Fig 3.88 인젝터 작동 그래프

■ **인젝터 닫힘(분사 완료)**

인젝터의 솔레노이드 밸브에 전원이 차단되면 밸브 스프링은 솔레노이드 밸브를 아래 방향으로 향하도록 하고 볼은 블리드 오리피스를 닫는다. 오리피스의 닫힘은 공급 오리피스로부터 입력을 경유하여 제어 체임버에 압력의 형성을 유도한다. 이 압력은 커먼 레일의 압력과 동일하며, 제어 플런저 끝 면을 통하여 제어 플러저에 압력을 가한다.

스프링 장력과 함께 이 압력은 체임버 체적에 의해 발생된 압력을 능가하여 노즐의 니들 밸브는 닫힌다. 노즐의 니들 밸브 닫힘 속도는 공급 오리피스를 통한 유량으로 결정되며, 노즐의 니들 밸브가 정지 위치에 오는 순간 연료의 분사는 정지된다.

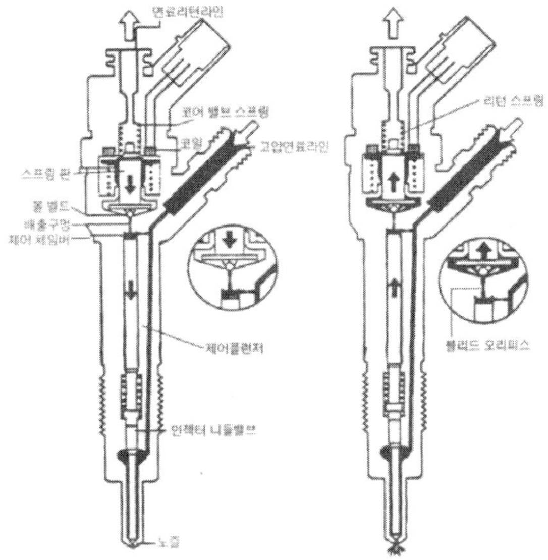

Fig 3.89 인젝터 작동 모드

- 노즐

인젝터 노즐은 분사된 연료의 측정(분사시간과 단위 크랭크축 회전 당 분사된 연료량), 연료관리(분사 제트의 수, 분무 형상 및 안개화 상태), 연소실에서의 연료 분포, 연소실에서 발생되는 압력에 대해 기밀을 유지한다.

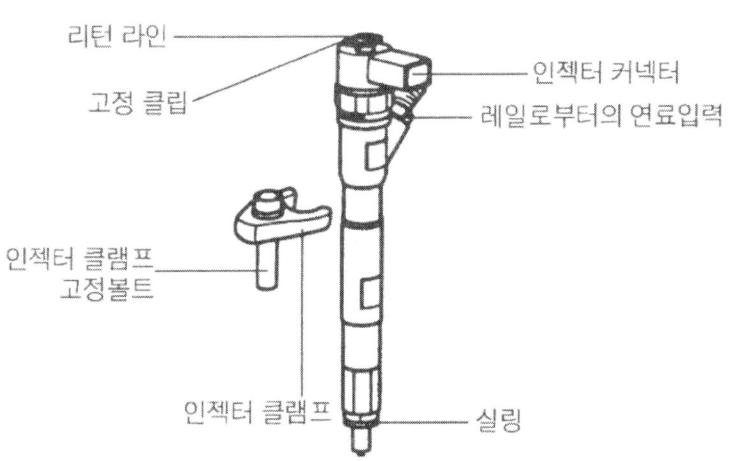

Fig 3.90 인젝터의 외형

3.7 CRDI 엔진의 전자제어 장치

1) 입·출력 요소

(1) 아날로그 입력 요소

① 연료 압력 센서
② 공기 유량 센서 & 흡기 온도 센서
③ 가속 페달 위치 센서
④연료 온도 센서
⑤ 배터리 전압
⑥ 수온 센서
⑦ 센서 전압
⑧ 크랭크 축 위치 센서

(2) 디지털 입력 신호

① 클러치 위치 신호
② 에어컨 스위치
③ 이중 브레이크 스위치
④ 에어컨 압력 스위치 (저속, 고속 스위치)
⑤ 에어컨 압력 스취이(중간 압력 스위치)
⑥ 블로 모터 스위치
⑦ 차속 센서
⑧ IG 전원

(3) 출력 요소

① 인젝터
② 커먼 레일 압력 제한 밸브
③ 메인 릴레이
④ 프리히터 릴레이
⑤ 예열 플러그 릴레이
⑥ EGR 솔레노이드 밸브
⑦ CAN 통신

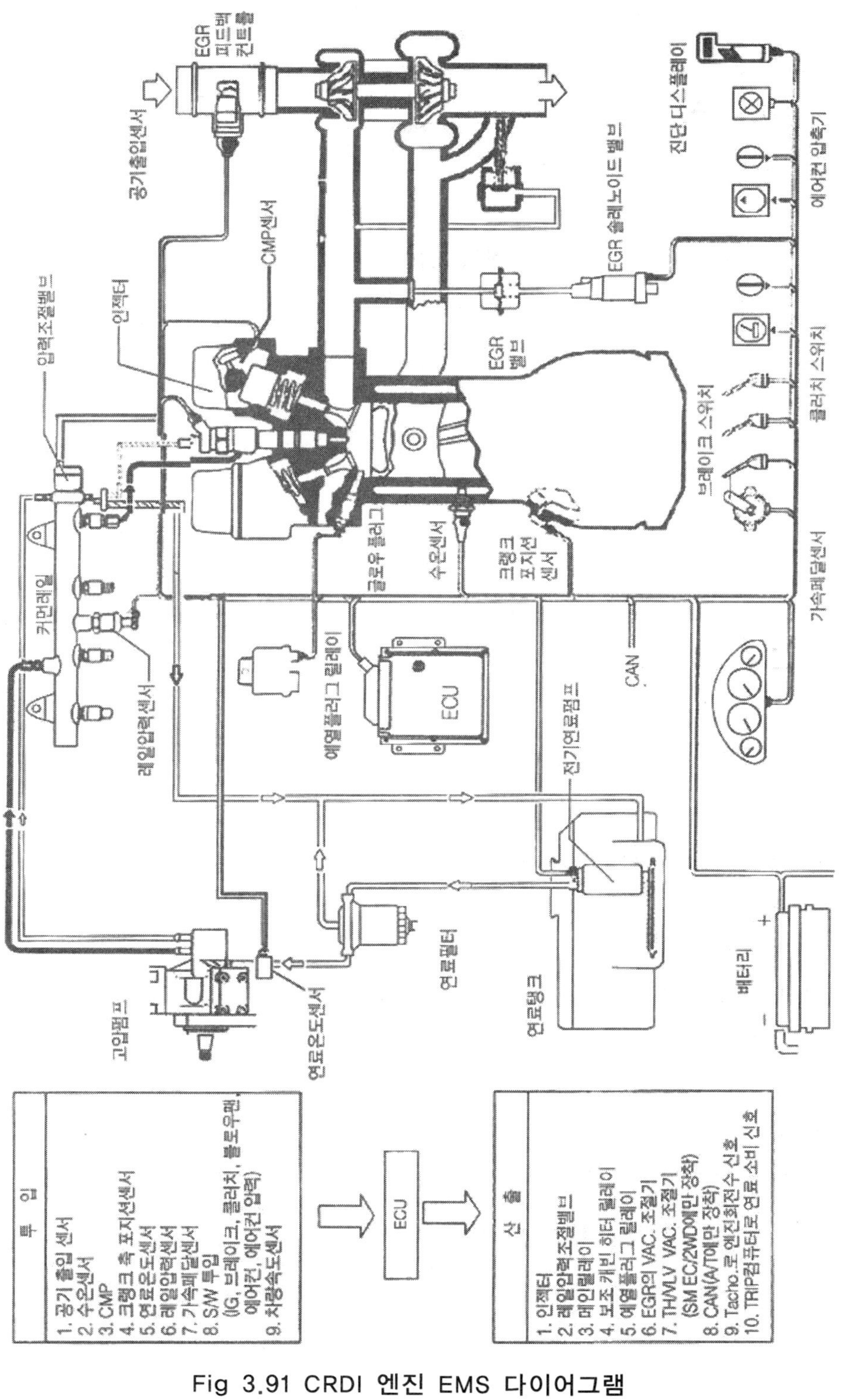

Fig 3.91 CRDI 엔진 EMS 다이어그램

2) 아날로그 입력 요소의 기능 및 원리

(1) 연료 압력 센서(RPS : Rail Pressure Sensor)

이 센서는 커먼 레일의 연료 압력을 측정하여 ECU로 입력시키며, ECU는 이 신호를 받아 연료 분사량,, 분사시기를 조정하는 신호로 사용한다.

연료 압력 센서 내부는 반도체 피에조 소자 방식이며, 이 센서가 고장이면 림프 홈 모드로 진입하여 압력이 400bar로 고정된다.

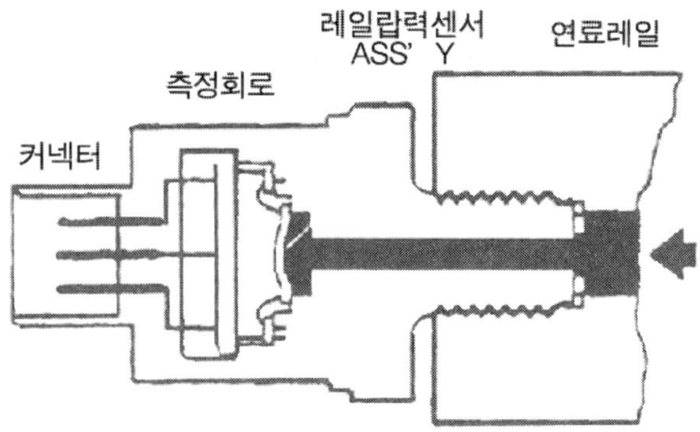

Fig 3.92 연료 압력 센서의 내부 구조

(2) 공기 유량 센서(AFS)와 흡기 온도 센서(ATS)

- 공기 유량 센서

이 센서는 열막 방식을 사용하며, 주 기능은 배기가스 재 순환 장치(EGR)의 피드백 제어이고, 또 다른 기능은 스모그 리미트 부스터(smog limits booster)압력 제어용으로 사용된다.

- 흡기 온도 센서

이 센서는 부 특성 서미스터이며, 연료량, 분사시기, 엔진을 시동할 때 연료량 제어 등의 보정 신호로 사용된다.

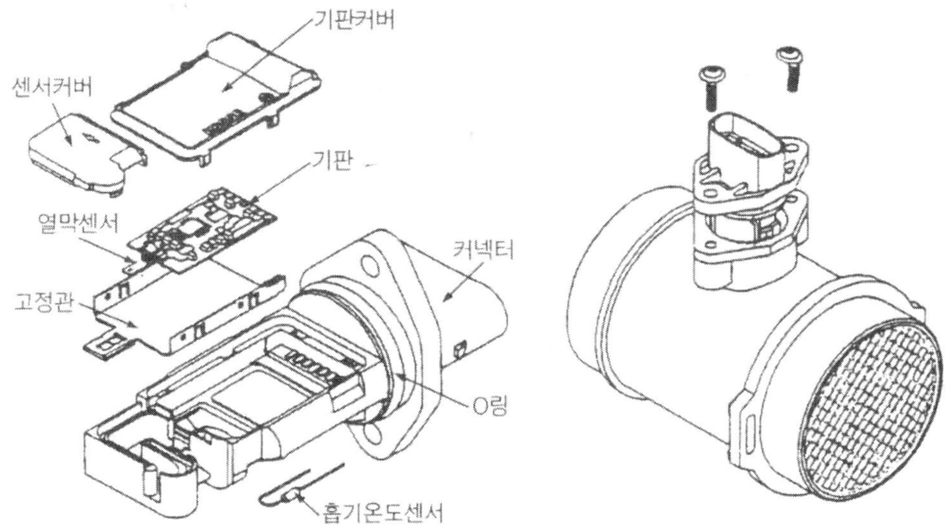

Fig 3.93 AFS와 ATS의 내부 구조

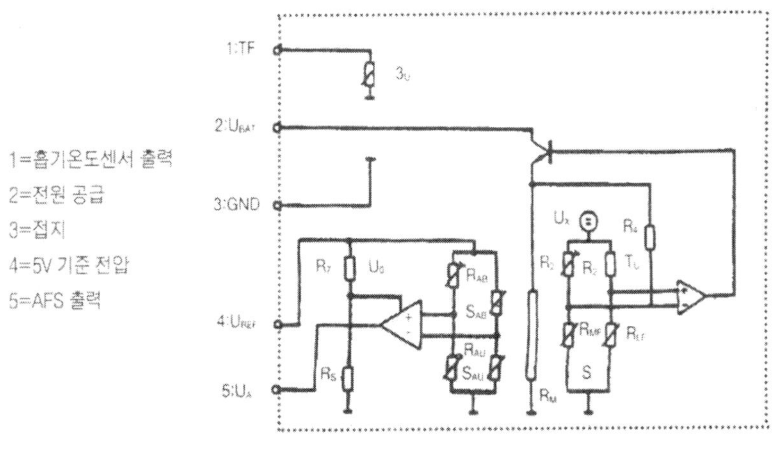

Fig 3.94 AFS 와 ATS의 회로도

(3) 가속 페달 위치 센서 1, 2 (APS : Accelerator pedal Position Sensor)

이 센서는 스로틀 포지션 센서의 원리를 이용하며, 센서 1에 의해 연료량과 분사시기가 결정된다. 센서 2는 센서 1을 검사하는 센서이며, 차량의 급출발을 방지하는 기능을 한다. 센서 1, 2가 고장이 나면 림프 홈 모드로 진입하여 1200rpm 으로 고정된다.

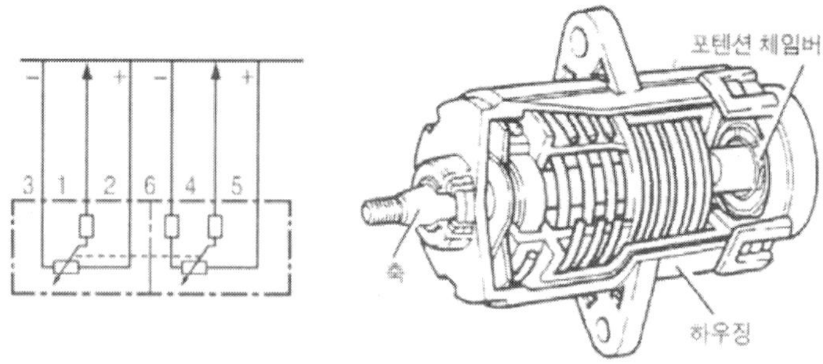

Fig 3.95 가속 페달 포지션 선세의 내부 구조

(4) 연료 온도 센서 (FTS : Fuel Temperature Sensor)

이 센서는 수온 센서와 동일한 부 특성 서미스터를 사용하며, 연료 온도에 따른 연료량 보정 신호로 사용된다.

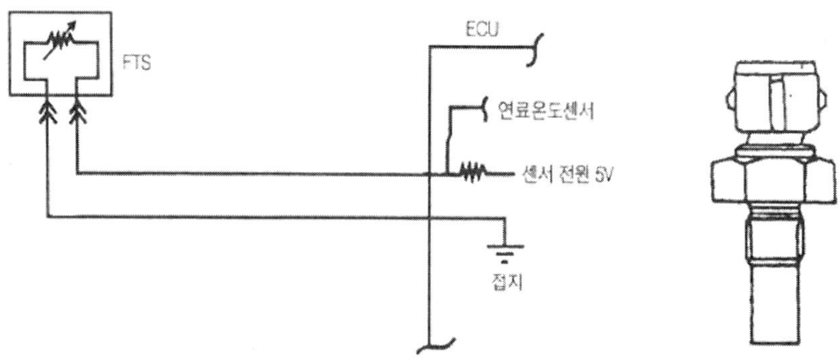

Fig 3.96 연료 온도 센서의 회로도

(5) 수온 센서 (WTS : Water Temperature Sensor)

엔진이 냉각 된 상태에서는 연료를 안개화 상태로 분사하더라도 연료 입자들이 서로 엉켜 커지므로 완전 연소가 어려울 뿐만 아니라 냉간 시동이 불가능해진다.

이에 따라 냉간 시동에서는 연료량을 증가시켜 원활한 시동이 될 수 있도록 엔진의 냉각수 온도를 검출하여 냉각수 온도의 변화를 전압으로 변화시켜 ECU로 입력시키면 ECU는 이 신호에 따라 연료량을 증감하는 보정 신호로 사용하며, 열간 상태에서는 냉각 팬 제어에 필요한 신호로 사용된다.

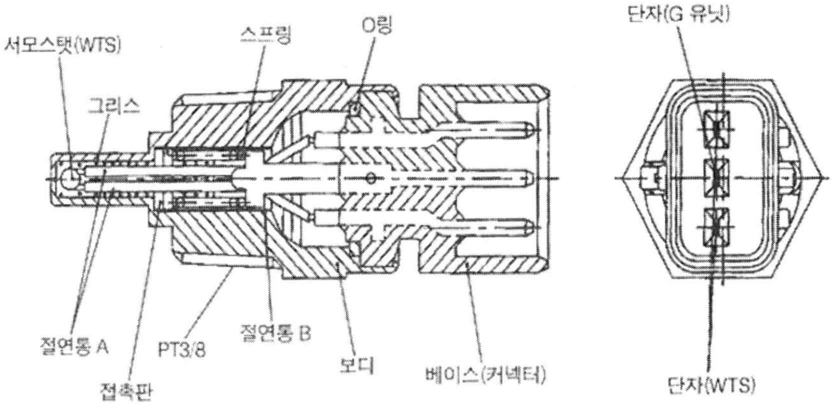

Fig 3.97 수온 센서의 내부 구조

(6) 크랭크축 위치 센서 (CPS : Crank Position Sensor)

이 센서는 마그네틱 인덕티브 방식(magnetic inductive type)이며, 실린더 블록에 설치되어 크랭크축과 일체로 되어 있는 센서 휠의 돌기를 감지하여 크랭크축의 각도 및 피스톤의 위치, 엔진의 회전속도 등을 감지한다. 크랭크축과 연동되는 피스톤의 위치는 연료 분사시기를 결정하는데 중요한 역할을 한다.

센서 휠에는 총 60개의 돌기가 있으며, 이 중 2개의 돌기가 없는 상태로 이중 missing teeth와 캠축 위치 센서를 이용하여 1번 실린더를 찾도록 되어 있다. 센서가 고장이 발생하면 엔진의 안전상 이유로 가동을 정지시킨다.

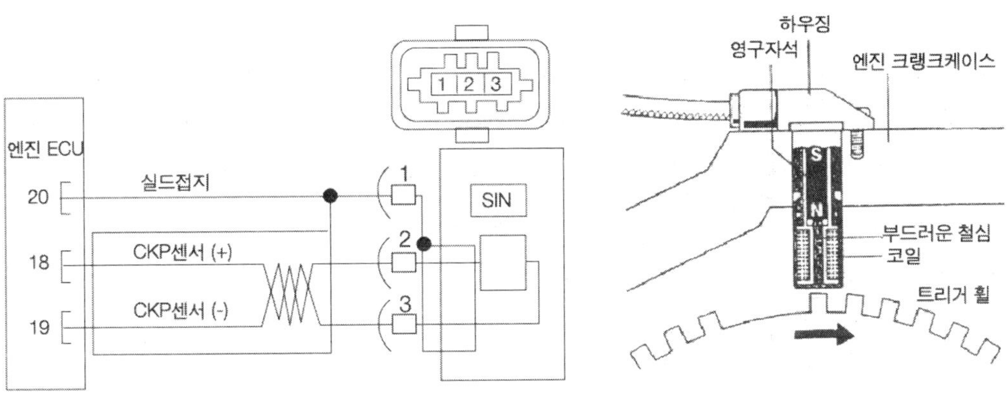

Fig 3.98 크랭크 축 센서의 회로도 및 내부구조

(7) 캠축 위치 센서(Cam shaft Position Sensor)

이 센서는 홀 센서 방식(hall sensor type)으로 캠축에 설치되어 캠축 1회전(크랭크축 2회전)당 1개의 펄스 신호를 발생시켜 ECU로 입력시킨다. ECU는 이 신호에 의해 1번 실린더 압축 상사점을 검출하게 되며, 연료 분사의 순서를 결정한다.

엔진이 시동된 후에는 크랭크축 위치 센서에 의해 생성된 정보는 엔진의 모든 실린더를 학습한다. 그리고 캠축 위치 센서가 차량을 구동하는 동안에 고장이 발새오디어도 엔진은 구동된다.

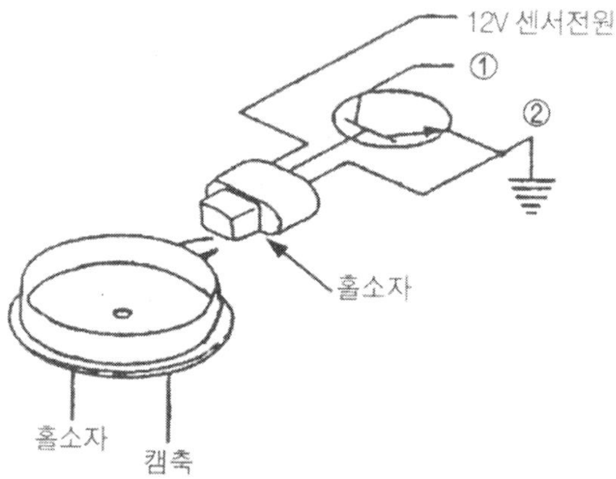

Fig 3.99 캠축 위치 센서의 내부 구조

- **캠축 위치 센서의 원리**

캠축에는 1개의 돌기가 설치되어 있으며, 원리는 다음과 같다.

- 점화 스위치를 ON으로 하면 ECU로부터 공급된 5V의 전원은 단자 1을 통하여 단자 2로 접지 되고 공급 전원 12V는 트랜지스터의 컬렉터에서 대기한다.
- 캠축이 회전하면서 캠축에 있는 돌기가 감응 부분에 도달하게 되면 감응 부분에 자력이 형성되고 홀 소자에 전압이 발생한다.
- 홀 소자에서 발생된 전압에 의해 트랜지스터를 구동하고 컬렉터에 있던 센서 전원은 이미터로 흐르게 되므로 이 신호를 ECU가 감지한다.

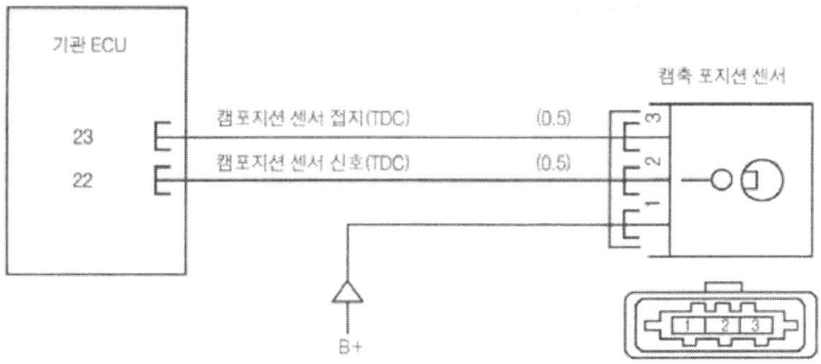

Fig 3.100 캠축 위치 센서의 회로도

3) 디지털 입력 신호 요소

(1) 클러치 스위치 신호

클러치 스위치는 접점 방식이며, 스위치의 신호에 따라 정속 주행을 해제할 때와 스모그를 제어할 때 필요한 변속 단수 인식에 사용된다. 또한 충격 감소 보정용으로 사용된다.

(2) 에어컨 스위치

에어컨이 작동될 때 엔진의 회전속도가 떨어지는 현상을 방지하기 위해 연료량을 보정하는 신호로 사용된다.

(3) 블로워 모터(blow motor) 스위치

전기 부하에 따른 엔진의 회전속도가 떨어지는 현상을 방지하기 위해 연료량을 보정하는 신호로 사용된다.

(4) 에어컨 압력 스위치(Low, High 스위치)

에어컨 라인에 가스 유무 및 막힘 유무를 판단하여 에어컨 압축기를 작동시키는 신호로 사용된다.(에어컨 압축기 보호용)

(5) 에어컨 압력 스위치(중간 압력 스위치)

에어컨 라인에 일정한 압력 이상으로 압력이 상승할 때 냉각 팬을 구동시키는 신호로 사용된다.

(6) 이중 브레이크 스위치

브레이크 신호는 이중 브레이크 신호이며, 가속 페달 센서 고장 여부 검출 신호로 사용된다. 예를 들어 브레이크 신호 뒤에 가속 페달 신호가 낮게 들어오면 정상이지만 가속 페달 신호가 높게 들어오면 가속 페달 신호의 고장이라고 판단한다.

4) 출력 요소

(1) 인젝터

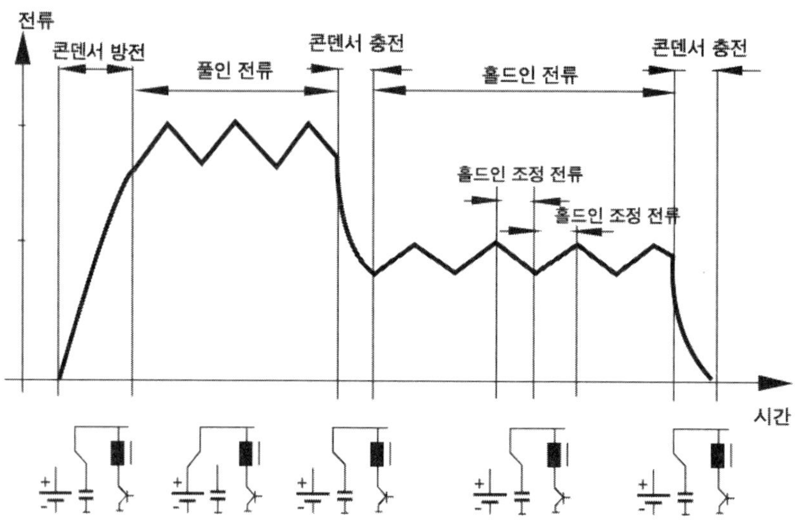

Fig 3.101 인젝터의 저류 파형

(2) 연료 분사

커먼 레일 분사 방식은 기존의 연료 분사와는 달리 점화 분사(pilot injection - 파일럿 분사) 와 주 분사(main injection)의 2단계로 분사를 실시한다.

- 점화 분사

점화 분사라 함은 주 분사가 이루어지기 전에 연료를 분사하여 연소가 잘 이루어지도록 하기 위한 것이며, 엔진의 소음과 진동을 감소시키기 위한 목적으로 두고 있다. 점화 분사의 기본 값은 냉각수 온도와 흡입 공기 압력에 따라 조정되며,

기타 제약에 따라 다음과 같은 경우에는 분사가 중단될 수 있다.

㉮ 점화 분사가 주 분사를 너무 앞지르는 경우
㉯ 엔진의 회전속도가 3200rpm 이상인 경우
㉰ 연료 분사량이 너무 적은 경우
㉱ 주 분사 연료량이 불충분한 경우
㉲ 엔진의 가동 중단에 오류가 발생한 경우
㉳ 연료 압력이 최소값 이하(100bar)이하인 경우

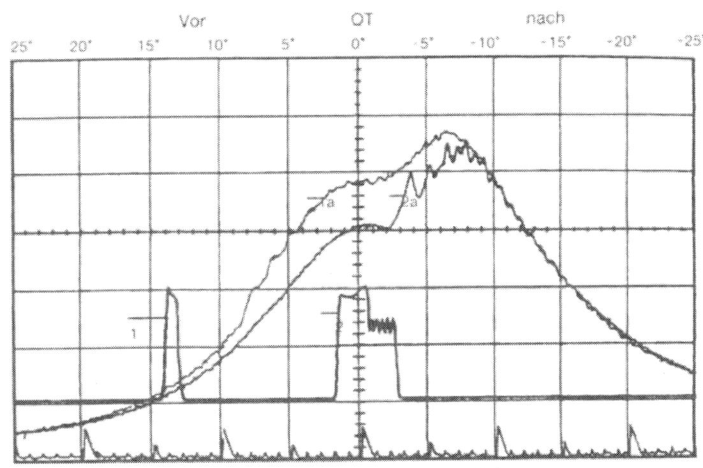

1=점화분사 2=주분사
1a=점화분사를 실시하는 연소실 압력그래프 2a=점화분사가 없는 연소실 압력그래프

Fig 3.102 연소 압력의 변화

- 주 분사

엔진의 출력에 대한 에너지는 주 분사로부터 나온다. 주 분사는 파일럿 분사가 실행되었는지를 고려하여 연료량을 산출한다. 주 분사의 기본 값으로 사용되는 것은 엔진의 회전력 량(가속 페달 위치 센서 값), 엔진의 회전속도, 냉각수 온도, 흡기 온도, 대기 압력 등이며, 이 신호의 값을 받아 주 분사 연료량을 계산한다.

- 최소 압력 모니터링 기능 : 분사는 최소 레일 압력이 되어야만 가능하며, 최소 레일 압력 조장은 냉각수 온도와 평균 연료 압력에 따라 조정된다. 최소 레일 압력은 100bar 이상이다.

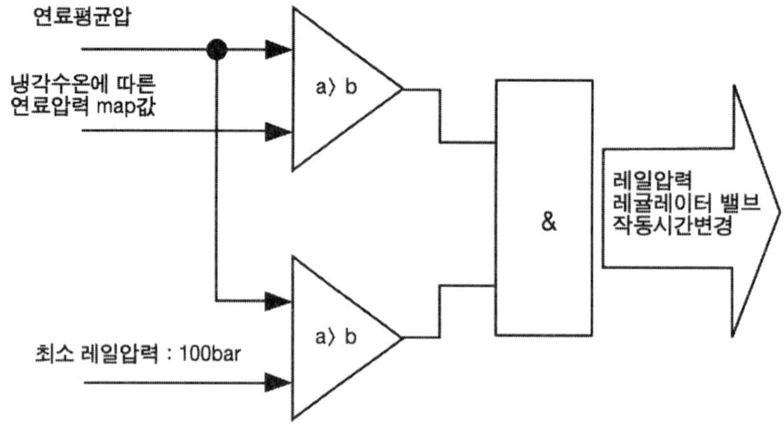

Fig 3.103 최소 압력 모니터링 검출

■ 연료 온도에 따른 분사량 기능 : 연료의 온도가 높은 상태와 낮은 상태에 따른 연료의 체적 차이(부피의 차이)가 발생하는데 이러한 체적 변화에 따른 연료량을 보정하기 위한 부분이며, 파일럿 및 주 분사량을 보정한다. 다만, 연료 온도 센서가 고장이 나면 연료 분사량의 보정은 중단된다.

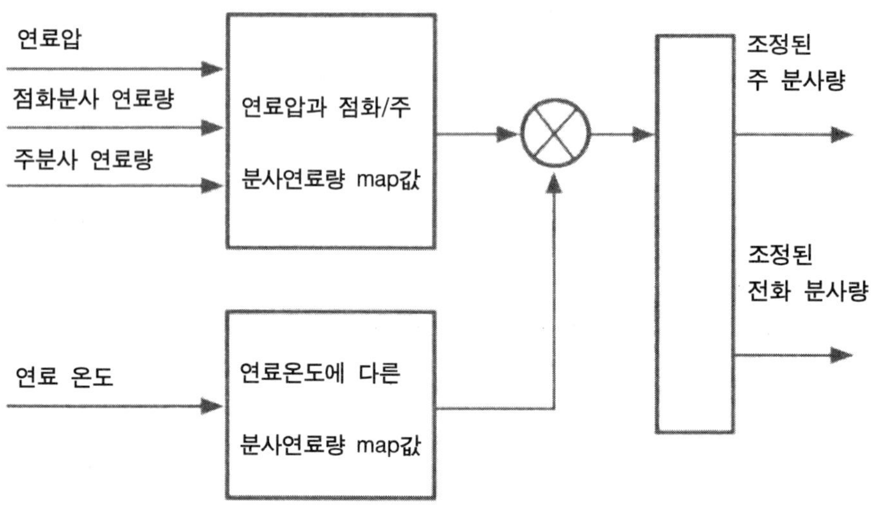

Fig 3.104 연료 온도에 따른 분사량 보정

(3) 레일 압력 제어 밸브

엔진의 ECU는 엔진의 회전속도 및 부하에 따라 설정 압력에 맞도록 연료 압력을 조절하며 이에 따라 레일 압력 센서 및 각종 센서의 입력 신호를 받아 설정 목표 압력에 맞도록 솔레노이드 밸브를 작동시켜 듀티로 제어한다.

연료 온도가 높을 경우 연료의 온도를 제한하기 위해 압력을 특정 작동점 수준으로 낮추는 경우도 있다. 레일 압력 제어 밸브가 고장이 나면 안전상의 이유로 엔진의 가동을 비상 정지시킨다.

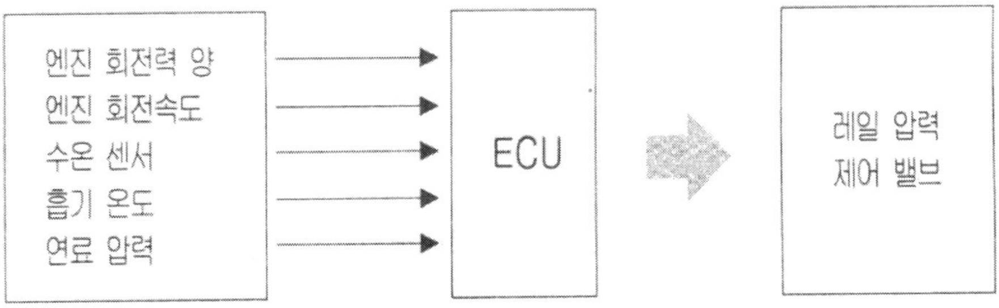

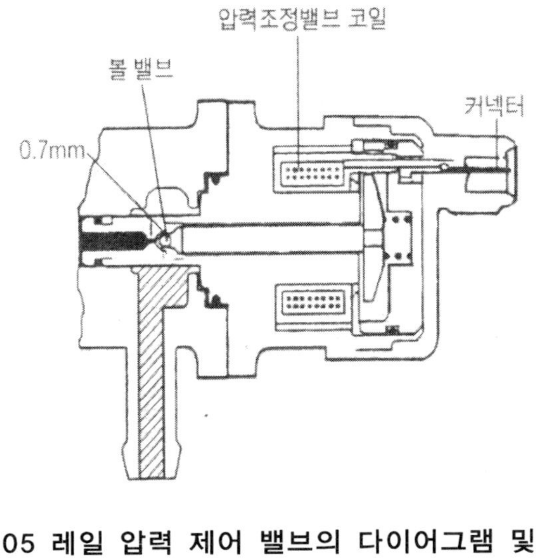

Fig 3.105 레일 압력 제어 밸브의 다이어그램 및 내부 구조

(4) 배기가스 재순환 장치(EGR)

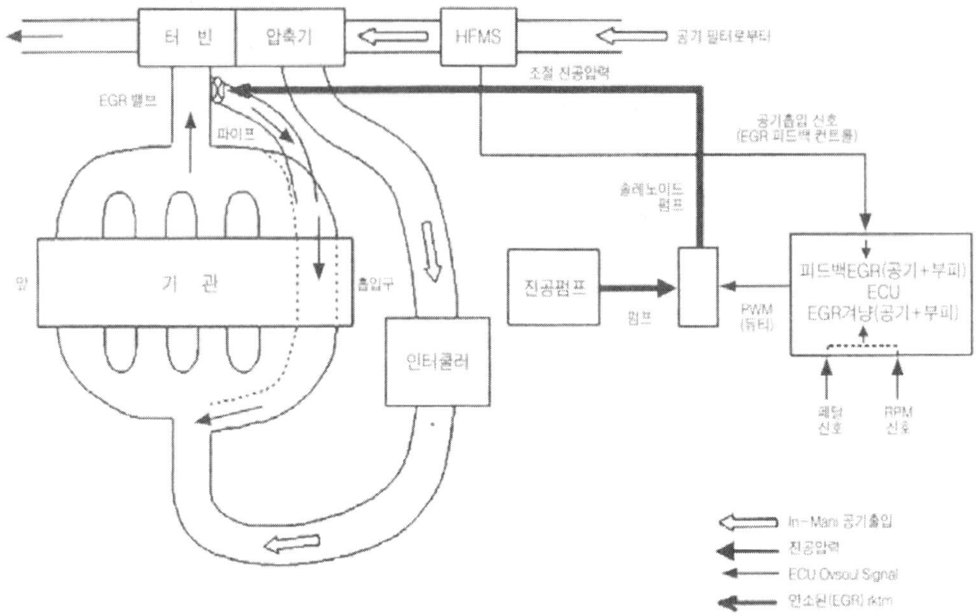

Fig 3.106 배기가스 순환도

- **EGR(Exhaust Gas Recirculation) 밸브**

EGR 밸브는 엔진에서 배출되는 가스 중 질소산화물의 배출을 억제하기 위한 것이다.

- **EGR 솔레노이드 밸브**

EGR 솔레노이드 밸브는 ECU에서 계산된 값을 PWM 방식으로 제어하며, 제어 값에 따라 EGE 밸브의 작동량이 결정되는데 각종 입력되는 값과 흡입 공기량을 계산하여 실제 제어 값을 출력하도록 되어 있다.

EGR을 제어하는 동안 기타 보조 장치(연료량 제어 등)의 경우 공기량의 실제 값이 추가로 계산되도록 되어 있다.

- EGR 작동 정지 명령 조건

㉮ 공전할 때	㉯ 연료 압력 제어 밸브가 고장일 때
㉰ 공기 유량 센서가 고장일 때	㉱ EGR 밸브가 고장일 때
㉲ 냉각수 온도가 37°C 이하 또는 100°C 이상 일 때	㉳ 배터리 전압이 8.99V 이하일 때
㉴ 연료량이 42mm^3 이상 분사될 때	㉵ 엔진을 시동할 때

(5) 예열 장치

엔진이 냉간 된 상태에서 시동이 원활히 이루어지도록 하기 위한 장치이며, 이것은 배기가스와 매우 밀접한 관계가 있다. 즉 난기 운전 시간을 감소시켜 유해 배기가스의 배출을 감소시킬 수 있다. 예열 장치는 냉각수 온도와 기관 회전속도에 의해 제어된다.

- 예비 예열(pre-glow)

예비 예열 단계는 ECU에 전원의 공급과 동시에 개시된다. 그리고 엔진 가동 중 45rpm, 480ms 이상을 초과할 때는 작동을 중지한다. 또한 수온 센서 값에 따라 예비 예열 제어 시간이 변경되며, 수온 센서가 고장일 때는 -24.9°C로 결정하여 활용한다.

- 시동 예열(start-glow)

시동 예열은 60°C 이하인 경우 매번 실시되며, 엔진 회전속도 45rpm과 480ms 이상을 초과할 때 실시한다. 동시에 시동 예열 상대촤 관련된 타이머가 작동하며, 수온 센서가 고장이 나며 -24.9°C로 대처한다. 또한 시동 예열은 다음 경우에 종료한다.

- 시동 예열 시간 15초 경과 후
- 냉각수 온도가 60°c 이상일 때

- 포스트 예열(post-glow)

포스트 예열 시간은 냉각수 온도에 따라 결정되며, 전원 공급 후 단 1회만 실시한다. 수온 센서가 고장 나면 -24.9°C로 대처하며, 다음의 경우에 종료한다.

- 연료량이 75mm^3를 초과할 때
- 기관 회전속도가 3500rpm 이상일 때

(6) 냉각 팬 제어

- 엔진의 냉각 장치

냉각 장치의 기본적인 제어 논리는 2단계 직 · 병렬 회로를 지닌 방식이다.

- 냉각 장치 점검

냉각 팬은 ECU에 의해 2단계의 속도로 제어되며, 수온 센서, 차속 센서, 에어컨 중간 압력 스위치 신호가 기본이 된다. 그리고 관련 센서가 고장일 경우에는 페일 세이프 기능이 있다.

- ■ Low(직렬 회로) : ECU Low 단자 접지 -B+ → 냉각 팬 릴레이 → 냉각팬 → 콘덴서 팬 →접지
- ■ High (병렬 회로) : ECU High 단자 접지 -B+ → 냉각 팬 릴레이 → 냉각팬 → 접지 → 콘덴서 팬 릴레이 → 콘덴서 팬 → 접지

- 냉각 팬 제어

- ■ 에어컨 압축기 차단 온도 : 115°C
- ■ 수온 센서 고장일 때 : 콘덴서 팬, 냉각 팬 고속(high)구동
- ■ 에어컨 ON 조건은 압축기 스위치 신호 기준이며, 압축기 ON, OFF는 관계가 없다.

(7) 프리 히터(pre-heater)

프리 히터란 히터의 냉각수 라인 내에 설치되어 있으며, 외부의 온도가 낮을 경우 일정한 시간 동안 작동시켜 엔진에서 히터로 유입되는 냉각수 온도를 높여 히터의 난방 능력을 향상시키는 장치이다. 프리 히터에는 가열 플러그 방식과 연소식 프리 히터 방식이 있다.

- 가열 플러그 방식

겨울철에 전류에 의한 발열로 엔진의 냉각수를 가열하여 실내의 히터 열 교환기로 보내는 장치이다. 냉각수 라인에 직접 설치되며, 3개의 가열 플러그가 냉각수와 접촉하도록 되어 있다.

냉각수는 가열된 플러그를 지나서 히터 코어 방향으로 흘러가며, 이때 냉각수

온도가 상승한다. 가열 플러그의 소비 전력은 900W이며, ECU에 의한자동 제어 방식이다. ECU는 냉각수 온도가 65°C 이상 되면 프리 히터의 전원을 OFF시킨다.

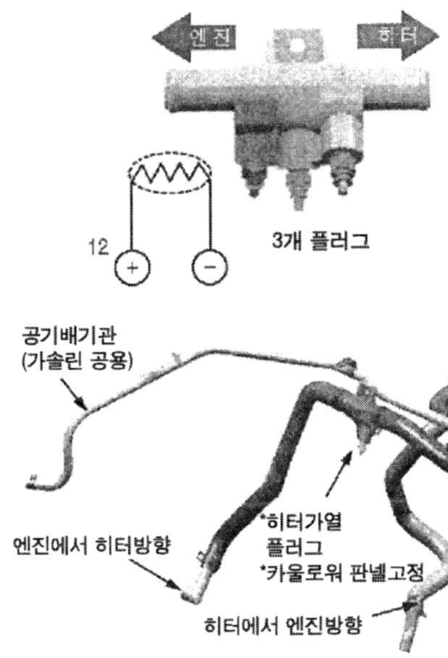

Fig 3.107 가열 플러그 구조 및 라인

- **연소식 프리 히터 방식**

연소식 프리 히터 방식은 냉각수 라인에 연소기를 설치하여 연료의 연소에 의한 난방 장치로 가열플러그 형식보다 난방 능력이 우수하며, 실내가 넓은 차량에 주로 사용된다. 전력 용량은 12V~14W이다.

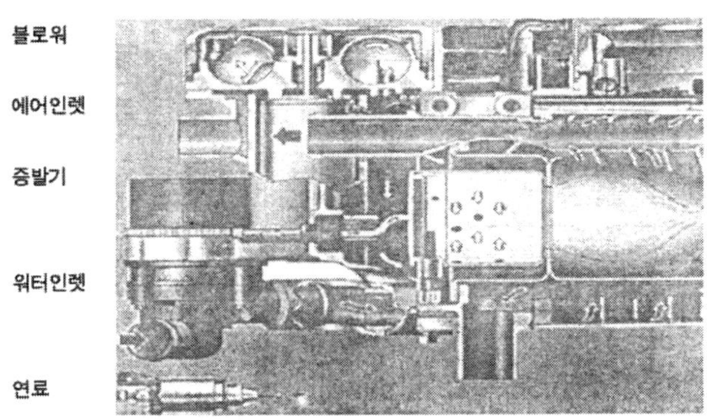

Fig 3.108 연소식 프리 히터의 내부 구조

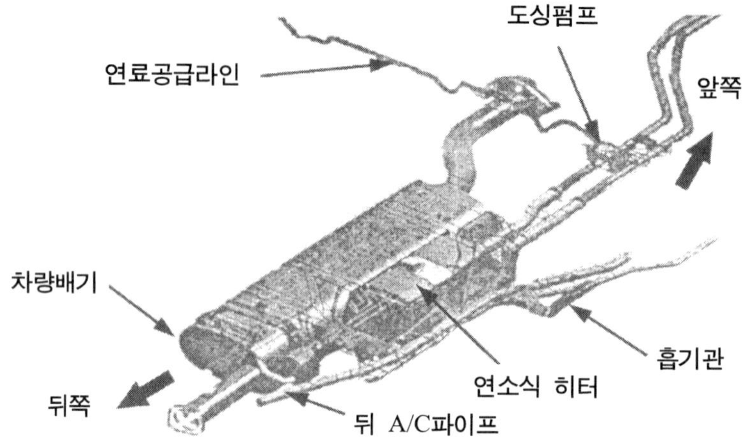

Fig 3.109 연소식 프리 히터의 설치

■ 참고문헌

1. 장재덕, "CAR 일렉트로닉스 공학", 골든벨, 2002
2. 손시류 외 4일, "카 일렉트로닉스 문제", 골든벨, 2002
3. 박정원, "카일렉트로닉스 실습", 골든벨, 2002
4. 강정용외 2인, "현대 車 파형보는 법", 2001
5. 한홍국 외 2인, "대우, 르노삼성, 쌍용 車 파형보는 법", 2001

제4장 ●●● 그린카의 기술 및 정책

4.1 그린카란?

그린카란 기존 내연기관 대비 효율이 높고 배출가스가 적게 나오는 친환경 자동차를 의미한다. 그린카는 클린 디젤 자동차와 하이브리드 자동차, 전기자동차, 연료전지자동차와 같이 분류할 수 있다. 하지만 구체적으로 정립되어 있는 것은 아니며, 새로운 종류와 형식의 친환경 자동차가 등장하면 이 또한 그린카로 분류될 수 있다. 아래의 Fig 4.1은 그린카의 종류에 대하여 나타내었다.

- 하이브리드 자동차 (HEV)

하이브리드라는 용어는 이종(다른 종류)의 기술이 하나로 융합되어 올바른 기능을 수행하는 것으로 정의내릴 수 있다. 따라서 하이브리드 자동차는 이종의 동력원이 결합하여 자동차를 구동시키는 형태의 자동차를 말한다. 하이브리드 자동차는 자동차의 발전과정상 기존의 내연기관 자동차와 전기자동차 사이의 중간에 위치한다고 이해하는 것이 바람직하다. 차량을 구동시키는데 있어서 내연기관과 전기모터 사이의 역할에 따라 세 가지 분류로 나뉜다.

Fig 4.1. 그린카의 종류

- 플러그 인 하이브리드 자동차 (PHEV)

자동차를 출퇴근 용도로 사용하는 일반인들의 하루 주행거리가 60~70km 이내라는 것에 착안하여 개발된 자동차이다. 대용량 배터리를 탑재하여 가정이나 전용 주차구역(별도의 충전기가 설치되어 있는)에서 많은 양의 전기에너지를 충전하여 방전되기 전까지 엔진의 도움 없이 전기모터만을 이용하여 자동차를 움직일 수 있다. 즉, 매일 평균적으로 60~70km 이내에서 주행을 한다면 따로 엔진을 움직일 필요가 없다.

- 전기자동차 (EV)

기존의 내연기관을 완전히 배제시키고 순수 전기에너지로만 움직이는 자동차를 말한다. 순수하게 충전된 전기 에너지 만을 이용한다는 점에서 하이브리드 자동차와 다르다. 단순히 주행가능 거리를 연장시키기 위해선 대용량의 배터리가 필요한데 배터리의 크기를 키우면 차량의 무게가 증가하여 전반적인 효율이 감소하는 딜레마에 빠진다. 따라서 전기자동차가 상용화되기 위하여 우선적으로 배터리 기술이 발전하여 배터리의 크기와 무게가 감소되야 하며, 배터리 구입 가격과 유지 및 보수에 관련된 비용 또한 더 낮아져야 한다. 전기자동차가 상용화되기 위해선 또 다른 걸림돌이 있다. 전기에너지를 생산하는 방법에 있어서 기존의 화석에너지에 의존하는 정도를 줄이고, 충전을 위한 사회적 인프라가 먼저 구축되어야 한다.

- **연료전지 자동차 (FCEV)**

전기 모터를 이용하여 차량을 구동시키는 점에선 전기자동차와 같은 원리이다. 하지만 전기에너지를 저장하여 움직이는 전기자동차와 달리 연료전지 자동차는 수소를 이용하여 자체적으로 생산되는 전기에너지로 전기 모터를 구동시킨다. 연료전지 내에서 물의 전기분해를 역 반응시키는 과정을 통하여 최종적으로 전기에너지와 그 부산물인 물이 얻어진다. 연료전지 자동차가 상용화되기 위해선 몇 가지 문제점이 있다. 먼저 연료전지의 가격이다. 연료전지에는 백금을 비롯한 희귀금속이 다수 사용되는데, 이러한 희귀 금속의 사용량을 획기적으로 줄여 가격을 낮춰야 한다. 두 번째로는 액체수소를 안전하게 저장할 수 있는 탱크가 있어야 한다. 탱크의 부피를 줄이면서 저장할 수 있는 수소의 양을 증가시켜야 한다. 세 번째는 순수한 수소를 친환경적으로 얻어낼 수 있는 방법이 개발되어야 하며, 이렇게 생산된 수소를 공급할 수 있는 사회적 인프라가 구축되어야 한다.

- **클린디젤 자동차**

각국의 이산화탄소 배출량에 대한 규제에 대응하기 위해 유럽의 자동차 메이커에서는 클린 디젤 자동차를 그 대안으로 제시하고 있다. 클린디젤 자동차는 기존의 자동차에 비해 20~30% 정도 이산화탄소 배출량을 저감시킬 수 있고, 양산하기 위한 기본 기술도 이미 충분히 다듬어져 있는 상태이다. 하이브리드 자동차에 비해 매우 저렴한 구입 가격과 유지 비용 등이 강점이다.

4.2 국내 그린카 연구 현황

한국의 자동차 산업은 2008년 기준으로 제조업 생산의 10.6%와 고용의 10.5% 차지했으며, 2009년 총 수출의 10.2%를 차지했다. 정부에서는 선진국으로 도약하기 위해 국가 경제 발전에 주요한 위치를 차지하고 있는 자동차 산업을 10대 신성장 동력의 하나로 선정하고 육성시키기로 계획하였다. 따라서 자동차 산업에 지원된 정부의 지원 예산은 지속적으로 증가하고 있으며, 특히 10대 성장 동력으로 선정된 이후인 2009년에는 전년대비 130% 증가하였다. 이는 같은 기간 정부의 전체 연구개발지원금의 증가율이 10%인 것과 비교해보면, 자동차 분야의 지원이 예외적으로 크게 증가하고 있음을 알 수 있다. 앞서 언급한 연도별 자동차 분야의 연구개발비 지원 현황을 Fig 4.2에서 나타내었다.

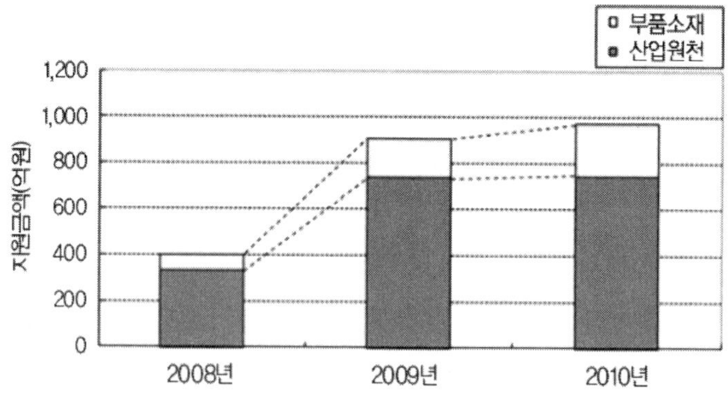

Fig 4.2 연도별 자동차 분야의 연구개발비 지원현황

자동차 산업 중에서도 그린카 부분에 대한 정부의 지원 예산이 지속적으로 크게 증가하였다. 특히 10대 신 성장 동력 산업에 미래형 자동차가 선택되면서 정부의 지원이 급속이 늘었다. 2009년에는 자동차 산업에 대한 지원 예산의 증액이 모두 그린카 부분에 지원되었으며, 이는 차세대 에너지 자동차의 기술 개발에 대한 중요성이 급격히 부각되었기 때문이다.

그린카 부분의 세부 사업 별로는 산업원천기술개발 사업이 다른 사업들보다 더 많은 지원을 받아왔다. 이는 그린카의 핵심 분야에 원천 기술을 개발하여 다른 나라보다 시장을 선점하는 것이 매우 중요하기 때문이다. 또한 산업원천기술개발 사업은 기술 개발의 초기 단계에서부터 상용화 단계까지 지원하기 때문에 다른 사업들을 압도하는 지원을 받아왔다. 다음의 Fig 4.3.을 보면 산업원천기술개발 사업에 대한 지원금액을 볼 수 있으며 이를 통해 원천기술을 개발하는 것이 그린카에서 매우 알 수 있다.

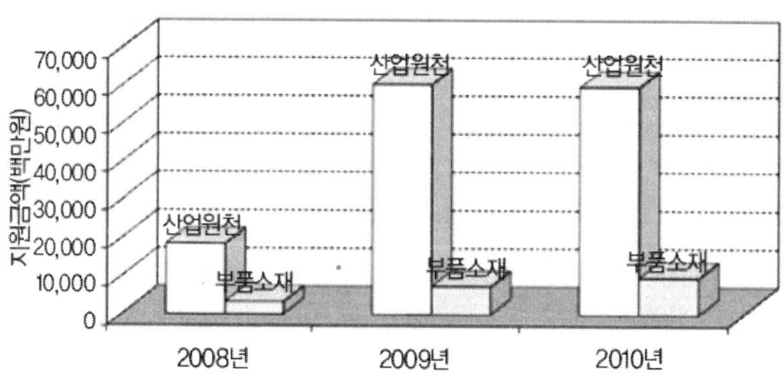

Fig 4.3 사업별 그린카 부문 연구개발비 지원현황

차량 종류별 지원을 살펴보면 최근 3년 동안 그린카공통기술(HEV, EV 등에 공통으로 활용 가능한 기술 개발) 개발에 가장 많은 지원이 이루어졌다. 아직 차세대 동력원으로 확정적인 대안이 나타나지 않은 시기이므로 최대한 다양한 분야에 적용이 가능한 원천 기술부터 확보하고자 하는 의지인 것으로 보인다.

특히 공통적으로 전기에너지를 동력원으로 사용하고 있는 HEV와 PHEV, EV, FCEV의 기술과 시장이 급격하게 성장함에 따라 이를 위한 지원 예산이 점진적으로 증가되었다.

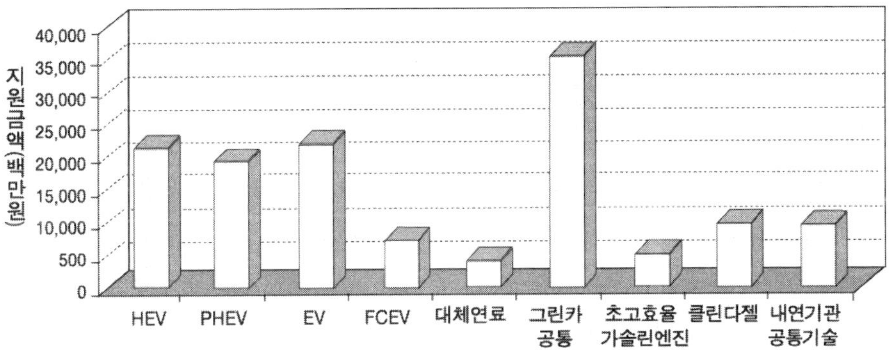

Fig 4.4 차종별 그린카부문 연구개발비 배분현황

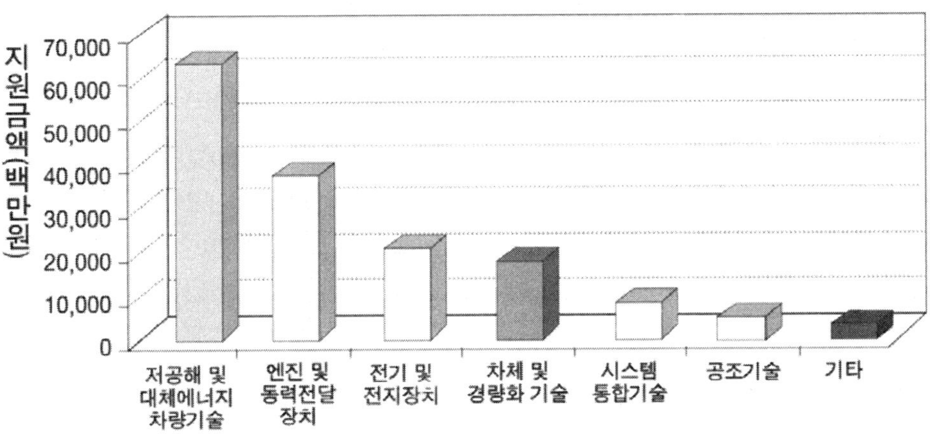

Fig 4.5 세부기술별 그린카 부문 연구개발비 지원현황

그린카에 대한 관심과 중요성이 커지면서 정부의 지원 예산이 타 분야에 비해서 크게 증가되었다. 원천 기술을 확보하여 시장을 선점해야 하는 차세대 에너지

자동차 분야는 앞으로도 점진적으로 증가되어야 한다. 또한 향후 급변할 수 있는 그린카 시장에 효율적으로 대응하기 위해서 여러 형태의 차세대 자동차에 대한 균형있는 지원이 필요하다.

4.3 해외 그린카 기술동향

미국과 유럽을 중심으로 세계 각국들이 자동차에 대한 환경규제를 엄격하게 격상시키고 있다. 환경규제를 만족하지 못하는 자동차와 회사는 자국 내에서 판매를 금지시키거나 많은 제한을 걸어두고 있으며, 이와 반대로 친환경 자동차는 소비자에게 각종 혜택을 주어 소비를 유도하고 있다. 결국 친환경 자동차는 글로벌 자동차 업계에게 선택이 아닌 필수 조건이 되어가고 있다.

특히 미국에서는 2016년까지 각 자동차 메이커의 평균 연비가 리터당 15.1km가 되지 못하면 판매를 금지하거나 패널티를 물리는 법안을 채택하면서 대표적인 스포츠 카 업체인 포르쉐도 하이브리드 기술을 적용한 자동차를 개발하고 있다.

이처럼 세계 자동차 시장은 유가 급등과 환경규제의 강화로 고효율, 친환경 자동차로 급격하게 변화되고 있으며, 이를 선점하기 위한 각국과 메이커들의 경쟁이 매우 치열하다. 자동차 선진국들은 각국의 자동차 메이커가 그린카 기술을 확보할 수 있도록 다방면으로 지원을 아끼지 않고 있으며, 자국의 자동차 업체가 개발한 기술들이 ISO와 IEC 같은 국제표준으로 채택시키고자 노력하고 있다. 즉, 기술 개발의 시작부터 시장을 선점하기 위한 표준화를 염두에 두고 있다.

독일의 경우, 플러그 인 하이브리드 자동차의 기술 개발에 있어서 차량에 탑재되는 리튬이온 전지를 비롯한 전체적인 시스템의 메카니즘과 성능, 안전성 등을 표준화하는 작업을 동시에 진행하고 있다. 또한 플러그 인 하이브리드 자동차의 충전소와 충전장치 등 사회적 인프라와 관련된 기술에도 동시에 표준화를 진행하여 이를 국제표준으로 연계하려는 노력을 한다.

일본 정부는 자국의 자동차 업체들과 이차 전지 업체들 간의 자동차 용 리튬이차전지 표준화에 합의점을 도출했으며, 이를 바탕으로 국제 표준까지 주도하겠다는 의지를 표명했다. 일본의 이차전지 표준화에는 9 개의 자동차 회사와 6개의 전지회사 그리고 국책 연구기관 등이 참여를 하며, 일본 정부가 막강하게 조력해 줄 수 있는 구조로 이루어졌다. 이를 통해 도요타의 프리우스가 하이브리드 자동차 시장을 선점했듯이 전기자동차 시장과 그 인프라 또한 선점하겠다는 전략이다. 하지만 독일이 전기자동차 분야에서 ISO와 같은 국제표준을 선점하고 있기 때문에 이 전략은 다소 차질이 생길 것으로 예상된다.

이처럼 자동차 선진국들이 그린카에 대한 국제 표준화를 선점하려는 것은 자국에 유리한 기술과 기반을 표준화로 채택시킴으로써 초기 개발비용을 저감시키고 사회적 인프라를 구축하는데 있어서 막대한 로열티를 얻을 수 있기 때문이다.

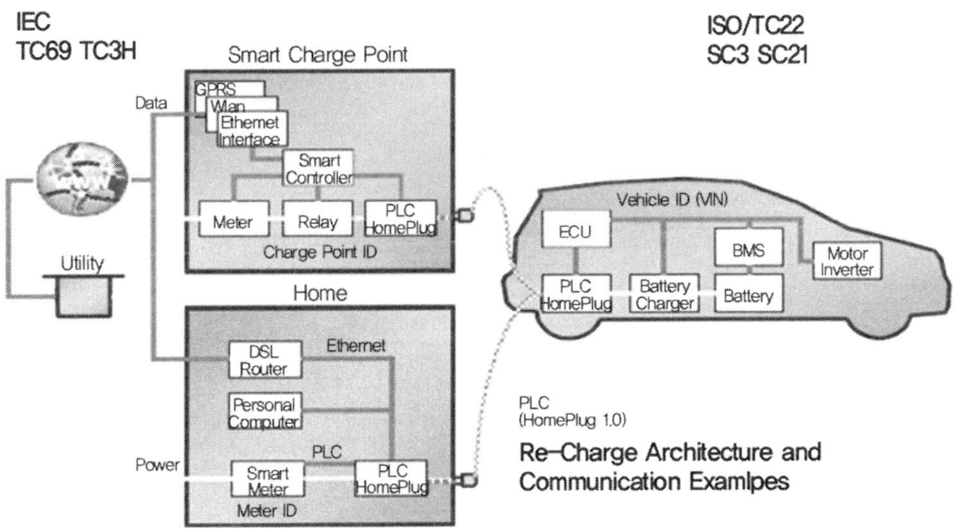

Fig 4.6 재충전 체계 및 통신의 예

4.4 향후 국내 그린카 기술 개발의 추진전략

우리나라의 기술표준원은 그린카에 관련된 원천 기술 확보와 세계 시장 선점을 위해 '그린카 표준화 추진전략'을 수립하였다. 이 추진전략에는 표준기술 기반조성과 표준개발 및 보급, 국제 표준화 활동 확대 등 크게 세 가지 부분으로 이루어져 있다. 이를 통해서 우리 기술을 국제 표준화하기 위한 각종 활동들을 전략적으로 진행해 나갈 계획이다.

1) 그린카 표준개발

그린카 표준개발 부문은 우리기술로 표준기술을 개발하기 위한 인적기반, 조직

기반, 평가기반 등 그린카 표준기술을 개발하기 위한 다양한 기반들을 조성하는 부문이다. 정부에서는 2009년 2월에 중대형 이차전지 표준기술연구회를 구성하여 이차전지 표준화 로드맵을 작성 중에 있다. 또한 이를 통해 그린카용 리튬이차전지 표준화사업을 추진하게 될 것이다.

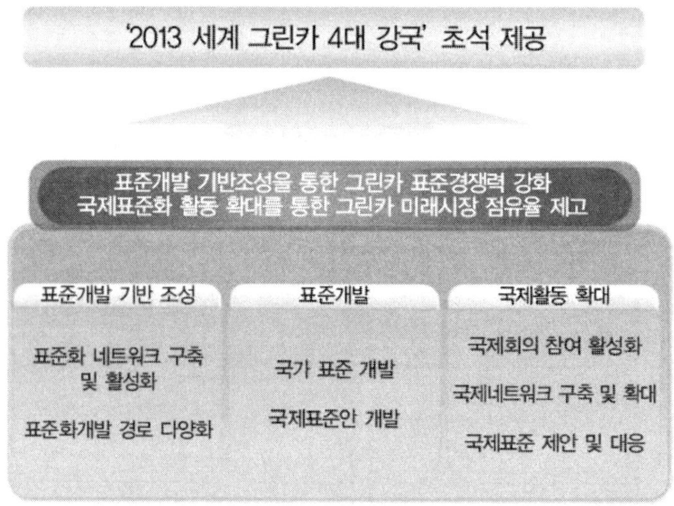

Fig 4.7 그린카 표준화사업 로드맵

2010년에는 그린카 표준화포럼과 그린카 인프라, 그린카 용 이차전지, 클린디젤 자동차 시스템, 연료전지 자동차 시스템 등 네 개의 기술 분과를 설치하여 그린카 표준개발에 필요한 기반을 조성하고 본격적으로 지원이 가능하도록 하였다.

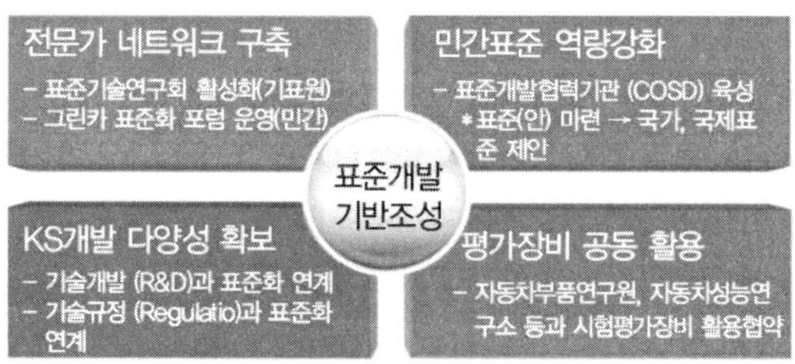

Fig 4.8 그린카 표준개발 기반조성

표준개발 조직은 민간기업 중에 표준개발협력기관을 지정하여, 민간과 표준개발협력체계를 공고히 하고 민간 산업계가 필요한 분야와 기술에 대한 표준화 작업을 기술 개발과 동시에 활발하게 진행할 수 있도록 할 예정에 있다. 또한 기술개발 과정 자체를 표준화 작업과 동시에 진행함으로써 해당 기술의 평가 방법 및 장비에 대해서도 공동활용을 할 수 있을 것으로 기대된다.

2) R&D 연계 등 표준개발

표준화 작업이 기술 개발과 동시에 진행되거나 그 기반을 바탕으로 하는 점을 고려하여, 산업원천기술개발사업의 수송분야 10개 분야 중 그린카에 관련된 핵심분야와 사회적 인프라 분야가 기술개발과 동시에 표준화와의 연계 추진이 이뤄진다. 향후 그린카의 핵심 분야에 대한 기술 개발의 기획 단계에서부터 표준화와의 연계를 고려하여 함께 진행시키는 체계를 정착시키며 각종 사회적 인프라 구축을 위한 기술 또한 표준화와 연계할 예정이다.

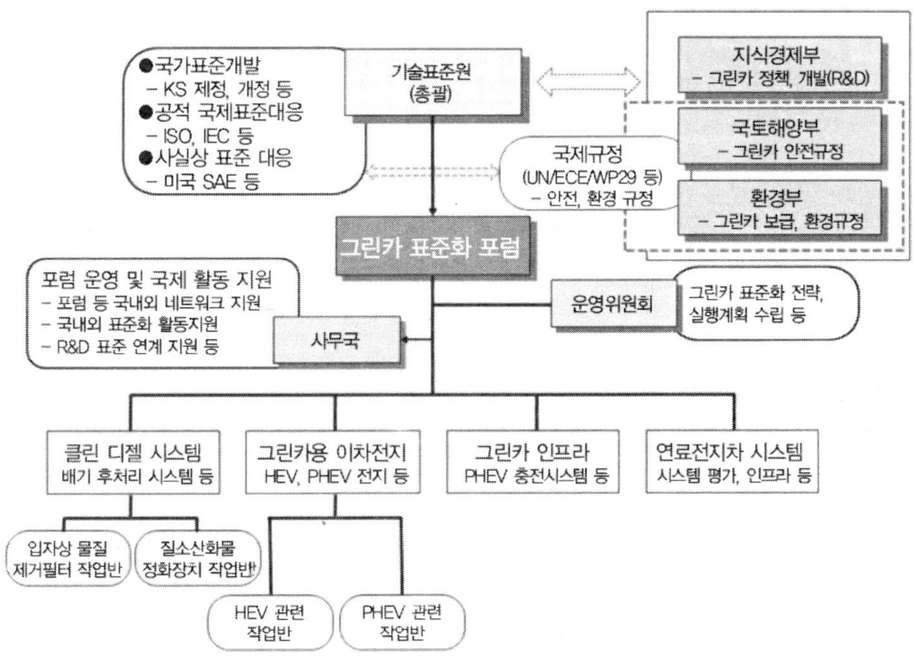

Fig 4.9 그린카 표준화 포럼 추진체계

또한 전기구동 자동차를 위한 차세대 이차전지 기술을 시작으로 국가표준 10종을 2013년까지 개발 및 표준화를 완료할 예정이다. 이 계획이 완료되면 전기에너지를 사용하는 모든 자동차들을 위한 핵심 기술과 사회적 인프라 기술 모두 표준화가 이루어질 것이다.

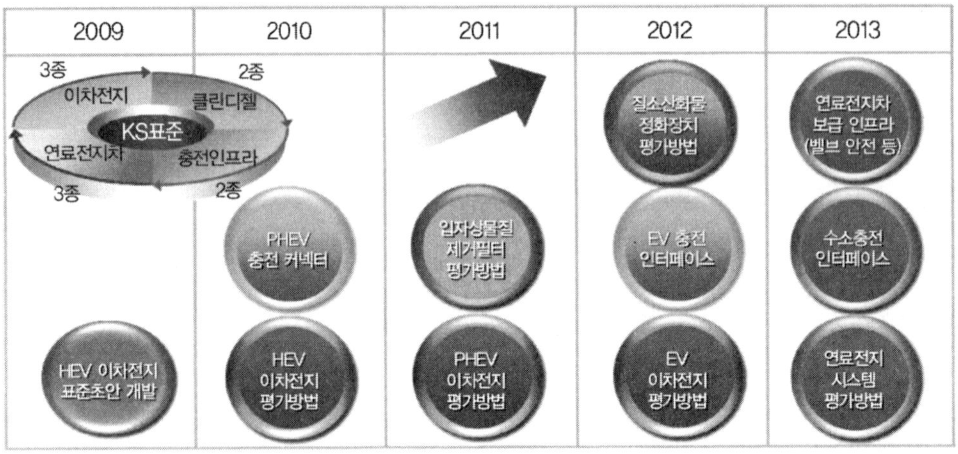

Fig 4.10 그린카 사업 추진 계획

3) 국제표준화 활동 확대

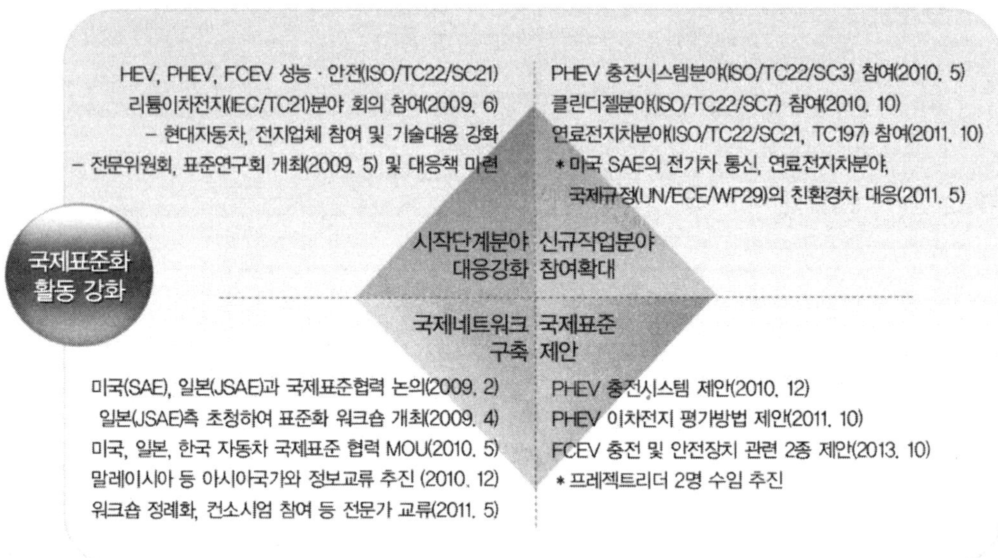

Fig 4.11 그린카 국제표준화 활용

전기에너지를 사용하는 그린카들이 시장에서 그 저변을 확대해가고 있다. 이에 따라 정부와 민간은 이 차량들의 핵심 기술에 대한 전기적 안전성과 이차전지 분야의 성능과 안전성 검증에 활용될 표준화 활동에 적극적으로 참여하고 있다. 또한 국내 자동차 업체들이 클린 디젤에 대한 기술 기반을 확보해 나감에 따라 이 분야에 대한 표준화 작업을 적극적으로 추진하고 있다. 정부는 그린카에 대한 우리나라의 기술 기반을 바탕으로 국외 여건과 국내 의견을 수렴하여 우리 기술을 적극적으로 ISO, IEC에 제안하였다. 또한 미국 표준으로서 사실상 전세계에서 통용되는 SAE 표준화도 전략적으로 진행할 것이다.

정부와 민간이 협력하여 전략적인 그린카 표준화를 진행해야 한다. 이를 바탕으로 그린카 기술에 대한 성능과 안전성, 호환성을 확보하고, 규격 통일 및 부품 공용화 등을 통해 우리나라의 기술이 시장을 창출하고 선점할 것으로 기대된다. 또한 기술장벽으로 작용할 가능성이 높은 그린카 핵심 기술들에 대해 우리 기술을 표준으로 반영함으로써 향후 국내 자동차 업체가 세계 그린카 시장에 진출하기가 수월해질 것이다.

4.5 향후 선행 그린카 기술

가솔린 자동차의 경우 환경규제에 대응하기 위한 많은 기술들이 개발되어 양산차에 적용되고 있다. 특히 냉간 시동 시와 공회전 시에 발생되는 배기가스를 대폭 감소시켜 Zero-Emission을 달성하였으나, 디젤 자동차는 아직 그 여지가 충분히 남아있다. 때문에 각국의 자동차 관련 환경규제는 디젤 자동차에 초점이 맞춰져 있으며, 더 엄격한 경우가 대부분이다. 특히 미국과 유럽 및 일본에서 승용 디젤 자동차의 Heavy Duty에 대한 규제는 매우 엄격해졌다. 특히 새로 발표된 Euro 6는 디젤 엔진의 배기가스에서 검출되는 PM(입자상물질)을 입자 개수로 규제할 것으로 보인다.

이처럼 나날이 엄격해지는 환경규제를 만족시키기 위해서 다양한 배기가스 저감기술이 개발되어 적용되고 있다. 디젤 엔진의 배기가스 저감기술로는 터보차저, High and Low Pressure EGR, DOC, DPF, DeNOx 등 다양한 기술들이 개발되었고 몇몇은 이미 양산차량에 빠르게 적용되었다. 특히 디젤엔진의 연료 분사 시스템의 발전으로 NOx와 CO2, PM을 가장 저감시킬 수 있는 특정 영역에서 엔진이 제어될 수 있다.

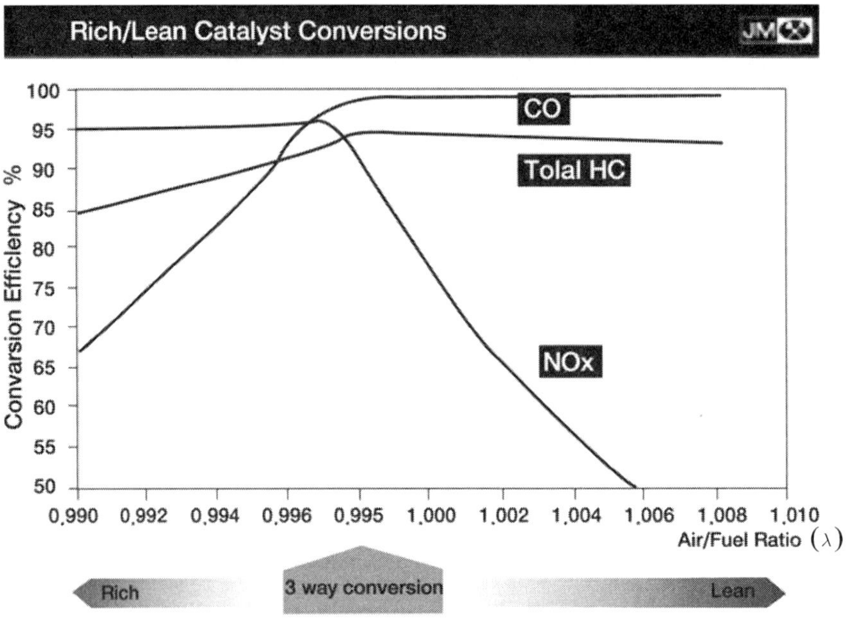

Fig 4.12 배기가스 유해물질의 배출 상관관계

위 그림은 NOx와 CO, HC의 배출되는 정도를 나타내고 있는데, 연료의 공기비와 온도의 영역에서 급격하게 변화되는 것을 볼 수 있다. 이 영역을 맞추기 위해서 HCCI Combustion이라는 새로운 연소방식이 개발되었다. 이 기술을 이용하면 적절한 영역 내에서 연소시키고자 하는 목적을 달성할 수 있지만 높은 부하에서는 급작스러운 연소 때문에 정교한 제어기술이 요구된다. 때문에 일본에서는 디젤엔진에도 VVT를 적용하여 효율적인 EGR이 가능하도록 하는 연구가 진행되고 있다.

가솔린 자동차의 경우에 별도의 분진이 발생하지 않기 때문에 대부분의 환경규제는 연비를 향상시키는 것에 초점이 맞춰져 있다. 때문에 엔진의 크기를 최소화하면서 출력을 높이는 기술들이 많이 적용되는데, 과급기가 대표적이다. 과급기를 적용하고 GDI, 밀러사이클 등의 기술들을 복합적으로 적용하여 엔진의 출력은 대폭 향상시키면서도 연료 소비는 감소시키고 있다. 대표적으로 폭스바겐의 TSI 엔진이 있다. 4기통의 1.4L인 이 엔진은 두 개의 과급기를 적용하고 있고 GDI 기술을 비롯한 다양한 최신예 기술들이 적용되어 있다. 또한 신소재를 대폭 적용하고 다운 사이징 기술을 적용하여 동급의 엔진보다 작고 가볍다. 이 엔진의 출력은 160마력으로 현재 생산되는 2.0L 엔진과 비슷하거나 우위의 성능을 낸다.

또한 엔진 개발 단계에서부터 3차원 유동해석과 수치모델링을 적용하여 정교한 연소제어가 가능할 수 있도록 한다. 이처럼 미래의 엄격한 배기규제를 만족하기 위해서는 엔진 개발 단계에서부터 수학적, 물리적 모델을 적용하여 가장 효율적인 연소실 디자인이 선행되어야 한다.

2050년까지 자동차에서 배출되는 배기가스를 50% 정도 저감시키면 전세계의 CO2 배출량을 70% 가량 감소시킬 수 있다. 지구의 온난화를 방지하고 고갈 되가는 화석에너지에서 자유로워지기 위해선 새로운 자동차기술과 연료에 필요한 연구와 개발을 지속적으로 진행해야 한다. 또한 지속적인 연구를 지원할 수 있는 정책이 반드시 동반되어야 한다.

■ 참고문헌

1. 나완용, "그린카 국내 표준화 개발동향", Auto Journal, 2010
2. 하종현, 문종덕, 박종만, 우창화,"지식경제부 R&D 지원현황 분석을 통한 그린카 분야 기술개발 동향", Auto Journal, 2010
3. 유성수, "그린카(Green Car) 표준화 전략", Auto Journal, 2010
4. Yasuhiro Daisyo, "2020년 이후의 선행 친환경 자동차 기술", Auto Journal, 2008
5. 정수진, "그린카로 달리는 녹색성장 하이웨이", 공감코리아, 2008

제5장 ••• 하이브리드 자동차

5.1 하이브리드 자동차의 개요

하이브리드란 이질적인 요소가 서로 섞인 것으로 이종(異種), 혼합, 혼성, 혼혈이라는 의미를 지닌다. 이러한 하이브리드의 의미를 생각해봤을 때, 하이브리드 자동차는 가솔린엔진이나 디젤엔진 등 내연기관 동력과 축전지에 의한 모터의 회전동력을 함께 사용하는 자동차라고 할 수 있다. 즉 이질적인 동력원을 함께 사용하는 자동차는 모두 하이브리드 자동차라는 범주 내에서 정의내릴 수 있다.

하이브리드 자동차는 전기자동차의 태생적 한계를 보완하기 위해 개발되었다. 과거 전기자동차는 부족한 배터리 기술로 인해 1회 충전으로 먼 거리를 주행할 수 없었다. 때문에 차량 자체적으로 충전할 수 있는 시스템이 필요했고, 그 요구에 부응한 것이 하이브리드 자동차 이다.

80년대 후반부터 아우디와 도요타가 하이브리드 자동차에 대한 연구를 시작하였고, 1997년 도요타가 세계최초의 양산형 하이브리드 자동차인 프리우스를 시판한다. 이후 친환경 자동차에 대한 수요가 급증하면서 틈새 시장에 있던 도요타의 하이브리드 자동차는 상당한 인기를 얻었다. 도요타의 성공적인 홍보정책 덕분에 하이브리드 자동차는 곧 친환경 자동차의 대명사가 되었고, 전세계 자동차 업체들이 앞 다투어 하이브리드 자동차를 시판하고 있다.

Fig 5.1 대표적인 하이브리드 카 Toyota Prius

5.2 하이브리드 자동차의 종류

1) 직렬형 하이브리드

직렬형은 내연기관과 전기모터 사이에 기계적인 연결이 없고, 내연기관은 오로지 발전기를 구동시키기 위해서 존재한다. 따라서 차량의 구동은 전적으로 모터가 부담한다. 내연기관과 발전기를 통해서 얻어진 전기에너지를 이용하여 모터를 구동시키고, 남은 전기에너지는 배터리에 저장한다. 가장 간단한 하이브리드 시스템이다.

Fig 5.2 직렬형 하이브리드 시스템

2) 병렬형 하이브리드

병렬 하이브리드 시스템은 내연기관과 전기 모터를 구동 휠로 연결하는 기계적 트랜스미션을 사용한다.(단 두 시스템이 항상 차량을 구동하지는 않는다.) 일반적으로 병렬 하이브리드는 차량이 감속 또는 정지 시에 내연기관을 끄고, 다시 차량을 출발시키거나 또는 최소한의 출발 과정 중에 내연기관을 지원하기 위해 전기 모터를 사용한다. 즉 전기모터는 차량 구동에 있어서 내연기관의 보조적인 역할을 할 뿐이다.

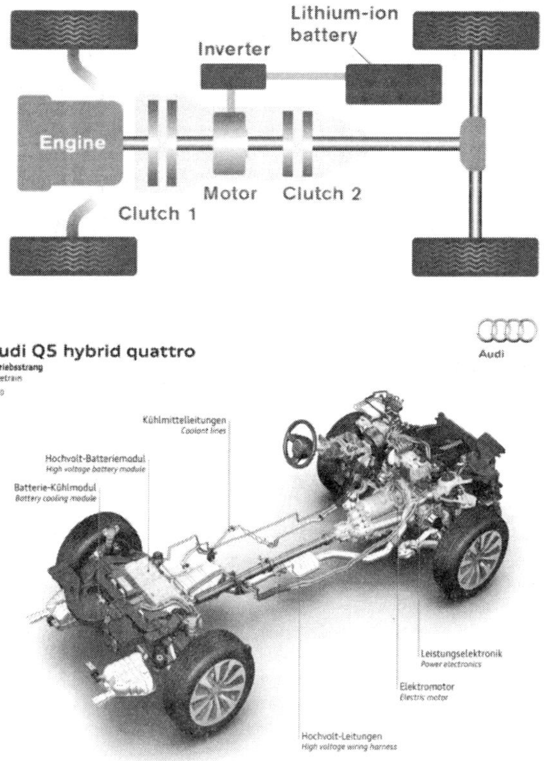

Fig 5.3 병렬형 하이브리드 시스템

3) 직/병렬형 하이브리드

도요타의 하이브리드 시스템인 THS(Toyota Hybrid System)가 대표적인 직/병렬형 하이브리드 시스템이다. 기본적으로 직렬 구성이지만 전기 모터가 구동력을 제공하기 위해 사용되는 경우 내연기관이 전기를 발전할 수 있도록 독립된 발전기를 사용하는 것이 직렬형과의 가장 큰 차이점 이다. 직/병렬형 시스템은 모터와 내연기관 사이에 주종관계가 성립되지 않고, 주행상황에 가장 적합하도록 모터의 구동력과 내연기관의 구동력을 적절하게 배합한다.

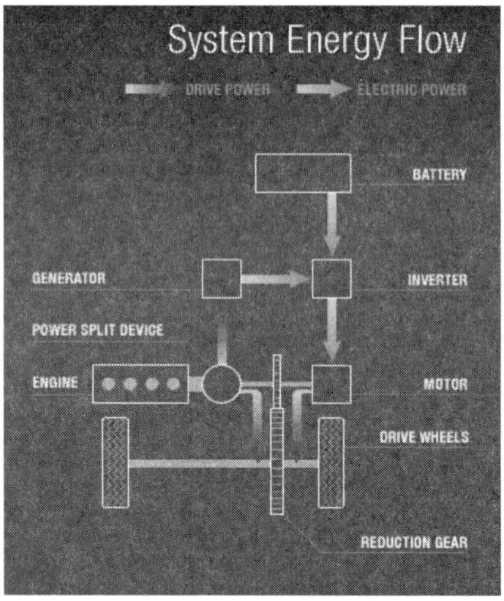

Fig 5.4 직/병렬형 하이브리드 시스템

4) 전기에너지의 비중에 따른 하이브리드 자동차의 분류

하이브리드 자동차를 구동하는데 있어서 전기에너지가 차지하는 비중에 따라 세 가지의 하이브리드 시스템으로 분류할 수 있다. Micro 하이브리드 시스템은 최소한의 전기에너지를 이용하는 것이며 적용되는 기술도 적다. Hard 타입으로 갈수록 많은 전기에너지를 사용하여 전기모터와 배터리의 비중이 커지며, 전기에너지를 효율적으로 사용하기 위한 많은 장치와 기술들이 접목된다.

- Micro Hybrid

이 단계의 하이브리드 자동차에서는 모터와 배터리가 차지하는 비중에 거의 없다. 정차 시에 불필요한 연료 소비를 막기 위한 Idle Stop & Go 시스템이 적용되어 연비를 높이고, 제동 시에 발생하는 열 에너지를 전기에너지로 회수할 수 있는 회생제동 기술이 적용된다. Micro Hybrid 자동차에서는 차량의 주행에 모터가 개입하지 않는 등 엄격하게 따진다면 하이브리드 자동차로 정의내릴 수 없다. 하지만 고효율 자동차라는 의미에서 포괄적으로 분류했다.

- **Mild Hybrid**

Micro 하이브리드 자동차에 사용된 기술이 모두 적용된다. 이 타입의 하이브리드 자동차에서는 차량의 가속 시에 모터가 개입하여 조력을 해주거나 일반 주행에서 구동력을 분담한다. 때문에 Micro 타입보다 모터와 배터리의 비중이 훨씬 크며 일반적으로 효율도 더 좋다.

- **Hard Hybrid**

Hard 하이브리드 시스템에는 Mild 타입과 Micro 타입에 적용된 기술들이 모두 접목된다. Hard 타입의 하이브리드 자동차는 일정 범위 내에서 순수하게 전기에너지로만 주행이 가능하다. 플러그 인 하이브리드 자동차가 여기에 속하는데, 모터와 배터리의 비중이 가장 크기 때문에 고출력의 모터와 대용량 배터리를 사용한다.

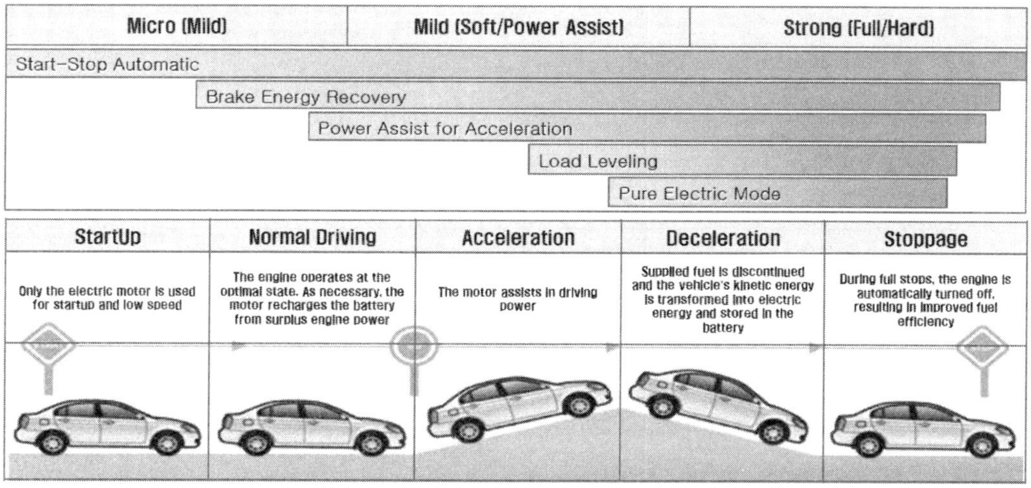

Fig 5.5 전기에너지의 역할에 따른 분류되는 하이브리드 자동차

5.3 플러그인 하이브리드 자동차

1) 플러그 인 하이브리드 자동차 개발동향

미국을 중심으로 친환경 자동차로서 플러그 인 하이브리드 자동차(PHEV)가 각광을 받고 있다. PHEV는 외부 전원을 이용하여 대용량의 배터리에 많은 전기에너지를 충전하고, 이렇게 저장한 전기를 차량의 주행에 최대한 이용한다. 이로써

화석연료의 사용을 최대한 억제하여 Zero-Emission에 근접할 수 있는 실질적인 무공해 자동차라고 할 수 있다.

대표적인 PHEV로는 미국 GM社 의 'Chevrolet Volt' 이며 이미 양산되어 일반에게 판매되고 있다. 'Chevrolet Volt'에는 16kWh급 리튬 이온 전지를 이용하여 140kW급의 전기모터를 구동시킨다. 이 차량의 순수 전기구동 주행거리는 40mile이며 미국의 소형 자동차 시장을 감안하였을 때 연간 1900ℓ의 연료절감과 4,400kg의 CO2 배출을 저감시킬 수 있다고 한다.

Fig 5.6 GM의 Volt

Volvo는 2007년 푸랑크푸르트 국제 모터쇼에서 자사의 양산 모델인 C30을 바탕으로 한 PHEV를 발표했다. 모터만을 이용한 주행 가능거리는 약 100km이고, 완전 충전을 한 후에 150km를 주행하면 약 52.6km/l 연비를 나타낸다.

Fig 5.7 Volvo의 Recharge Concept

2) PHEV의 에너지 저장시스템

PHEV는 외부로부터 전기에너지를 공급받아 대용량의 배터리에 충전하는 형태를 갖고 있다. 그리고 이렇게 대량으로 충전된 전기에너지가 모두 소진될 때까지 전기만을 이용하여 차량을 움직인다. 때문에 저장시스템의 형태는 HEV보다는 전기자동차와 더 유사하다. 전기자동차와 비슷하게 넓은 주행거리, 잦은 충방전에 대응이 가능하며 높은 에너지 밀도를 갖아야 한다. 또한 기존의 HEV보다 낮은 SOC(State of Charge)영역에서 사용이 되기 때문에 가혹한 조건에서도 성능과 수명을 유지할 수 있는 기술이 필요하다.

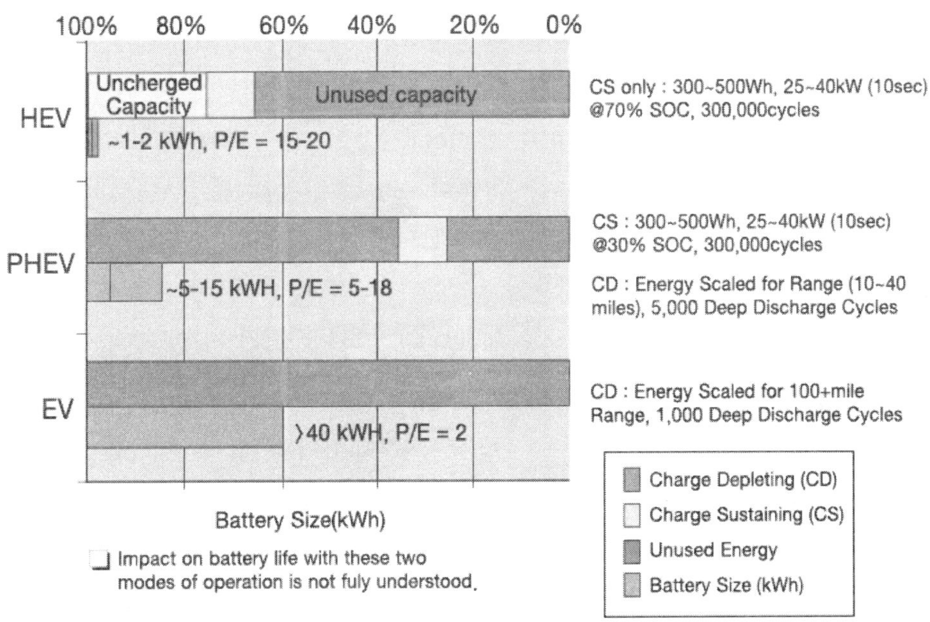

Fig 5.8 PHEV용 에너지 저장장치의 운용 특성

전지용량을 살펴보면 HEV가 약 1~2kW급의 배터리를 사용하는 것에 비해 PHEV는 약 5~15kW의 용량이 필요하며, 보다 넓은 운용 범위를 요구하기 때문에 배터리뿐만 아니라 배터리를 관리하는 BMS (Battery Management System) 또한 차별화된 설계가 필요하다.

5.4 디젤 하이브리드

1) 디젤 하이브리드 기술

디젤 하이브리드는 주로 유럽 쪽에서 강세를 보이고 있다. 가솔린 하이브리드 기술에 대한 특허 장벽을 구성해 놓은 일본의 Totota와 Honda를 의식한 결과라고 볼 수 있다. 또한 유럽에선 디젤 자동차가 전체 자동차 시장의 50% 이상을 차지할만큼 디젤 기술이 발전되어 있기 때문에 유럽 자동차 업계가 디젤 하이브리드 기술을 주도하고 있는 것은 크게 이상하지 않다. 디젤 하이브리드는 가솔린 엔진 대신 디젤 엔진과 전기 동력계를 결합한 시스템이기 때문에 가솔린 하이브리드와 기술적으로 큰 차이점이 없다. 가솔린 엔진의 소형화, 경량화 기술들에 착안하여 하이브리드 시스템에 적합한 디젤 엔진을 재설계하는 경우도 많다.

독일의 하이브리드 기술을 보면 일본과는 크게 다른 점을 볼 수 있다. 독일에서는 기존보다 다운 사이징 된 고효율 엔진을 사용하고, 부족해진 출력을 전기모터를 통해서 보완하는 시스템이 주를 이룬다. 즉 자동차를 구동시키는데 있어서 모터는 엔진을 보조하는 역할 만을 한다. 때문에 공인연비는 일본의 하이브리드 자동차보다 떨어지지만 실제 주행 연비는 오히려 더 좋은 편이다.

2) 디젤 하이브리드 자동차 개발 현황

유럽의 자동차 업계는 하이브리드 시장에서 후발주자의 입장에 있었다. 때문에 그동안 Concept Car의 형태로 디젤 하이브리드 자동차를 선보이거나 자사가 환경을 보호한다는 상징적 의미에서 소량 판매하는 전략을 내세웠다. 하지만 미국 정부가 각 자동차 업체의 평균 연비를 15km/l로 상향할 것을 요구한 이후로 그동안 많은 노하우를 축적한 디젤 엔진을 이용한 하이브리드 자동차를 경쟁적으로 시판하고 있다. 특히 독일의 폭스바겐 그룹은 자사의 대형 엔진 라인업을 정리하고 다운사이징 된 엔진과 이전보다 떨어진 출력을 보완하기 위한 형태의 하이브리드 시스템을 적극적으로 활용하고 있다.

(1) PSA 푸조 시트로엥 Alliance

PSA 그룹은 디젤 하이브리드 개발에 가장 적극적인 유럽 자동차 업체이다. PSA의 회장은 나날이 엄격해지는 환경규제를 만족시킬 수 있는 것은 디젤 하이브리드 시스템 뿐이라는 의견을 말한 바 있다. 그만큼 PSA 그룹은 디젤 하이브리드 시스템에 사활을 걸고 있으며, 시스템 개발에 가장 적극적이다.

PSA 그룹의 디젤 하이브리드 모델은 다운사이징 된 1.6L 디젤 엔진을 사용하며, 전체 출력의 35%를 전기모터가 보완할 수 있는 하이브리드 자동차를 선보였다. 이 모델은 29.4km/l의 연비와 90g/km라는 매우 낮은 이산화탄소 배출량을 달성했다. 이 수치는 동급의 가솔린 하이브리드 자동차에 비해 연비는 약 30%정도 증가했으며 이산화탄소 배출량은 25% 저감된 것이다.

Fig 5.9 시트로엥 C4 Hybrid HID

(2) 폭스바겐 그룹

폭스바겐은 유럽 내에서도 가장 진보된 디젤 엔진 라인업을 갖고 있다. 때문에 그동안 자사의 고효율 클린 디젤 엔진들을 이용하여 그린카 시장에 대응해왔다. 클린 디젤 엔진으로 인해 현재까지의 환경규제는 만족시켰지만 더욱 더 강화되어 가는 미래의 환경규제에는 다소 어려움이 있을 것이다. 때문에 폭스바겐에서는 극도로 다운사이징 된 디젤 엔진과 전기모터를 결합한 소형 디젤 하이브리드 자동차를 개발하고 있다.

최근에 발표한 폭스바겐의 컨셉트 카인 XL1은 2인승의 소형 디젤 하이브리드 자동차이다. 차체에 카본 섬유를 대폭 적용하여 공차 중량을 최소화했으며, 공기저항을 최소화할 수 있는 디자인을 채택했다. 1리터에 110km를 주행할 수 있으며, 완전 충전 상태에서 최대 550km 주행할 수 있다.

Fig 5.10 폭스바겐 XL1 컨셉트 카

(3) BMW

일반적으로 고성능 위주의 자동차를 주로 제작하는 것으로 알려진 독일의 BMW사의 경우에도 올해 디젤 플러그 인 하이브리드 컨셉카를 출시하였다. Efficient Dynamics라고 명명된 이 컨셉카의 경우 연비를 매우 높인 것뿐만 아니라 성능 또한 우수하여 고효율과 고성능을 동시에 달성한 사례로 주목받고 있다. Efficient Dynamics 모델에는 3기통 1.5L의 디젤 엔진과 2개의 전기모터가 앞바퀴축, 뒷바퀴축에 각각 1개씩 장착되어 정지 상태에서 100km/h의 속력에 도달하는데 4.8초라는 짧은 시간이 소요되며 약 28km/l에 이르는 연비, 99 g/km의 이산화탄소 배출이라는 높은 효율을 달성하였다. 또한 플러그 인 하이브리드 시스템을 적용하여 배터리의 완전 방전 후 재충전시 소요되는 시간은 2시간 30분이며 배터리만으로 약 50km의 주행이 가능하다.

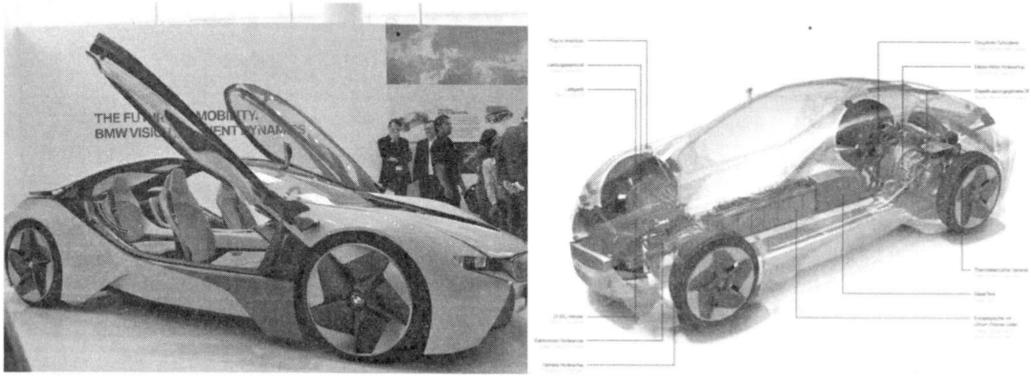

Fig 5.11 BMW Efficient Dynamics

5.5 하이브리드 자동차의 전지기술

1) 하이브리드 자동차 용 리튬이온 이차전지

하이브리드 자동차와 같이 전기에너지를 이용하여 구동하는 차량들의 시스템에서 배터리는 매우 중요하다. 배터리의 크기와 성능에 따라서 자동차의 성능이 결정되기 때문이다. 현재 개발 중에 있거나 시판되고 있는 하이브리드 자동차에는 재충전이 가능한 이차전지가 사용된다. 이차전지 중 한 종류인 니켈-수소 전지는 높은 생산 가격과 낮은 효율, 높은 방전율 등의 문제 등으로 현재엔 사용되지 않고 있다. 대신 휴대전화에도 많이 사용되고 있는 리튬 이온 전지가 주로 사용된다. 리튬이온 전지는 중량 대비 에너지 밀도가 비교적 우수하고 뛰어난 고출력 성능으로 전기에너지 동력원으로 각광받고 있다.

배터리의 성능에 따라서 그 효율이 급격하게 변화되는 하이브리드 자동차에는 까다로운 조건의 배터리가 사용된다. 구동용 모터를 작동시키기에 무리없는 고출력, 그리고 고내구성, 고신뢰성, 저렴한 비용 등이다. 자동차는 일반적인 전자제품에 비해 가혹한 환경에 놓인다. -30~60℃의 온도변화와 진동, 충격, 습기, 화염, 긴 라이프 사이클 등에 무리 없이 버틸 수 있는 충분한 내구성을 지녀야 한다. 또한 자동차는 일반인들이 가장 자주 접하는 이동 수단이다. 또한 신뢰성을 잃을 경우 이용자의 생명이 위험할 수도 있기 때문에 매우 높은 수준의 신뢰성이 우선적으로 확보되어야 한다. 아무리 좋고 효율적인 기술과 시스템이라도 신뢰성이 확보되지 못하면 자동차에는 결코 적용될 수 없다. 이외에도 시장에서 경쟁력을 갖추기 위해선 현재보다 더 낮은 가격대가 형성되어야 한다.

2) 리튬이온 이차전지

리튬 이온 전지는 이차전지의 일종으로 방전 과정에서 리튬 이온이 음극에서 양극으로 이동하는 전지를 말한다. 좀 더 자세하게 기술하면 리튬을 함유한 금속 산화물을 양극으로 리튬이온을 가역적으로 흡수할 수 있는 탄소계 물질이 음극으로 사용되며 리튬염이 함유된 유기 용매를 전해질로 이용하는 전지이다. 즉 리튬이온이 분리막으로 격리된 양극단을 가역적으로 이동하면서 전기에너지를 방출하거나 저장하는 원리이다.

리튬 이온 전지는 비교적 에너지 밀도가 높고, 사용할수록 충전과 방전 시간이 줄어드는 기억 효과 또한 없다. 특히 비교적 저렴한 가격에 높은 에너지밀도를 갖기 때문에 그 사용 영역과 빈도가 급증하고 있다. 하지만 일반적으로 잘못 사용하게 되면 폭발할 염려가 있기 때문에 자동차에 사용하기엔 신뢰성이 다소 떨어진다는 단점이 있다.

Fig 5.12 리튬 이온 이차 전지

3) 리튬 이온 폴리머 전지

본질적으로는 일반적인 리튬 이온 전지와 차이가 없지만 전해질에 리튬이 함유된 유기 용매를 사용하지 않고 고분자 폴리머를 사용한 것이 리튬 이온 폴리머 전지이다. 기본적으로 상당부분 리튬 이온 전지와 큰 차이가 없다. 리튬 이온 전지처럼 높은 에너지 밀도를 갖고 있으며, 기억효과 또한 거의 없다. 하지만 전해질에 고분자 폴리머를 사용하기 때문에 용액이 잘 새어나오지 않으며, 이에 따른 폭발 역시 발생할 확률이 매우 희박하다. 또한 다른 이차 전지에 비해 매우 가볍고 형태를 비교적 자유롭게 만들 수 있기 때문에 공간이 제한적인 자동차에 사용하기 적합한 전지로 평가되고 있다.

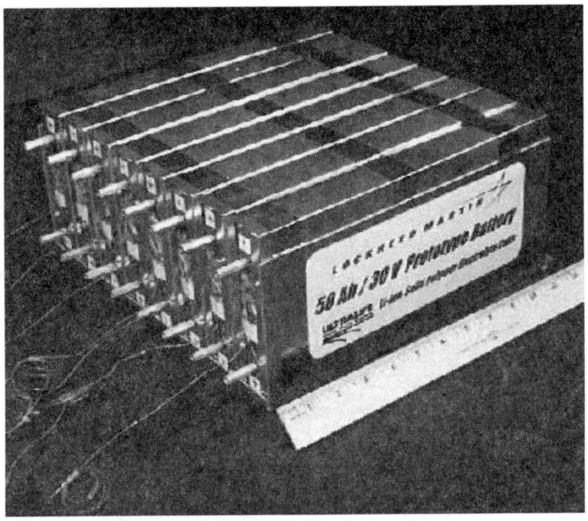

Fig 5.13 리튬 이온 폴리머 전지

4) 하이브리드 배터리의 안전성

일반적으로 발화가 발생되기 위해선 가연성 가스와 점화원이 있어야 한다. 리튬 이온 전지에서 가연성 가스는 전해질 용매가 분해되면서 발생되며, 점화원은 커넥터와 릴레이 등에서 문제가 생기면서 발생되는 것으로 판단된다. 전지를 개발할 때 이 같은 현상을 완전히 배제하는 것은 현실적으로 어렵다.

리튬 이온 전지에서 이러한 문제가 발생되는 것은 제어시스템의 고장과 사용자의 부주의, 설계 범위를 벗어난 오남용 등이 있겠지만 다양하고 가혹한 조건에서 운용되는 자동차에서 사용되기 위해선 배터리 시스템의 안전성과 신뢰성이 반드시 확보되어야 한다.

전해질 용매가 분해됨에 따라 발생하는 가연성 가스의 발생, 전지의 팽창 및 변형, 양극 분해에 따른 열폭주, 분리막 용융 현상은 매우 단시간에 발생한다. 때문에 이를 사전에 방지해야 전지의 안전성을 확보할 수 있으며, 이를 위해선 전지 셀과 팩 기구 등 발화 요인별로 안전성을 강화한 설계가 필요하다.

특히 리튬 이온 전지에서는 활물질(전기적 성능을 구현하는 물질)과 리튬 이온의 이동 경로이면서 단락을 방지하는 분리막 설계가 가장 중요하다.

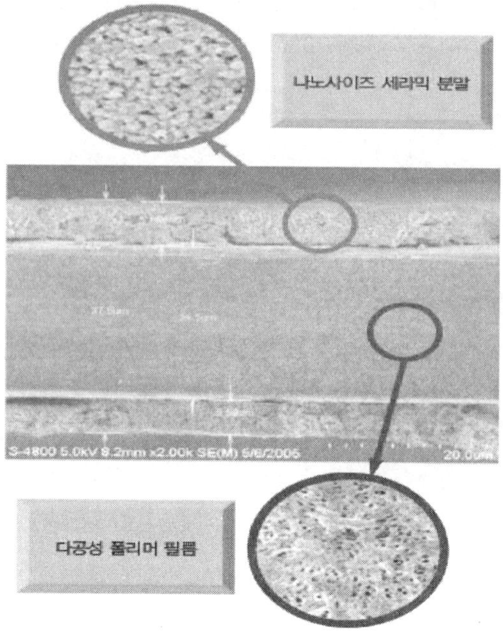

Fig 5.14 리튬 이온 전지의 안전성 확보를 위한 분리막 설계

5.6 하이브리드 자동차의 미래

하이브리드 자동차를 최종적인 그린카의 형태로 생각하는 것은 금물이다. 하이브리드 자동차 또한 결국 화석에너지에 의존하기 때문이다. 때문에 완벽한 차세대 에너지 자동차라고 할 수 없으며, 과도기적인 형태의 시스템으로 보는 것이 옳다.

하지만 하이브리드 시스템이 전혀 의미가 없는 것은 아니다. 완전한 형태의 차세대 에너지 자동차가 등장하여 시장에 완전하게 정착하기 위해선 아직 풀어야 할 문제점들이 많이 남아있기 때문이다.

완전한 차세대 에너지 자동차가 등장하기 전까지 하이브리드 시스템은 나날이 심각해지는 환경문제에 대응할 수 있는 좋은 대안이며, 더 많은 개선을 통해 친환경 자동차로 거듭날 여지가 충분하게 남아있다. 아래의 그림을 보면 과거의 내연기관 자동차부터 차세대 에너지 자동차로 발전하는 과정 속에 하이브리드 자동차가 속해 있는 것을 알 수 있다.

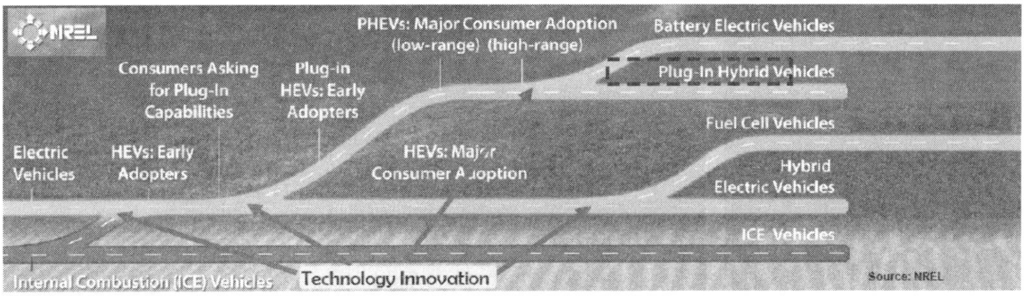

Fig 5.15 자동차의 발전 과정

■ 참고문헌

1. A&D 컨설턴트,"하이브리드 자동차의 모든 것", 특별보고서, 2008
2. 선양국, "하이브리드 자동차용 이차전지기술", Auto journal, 2009
3. 박진호, 이기상, "하이브리드 자동차용 리튬이온폴리머 배터리 시스템의 안전성 확보", Auto Journal, 2009
4. 이백행, 신동현, "플러그-인 하이브리드 자동차용 에너지 저장시스템 개발동향", Auto Journal, 2009
5. 배충식, "유럽의 자동차 기술 동향 - 디젤 하이브리드", Auto journal, 2010
6. 박영일, 김봉래, 최성균, 이영업, "친환경열차:디젤 하이브리드 기관차", Auto Journal, 2010

제6장 ••• 전기 자동차

6.1 전기자동차의 개요

전기자동차는 내연기관의 엔진을 대신하여 외부로부터 배터리에 충전된 전기 에너지를 사용해 모터로 구동되는 자동차로 주행 중 유해 배기가스나 온실가스 등의 배출이 전혀 없는 무공해 자동차(Zero Emission Vehicle)이다. 전기자동차는 주행 중 모터만을 사용하므로 효율 향상을 위해 전기모터와 엔진을 병행 사용하는 하이브리드 자동차와 구분되며, 기존 내연기관 자동차나 하이브리드 자동차에 비해 상대적으로 단순한 구조를 갖고 있다.

역사적으로 전기자동차는 제한된 주행범위와 재충전 시간과 같은 문제점 때문에 널리 보급되지 못했다. 하지만 기술의 발전에 의해 전기자동차의 한계들을 점차 해결되고 있다. 배터리 기술이 향상됨에 따라 더 먼 거리를 주행할 수 있게 되었고, 다양한 충전방식들의 도입으로 충전 시간을 대폭 단축하고 있다.

또한 기존의 내연기관 자동차에 비해 총제적인 탄소 배출량이 저감되기 때문에 지구 온난화 문제를 해결하기 위한 대안으로 큰 각광을 받고 있다.

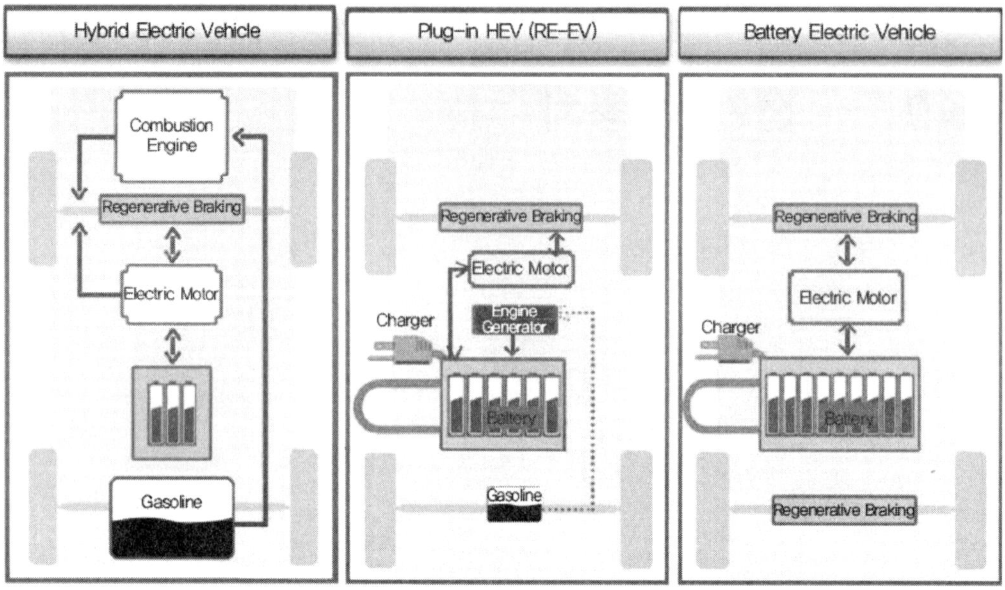

Fig 6.1 하이브리드 자동차와 전기자동차의 구조적 차이

6.2 전기자동차의 역사

최초의 양산형 전기자동차는 1832년에 스코틀랜드에서 제작된 Robert Anderson 이다. 이후 많은 전기자동차가 생산되었지만, 배터리 문제로 속도 및 주행범위기 극히 제한되었다. 1880년 이후 배터리와 모터 기술의 발전으로 많은 전기자동차가 보급되었지만, 저가와 편리함을 강조한 헨리 포드의 T 모델에 의해서 전기자동차는 시장에서 외면 받게 된다. 이후 전기자동차는 일상생활에서 대중적으로 사용되기 보다는 우유배달이나 골프 카트 및 애호가들의 수집품 등으로 존재하게 되었다.

최근에 기술의 발전에 의해 배터리와 모터 기술이 진보하게 되고, 친환경차량에 대한 수요가 증가함에 따라 차세대 친환경 차량의 한 부분으로 전기자동차가 주목을 받게 되었다.

Fig 6.2 최초의 전기자동차

6.3 전기자동차 구성요소와 기술

Fig 6.3 전기자동차의 구성요소

1) 에너지 저장 시스템 (배터리)

(1) 에너지 저장시스템의 정의

에너지 저장 시스템은 단순히 배터리만을 의미하는 것이 아니다. 배터리와 관련된 시스템을 보호하고 전기에너지의 흐름을 제어하여 운전자와 차량에 최상의 주행 조건을 만들어주는 시스템을 말한다. 때문에 전기자동차에서는 구동 모터가 핵심이 아니라 에너지 저장 시스템이 차량의 핵심이라고 볼 수 있다.

전기자동차의 핵심이 되는 에너지 저장 시스템을 보호하고 효율적으로 작동시키기 위해선 개발 단계에서부터 진동과 충격, 열변형, 안전성 등을 고려해야 한다.

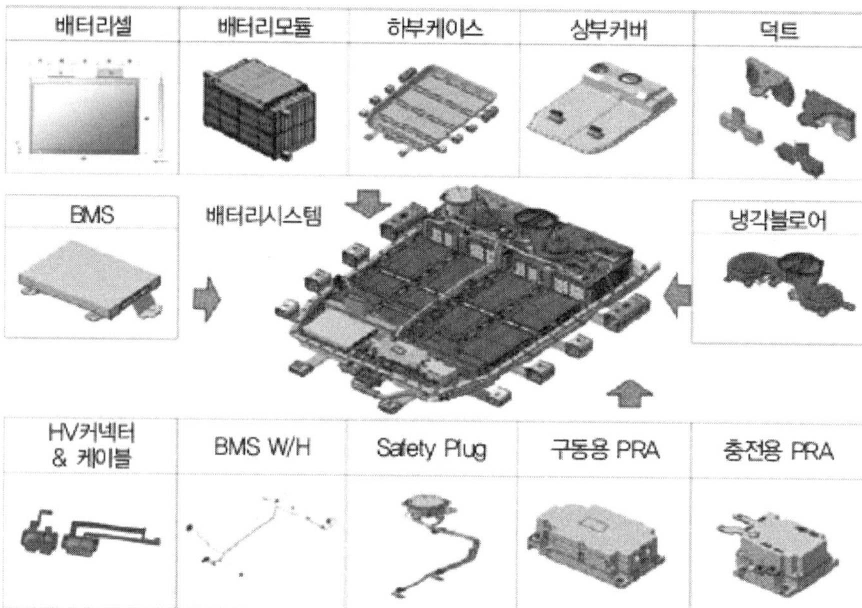

Fig 6.4 배터리 시스템의 구성요소와 구조

(2) 전기자동차 용 배터리

전기자동차에 사용되는 배터리는 충전과 방전이 잦기 때문에 기본적으로 이차전지를 사용한다. 기본적으로 잦은 충방전에 따른 메모리 효과가 적어야 한다. 또한 자동차라는 특수한 환경에 견딜 수 있는 내구성이 필요하며 좁은 공간에 배치할 수 있을 만큼의 형태적 자유도와 소형화, 경량성이 필요하다. 특히 전기자동차는 무게가 가벼울수록 주행가능 거리가 늘어나기 때문에 차량에서 가장 무거운 배터리의 경량화가 차량 전체의 효율을 좌우할 수 있다.

이렇게 까다로운 조건을 만족시킬 수 있는 이차전지로는 리튬 이온 배터리와 리튬 이온 폴리머 전지가 있다. 과거에는 리튬 이온 전지가 각광을 받았지만 대형화가 어려운 점과 오남용에 의한 폭발 가능성이 있기 때문에 리튬 이온 폴리머 전지가 대세를 형성하고 있다.

특히 리튬 이온 폴리머 전지가 대형화가 편리하고 자체 발화로 인한 폭발 가능성이 희박하다. 또한 형태를 비교적 자유롭게 할 수 있으며 에너지 밀도가 리튬 이온 전지보다 높고, 급속 충전에 유리하기 때문에 전기자동차에 적격이라는 평가를 받고 있다.

표 6.1 리튬 이온 이차 전지의 형식에 따른 성능 비교

형식	리튬이온 폴리머	리튬 이온
전압	330V 50Ah	330V 50Ah
출력	62kW	50kW
에너지밀도	82Wh/kg	72Wh/kg

여러 개의 소형 배터리를 묶어서 대용량화 한 것을 배터리 팩이라고 한다. 여기서 배터리 팩을 구성하는 작은 배터리들을 배터리 셀이라고 한다. 배터리 팩은 배터리 셀들이 직렬 혹은 병렬로 연결되어 구성하는데, 차량을 구동시키기에 충분한 전압을 내기 위해선 직렬로 연결하여 전압을 올려준다. 그리고 차량의 주행거리를 늘리기 위해선 배터리의 용량이 커져야 하므로 작은 배터리 셀들을 병렬로 연결하여 구성한다.

배터리 팩이 대형화, 고용량화 될수록 안전성과 내구성을 확보하는 것이 가장 어려운 해결과제이다. 이를 위해 전기자동차에 사용되는 배터리 팩은 파우치 방식으로 제작된 배터리 셀들을 이용한다. 파우치 방식의 배터리 셀은 고용량 화에는 비교적 유리하지만 배터리 셀들을 고정시키기 위한 모듈화가 선행적으로 이루어져야 한다.

Fig 6.5 배터리의 구성 단계

모듈화는 단순히 고정만을 위한 것이 아니라 배터리 셀들을 보호하고 차량 진동에 대해서 내구성을 확보할 수 있게 해준다. 배터리 모듈에는 각 셀들에서 방출되는 열을 방출하기 위한 냉각 유로를 갖추고 있어야 하며, 셀 전압 등 상태를 판단할 수 있는 센싱부, 팩에 고정시키기 위한 모듈 하우징 등으로 구성된다.

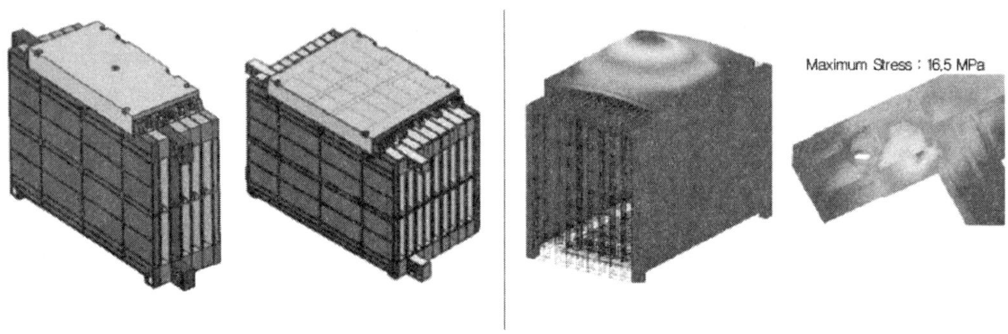

Fig 6.6 배터리 모듈의 설계와 안전성 시뮬레이션

(3) BMS (Battery Management System)

BMS는 배터리의 두뇌에 해당하는 부분이다. 배터리의 상태를 최적으로 유지시켜주고, 운전자에게 배터리의 상태와 전기에너지의 흐름 등 다양한 정보를 제공한다. 배터리의 전압과 온도 등 물리적인 값들이 센싱되어 BMS로 송출되며, 이러한 정보들을 바탕으로 BMS는 배터리의 출력 전압과 충전 시 입력 전압 등을 제어한다.

- BMS H/W

BMS의 하드웨어는 셀전압, 전류, 온도를 센싱하는 부분과 Main Control을 위한 CPU와 메모리 부분, 차량의 다른 제어기들과 통신하기 위한 통신 부분, 전원 및 IO(Input & Output), 냉각제어, 릴레이 제어를 위한 IO Port 부분으로 이루어져 있다.

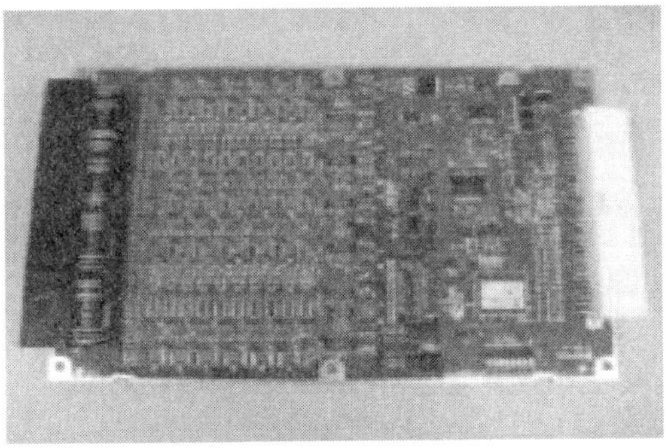 

Fig 6.7 국산 BMS의 외형

- BMS S/W

BMS의 소프트웨어는 주로 제어 알고리즘들로 구성되어 있다. 제어 알고리즘들은 측정된 배터리의 상태 값들을 바탕으로 배터리를 최적의 상태로 유지시키는 역할을 한다. 배터리를 효율적으로 관리하기 위해서 제어 알고리즘 또한 여러 부분으로 나뉜다. 크게 SOC(State Of Charge) 계산부, 배터리의 안전성과 신뢰성 제어를 위한 배터리 Diagnosis부, 차량 상태에 따라 직접적인 제어를 위한 충전 제어부, 주행 제어부 등으로 구분지어 진다.

① SOC Calculation

배터리의 잔존 용량 등을 계산하여 수치화함으로써 운전자에게 주행 가능 거리, 충전양 등의 정보를 제공해준다. 배터리의 충전 상태와 주변 온도, 입출력 되는 에너지의 양, 배터리의 노후화를 고려하여 복합적으로 계산을 실시한다. 국내에서는 ±5% 수준으로 계산할 수 있는 SOC가 개발되었다.

② Battery Diagnosis 및 협조제어

차량의 주행 및 충전 중 측정된 배터리 정보와 미리 설정해 놓은 배터리의 한계 값과의 비교를 통한 Fail Safety 제어와 충전 및 주행 시 각 모드별 제어를 위해 생성된 배터리 변수를 정상 비정상(Warning/Fault) 판단하여 차량 타 제어기로 정보를 송부하고, 운전자에게 정보 전달을 위하여 Cluster에 표시 한다.

③ Charging Control

배터리 충전 시 안정적이고 정확한 제어를 위한 전류 제어 및 모드 제어, 만 충전 조건 판단 등을 수행한다. 충전 완료 후에는 완료 신호를 OBC(또는 급속충전기) 및 타 제어기에 송부하여 Off 제어를 수행한다. 현재 전류제어를 통하여 급속충전은 25분 이내 완속 충전은 6.5시간 이내 완료 될 수 있게 충전을 수행한다.

④ Motoring Control

주행 중 배터리 보호를 위한 Power Limit Control과 회생 제동 제어 등을 수행한다. 충전 제어·모터링 제어에서 배터리 온도 상승을 최대한 억제하기 위하여 냉각 제어를 수행한다.

2) 전기모터

(1) 모터의 기초

모터란 전기에너지를 이용하여 회전력을 얻어내는 기계를 의미한다. 이렇게 회전력이 얻어지는 원리는 플레밍의 왼손 법칙으로 간단하게 설명된다. 자기장 속을 흐르는 전류에는 자기력이 작용하며, 이 자기력의 방향은 자기장과 전류의 방향과 직각이다.

모터에서 발생되는 토크는 상당히 리니어하기 때문에 자동차에 사용되기에 매우 적합하다. 운전자의 가속 의지에 따라서 토크도 동일하게 변하며, 이 토크를 구동륜에 직접 전달할 수 있기 때문이다. 지금까지 사용되어 온 내연기관과 변속기의 조합보다 훨씬 더 운전자의 가속 의지를 노면에 정확하게 전달할 수 있다.

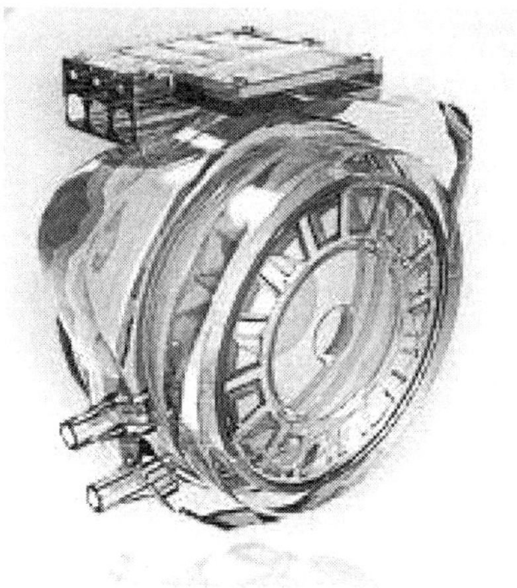

Fig 6.8 차량용 전기 모터

(2) 직류 모터

가장 단순한 형태의 모터이며, 가장 오래된 형태의 모터이다. 고정자로 자기장을 발생시키는 영구자석을 사용하고 회전자에 코일을 사용한 것이다. 회전자는 고정자의 자극에 가까운 부분에서는 극성을 반대로 해서 끌어당기고 멀어지는 부분에서는 전류의 방향을 전환할 필요가 있다. 때문에 브러시를 사용해서 전류의 방향을 반전시켜 원활한 회전이 가능하도록 한다.

직류모터는 전류에 크기에 따라서 토크가 일정하게 증가하기 때문에 제어가 간단하고 편리하다는 장점이 있다. 하지만 회전하면서 기계적으로 접촉하는 브러시와 정류자에서 스파크가 발생하고 마모되는 문제점이 있다.

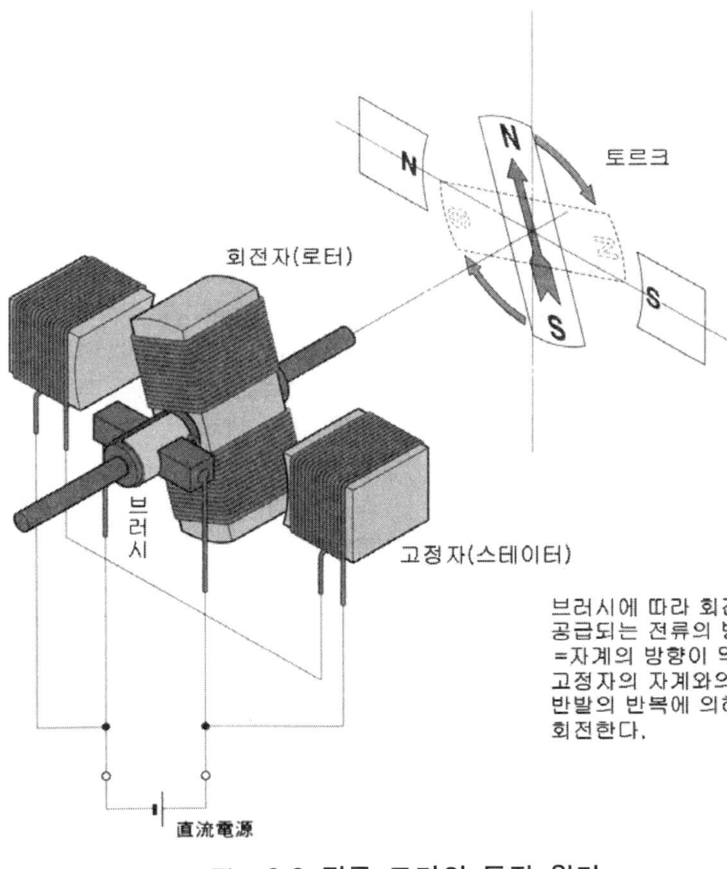

Fig 6.9 직류 모터의 동작 원리

(3) 교류 유도 모터

전자석이 사용되는 고정자에 교류전류를 공급하면 자기장의 극성과 힘은 교류

전류의 물결과 같은 흐름에 따라 변화된다. 따라서 고정자를 회전자 주위에 고리 모양으로 배치한 후, 순차적으로 다른 교류전류를 공급하면 각각의 자기장 변화가 연동되어 결국 자기장 자체가 회전하는 형태가 된다. 이렇게 회전하는 자기장 내에 회전자를 놓으면 유도 기전력에 의해서 회전자가 회전하게 된다. 모터의 회전 속도는 교류의 주파수를 조절하여 변화시킨다.

교류 유도 모터는 구조가 간단하고 브러시와 정류자가 없기 때문에 내구성이 좋다. 또한 고속에서 최대 토크를 낼 수 있기 때문에 응답특성이 빠르며 무게당 토크가 좋기 때문에 소형 경량화할 수 있다. 하지만 직류 모터에 비해서 제어 방법이 비교적 복잡하다는 단점이 있다.

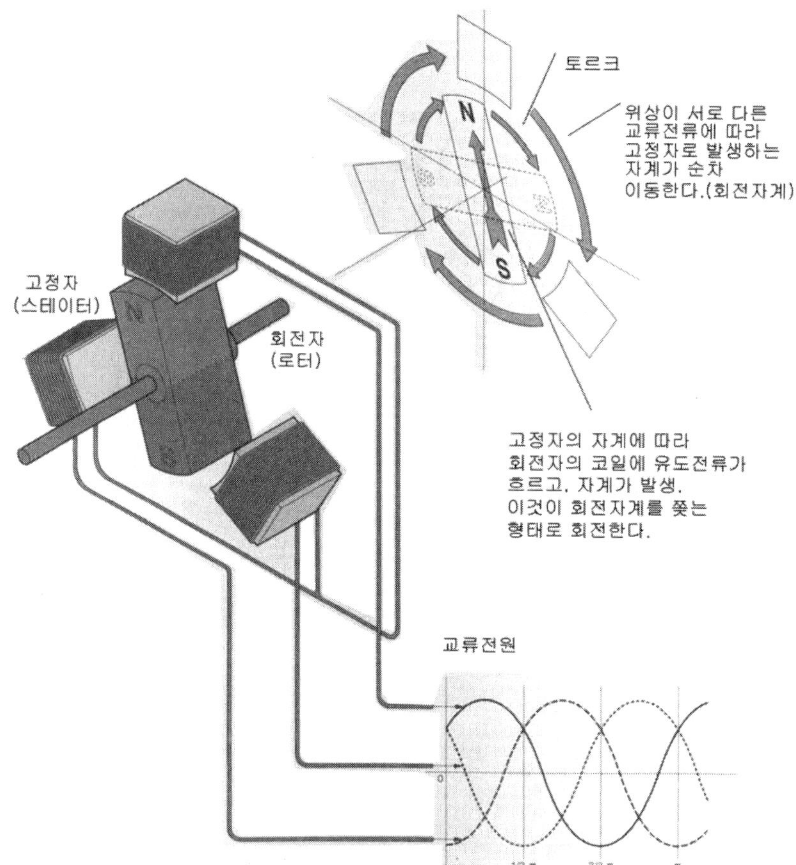

Fig 6.10 교류 유도 모터의 동작 원리

(4) BLDC 모터

일반적인 DC 모터는 구조가 간단하고 제어가 쉽다는 장점이 있지만 브러시와 정류자로 인해 수명이 비교적 짧다는 단점이 있었다. BLDC 모터는 Brush Less DC 모터의 약자로 브러시와 같은 기계적 소모품을 제거하여 수명을 증가시킨 모터이다.

BLDC 모터는 영구 자석으로 된 회전자와 권선으로 되어 있는 스테이터 폴들로 이루어져있다. 즉 구조자체는 일반 DC모터와 반대의 형태를 취하고 있다. 영구 자석 회전자와 전류가 인가된 권선으로부터 생성되는 자기장 사이의 관계에 의해 전기 에너지는 회전자를 회전시킴으로써 기계적인 에너지로 변환된다.

BLDC 모터는 인가전압에 따라서 회전 특성이 직선적으로 변하고 입력 전류에 대해서 출력 토크가 직선적으로 비례한다. 또한 브러시가 없기 때문에 소음이 적고 수명이 길며 고속 운전이 가능하다. 하지만 브러쉬가 없기 때문에 회전자의 위치를 파악할 수 없어 제어하기가 어렵다. 따라서 일반적으로 판매하는 BLDC에는 회전자의 위치를 검출하는 홀 센서가 장착된다.

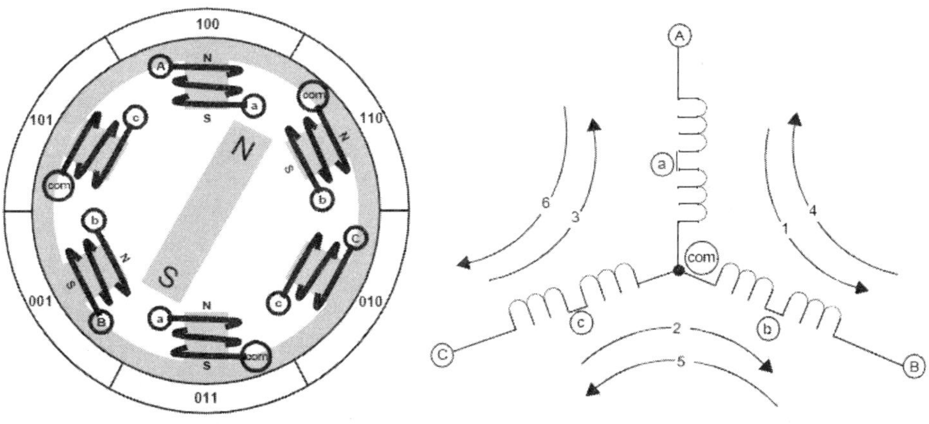

Fig 6.11 BLDC 모터의 구조와 동작 원리

(5) 인휠 모터

① 인휠 시스템의 구조와 기능

인휠 시스템은 휠 안에 모터를 장착하여 모터의 회전력을 노면에 직접 전달할 수 있는 시스템이다. 인 휠 시스템은 크게 두 가지 분류로 나뉜다. 휠 안쪽에 단순히 모터만 장착하는 형태를 단순 인휠 시스템이라 하고, 모터와 함께 제동, 조향, 현가 등 샤시 시스템을 휠 안에 설치하는 것을 통합 인휠 시스템이라 한다.

Fig 6.12 통합 인휠 시스템

통합 인휠 시스템은 샤시 시스템을 휠 안쪽에 배치하기 때문에 탑승객의 공간이 넓어지고, 실내 공간을 자유롭게 디자인할 수 있다는 장점이 있다. 하지만 기술적인 장벽이 아직 많이 남아있기 때문에 대중화를 위해선 더 많은 시간이 필요하다.

단순 인휠 시스템은 휠 안쪽에 모터의 고정자와 회전자가 설치되는 위치에 따라 인-로터 타입과 아웃-로터 타입으로 나뉜다. 인-로터 타입은 고정자를 모터 내부에 두고 회전자를 회전시키는 방식이고, 아웃-로터 타입은 영구자석인 고정자를 모터의 외측에 설치하여 구동력을 얻는다.

In Wheel Motor		complete In-Wheel [Motor, 현가 /제동/조향]
Inner Rotor	Outer Rotor	
	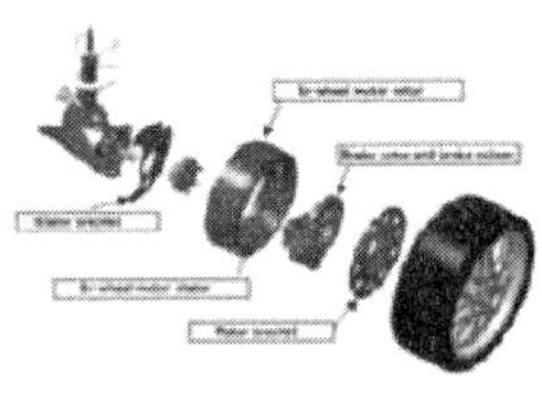	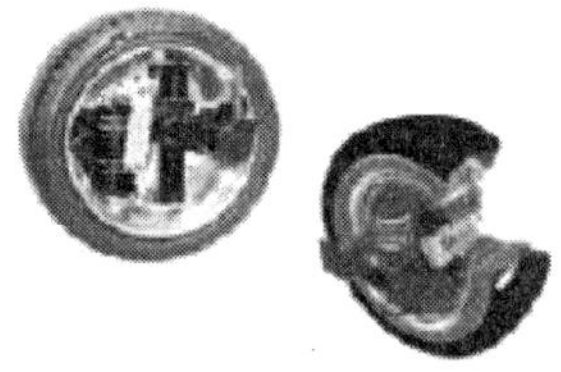
1. MMC : Concept Colt MiEV 2. Honda : FCX(Rr Wheel) 3. Toyote : Fine-N 4. Bridgestone : Version Ⅲ	1. MMC : Lancer Evolution MEV 2. MMC : Concept CT MEV 3. Bridgestone : Version Ⅱ 4. PML Flightlink [영] : Mini QED, Vdvo Rechagr, ZAP-X, Loghtning GT/GTS	1. 미쉐린 : Active Wheel 2. VDo : eComer [컵셉]

Fig 6.13 각 인휠 시스템의 종류와 비교

전기자동차에 인휠 모터를 사용하면 구동계와 샤시 시스템을 간단하게 정리하여 최소화할 수 있기 때문에 차량의 무게를 감소시키고 실내 공간을 극대화할 수 있는 장점이 있다. 또한 별도의 동력전달장치를 거치지 않고 모터의 회전력이 바로 노면에 전달되기 때문에 에너지 손실도 적은 편이다.

하지만 구동계가 외부환경에 그대로 노출되기 때문에 다양한 내구 문제가 발생할 수 있다. 특히 고전압이 흐르는 모터가 빗물에 잠길 경우 보행자가 감전 사고를 겪을 수도 있다. 방수 처리를 완벽하게 한다면 모터에서 발생하는 열을 냉각시키기 어려워진다. 또한 구동계가 잦은 노면 진동에 노출된다는 점도 내구 문제를 발생시킬 수 있다. 따라서 인휠 모터가 대중적으로 사용되기 위해선 위에서 언급한 문제점들이 속히 해결되어야 한다.

3) 인버터

인버터는 전기자동차에서 구동 모터를 제어하기 위해 설치된다. 고전압 기반의 배터리에서 공급되는 직류전원을 3상 교류 전원으로 변환시키고, BMS를 비롯한 차량의 각종 제어기에서 받은 정보를 바탕으로 교류전원을 변화시킴으로써 구동 모터를 제어하게 된다. 또한 가속 시에 고전압 배터리에서 모터로 교류전원을 공급하고, 제동 시에는 모터와 회생제동 장치에서 회수되는 전기에너지를 배터리에 공급하여 전기자동차의 주행 거리를 증대시키는 역할도 한다.

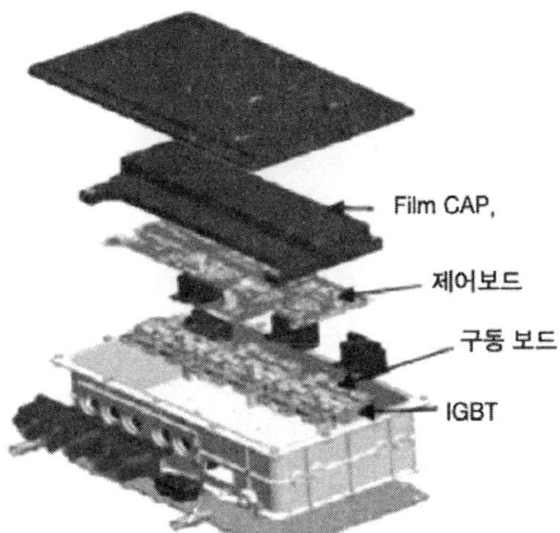

Fig 6.14 차량용 인버터의 구조

4) 직류변환장치

전기자동차에는 모터와 같이 고전압을 기반으로 하는 장치도 있지만 오디오, 네비게이션, 조명과 같이 저전압 기반의 하드웨어들이 많다. 때문에 배터리에서 출력되는 고전압을 저전압으로 변환시켜주는 장치가 필요한데 이 역할을 하는 것이 직류변환장치이다.

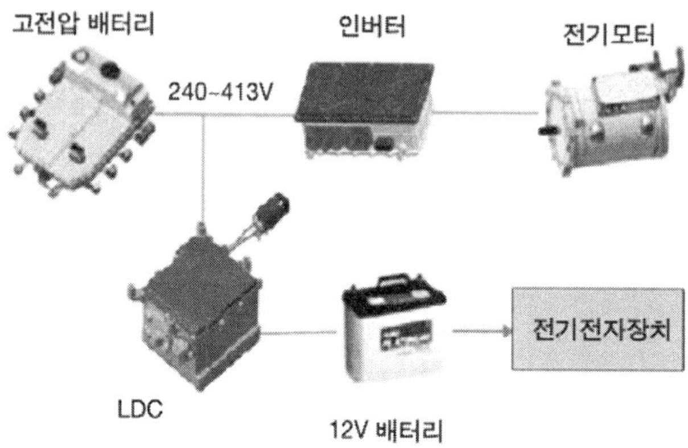

Fig 6.15 직류변환장치의 역할

5) 회생제동 시스템

자동차가 제동 중에 발생하는 열에너지와 관성에 의한 운동에너지를 회수하여 전기에너지로 변환하는 시스템이다. 회생제동 시스템을 통해 전기자동차의 항속거리를 비약적으로 증가시킬 수 있다.

Fig 6.16 회생제동 시스템의 원리

6.4 전기자동차의 과제

비록 전기자동차가 최근 수송부문의 환경문제와 화석연료 고갈에 따른 유가상승에 대처하기 위한 유력한 대안으로 제시되고 있으나, 배터리 등 차량에 탑재하는 에너지 저장장치의 성능 및 가격으로 인한 제약에 기인하는 주행거리의 한계를 극복해야 하고 외부에서 차량에 전기에너지를 공급하기 위한 충전인프라 구축 등 해결해야 할 선결 과제가 산재해 있다.

현재 소개된 소형 전기자동차의 차량 가격은 약 5천만원 수준으로 배터리 등 차량에 탑재되는 부품의 높은 가격으로 인해 동급 내연기관 차량에 비해 약 2~3배 정도 높은 가격을 형성하고 있으며 이는 전기자동차의 보급 확대에 커다란 걸림돌로 작용하고 있다.

또한 일회 충전 주행거리도 약 130km로 기존 차량의 1/4 이하 수준에 있어 시외주행 등 차량의 사용용도에 제약을 받고 있는 실정이다. 따라서 배터리를 비롯한 모터, 인버터, 컨버터 등 핵심부품의 성능을 획기적으로 개선하고 가격경쟁력을 향상시키기 위한 노력이 절실하다 하겠다.

전기자동차의 운행에 필요한 구동장치, 전력변환장치, 에너지저장장치, 공조장치 등에 대한 연구개발은 물론이고 외부에서 전기에너지를 공급받기 위한 충전장치 및 인프라와의 연계도 중요한 부분으로 고려하여야 하며 이는 전기자동차의 대중화를 위한 필수요건이라 할 수 있다.

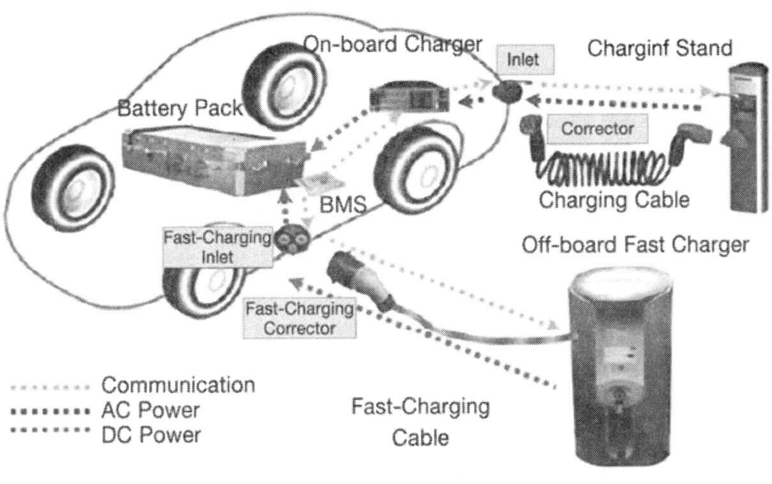

Fig 6.17 전기자동차와 인프라 구성

충전시스템은 차량에 장착된 탑재형 충전기(On-board Charger)를 비롯하여 내연기관 차량의 주유구에 해당하는 인렛(Inlet)과 커넥터(Connector), 주유기에 해당하는 충전스탠드(Charging Stand)와 급속충전기(Quick Charger) 등으로 구성되며 다양한 차종에 대한 호환성을 담보하기 위한 표준화가 절실하다.

■ 참고문헌

1. A&D 컨설턴트,“자동차의 파워(동력)혁명, 전기자동차(EV)의 모든 것”,특별보고서, 2009
2. 유승을, 신동현, “전기자동차 시장 및 기술동향”, Auto Journal, 2010
3. 정승면, “전기자동차 구동시스템 기술”, Auto Journal, 2010
4. 박진호,오전근, “전기자동차 에너지 저장시스템 기술”, Auto Journal, 2010
5. 이호민, “BlueOn 전기자동차 소개”, Auto Journal, 2010

제7장 ●●● 연료전지 자동차

7.1 연료전지의 개요

1) 연료 전지란

연료전지는 수소와 산소가 가진 화학적 에너지를 직접 전기 에너지로 변환시키는 전기화학적 장치로서 수소와 산소를 양극과 음극에 공급하여 연속적으로 전기를 생산하는 새로운 발전 기술로써 1842년 Grove에 의해 최초로 소개되었고, 1922년에 Rideal 등에 의해 개념이 정립되었다. 1960년대 초반부터 우주선 및 잠수함과 같이 단위 부피당 높은 발전 출력이 요구되는 곳에서 활발히 연구되었으며, 최근에는 화석연료의 과도 사용에 따른 환경오염과 석유 파동의 영향으로 환경오염원의 배출이 적고, 에너지 효율이 높은 연료전지에 대한 관심이 높아지고 있다.

연료전지의 구성은 연료극(anode), 공기극(cathode), 이온전도성 전해액으로 구성되며 Fig 7.1과 같다.

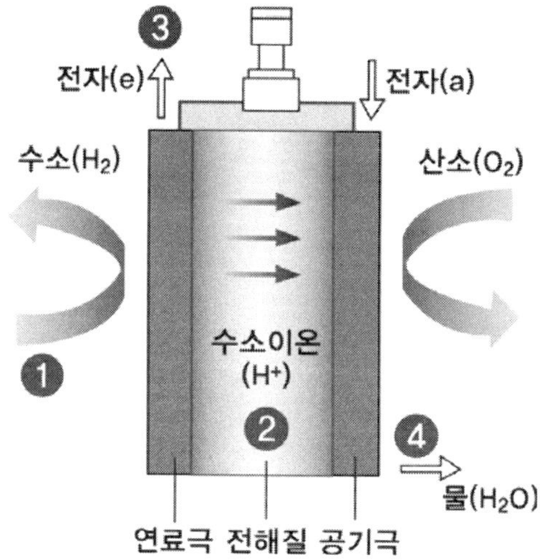

Fig 7.1 연료전지의 구성 및 원리

연료전지는 연료인 수소(H_2)가 연료전지의 음극(anode)에 공급되며 촉매인 백금과 접하게 되어 두 개의 H^- 이온과 두 개의 전자(e^-)로 분리된다. 이렇게 생성된 전자는 음극(anode)를 통과하여 외부 회로로 흐르게 되며 연료전지의 양극(cathod)로 들어가게 된다. 이 때의 전자(e^-)으 흐름으로 인하여 전류가 생성이 되고 일을 할 수 있게 된다.

반면에 연료전지의 양극(cathod)에서는 산소 가스(O_2)가 촉매쪽으로 힘을 받게 되는데, 산소 가스(O_2)가 촉매와 접하게 되면 두 개의 산소 원자들로 분리된다. 이렇게 생성된 각각의 산소 원자들은 강한 음전하를 띄게 되며 H^+ 이온들과 결합하여 물 분자(H_2O)를 생성하게 된다. 연료전지의 화학반응식은 아래와 같다.

2H2 = 4H+ + 4e- (anode) (1)

O2 + 4H + 4e- = 2H2O (cathode) (2)

2H2 + O2 = 2H2O (Net reaction) (3)

2) 연료전지의 종류

연료전지는 사용하는 연료, 산화제, 전해질, 작동온도, 전극의 종류 등에 따라 구분될 수 있으나, 주로 전해질과 작동온도에 따라 분류되는 것이 일반적이다. 전해질 종류에 따라서는 알칼리 연료전지(Alkaline Fuel Cell, AFC), 고체 고분자 전해질 연료전지(Proton-Exchange Membrane Fuel Cell, PEMFC), 인산형 연료전지(Phosphoric Acid Fuel Cell, PAFC), 용융탄산염 연료전지(Molten Carbonate Fuel Cell, MCFC), 고체산화물 연료전지(Solid Oxide Fuel Cell, SOFC), 직접메탄올 연료전지(Direct Methanol Fuel Cell, DMFC) 등으로 구분된다. (사이언스올)

표 7.1 다양한 연료전지와 각종 사양

연료전지형태	전해질	촉매	운전온도
인산형(PAFC)	인산(액체)	platinum on PTFE/carbon	200℃
알칼리형(AFC)	수산화칼륨(액체)	platinum on carbon	80℃
고분자전해질형(PEMFC)	Polymer	platinum on carbon	85-130℃
용융탄산염형(MCFC)	Lithium or potassium carbonate(액체)	니켈또는니켈화합물	650℃
고체산화물형(SOFC)	Yttria-stabilized zirconia (고체)	니켈/ Zirconia cermet	<1000℃
직접메탄올(DMFC)	Polymer Membrane	Pt-Ru or Pt/C	25 -130℃

PEM 연료 전지는 높은 파워 밀도 및 상대적으로 낮은 작동 온도 로 인해 자동차 어플리케이션 용으로 가장 선호되는 연료전지이다. 직접 메탄올 연료전지 또한 자동차 어플리케이션용으로 개발 중에 있으나, PEM 연료전지보다 효율이 떨어지고 보다 많은 플래티늄 촉매가 필요하여 가격이 비싸다.

그 외 다른 유형의 연료전지는 자동차용으로 적합하지 않다. 알칼리 연료전지는 오염에 극히 민감하며 생산 비용이 너무 높다. 고체 산화물 및 용융 탄산염 연료전지는 1,100-1,830°F 의 온도에서 동작하며, 대형의 정적인 어플리케이션에 가장 적합하다. 인산 형 연료전지는 소형 어플리케이션용으로 개발될 수 있으나 이 또한 고온에서 동작한다.

하나의 연료 전지는 단 0.7V만 생성하며 따라서 요구 전압을 생성하기 위해 전지는 적층된다. 개별 연료 전지를 상호 연결하기 위해 사용되는 바이폴라 플레이트는 금속 바이폴라 플레이트를 부식시킬 수 있는 산화 및 환원 반응에 노출되며 부식 부산물은 막 및 전극의 효율을 떨어뜨릴 수 있다. 저온 연료전지는 가벼운 금속, 그래파이트 및 탄소/열경화성 복합재료를 바이폴라 재료로 사용한다.

수소 구동 PEM 연료 전지는 최대 80%의 효율의 전위를 가질 수 있으며, 전기 모터구동을 위해 약 80%의 결합 효율을 가진 인버터를 통해 전기가 사용되는 경우 차량의 동력 전달계통 등에서 추가 손실이 발생하기 전의 모터 출력 효율은 64%가 된다.

7.2 연료전지의 운전장치

연료전지는 수소원자를 함유한 천연가스 등에서 얻어낸 수소연료와 공기 중에 있는 산소를 전기 화학적으로 반응시켜 전기와 열을 얻는 장치이다. 기존의 발전 장치와는 달리 연소 과정이나 구동장치가 없으므로 효율이 높을 뿐만 아니라 공해, 소음 등의 환경문제를 유발하지 않는 새로운 개념의 발전 장치라고 말할 수 있다. 차량용 연료전지 시스템의 핵심은 전기를 발생시키는 스택 이지만 이를 구동시키기 위한 주변 운전장치 (BOP: Balance of Plant)가 매우 중요하며, 이를 잘 설계하여야 연료전지 시스템이 정상적으로 작동하고, 원하는 효율을 얻을 수 있다. 연료전지 시스템의 제작 비용 중에 운전장치가 차지하는 비중도 매우 커서 성능 및 내구성을 확보하면서 저렴하게 운전장치를 구성하는 것이 매우 중요하다. 스택에서 수소와 산소의 원활한 반응이 일어나도록 하기 위해 압축기, 블로어와 같은 공기공급장치, 수소 탱크, 압력 조절기, 수소 재순환기 등으로 구성된 수소공급장치, 스택에서 발생하는 열을 이동시켜서 외부로 방출하며 시스템 내의 열 수급을 조절하는 열관리 장치, 연료 및 공기의 적당한 습도를 조절하는 가습기와 물 순환을 위한 펌프나 물저장 탱크 등을 포함한 물관리 장치 등이 필요하며, 이를 통틀어 운전장치 (BOP)라고 부른다. <Fig 7.2>에서와 같이 연료전지 시스템 운전장치는 크게 공기공급계, 수소공급계, 열 및 물관리계로 나눌 수 있다. 현재 연료전지 자동차 운전장치 관련 국내 부품 기술은 지속적으로 발전하고 있으며, 성능, 수명, 내구성, 가격면에서 개선의 여지가 있다.

앞으로 연료전지 차량의 시장이 확대될 것으로 기대되고, 또한 부품 및 시스템 개발에 많은 시간이 소요될 것을 감안하면, 운전장치 관련 기술 개발이 절실히 요구되는 상황이다. 여기서는 PEM (Proton Exchange Membrane) 연료전지 운전장치의 구성 및 기능을 포함한 운전장치 요소기기의 개발 및 연료전지 시스템의 효율향상을 위한 방안에 대해 살펴보고자 한다.

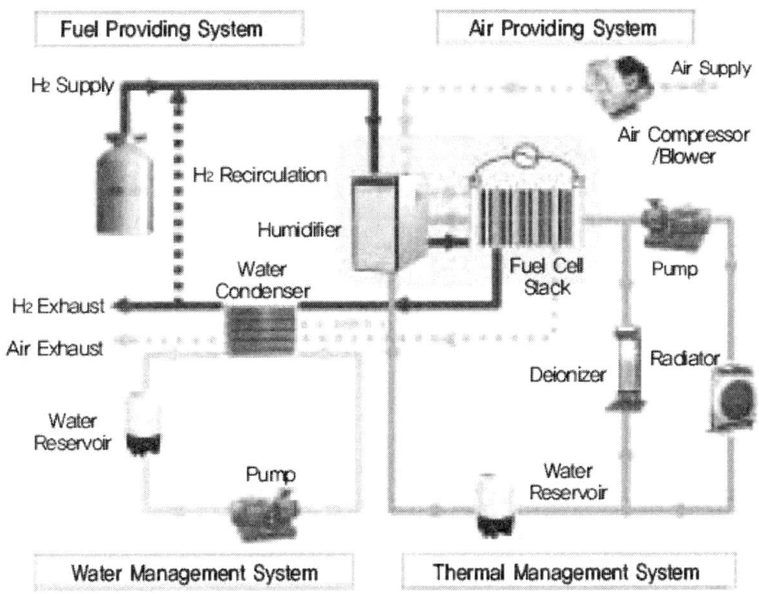

Fig 7.2 연료전지 시스템의 인프라 구성

1) 공기공급장치

연료전지 시스템에서는 연료인 수소와 공기 중의 산소가 만나서 화학반응을 하게 된다. 이 시스템은 내연기관과는 달리 피스톤의 행정운동에 의해 공기가 흡입되지 못하므로, 공기를 강제로 불어넣어 주는 공기공급장치가 필요하게 된다. 사용되는 공기공급장치는 토출압력에 따라 크게 블로어 및 공기압축기로 구분되는데, 상압운전에서는 블로어, 가압운전에서는 공기압축기를 사용한다. 그러나 현재 산업용으로 개발된 공기공급기는 운전영역 (유량 및 토출압력), 효율, 무게, 소음 및 응답성 등에서 차량용으로 사용하기에는 부적합하기 때문에, 연료전지의 출력과 운전 조건에 따라 공기의 공급압력을 조절하기에 적합한 모델의 개발이 진행되고 있다.

UTCFC에서는 원심형 터보블로어를 개발하고 있고, TIAX에서는 하이브리드 터보스크롤 압축기/팽창기 모듈을 개발하고 있으며, Honeywell에서도 원심형 터보압축기/팽창기 모듈을 개발 중에 있다. <Fig 7.3>는 PADT에 의해 개발된 볼베어링을 사용하는 터보블로어인데, 약 1.1의 압력비에서 30,000 rpm으로 운전된다. 국내에서도 3차원 블레이드를 이용한 원심형 블로어를 개발하고 있다.

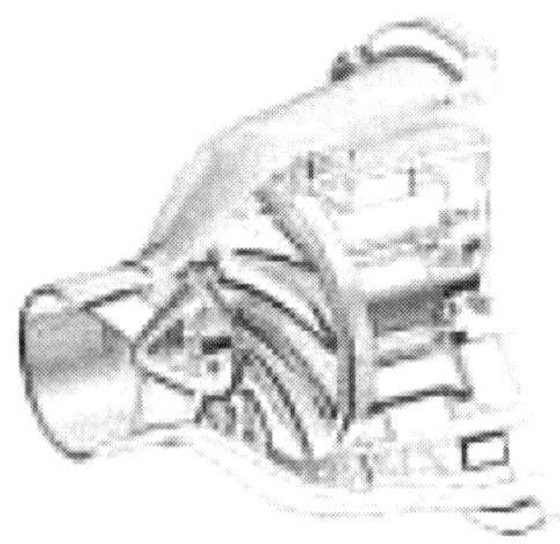

Fig 7.3 원심 블로어 형의 공기공급장치

2) 수소공급장치

연료전지의 에너지원인 수소는 기체연료이므로, 현재 고압의 용기에 저장하였다가 필요 시 연료전지로 보내어 스택 내에서 반응시키는 방법을 채택하고 있다. 1회의 충전으로 충분한 주행거리를 확보하기 위해 최대압력 350 Bar의 수소용기가 상용화되었고, 더 많은 기체 수소를 저장하기 위해 700Bar 정도의 압력을 견딜 수 있는 고압용기가 개발되고 있다. 수소의 공급은 고압의 수소가 저장된 용기로부터 감압되어 스택으로 유입된다. 이 때 스택을 통과하면서 대부분의 수소가 반응에 사용되나 미반응 수소가 스택으로부터 나오게 되며, 이렇게 미반응된 수소를 다시 스택으로 공급하여 수소이용률을 증가시켜야 한다. 또한 대기 중으로 배출되는 수소의 농도도 일정수준 이하로 낮추어야 하며, 이를위해 수소의 재순환은 매우 중요하다. <Fig 7.4>에서 보는 바와 같이, 수소재순환 시스템의 형태로서 블로어 타입과 이젝터 타입이 개발되고 있다. 블로어 타입의 재순환 장치는 용량제어가 간단하고, 넓은 운전 범위에서 작동이 가능한 반면, 동력소모, 수명 등의 문제가 있다. 이젝터를 이용한 수소 재순환 장치는 회전부가 없기 때문에 소음·진동이 적고, 윤활이 필요 없으며, 간단한 구조일 뿐만 아니라 대량 생산 시 제작이 용이하다. 또한 동력 소모가 없기 때문에, 효율상의 이점을 갖는다. 그러나 이젝터는 탈설계 (off-design) 지점에서의 성능이 떨어지는 단점이 있다.

Ballard와 Honda에서는 이젝터 타입을 UTCFC은 블로어 타입을 개발하였으며, Nissan에서는 이젝터와 블로어를 혼합한 형태의 수소재순환 시스템을 개발한 바 있다. 국내에서도 블로어 타입 및 이젝터 타입의 재순환 장치를 개발하고 있다.

(a) Blower Type

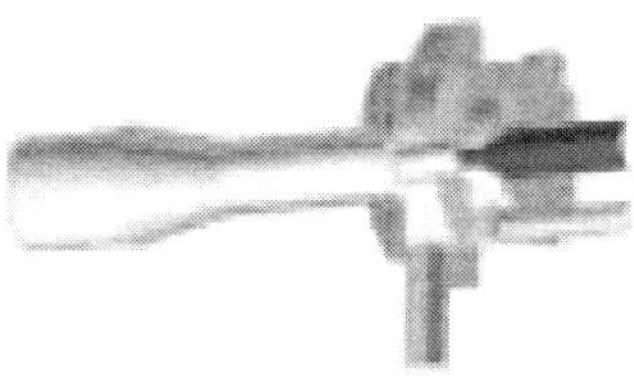

(b) Ejector Type

Fig 7.4 각종 수소 공급 장치

3) 열관리 시스템

연료전지 스택이 최적의 효율을 내도록 하고, 고분자 전해질 막을 보호하기 위해서는 반응 온도를 약 80℃ 이하로 일정하게 유지하는 것이 매우 중요하다. 그러나 연료전지의 전기화학 반응은 필연적으로 열의 발생을 수반하게 된다. 발생된 열은 반응이 끝난 수소와 공기 및 생성된 물이 스택을 빠져나가면서 일부 방출되기도 하지만, 대부분의 열은 라디에이터를 통해 강제로 방출시켜야만 반응 온도를 적정하게 유지할 수 있다. 만약, 지나치게 반응 온도가 상승하게 되면 고분자전해질 막에서의 수분 공급이 원활하지 않게 되어 스택 출력이 오히려 줄어들고, 연료전지 차량 운전이 불가능한 경우가 발생하기도 한다. 스택의 발생 열을 제거하기 위해 일반적으로 스택 내부에 냉각수 유로를 별도로 구성하며, 라디에이터를 통하여 외부로 방출하도록 열관리 시스템이 구성되어 있다. 그런데 연료전지 자동차의 경우, 스택 냉각수 온도가 65℃ 정도로 일반 가솔린이나 디젤 엔진 자동차의 냉각수 온도보다 훨씬 낮다. 따라서 냉각수와 대기와의 온도차가 감소하므로 기존의 라디에이터와 실외 휀을 이용하여 스택에서의 발생 열을 모두 방출하는 것이 어렵다. 또한, 장착 공간의 제약 때문에 열전달 면적을 늘리기 위해 라디에이터 크기를 증가시키는 데에 한계가 있고, 실외 휀의 회전속도를 증가시키기 위한 고성능 휀의 도입도 소음문제로 한계가 있다. 이러한 한계를 극복하기 위해 고효율 라디에이터가 개발 중에 있으며, 스택 냉각을 위한 별도의 시스템을 장착하는 것도 고려되고 있다.

Fig 7.5 열 관리를 위한 차량의 형태 변화

<Fig 7.5>에서는 Honda와 GM 연료전지차에서의 냉각 효율을 극대화하기 위한 스택 냉각 모듈의 위치 및 그릴 구조가 변경된 모습을 보여주고 있다. 공기유입을 원활하게 하여 냉각성능을 높이기 위함이며 국내에서도 전용차체 개발시 이러한 점들을 고려하고 있다.

연료전지 자동차에서의 냉난방 시스템은 여러 면에서 내연기관 자동차의 냉난방 시스템과 차이점을 보인다. 에어컨 압축기는 엔진이 없기 때문에 벨트 구동식 압축기를 쓰지 않고 전기 구동식 압축기를 쓴다. 이로 인해 냉매의 누설이 없고, 압축기의 회전수 조절을 통한 용량 조절이 매우 용이하다. 그러나 엔진냉각수와 같은 고온열원의 부재로 인해 연료전지 자동차에서의 난방은 열펌프 시스템을 이용하여 하기도 한다. 그리고 스택 내에서의 반응 시 발생하는 열을 제거해야 하는데 이 폐열을 그대로 외부로 방열하는 것보다 동절기 차실 난방용으로 쓰는

것이 에너지이용 효율 면에서 중요하다. 즉, 스택의 냉각을 위한 열방출과 실내외 냉난방을 위한 열의 이동이 통합적으로 고려되고 있다.

Fig 7.6 열펌프 시스템의 주요 구성품

<Fig 7.6>에서는 전동식 압축기를 포함한 연료전지 시스템에 적용되는 열펌프 시스템의 주요한 구성부품들을 보여준다.

4) 물관리 시스템

PEM 연료전지에서 사용되는 이온교환막에서는 전기생성을 위해 수소이온이 막을 통과하여야 하며, 이 때 수분이 이온교환막 내에 적절히 존재하여야 한다. 이를 위해, 스택으로 공급되는 공기와 수소측에 가습장치를 이용하여 가습함으로써 멤브레인의 상대습도를 조절한다. 일반적으로 멤브레인 내의 수분 함유량이 감소하게 되면 멤브레인의 이온전도도가 급격히 감소하며, 이러한 영향은 스택 출력 저하의 직접적인 원인이 된다.

일반적으로 공급 기체에 가습을 하는 방법에는 여러 가지가 있다. <표 7.2>에 그 종류를 나타내었다.

가습 방법은 크게 내부가습과 외부가습으로 구분할 수 있다. 현재 PEM 연료전지에서 가장 일반적으로 사용되는 것은 막가습기 (Gas-to-gas 방법과 Liquid-to-gas 방법)이다. 특히, 기체-기체 (Gasto-gas) 열 및 물질교환 방식의 막가습기는 가습을 위한 부가적인 에너지를 필요로 하지 않지만, 충분한 가습을 위해서는 막의 표면적이 매우 넓어야 하기 때문에 대부분 직경 1mm 정도의 투과성 막으로 된 가는 관을 이용하고, 관다발을 묶어 원통-관형 열물질교환기로 제작한다. 하지만 이는 매우 고가이며 가공이 어렵기 때문에 대량생산이 곤란한 단점이 있다. <Fig 7.7>에서는 미국 Perma Pure 사에서 개발한 관모양의 막가습기를 보여준다.

표 7.2 공습 기체에 가습을 하는 방법

Types	Internal or External	Positive Factor	Negative Factor	Reference
Self Humidification	Internal	Simple	Difficult to control	Büchi and Srinivasn(1997)
Porous Bipolar Plates	Internal	Simple	Expensive	D. Staschewski (1996)
Absorbent Wick	Internal	Simple	Difficult to control	Shanhai Ge et al. (2004)
Metal Foam	Internal	Simple	Metal corrosion	Floyd D. E. (2001)
Bubbling	External	High dew point	Need much heat	
Steam Injection	External	Easy to control	Need much heat	
Membrane (Liquid-to-gas)	External	Simple energy saving	Expensive, Low durability, Leakage possibility, Bulky	Chow et al. (1998)
Membrane (Gas-to-gas)	External	Simple energy saving	Expensive, Low durability Bulky	Paul Scherrer Institute (1999)
Enthalpy Wheel	External	Compact	Preheated reactant gases	
Direct Water Injection	External	High durability Easy to control	Complcaled apparalus, Need water lank	Wood et al. (1998)

Fig 7.7 미국 Perma Pure 사의 막가습기

PEM 연료전지에서 고분자 전해질에는 충분한 함량의 수분을 함유하여야 한다. 이는 수소이온의 전도성은 수분의 함량에 직접적으로 영향을 받기 때문이다. 하지만, 스택 내에 지나친 양의 물이 함유되면 전극이나 가스 확산층의 세공을 막기 때문에 이온의 이동을 오히려 방해하게 되므로 물의 균형을 조절하여 주는 것이 필요하다. 연료전지 내 물의 주된 이동은 <Fig 7.8>에 나타낸 바와 같으며, 물의 발생과 물의 이동은 모두 다 전기발생에 직접적으로 연관이 있다.

동절기 또는 저온 지역에서 빙점 이하 PEMFC 시스템의 운전은 물의 결빙으로 인해 스택 전해질과 전극의 성능에 저하를 가져올 수 있다. 또한 저온에서 시스템이 장시간 정지되어 있을 시 물의 결빙이 멤브레인의 손상을 가져올 우려가 있다. 따라서 동절기에서의 작동을 위한 대책이 필요하다. 운전 정지 시 결빙을 방지하기 위해서는 운전 정지 전 가습을 중단하고 건(Dry) 공기와 수소를 스택에 공급함으로써 관내부와 스택에 남아있는 수분을 밀어내어 배출시키는 것이 필요하다. 또한 동절기 시동 시에는 먼저 전열장치 등을 통하여 최소한의 장치를 예열한 뒤 시동을 거는 방법이 요구된다. 이를 위하여 2차 전지를 장착하고 시동 전 2차전지의 에너지로 예열하는 등의 방법을 사용할 수 있으며, 예열에 관한 다양한 방법들이 연구되고 있다.

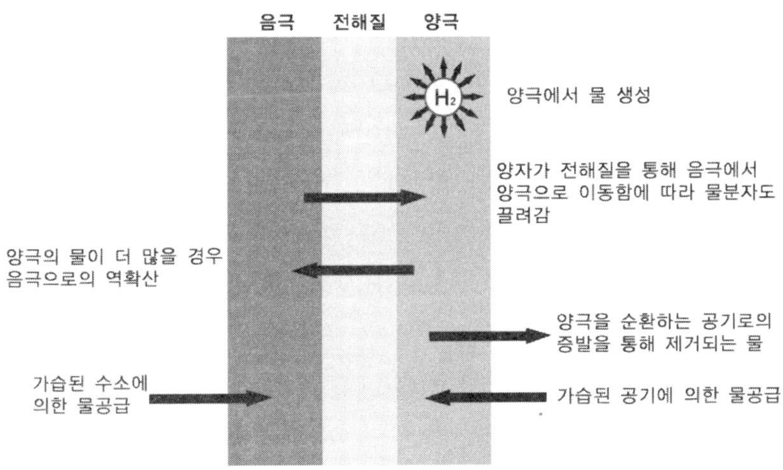

Fig 7.8 연료 전지 내에서 물의 이동

5) 연료전지 스택

(1) MEA (Membrane Electrode Assembly)

MEA는 고분자전해질 막, 연료극과 공기극으로 이루어진 막-전극 접합체로 고분자전해질연료전지의 성능을 결정짓는 가장 핵심적인 구성요소이다. 현재 Gore, DuPont, 3M, Johnson-Matthey 등의 회사에서 제조하여 판매하고 있다. 고분자전해질 막, 연료극과 공기극으로만 이루어진 3-layer 형태, 여기에 GDM (Section 2-2에서 자세하게 기술됨) 두 장이 더해진 상태인 5-layer 형태, 이 5-layer에 Gasket까지 덧붙여진 7-layer 형태로 제작된다 <Fig 7.9>.

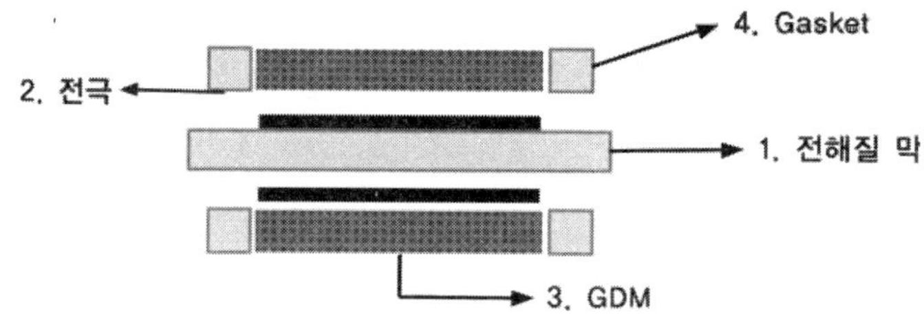

3-layer : 전해질막 + 전극
5-layer : 전해질막 + 전극 + GDM
7-layer : 전해질막 + 전극 + GDM + Gasket

Fig 7.9 MEA의 기본 구성 요소

MEA 제조 방법은 촉매를 코팅하는 방법에 따라 크게 두 가지로 나누는 것이 일반적이다. 즉, 전해질 막에 직접 코팅하는 CCM (Catalyst Coated on Membrane) 방법과 GDM에 촉매를 코팅한 후 Hot-press 작업으로 MEA를 제작하는 CCS (Catalyst Coated on Substrate) 방법이다. 하지만 이 두 방법은 성능이나 장기적 안정성에 있어 크게 차이가 나타나지 않는다고 알려져 있다.

고분자전해질연료전지의 전해질 막으로 사용되는 이온전도성 고분자가 갖춰야 하는 물성은 다음과 같다. 우선 0.08S/cm 이상의 높은 이온전도도를 가져야 하며, 100% 가습 조건에서 20MPa 이상의 기계적 강도를 지녀야 한다. 또한 낮은 기체 투과도와 높은 치수안정성이 요구된다. 현재는 PFSA (Perfluorosulfonated Polymer)가 가장 많이 이용되고 있으며, 세계적으로 유명한 DuPont, Asahi, 3M 등의 화학 회사가 구조가 다른 고분자들을 합성하여 판매하고 있다 <Fig 7.10>.

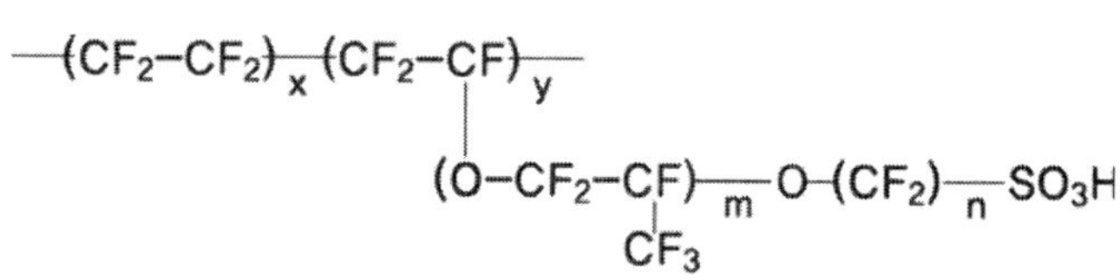

Nafion® 117	m≥1, n=2, x=5-13.5, y=1000
Flemion®	m=0, 1;n=1-5
Aciplex®	m=0, 3;n=2.5, x=1.5-14
Dow membrane	m=0, n=2, x=3.6-10

Fig 7.10 연료전지에 사용되는 고분자 화합물

하지만 이러한 고분자들은 합성단계가 복잡하며, 제조 단가가 매우 비싸서 근래에는 탄화수소 계열의 술폰화 고분자(Poly[ether Sulfone], Polyimide, PEEK, Polystyrene 등)들이 많이 연구되고 있으나, 아직은 상업화에 성공하지는 못하고 있다.2), 3) 연료전지 전해질 막으로써 PFSA와 더불어 높은 관심을 얻고 있는 것이 PBI 계열의 고분자들 <Fig 7.11>이다. 이들 PBI 계열의 고분자에 인산이나 황산 등의 강산이 도핑되면 120~200℃의 고온에서 높은 프로톤 전도도를 가지게 되어 연료전지의 전해질 막으로 이용할 수 있게 된다.

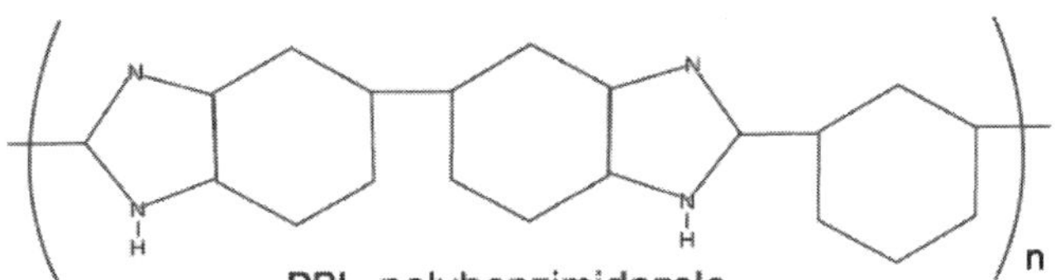

PBI, polybenzimidazole
poly[2,2'-(m-phenylene)-5,5'-bibenzimidazole]

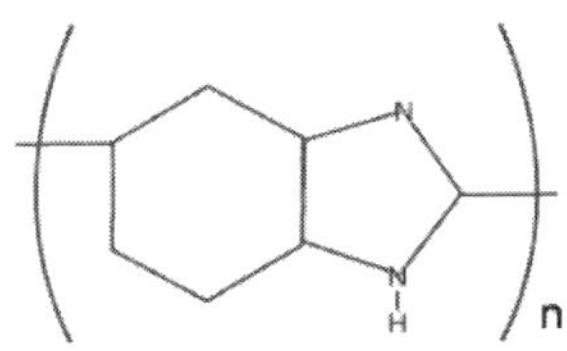

ABPBI (poly[2,5'-benzimidazole]

Fig 7.11 PBI 계열의 고분자 화합물

현재 고분자전해질연료전지에 이용되는 수소는 탄화수소를 개질해서 주로 얻고 있다. 이 경우 수소의 순도가 연료전지의 내구성에 큰 영향을 미치는데, 특히 일산화탄소 (CO)는 5ppm 이하로 줄여야 한다. 그 이상의 일산화탄소가 함유되어 있는 수소가 연료전지로 유입되면 전극 촉매가 피독되어 연료전지의 성능이 심하게 떨어진다. 하지만 PBI 계열의 고분자를 이용해서 MEA로 제조하여 일반적인 고분자 전해질 연료전지의 운전온도인 80℃ 보다 훨씬 더 높은 150℃ 이상의 온도에서 운전할 경우 약 0.1%의 일산화탄소가 함유되어 있는 수소를 이용하더라도 성능이 거의 감소하지 않는다.4) 이러한 장점으로 인하여 PBI 계열의 고분자를 이용한 MEA 제작에 대한 연구가 많이 진행되고 있다.

MEA의 공기극과 연료극을 구성하는 촉매로는 주로 백금 (Pt, Platinum)과 같은 귀금속이 Carbon 담체에 담지 되어있는 Pt/C 형태의 촉매가 이용된다. <Fig 7.12>의 TEM 사진에서 진한 검은 색으로 보이는 2~3nm 크기의 Pt이 회색으로 보이는

100nm의 Carbon 담체에 분산된 것을 볼 수 있다. 이러한 촉매는 Tanaka, Johnson-Matthey, E-tek 등의 회사에서 상업적으로 제조해 판매하고 있다.

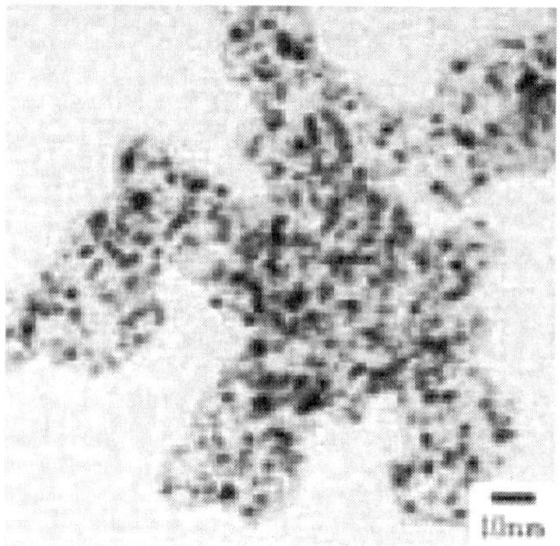

Fig 7.12 공기극과 연료극에 사용되는 촉매

80℃ 이하에서 운전되는 고분자전해질연료전지의 연료극에는 불순물로 존재하는 일산화탄소에 대한 내피독성이 높은 Pt-Ru 계열의 합금촉매가 주로 사용되고 있으며, 공기극의 산소 환원반응속도를 증가시키기 위한 조촉매나 새로운 촉매도 개발되고 있다.

MEA의 가격에 있어 촉매인 Pt이 차지하는 비율은 매우 크다. 반면에 Pt 매장량의 한정성에 의해 Pt의 가격은 계속 상승하고 있어서 결국 연료전지 가격 상승의 주요 원인이 되고 있다.

현재 승용차용 80kW 스택에는 약 80g의 백금이 사용되고 있지만, 백금 입자크기를 줄여 활성화 면적을 넓힌다든지 혹은 저가 금속과의 합금을 이용하는 신촉매를 개발하여 2015년까지 백금 사용량을 현 수준의 20% 이하로 줄이는 연구가 활발히 진행되고 있다.1)

(2) GDM (Gas Diffusion Medium)

<Fig 7.9>에서와 같이 MEA의 다음에는 GDM이 위치한다. GDM의 주요한 용도는 분리판으로부터 유입되는 수소와 공기를 더욱 미세하게 확산시켜 MEA에 공급되게 하는 것이다. GDM은 일반적으로 기공율이 높은 Carbon Paper나 Carbon Cloth <Fig 7.13 左>로 만들어 진다. <Fig 7.13 右>에서와 같이 GDM은 탄소 섬유

가 얽혀있는 구조를 가지며, GDM의 기공율, 기공크기 및 분포, 두께, 발수 처리 정도 등은 연료전지 운전조건에 맞춰 결정된다. 이러한 GDM은 주로 Toray, SGL, E-tek 등의 회사에서 제조 판매하고 있다.

고분자전해질 막의 이온전도도는 수분의 함량에 직접적으로 비례하기 때문에 높은 성능을 내기 위해서는 충분한 수분이 수소 및 공기와 함께 연료전지에 공급되어야 한다. 그러나 연료전지 반응으로 생성되는 물을 제대로 제거하지 못하면 과잉의 물이 GDM의 기공이나 분리판의 통로를 막는 Flooding 현상이 발생하고 결국 물질전달 저항이 증가하여 연료전지 성능이 감소하게 된다. Flooding 현상을 막기 위해 대부분의 경우 GDM을 테프론과 같은 소수성이 강한 물질로 코팅 처리한다. 보통 Carbon Paper 무게의 10~50% 정도의 소수성 물질을 코팅한다.

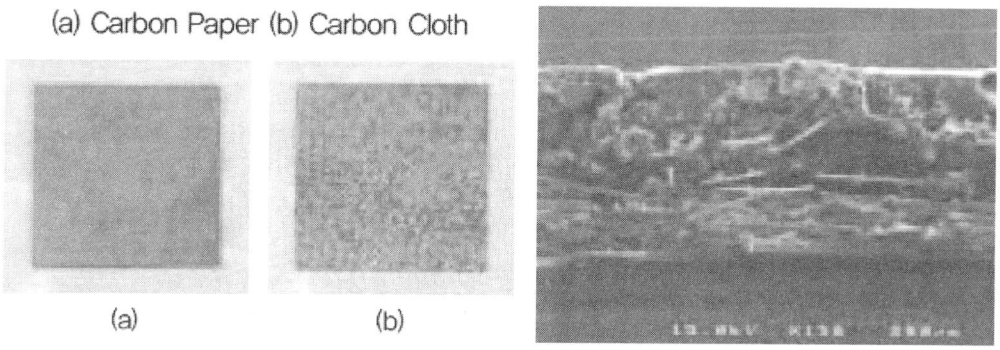

Fig 7.13 Carbon으로 만든 GDM의 모습과 현미경 관찰 사진

(3) 분리판 및 스택

분리판은 <Fig 7.9>에서와 같이 GDM의 바깥 쪽에 위치하게 된다. 고분자전해질 연료전지의 분리판에 있어서 중요하게 고려해야 할 두 가지는 분리판의 유로(Channel) 설계와 소재의 선택이다. 분리판의 유로는 MEA의 활성 면적으로 반응기체를 균일하게 공급되고, 또한 미반응기체나 생성물을 효과적으로 배출되도록 설계하는 것이 중요하다. 특히 중요한 것은 연료전지 내의 물을 적절히 관리하여 전해질 막의 탈수 현상이나 Flooding 현상을 방지할 수 있어야 한다. <Fig 7.14>는 분리판 유로설계에 기초가 되는 기본 형태의 특징만을 묘사한 그림이다. 직선 유로는 차압이 작게 걸려 가스 공급면에서는 유리하지만 물방울이 유로에 생기면 작은 차압 때문에 물방울을 밀어내지 못해 쉽게 Flooding이 생길 수 있다. 이를

극복하기 위해 차압이 충분히 큰 Serpentine 형태의 유로를 일반적으로 사용한다. 단, Single Serpentine 유로를 대면적의 활성 면적을 가지는 연료전지에 이용할 경우 너무 큰 차압이 발생하기 때문에 이를 보완하기 위해 대면적인 경우에는 Multi-serpentine 유로를 사용하는 것이 일반적이다.6)

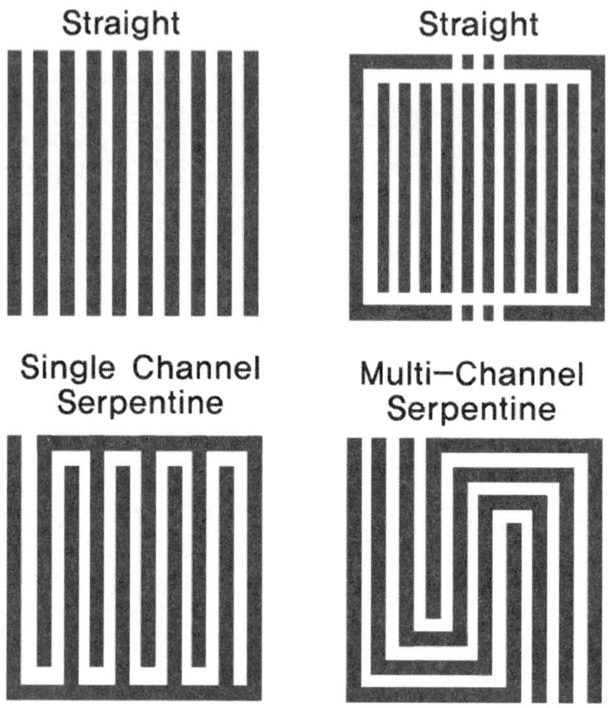

Fig 7.14 다양한 분리판의 형태

분리판의 소재로는 현재 흑연이 가장 많이 사용되고 있다. 그 이유는 일반 금속은 연료전지 반응에 의해 생기는 프로톤에 의해 쉽게 부식되어 전기전도도가 빠르게 감소하기 때문이다. 따라서 전기전도도가 비교적 높고, 또 프로톤에 안정한 흑연이 현재 분리판 재료의 주종을 이루고 있다. 하지만 흑연 분리판은 가공비가 많이 들고 또 기계적 강도가 낮기 때문에 최근에는 양산성과 가격면에서 유리한 탄소-전도성고분자 복합재료나7) 내부식성을 갖춘 금속재료가8) 대체재료로 빠르게 개발되고 있다. <Fig 7.15>.

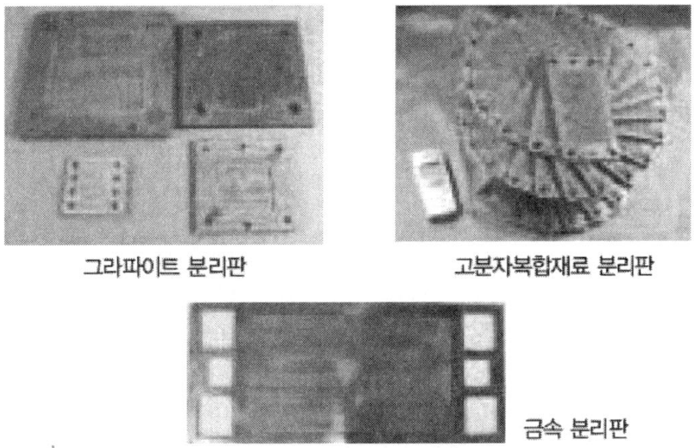

Fig 7.15 다양한 분리판의 종류

지금까지 설명한 단위전지의 구성요소가 전부 준비되면 필요한 출력만큼 단위전지를 적층하여 스택을 제작한다. 각 단위전지끼리는 전기적으로 직렬로 연결되고, 반응가스는 매니폴드를 통하여 각 단위전지에 고르게 공급된다. 스택 용량의 증가에 맞추어 단위전지의 면적과 적층수가 커짐에 따라 스택의 체결과 매니폴드의 중요성이 더욱 부각되고 있다. 효과적인 체결 기구는 단위전지 전면적에 걸쳐응력을 골고루 분산시킴으로써 단위전지간의 접촉저항을 줄이고 기체 기밀성을 장시간 유지하는 역할을 한다. 적층수가 너무 커지면 각 단위전지로 반응가스 및 냉각수 등을 균일하게 배분하기가 어려워진다. 이 경우, 단일 스택 대신 여러 개의 소형 스택을 연결하게 되는데 이 소형스택들 사이의 반응가스 및 냉각수 분배를 담당하는 매니폴드 설계 및 제작이 매우 중요 해진다. <Fig 7.16>은 단위전지를 연속적으로 적층하여 연료전지 스택을 제조하는 과정을 보여주고 있다.

Fig 7.16 연료전지 스택의 제조 과정

6) 연료전지 열화 및 운전 기술

연료전지도 시간이 지나면서 성능이 감소하게 되는데 이는 서론에서도 서술한 바와 같이 연료전지의 MEA 및 분리판의 열화 현상 때문이다. 열화 현상은 주로 전해질 막 및 촉매 그리고 막과 촉매 사이의 계면에서 나타난다.

고분자전해질 막의 열화는 주로 전기화학 반응에 의해 만들어지는 Hydroxyl이나 Peroxide Radical이 고분자를 공격하여 분해시키는 현상인데, 이러한 라디칼 생성은 높은 전압에서 활성화 된다. 촉매 열화의 주 원인으로는 백금입자 소결에 의한 반응면적의 감소, 백금의 전해질 막으로의 침적, 그리고 탄소 담체가 산화하여 소실되는 것을 들 수 있다. 이러한 열화 현상은 연료전지가 높은 전압에서 운전될 경우 더욱 두드러지기 때문에 고분자전해질연료전지를 일정 전압, 약 0.8V, 이상에서 운전을 피하는 것이 내구성 측면에서 유리하다. 이 밖에도 가습수 및 반응가스의 오염물질이나 냉각용 부동액에 의한 MEA 오염 등이 연료전지의 수명을 단축시키는 원인이 되기도 한다. 이러한 열화 원인들을 밝혀내고 대응기술을 개발하는 것은 자동차용 연료전지의 상업화를 위한 최종 목표인 작동/멈춤 12,000회, 5,000시간 이상의 운전에 있어 반드시 이루어져야만 하는 과제이다.

연료전지의 운전에 있어 간과할 수 없는 또 하나의 요소는 기후 조건이다. 연료전지자동차 개발사에서는 사막, 고산지대, 열대 및 한대 지역 등 다양한 기후 조건에서 실증을 통한 문제점 확인 및 해결 방안 마련에 주력하고 있다. 특히 연료전지가 빙점 이하에서 운전되는 경우 두 가지 문제점이 해결되어야 한다. 첫째, 스택 내의 수분이 얼면서 MEA, GDM 등을 물리적으로 훼손시키는 것을 방지하기 위한 운전기술과 둘째, 연료전지가 정격출력을 낼 때까지의 기동시간을 줄이는 방법이 해결되어야 한다.

첫번째 문제는 운전 정지 후 공기를 불어주는 방법으로 어느 정도 효과를12) 보고 있지만 영하 20℃ 이하에서 30초 이내로 기동하는 기술을 개발하는 것은 연료전지자동차의 상용화를 위해 반드시 해결해야 할 난제 중의 하나이다.

자동차용 연료전지가 발전용 연료전지보다 개발이 어려운 이유는 발전용은 정상상태 (Steady State) 운전이 가능한 데 반해 자동차용은 그 속성상 부하추종 운전이 불가피하기 때문이다. 자동차의 가속, 감속, 아이들링 등 운전 모드에 따라 연료전지의 운전전압이 고전압과 저전압 구간을 이동하게 된다. 앞서 설명한 것처럼 연료전지의 고전압 운전은 MEA의 열화를 촉진하여 연료전지의 수명을 단축시킨다.

부하추종 운전보다도 연료전지의 열화가 더욱 심하게 일어나는 때는 연료전지의 작동/멈춤을 반복하는 경우이다. 연료전지 운전 종료 시 연료극의 수소를 제거해 주기 위해 연료극에 공기를 불어야 하는데 이 때 잠깐 존재하는 수소와 산소의 계면 때문에 고전압이 유도되고 이 결과 공기극의 탄소 담체가 산화되어 소실되는 현상이 발생한다.13) 마찬가지로 연료전지의 시동 시, 공기가 가득 채워져 있는 연료극에 수소를 유입시킬 때에 수소와 산소의 계면이 형성되어 MEA의 열화를 일으킨다. 이러한 현상을 방지하기 위해서 연료전지의 시동 및 정지 시에 연료극과 공기극을 전기적으로 단락시켜 전기화학반응을 진행시켜 수소를 제거함으로써 고전압을 방지하고, 결국 연료전지의 수명을 연장시키는 운전기술이 개발되어 좋은 성과를 얻고 있다.

7.3 연료전지의 수소저장 장치

1) 수소 저장

연료전지자동차의 상용화를 위해서는 기술적으로 해결해야 할 문제들이 몇 가지 있는데 그 중 하나가 연료전지자동차의 연료인 수소를 어떻게 효율적이고 저렴한 방법으로 저장하느냐 하는 것이다. 기존 내연기관의 경우 차종에 따라 45리터~70리터의 연료탱크로 500km 이상을 거뜬히 주행한다. 연료전지자동차의 경우 내연기관과 필적할 만한 주행거리를 확보하려면 최소한 5kg의 수소를 저장하여야 하는데 상온 상압에서 기체인 수소의 특성상 그리 쉽지가 않은 것이 문제이다. 먼저 내연 기관과 같이 액체 연료를 사용하는 경우를 살펴보자. 액체 수소를 탱크에 저장하기 위해서는 -253℃의 극저온을 유지할 수 있는 단열 특수 용기가 필요하다. 하지만 완벽한 단열은 현재 기술로서는 한계가 있기 때문에 탱크 내부의 온도가 서서히 올라감에 따라 기화된 수소에 의해 내부 압력이 상승하게 되고 일정 압력 이상이 되면 안전밸브가 열려 일정량의 수소를 주기적으로 방출(Boil-off)하게 된다.

이를 기화 손실(Evaporation Loss)이라고 하는데 그 양은 현재 하루에 약 3~6% 정도이다. 즉, 차량을 주행하지 않고 15~30일 정도 주차만 해 놓아도 연료가 거의 소진되어 버리는 문제가 생기는 것이다.

현재 이러한 문제를 해결하기 위해 350기압 고압용기로 액체 수소를 저장하는 기술, 초단열 기술 등이 개발되고 있다.

다국적 에너지 회사인 쉘(Shell)의 자료에 의하면 액체 수소는 기체 수소에 비해 제조 비용은 많이 들지만 운송비 및 운영비가 훨씬 저렴하여 총 비용은 기체 수소에 비해 다소 유리하다고 한다.

다음은 현재 대부분의 연료전지자동차가 채택하고 있는 방식으로 고압수소저장 탱크를 들 수 있다. 고압 수소저장 방식은 수소를 350기압 또는 700기압으로 압축하여 저장하는 것인데, 현재 가장 상용화에 근접한 기술로 수소 충전이 5분 이내에 가능하고 모든 운전 온도 범위에서 연료전지 스택이 필요한 수소 공급 또한 용이한 장점을 가지고 있다. 하지만 기체 수소의 낮은 부피 저장 밀도 때문에 큰 용적의 탱크가 필요하다는 점과 제조 시 값비싼 카본파이버를 많이 사용해야 하는 단점이 있다. 고압 수소저장의 경우 5kg의 수소를 저장하기 위해서는 350기압의 경우 210리터, 700기압의 경우 125리터의 내용적을 가진 탱크가 필요하다. 따라서 최근 대부분의 자동차 회사는 패키지에 유리하면서 주행거리를 증대시킬 수 있는 700기압 수소저장시스템을 연료전지차량에 장착하는 추세이다. 하지만 700기압 수소저장탱크는 내압을 증대시키기 위해 라이너 두께가 두꺼워 지고 카본파이버도 훨씬 많이 감아야 하므로 무게 및 가격이 대폭 상승하게 되는 단점이 있다. 현재 이러한 문제점을 극복하기 위해 경량화 및 가격 절감을 위한 재료 개발 등이 진행되고 있다. <표 7.3>에 현재 각 자동차 회사의 연료전지자동차에 적용되고 있는 수소저장시스템의 예를 나타내었다.

표 7.3 각 자동차 업체의 연료전지 자동차

Maker	TOYOTA Fine-X	TOYOTA FCHV	HONDA FCX	NISSAN X-Trail	GM Sequel	GM Equinox	DCX F600	HMC Tucson	
차량									
탱크 형식	Type Ⅲ		Type Ⅲ	Type Ⅲ	Type Ⅳ		Type Ⅲ	Type Ⅲ	
수소저장	700bar 107ℓ 4.2kg H_2	350bar+ MH 저장합금 6.8kg H_2	350bar 171ℓ 4.1kg H_2	700bar 125ℓ 5.0kg H_2	700bar 201ℓ 8kg H_2	700bar 105ℓ 4.2kg H_2	700bar 100ℓ 4kg H_2	350bar 152ℓ 3.5kg H_2	700bar 120ℓ 4.8kg H_2
시스템 구성	67ℓ × 1 + 20ℓ × 2	MH tank × 4	171ℓ × 1	125ℓ × 1	67ℓ × 3	35ℓ × 3	50ℓ × 2	74ℓ × 1 + 39ℓ × 2	40ℓ × 3

주) Type Ⅲ : 알루미늄 라이너, Type Ⅳ : 플라스틱 라이너

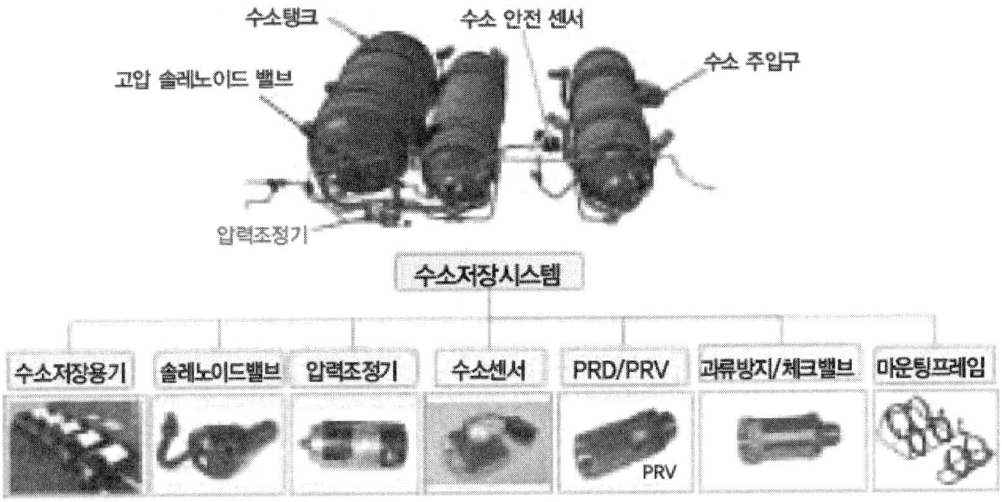

Fig 7.17 고압 수소저장시스템의 구성

고압 수소저장시스템의 구성 및 구성 부품을 <Fig 7.17>에 나타내었다.

끝으로 기초 연구 단계이지만 최근 전 세계적으로 연구가 활발히 진행되고 있는 다양한 수소저장물질에 의한 수소저장 방법이 있다. 이 방식은 고압 용기나 단열 용기가 필요치 않고 상온에서 안전하고 효율적으로 수소를 저장할 수 있는 가능성이 있어 많은 연구가 진행되고 있다.

수소저장물질의 종류는 크게 가역적 수소저장물질과 비가역적 수소저장물질로 나뉘어 지는데, 가역적이라는 뜻은 수소 흡장/흡착과 방출이 가역적으로 이루어 진다는 뜻이며, 따라서 비가역적 수소저장물질(Chemical Hydride)은 한번 수소를 발생하고 나면 부산물이 생겨 부산물의 회수 및 재생이 필요하다. 주로 수소함유 화합물(예. $NaBH_4$)의 가수분해에 의해 수소 발생이 이루어 지며 사용 후 카트리지 형태로 교환해 주어야 한다.

가역적 수소저장물질에는 수소 원자가 금속 격자의 공극에 침입/확산하여 저장되는 금속수소화물(MH, Metal Hydride), 이온결합과 공유결합이 공존하는 수소화합물의 분해와 재결합이 일어나는 금속착수소화물(CH, Complex Hydride), 비표면적이 큰 재료에 수소가 물리적으로 흡탈착하는 카본 나노 재료(CNT)와 MOF(Metal Organic Framework) 그리고 미세 다공성 물질내에 수소를 저장하는 포접화합물 (Clathrates) 등이 있다. 이들 재료는 각기 장·단점을 가지고 있는데, 금속수소화물의 경우 수소 흡수/방출이 쉽지만 저장량이 적은 단점이 있고, 금속착

수소화물은 수소 저장량은 높지만 합성이 어렵고 결합력이 강해 수소 방출 온도가 높은 단점이 있다. 또한 카본 나노 재료와 MOF의 경우 저장량이 높지만 저온에서만 수소 저장이 가능하고 포접화합물의 경우 안전성이 뛰어나지만 수소저장량이 낮은 단점을 지니고 있다. <표 7.4>에 각 수소저장기술의 현 위치와 장단점을 비교하였다.

표 7.4 각 수소저장기술의 현재와 장단점

구 분		재료 연구	재료 개발	탱크 개발	탱크 데모	상용화	대표 재료	장점	단점
가 역	고압 (350기압)							충전	부피
	고압 (700기압)							부피	가격
	액체 수소							부피, 무게	기화손실
	고압/액체 수소							기화손실 감소	가격
	고압/MH						고압/Ti-Cr-Mn	부피	무게, 가격
	Metal Hydride						Ti-Cr-V	부피	무게
	Complex Hydride						$NaAlH_4$	부피	흡방출 속도
	CNT							고용량	저온
	MOF							고용량	저온
	Clathrates						ice	안전	저용량
비가역	Chemical Hydride						$NaBH_4$	고용량	부산물 회수/재생

수소저장물질의 경우 6wt% 이상의 수소저장량을 목표로 연구가 진행되고 있다.

한편 수소저장물질을 연료전지자동차에 적용하려면 수소저장 용기에 수소저장물질을 충진하는 기술과 열관리 기술이 필요하다. 금속수소화물의 경우 수소를 흡수하는 과정은 발열 반응이고 수소를 방출하는 과정은 흡열 반응이므로, 수소 충진시에는 냉각을 수소 방출시에는 가열을 해주어야 한다. 따라서 수소 충전시간을 단축하고 연료전지에서 요구하는 수소 유량을 원활히 공급하기 위해서는 냉각/가열 효율이 높은 열전달 설계의 탱크가 필요하다. 금속수소화물은 분말 형태로 용기에 충진되므로 분말입자의 크기/분포 및 용기내 충진 상태 또한 열전달에 중요한 변수이므로 이를 고려한 최적 설계가 필요하다. <표 7.5>에 미에너지성(DOE)의 연료전지자동차용 수소저장시스템의 목표를 나타내었다.

표 7.5 DOE의 연료전지자동차용 수소저장시스템의 목표

Storage Parameter	Units	2007	2010	2015
System Gravimetric Capacity : Usable, Specific-energy from H_2 (net useful energy/max system mass)[a]	kWh/kg (kg H_2/kg)	1.5 (0.045)	2 (0.06)	3 (0.09)
System Volumetric Capacity : Usable energy density from H_2 (net useful energy/max system Volume)	kWh/L (kg H_2/L)	1.2 (0.036)	1.5 (0.045)	2.7 (0.081)
Storage system cost[b] (& fuel cost)[c]	$/kWh net ($/kg H_2) $/gge at pump	6 (200) –	4 (133) 2~3	2 (67) 2~3
Durability / Operability · Operating ambient temperature[d] · Mn/max delivery temperature · Cycle life (1/4 tank to full)[e] · Cycle life variation · Min delivery pressure from tank · FC=fuel cell,I = ICE · Max delivery pressure from tank[g]	℃ ℃ Cycles % df mean (min) at % confidence Atm (abs) Atm (abs)	-20/50(sun) -30/85 500 N/A 8FC / 10 ICE 100	-30/50(sun) -40/85 1000 90/90 4FC / 35 ICE 100	-40/60(sun) -40/85 1500 99/90 3FC / 35 ICE 100
Charging/discharging Rates · System fill time (for 5kg) · Minimum full flow rate · Start time to full flow (20℃)[h] · Start time to full flow (-20℃)[h] · Transient response 10%~90% and 90%~0%	min (g/s)/kW s s s	10 0.02 15 30 1.75	3 0.02 5 15 0.75	2.5 0.02 5 10 0.75

2) 수소 안전

연료전지자동차의 상용화를 위해서 간과해서는 안될 점이 바로 수소 안전이다. 많은 사람들이 수소하면 폭발, 위험 물질 등의 이미지를 떠올리기 때문이다. 결론부터 말하자면 수소는 안전하게 취급하기만 하면 다른 어떤 연료보다 더 안전한 에너지이다. 그리고 기술적으로 충분히 안전하게 취급이 가능하다. 수소는 가장 가벼운 원소이며 비독성, 신속한 확산성, 낮은 복사열(탄화수소 화재의 10%), 낮은 폭발력(가솔린 기체대비 4.5%), 연기 및 배기가스 미방출 등 수소의 다양한 물성(物性)도 안전성을 높여주는 요인이다.

수소 안전에 관해 널리 알려져 있는 대표적인 잘못된 상식이 바로 1937년 발생한 독일 체펠린사의 힌덴부르크호 폭발 사건이다. 이 사고는 수소를 채운 큰 기구 형태의 비행선이 화재로 추락한 사건인데, 비행선 후미에서 원인 모를 폭발 후 길이 245m나 되는 비행선이 1분도 채 안 되어 전체가 불길에 휩싸인 채 땅으로 추락했고 비행선에 타고 있던 97명 중 36명이 사망했다. 이 사고로 인해 한동안 많은 사람들이 수소는 위험한 폭발 물질이라는 선입견을 가지게 되었다. 하지만 독일 체펠린사의 기록과 한 은퇴한 미국항공우주국 과학자가 행한 최근 조사

에 따르면, 참사의 원인이 수소가 아니라 힌덴부르크호의 외판에 입힌 가연성 도료(그 당시에는 가연성이라는 사실이 알려지지 않았다)였다는 것이 밝혀졌다. 여기서 그래도 의심의 눈초리를 보내는 독자 분들을 위해 최근 미국에서 진행된 가솔린자동차와 수소 연료전지자동차의 연료 누출 시험을 비교한 결과를 소개해 드리고자 한다. <Fig 7.18>는 가솔린자동차와 수소 연료전지자동차의 연료를 누출 시킨 상태에서 점화시켰을 때 어떤 결과가 일어나는 지 비교한 시험이다. 그림에서 보듯이 수소 연료전지자동차의 경우 수소의 빠른 확산성과 낮은 복사열로 인해 차량에 아무 피해도 입히지 않고 약 1분 30초 만에 화염이 없어지는 것을 알 수 있으며, 반면 가솔린 자동차의 경우 약 1분 후 차량 전체가 화염에 휩싸이는 것을 볼 수 있다. 수소 연료전지자동차가 아직 개발중인 프로토타입(Prototype) 수준임에도 불구하고 충돌, 전복 등에 의한 연료 누출 시 일반 가솔린 자동차에 비해 운전자의 생명과 재산보호에 더 효과적임이 입증된 셈이다.

Fig 7.18 수소자동차의 위험성 실험

사실 위 실험은 수소 대량 누출을 가정한 극단적인 경우이고, 실제 연료전지자동차에는 수소 안전을 위한 안전 장치가 여러 가지 설계되어 있어 위와 같은 수소 대량 누출은 사전에 방지할 수 있다. 예를 들면 미량의 수소 누출도 감지할 수 있는 수소 검지 센서가 장착되어 있어, 수소 누출 감지 시 운전자에게 수소 누출을 알려주고 수소 공급을 자동으로 차단하도록 되어 있으며, 이중 안전 장치로써 과유량밸브가 장착되어 있어 수소 유량에 이상이 있으면 자동으로 수소 공급이 차단되도록 설계되어 있다.

미국 조지워싱턴 대학 산하의 BTI (Breakthrough Technologies Institute) 연구소는 지난해 6월 '수소와 법제도 - 안전과 책임'이라는 제하의 연구보고서를 통해 "수소는 기존 연료보다 높은 안전성을 지니고 있으며 일부 예상되는 문제점들 또한 기술적으로 충분히 극복 가능하다"고 밝혀 관심을 모았다.

연료전지자동차의 수소 안전뿐만 아니라 수소를 안전하게 생산, 저장, 운송하는 기술도 현재 연구되고 있으며, 연료전지자동차의 상용화를 위해서는 관련 부문에 대한 지속적인 관심과 연구 개발이 필요할 것이다.

7.4 수소연료전지차 개발 이슈

연료전지차는 내연기관과 비교하여 효율이 높고, 친환경 무공해차로 분류되지만, 현 내연기관차와 경쟁하여 시장에서 성공하기 위해서는 몇가지 중요한 부분에서 혁신적인 기술개발이 필요하다.

먼저 연료전지스택의 내구성이다. 스택의 성능이 저하되는 현상은 여러 부분에서 논의될 수 있지만, 크게 운전모드(Start/stop 조건, 아이들조건, Load Cycle조건)에 의한 성능 저하와 운전환경(외기온도, 수소와 공기에 존재하는 불순물)에 의한 성능 저하로 구분될 수 있을 것이다. 이 열화의 기본적인 메커니즘이 확인되어야 적절한 열화지연 및 제거방법이 개발될 수 있으며, 또한 적절한 운전 및 제어 전략이 개발될 수 있을 것이다. 참고로 DOE에서 제시하고 있는 내구성능 목표는 2010년 5,000시간이며, 연료전지스택 전문회사인 발라드의 경우 2005년 약 2,100시간을 확보한 것으로 알려져 있다.

연료전지차의 연료공급방법은 수소인프라 와 함께 개발초기부터 이야기되고 있는 중요한 이슈 중의 하나다. 2000년대 초반에는 현재 존재하는 가솔린 인프라를 활용 한다는 차원에서 차량에 탑재하여 수소를 생산하는 개질기의 개발이 시도되었다. 그러나, 초기시동성, 부하추종성, 효율 등의 측면에서 차량에 적합하지 않아 채택되지 못하고 현재는 고압의 수소저장시스템이 적용되고 있다. 하지만 이 또한 많은 양의 수소를 안전하게 저장하여 차량의 일충전 주행거리를 향상시키기 위해서는 추가적으로 기술개발이 필요한 부분이다.

수소연료의 단위질량당 에너지는 120MJ/kg (LHV 기준)로 매우 높지만, 단위부피당 에너지가 10.8MJ/Nm3 (LHV기준)으로 매우 낮아 연료전지차의 패키지 레이아웃을 결정하는 과정에서 불리하게 작용한다. 현재 대부분의 연료전지 차에서는 35MPa의 수소저장시스템이 사용되고 있고 추가적인 주행거리 확보를 위해서 70MPa 시스템이 고려되고 있다. 70MPa의 시스템은 35MPa의 시스템과 비교하여 동일 내용적에서 약 1.7배의 수소를 더 저장할 수 있지만, 안전 설계 인자가 고려되어 각 부품들의 무게가 늘어나기 때문에 차량·전체적인 측면에서 적용효과가 논의되어야 할 것이다.

소비자에게 가장 중요한 것은 가격으로 차량의 가격을 현재의 내연기관차 수준으로 만들기 위해서는 고기능성의 값싼 재료가 개발되고 시스템이 보다 단순화하게 설계 되어야하며 차량의 대량생산이 이루어져야 할 것이다. 자동차 업계의 발표와 각국 정부의 로드맵에 따르면, 연료전지 차는 2010년대 초반 소량생산에 진입하여 현재 미국, 일본, 유럽 등에서 수행되고 있는 시범운행 또는 실증사업의 범위가 확대되고, 2020년을 전후로 대량 생산에 접어들 것으로 추측 된다.

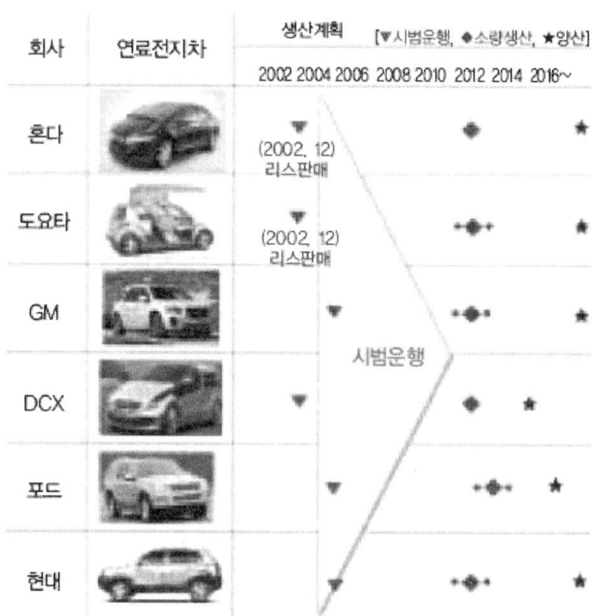

Fig 7.19 각 자동차 업체의 연료전지차 현황

7.5 연료전지차 개발현황

1990년대 말 본격적으로 개발되어온 수소 연료전지차는 2000년 11월 CaFCP(California Fuel Cell Partnership)에서 대대적으로 선을 보이면서 실도로에서의 평가에 들어갔다. CaFCP는 자동차업체, 연료업체, 정부, 각 관련기관들이 연료전지차의 실용화를 목표로 참여하고 있는 일종의 협회로, 현재 현대-기아자동차를 비롯해서 GM, Ford, DCX, Toyota, Honda, Nissan 그리고 VW이 참여하고 있다.

현대-기아자동차에서는 2000년 11월 싼타페 연료전지차를 개발하여 CaFCP에 참여하였다. 이후 제 2세대 연료전지차인 투싼 연료전지차를 개발에 성공하였다. 영하 20도에서 냉시동이 가능하고 초기 싼타페 대비 2배이상의 일충전 주행거리를 확보(337km)하여 실용화에 근접한 차로 평가 받아 미국 DOE Fleet 사업에 참여하였다. 현대-기아자동차는 본 사업에 투싼 연료전지차와 스포티지 연료전지차 32대를 투입하여 2009년까지 운행할 예정이다.

투싼 연료전지차 (DOE 투입차량)	
연료전지시스템	PEMFC 80kW (UTCP)
모터시스템	80kW
수소저장시스템	35MPa, 3.6kg H_2 @ 15℃
보조전원시스템	LiPB 152V
최고속도	153km/h
주행거리	337km
냉시동성	- 20℃

Fig 7.20 HMC의 연료전지차와 사양

수소연료전지 모니터링 사업에 투입될 투싼과 스포티지 연료전지차 및 연료전지 버스는 산업자원부의 지원 하에 국내기술로 개발되었는데, 2009년까지 연료전지차 전용 부품의 70%가 국산화될 예정이다. 수소 연료전지버스에는 수퍼 캐패시터를 장착 하였으며, 지난 독일 월드컵 기간 중에 행사 지원 및 시범운행을 실시하여 실도로 차량성능과 내구성을 검증한 바 있다.

최근 연료전지차의 이슈로 떠오르고 있는 것이 연료전지차 전용플랫폼과 플러그인 기술이 접목된 연료전지차다.

현재 운행되는 연료전지차의 대부분은 내연기관차 플랫폼에 연료전지시스템과 일부 X-by-Wire 기술이 적용되고 있는데, 연료전지시스템의 장점이 적용된 새로운 플랫폼이 차량에 적용된다면, 이는 차량의 성능, 기능, 스타일 측면에서 바람직한 현상일 것이다. 연료전지차 전용플랫폼은 2002년 GM이 AUTOnomy를 발표한 이후 최근들어 Toyota와 Honda에서 선을 보이고 있다.

특히 혼다에서는 2003년 동경모터쇼에서 선보인 키와미 컨셉카를 발전시킨 2006 FCX Concept를 2008년부터 일본과 미국에 리스보급 할 계획을 계획이라고 한다. 현재 시범운행중인 FCX 2005 모델대비 연료전지 시스템의 무게와 부피를 각각 180kg, 40% 줄였고 35MPa의 압력으로 570km를 확보 하여 현 압축 수소저장기술의 한계를 어느 정도 극복한 것으로 추측된다.

플러그인 연료전지차는 Ford와 GM을 중심으로 발표되고 있다. 이 차의 실용성은 연료전지 시스템의 가격과 배터리기술, 그리고 전기 인프라 등이 종합적으로 검토 되어야 하는 사항이지만, 미래 차량에 적용 되는 연료전지 시스템의 유연성을 보여주는 사례로 그 의미는 큰 것으로 판단된다.

Honda FCX Concept 2006	
연료전지시스템	PEMFC 100kW
모터시스템	Coaxial 동기모터, 95kW
수소저장시스템	35MPa, 4.1kg H_2 @ 15℃
보조전원시스템	리튬이온배터리
최고속도	160km/h
주행거리	570km @ LA4 mode

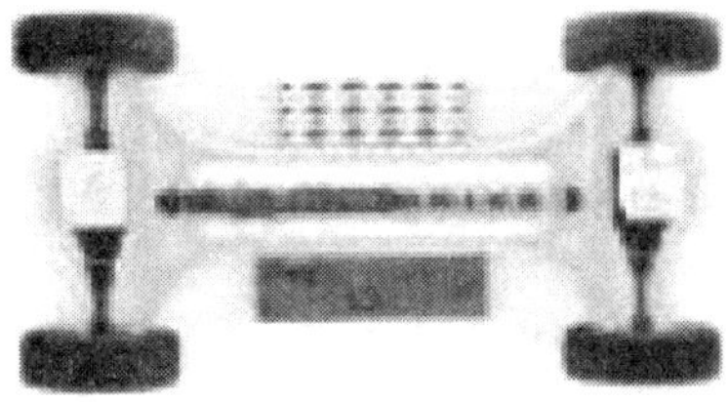

〈Ford HySeries Chassis〉

〈Chevy Volt E-Flex Concept〉

Fig 7.21 Honda의 연료전지차와 사양

7.6 각국 정부의 정책

연료전지차의 초기 시장창출과 미래 수소 경제사회를 선도하고 지원하기 위해서는 정부의 역할이 중요하기 때문에, 미국, 일본, 유럽에서는 수소경제 로드맵을 제시하고 연료전지차의 실용화 정책을 발표하였다.

미국은 미래 에너지와 환경 분야에 있어서 국제적으로 리더십을 지속시키고자, 수소 연료 및 연료전지자동차 개발에 집중하고 있다. 캘리포니아주를 중심으로 ZEV 의무판매 규정을 확대시켜 연료전지 차의 개발을 유도함과 동시에 연방정부에서는 연료전지차와 연료전지버스 Fleet 지원 프로그램 확대를 기획하고 있다. 또한 캘리포니아주에서는 LA지역을 중심으로 주 전역에 수소충전소를 설치하기 위한 프로젝트에 착수하였다. 의무판매규정, 지원 프로그램육성, 수소충전소설치 등 세 가지 측면에서 연료전지차 보급을 유도하고 있는 것으로 판단된다.

일본은 자국 에너지 문제에 대한 해결책을 찾고 이산화탄소 저감기술을 확보함과 동시에 현재 확보하고 있는 자동차 산업의 기득권을 지속적으로 유지하고자 하는 노력의 일환으로, 수소 연료 전지차 초기 시장의 조기창출에 대하여 적극적이고 체계적인 정책을 펼치고 있다.

2010년까지 초기시장을 위해 5만대의 연료전지차가 보급될 전망이다. 보급에 대한 구체적인 시나리오가 발표되지는 않았지만, 현재 각 업체의 리스판매가 진행되고 있고, JHFC 연료전지차 데모운행 프로그램이 2단계로 진입하여 일본 내의 시장의 확대가 예상 된다. 또한 지난 2002년부터 착수한 법규정비가 1차적으로 완성되어 2005년 수소안전과 고전압안전에 대한 규정이 발표되었다. 보급에 필요한 관련 인프라 정비가 동시에 추진되고 있는 것을 보여주고 있다.

유럽의 경우, 2020년 기술상용화를 목표로 연료전지 차의 연구개발과 더불어 대형 실증사업(Lighthouse Project)을 기획하고 있는 것으로 알려져 있다. 특히 지구온난화 방지를 위해 이산화탄소 저감측면에서 추진하고 있는 신재생에너지 보급정책과 더불어 진행되고 있어 그 결과가 주목된다.

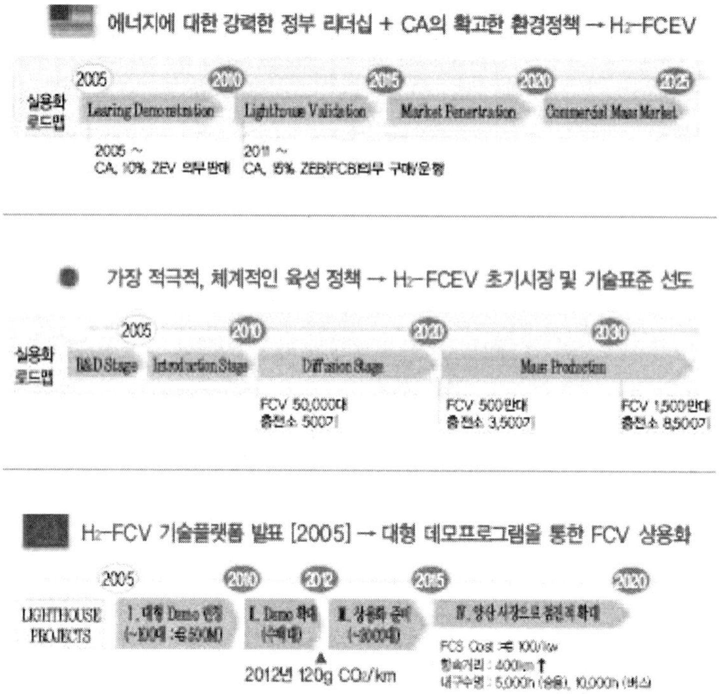

Fig 7.22 미국, 일본, 유럽의 연료전지차 정책

특히 관심을 받고 있는 것이 지난 CUTE 프로젝트(유럽지역의 버스 실증사업)에 이어 대규모 소형 이동수단을 대상으로 진행되고 있는 HYCHAIN 프로젝트다. 프랑스, 독일, 이탈리아, 스페인의 26개 업체가 참여하여 2006년부터 2010년까지 5년동안 약 158대의 소형수송수단이 투입될 예정이다. 이외에도 유럽에서는 EU와 각 정부의 지원을 받아 진행되고 있는 다양한 연료전지 차 프로젝트가 있는데, 이러한 프로젝트들은 연료전지차의 조기 실용화에 큰 도움이 될 것으로 판단된다. (예: CEP 프로젝트/독일, ZeroRegio 프로젝트/이탈리아)

중국은 국가의 환경 이미지를 쇄신하고 미래 자동차산업의 패권을 차지하기 위하여 다양한 정책 사업을 기획하고 있다. 2008년 북경 올림픽과 2010년 상하이 엑스포를 기점으로 연료전지차 보급을 추진할 계획을 갖고 있는 것으로 판단되는데, 현재 북경에는 DCX에서 제작된 연료전지버스 3대가 운행되고 있으며, 연료전지차, 수소충전소, 그리고 수소를 사용하는 시설물 등으로 구성되는 수소에너지 파크가 구성되고 있다.

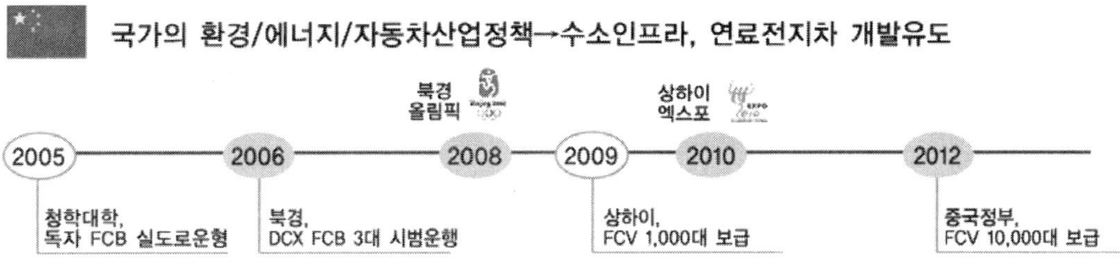

Fig 7.23 중국의 연료전지차와 사양

우리나라에서는 산업자원부가 지난 2005년 수소경제 실용화 로드맵인 수소경제 마스터 플랜을 발표하였으며, 친환경자동차의 개발, 보급 촉진에 관한 법을 만들어 연료전지 차의 시장형성에 필요한 준비를 마치고, 현재 친환경차의 개발 및 보급촉진을 위한 여러 가지 정책들을 기획하고 있다.

특히 지난 2006년 8월 미국, 일본, 유럽에 이어 세계 4번째로 대규모 수소연료전지차 실증 프로그램인 수소연료전지차 모니터링 사업에 착수하였다. 이 사업에는 지난 2005년과 2006년 국내의 기술로 개발된 연료전지시스템이 장착된 투싼 연료전지차와 스포티지 연료전지차 30대, 현대수소 연료전지버스 4대가 2009년까지 3년 동안 수도권과 제주권을 비롯한 5개 지역에서 운행될 예정이다. 이 실증 사업은 수소 경제와 연료전지차의 실용화에 대한 정부의 적극적인 의지를 표명한 것으로 평가되어 미래 국내자동차 산업의 위상을 높이는데 기여할 것으로 판단되며, 수소연료전지차 조기 실용화에 필요한 관련 부품 및 산업인프라 확대에 큰 공헌을 할 것으로 사료된다.

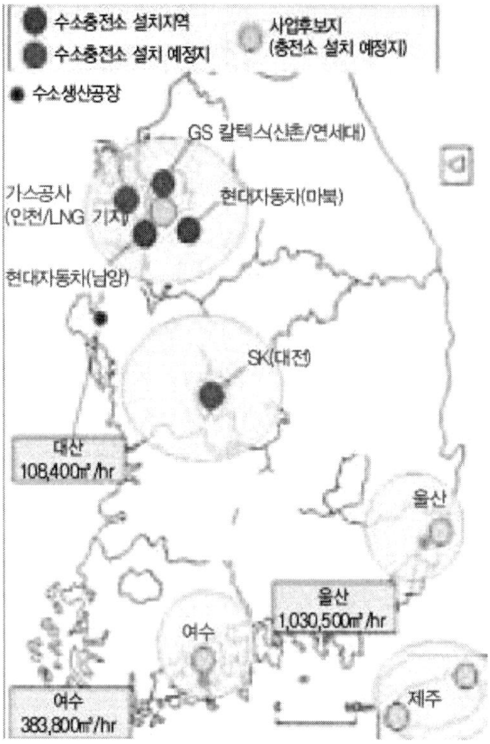

투싼/스포티지 연료전지차 (모니터링 투입차량)	
연료전지시스템	PEMFC 80kW
모터시스템	80kW
수소저장시스템	35MPa, 3.6kg H_2 @ 15℃
보조전원시스템	20kW – LiPB 152V
최고속도	141km/h
주행거리	384km

현대수소연료전지버스 (모니터링 투입차량)	
연료전지시스템	PEMFC 160kW
모터시스템	240kW
수소저장시스템	35MPa, 40kg H_2 @ 15℃
보조전원시스템	수퍼캐패시티 최대 240kW
최고속도	74km/h
주행거리	386km

Fig 7.24 국내의 연료전지차와 그 인프라

■ 참고문헌

1. 장규진, "수소 저장 및 안전", Auto Journal, 2007
2. 오형석, "연료전지자동차 개발 동향 및 전망", Auto Journal, 2007
3. 김민수, 김성철, "차량용 연료전지의 운전장치", Auto Journal, 2007
4. 임태훈, 김형준, "차량용 연료전지의 스택", Auto Journal, 2007

제8장 ••• 클린디젤 자동차

8.1 클린디젤 자동차의 개요

1) 디젤엔진의 역사

표 8.1 디젤엔진의 역사

연도	개발자/발명자	발명품/개발품	용도	비고
1982	루돌프 디젤(독일)	디젤엔진	발전기용	MAN社 지원 1893년 2월 23일 특허등록
1908	프로스퍼 로랑주(도이츠)	디젤엔진용 인젝션 펌프	디젤엔진 부품	
1912		기계적 인젝션 system 개발	디젤엔진 부품	
1924	벤츠社	디젤엔진	차량용	트럭에 장착
1927	로보트보쉬社	디젤엔진용 연료 인젝션 펌프	디젤엔진 부품	MAN, 벤츠 보쉬 기술 이용하여 승요디젤 엔진 개발

1936	다임러-벤츠			디젤엔진승용차 개발
1970 년대				석유파동 및 유가상승으로 효율이 높은 디젤엔진 선호
1990 년대 이후				배출가스 규제 및 고유가로 유럽을 중심으로 디젤엔진 개발 가속화
1999	폭스바겐	고속직접분사식 디젤엔진(HSDI)	차량용	3l CAR(3l로 100km 주행)

2) 클린디젤이란

클린디젤이란 유럽의 배기가스기준치인 유로 5를 충족하는 디젤엔진을 클린디젤이라고 한다. 유럽의 승용차에 적용되는 단계별 배기가스 기준은 표 8.2와 같다.

표 8.2 단계별 배기가스 기준

Tier	Date	CO	HC	HC+NOx	PM
Euro1	**1992.07**	2.72(3.16)	-	0.97(1.13)	0.14(0.18)
Euro2, IDI	**1996.01**	1.0	-	0.7	0.08
Euro2, DI	**1996.01**	1.0	-	0.9	0.10
Euro3	**2000.01**	0.64	-	0.56	0.05
Euro4	**2005.01**	0.50	-	0.30	0.025
Euro5	**2009.09**	0.50	-	0.23	0.005
Euro6	**2014.09**	0.50	-	0.17	0.005

(단위 : g/km)

유로 5는 2006년 말 유럽의회에서 정하고 2009년 9월 1일부터 발효되었다. 유로 5의 배출가스 기준치는 유로 4 기준보다 80% 정도 매연물질의 양을 줄여야한다. 질소화합물(NOx)의 배출은 디젤엔진 일 경우 킬로미터당 180mg을 초과하지 못하도록 정하였다. 또한 매연(PM)을 킬로미터당 5mg 이하로 낮추어야 한다. 이러한 조건을 만족하기 위하여 적용된 기술들을 보면,

- 연료를 완전연소 유도
- 연료의 분사시가와 분사량이 공기의 온도 및 습도와 같은 조건들과 하중여부의 상태에 정교한 제어
- 2000bar 이상의 초고압 분사
- ms 단위의 분사시간을 조절과 같은 기술이 필요하다.

앞서 기술한 기술들을 적용하여 개발된 기술은 아래와 같다.

- 질소화합물을 분해하기 위하여 배기가스 시스템 내에서 요소를 분사하여 질소화합물을 분해할 수 있도록 하였고
- 기존의 DPF와 접목하여 SCR 시스템이 개발되어 매연 및 질소화합물의 방출을 규제할 수 있게 되었다.

8.2 클린디젤엔진의 기술

디젤 엔진의 성장은 분사 시스템인 커먼레일(Common Rail) 시스템 개발을 통해서 가능해 졌다. 소음 진동과 매연 등 부정적인 인식이 강했던 디젤엔진은 획기적인 수준으로 개선되어 왔으며, 우수한 열효율과 고토크와 고연비등을 장점으로 내세우면서 모든 부분에서 변화를 이끌고 있다.

그러나, 디젤 엔진이 현재보다 더 큰 경쟁력을 갖기 위해서는 fig 8.1과 같이 강화되는 배기 규제와 고유가 문제어 대응하면서도 디젤엔진의 장점을 잘 유지시켜야 할 것이다.

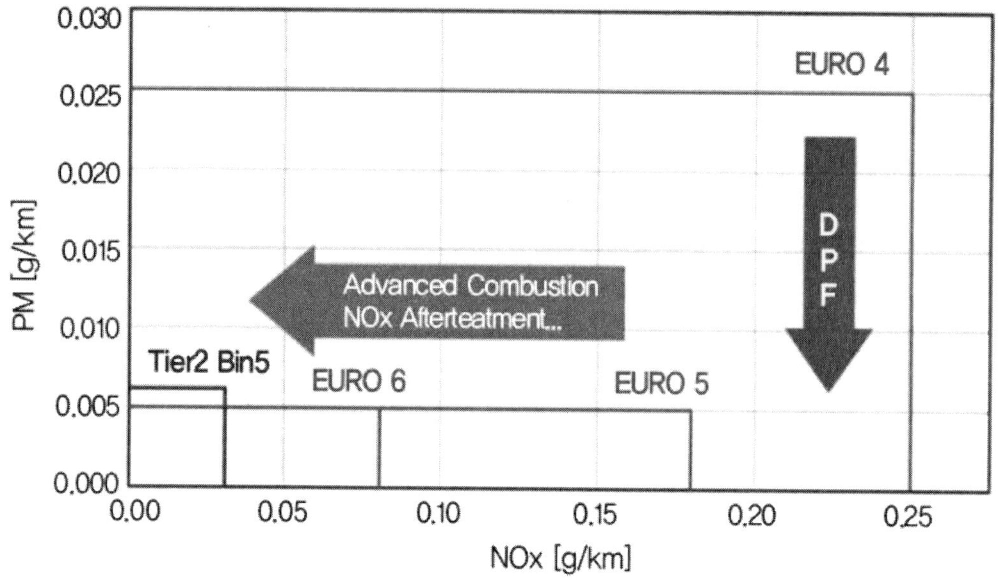

Fig 8.1 배기 규제 동향

배기가스 후처리 장치의 지속적인 발달은 경제적인 면에서는 약점이 될 수 있으나 배출물저감에는 긍정적인 효과를 가져 올 수 있기 때문에 앞으로 디젤 엔진에 대한 인식은 더욱 개선될 수 있을 것으로 기대된다. 또한 전 세계적인 CO2 규제에 대응하기 위해서도 효율이 좋은 디젤 엔진의 역할이 크다고 할 수 있다. 이러한 승용디젤엔진의 개발을 위해서 많은 신기술들이 개발되고 있으며, 이는 연소 시스템, 흡배기 시스템, 배기후처리 장치, 정밀 제어 기술 등의 관점에서 진행되고 있다.

1) 연소 시스템

연소 시스템 개선을 통해 연소실 내부의 연소현상에 의해 발생 하는 배출물을 근본적으로 저감 시킬 수 있다.

디젤 연소는 공기와 연료의 혼합 과정을 통하여 화학 반응을 통해 일어나는 현상으로, 온도와 압력, 공기와 연료의 성분비에 결정된다. 디젤 연소 시스템을 개선하고자 하는 노력은

- HCCI(Homogeneous Charge Compression Ignition)
- PCCI(Premixed Charge Compression Ignition)

등의 다양하게 연구되어 왔다. 이러한 연소 시스템들은 세부적인 방식은 차이가 있으나 저온 연소로서, 기본적으로 종래의 디젤 연소에서는 피할 수 없었던 NOx와 PM 발생의 Trade-off 관계를 극복하고자 하는 연소 개념이라는 것은 동일하다.

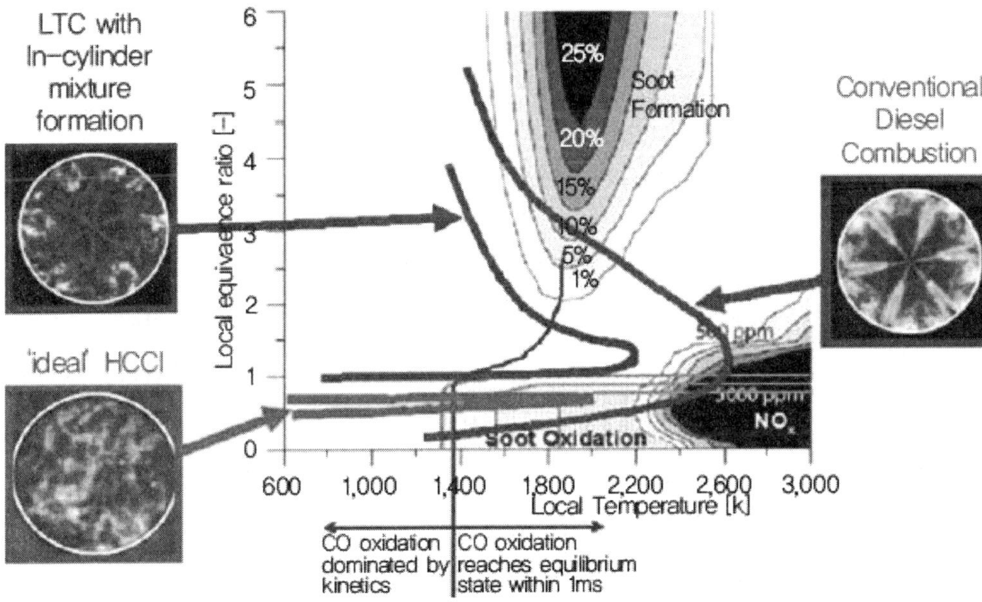

Fig 8.2 NOx와 Soot의 발생을 설명하는 ϕ-T 맵 및 연소 발생영역

저온연소 개념은 fig 8.2에서와 같이 NOx와 Soot의 발생을 온도와 공연비와의 관계를 토대로 표현한 ϕ-T 맵을 통하여 설명될 수 있다. 그림에서와 같이 기존의 디젤 연소는 NOx와 Soot이 발생하는 영역을 모두 지나가지만 HCCI와 같은 저온 연소는 이를 동시에 회피할 수 있는 영역에서의 연소를 추구한다.

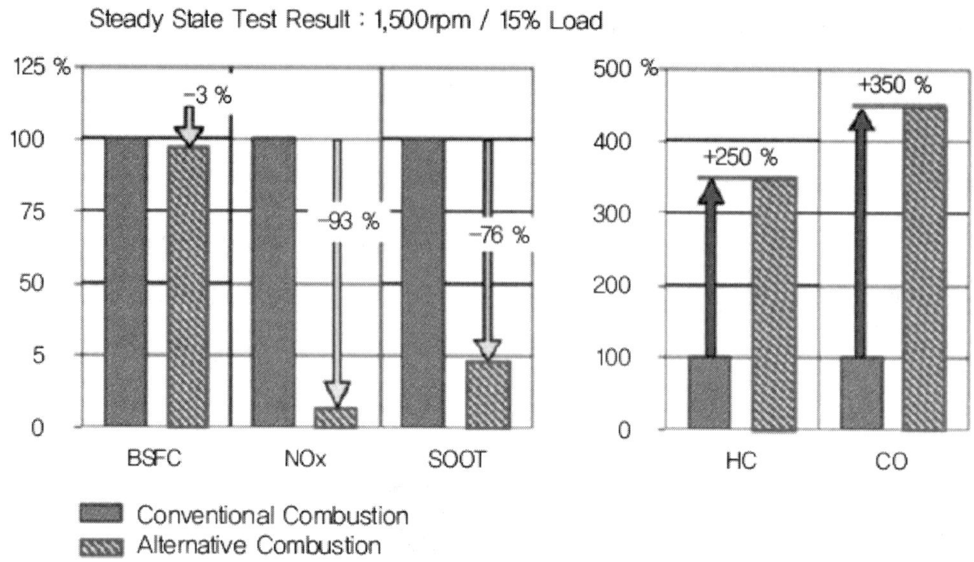

Fig 8.3 HCCI 연소 적용으로 인한 효과

fig 8.3 에서는 HCCI 연소를 적용한 경우에 NOx 와 Soot를 저감한 예를 보여주고 있는데, HC와 CO가 증가한다는 단점은 있으나 NOx 와 Soot의 저감에 효과가 있음을 알 수 있다. 그러나, 과도 운전 영역에서의 연소 제어가 어렵다는 난제가 남아있다.

커먼레일 인젝터는 정밀한 제어를 위하여 솔레노이드 타입에서 피에조 타입의 인젝터로 진화하였고, 분사 연료의 혼합기 형성에 영향을 주는 분사 압력의 경우에도 1,350bar → 1,600~1,800bar → 2,000bar 로 진화되고 있다. 이러한 초고압 분사는 연료의 미립화 성능을 더욱 향상시켜 엔진 출력 증가 및 소음 진동 저감 효과를 가져오고 배출물 발생 저감에도 도움이 된다.

기존의 엔진 연소 관련 인자들을 보다 최적화함으로써 연소 효율을 개선하고 배출물 발생을 추가적으로 저감하는 개발도 꾸준히 진행되고 있는데, 대표적인 예가 Bosch의 oCCS(optimized Conventional Combustion System)가 있다. 이는 별도의 추가 장치나 후처리 기술 없이 기존의 디젤 엔진에서 사용되고 있는 시스템의 하드웨어 개선을 기반으로 보다 효율적인 전략을 구사하고자 하는 것이다.

- 고압 분사가 가능하면서도 효율이 좋은 고압 연료 펌프

- 반응속도가 빠르면서 다공홀의 노즐을 가지는 인젝터
- 추가 과급압력 증대가 가능한 터보챠저
- 다량의 EGR 공급이 가능하면서 냉각 효율이 좋은 EGR 쿨링 시스템
- NOx 저감을 위한 저온 연소에 유리한 저압축비 연소실

등의 개발을 기반으로 한다. 이렇게 개선된 하드웨어를 기반으로 파일럿 분사를 포함한 분사 전략과 과급압 및 EGR 공급의 최적화를 통하여 추가적인 배출물 저감과 함께 연비 향상이 가능함을 보여주고 있다. 이러한 oCCS 전략도 궁극적으로는 HCCI와 같은 신연소 시스템과 추구하는 목적이 비슷하다고 볼 수도 있다.

2) 흡배기 시스템

(1) EGR(Exhaust Gas Recirculation)

EGR(Exhaust Gas Recirculation)은 NOx 저감을 위해 디젤엔진에서 사용되는 기술이다. 흡기 매니폴드로 흡입되는 공기의 일부를 배기가스로 대체하게 되면 산소 농도의 감소와 배기가스 성분의 큰 비열로 인해 연소 온도가 저감되고 결과적으로 온도에 민감하게 발생하는 NOx 생성을 저감할 수 있게 된다. EGR은 배기가스의 경로에 따라 HP(High Pressure)-EGR, LP(Low Pressure)-EGR 로 나뉜다. fig 8.4에서 HP(High Pressure)-EGR, LP(Low Pressure)-EGR 방식을 나타내었다.

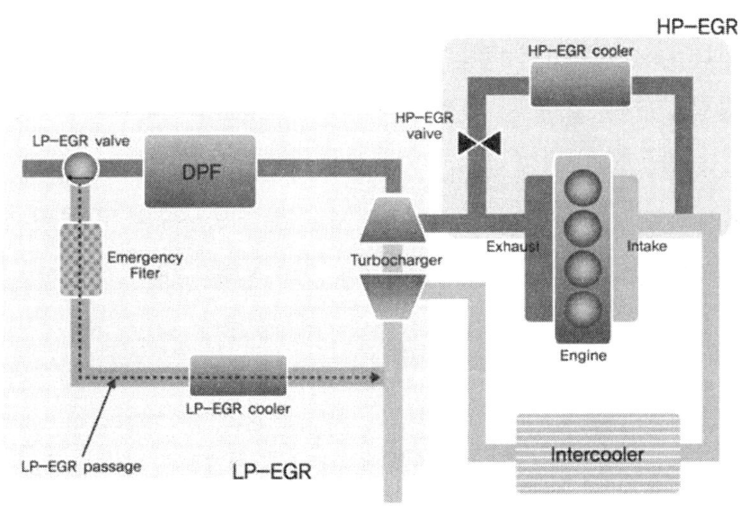

Fig 8.4 LP-EGR 시스템의 구성도

HP(High Pressure)-EGR, LP(Low Pressure)-EGR의 특징을 아래 표 8.3에 기술하였다.

표 8.3 HP(High Pressure)-EGR, LP(Low Pressure)-EGR의 특징

	HP(High Pressure)-EGR	LP(Low Pressure)-EGR
공급경로	- 터빈 전단의 배기가스를 흡기 매니폴드로 보내는 경로를 사용	터보챠저 후단에 DPF를 장착하고 이 DPF 후단의 정화된 배기가스를 컴프레서의 전단으로 공급
특징	- 저속 저부하 영역에서는 EGR 공급 유리 - 반응성도 좋음	- 길어진 EGR 공급 경로로 인해 EGR 분배성이 향상 - DPF 후단의 낮은 온도의 배기가스가 인터쿨러까지 지나가게 되면서 더욱 낮은 온도의 EGR 공급 → NOx 저감 효과 - 배기 가스의 흐름을 일단 터보챠저의 터빈을 회전시키는데 사용할 수 있음 → 연비 개선 효과 - 연소음의 증가 - CO와 HC의 소량 증가

(2)터보차져

기존의 WGT(Waste-Gated Turbocharger) 타입에 비하여 베인 개도를 운전 조건에 따라 변경함으로써 효율을 증대시킨 VGT(Variable Geometry Turbocharger)는 이미 널리 보급되었으며 전자식 제어 방식도 일반화 되어가는 추세이다. 최근에는 fig 8.5 에서와 같이 효율을 더욱 증대시키기 위해서 운전 영역에 따라 각각 달리 사용하는 구조의 2단 터보챠저가 개발되어 일부 적용되고 있다.

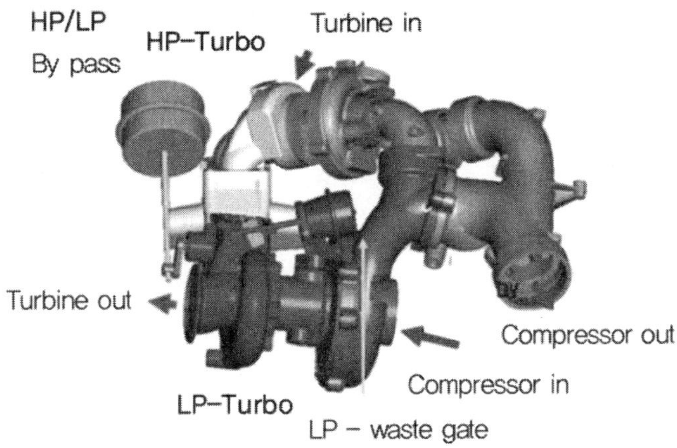

Fig 8.5 2단 터보챠저의 구조

단일 터보챠저로는 최대 출력과 실용 영역의 성능 사이에서 적절한 타협이 필요하기 때문에 분명한 한계가 존재하지만, 2단 터보챠저를 적용할 경우 동력 성능의 향상뿐만 아니라 실용 영역에서의 효율 증대로 부수적인 배기 저감 효과를 얻을 수 있게 된다. 이는 고속 영역과 저속 영역에서 각각 효율이 좋은 두 가지 터보챠저를 효율적으로 전환하여 사용할 수 있기 때문이다.

한편, 최근에는 전기 모터를 사용하여 구동되는 터보챠저를 사용함으로써 터보랙(Turbo Lag) 현상을 개선하기 위하 연구도 진행 중이다.

3) 배기후처리 장치

(1) SCR(Selective Catalytic Reduction)과 LNT(Lean NOx Trap)

배기후처리 장치를 사용한 배출물 저감 기술은 엔진 연소 과정을 통해 배출되는 배출물을 배기계에서별도의 장치를 추가하여 저감하는 것을 의미하는데, NOx를 저감하기 위한 대표적인 배기후처리 장치로는 SCR(Selective Catalytic Reduction)과 LNT(Lean NOx Trap) 기술이 있다. SCR(Selective Catalytic Reduction)과 LNT(Lean NOx Trap)의 특징을 아래 표 8.4에 나타내었다.

표 8.4 SCR(Selective Catalytic Reduction)과 LNT(Lean NOx Trap)의 특징

	SCR	LNT
특징	- Urea 와 같은 첨가물로부터 공급되는 암모니아를 이용하여 NOx를 정화 - 80~90% 대의 높은 정화율 - NOx 질소와 수증기로 변환 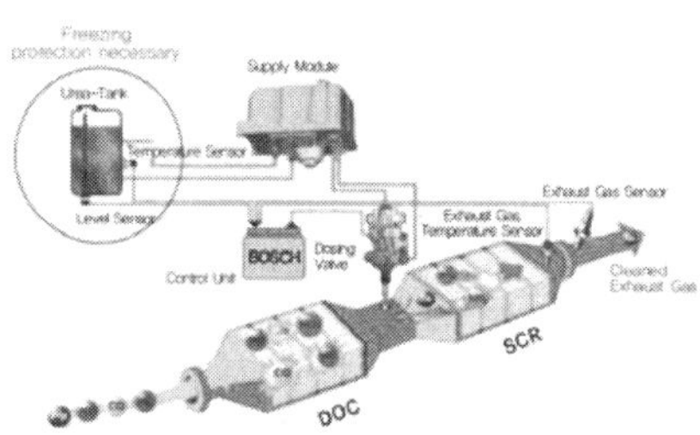	- lean 조건에서는 촉매에 NOx를 흡장 - 흡장된 NOx가 포화 상태가 되면 연료의 후분사를 통해 Rich한 상태로 만듬 →환원제를 공급, 흡장되어 있던 NOx와 환원 반응을 일으켜 NOx를 정화 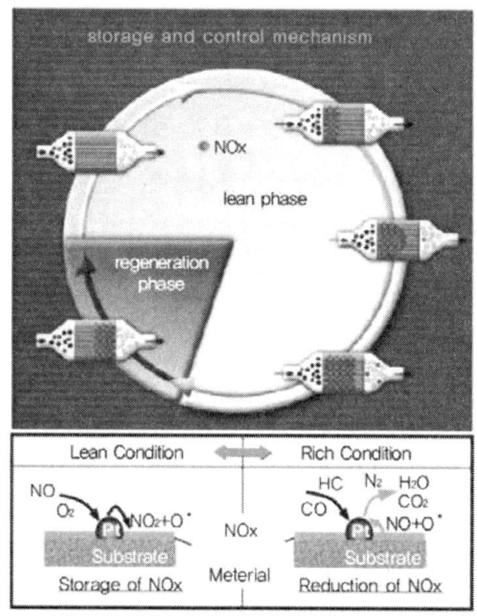

(2) DPF(Diesel Particulate Filter)

PM을 저감하기 위한 후처리 장치로는 DPF(Diesel Particulate Filter)가 있다. DPF는 퇴적된 Soot는 필터 전후단의 차압을 모니터링하면서 재생(Regeneration)이라는 과정을 통하여 제거해 줘야 한다.

재생을 위해 필터의 촉매가 반응하기 위한 충분한 온도 조건을 형성해야 하며, 일반적으로 600℃ 이상의 온도가 요구된다. 이때 연료의 후분사를 통하여 온도를

상승시킨다.

이 과정에서 추가적인 연료의 소모가 발생하며, 재생 과정에서의 연비 손실을 저감하기 위해서 보다 낮은 온도에서 재생이 가능하게 하는 방안이 연구되고 있다.

4) 정밀제어기술

디젤엔진에 적용되고 있는 정밀 제어 기술로는 연소압 기반제어가 있다. 연소압 기반 제어란 엔진의 과도 운전 구간에서 연소실 내의 연소 압력을 실시간으로 측정하고 이를 사용해서 목표로 하는 제어 인자를 계산한 다음, 최종적으로 제어 인자를 원하는 목표 수준으로 제어하기 위하여 기존 운전 변수들을 변경하는 것을 말한다. 연소실 내의 압력 측정은 연소압 센서를 사용하는데 fig 8.6에 나타낸 것과 같이 글로우 플러그 일체형으로 개발이 되고 있으며, 연소 압력 측정 후 특정 제어 인자 연산을 위한 별도의 장치가 추가된다.

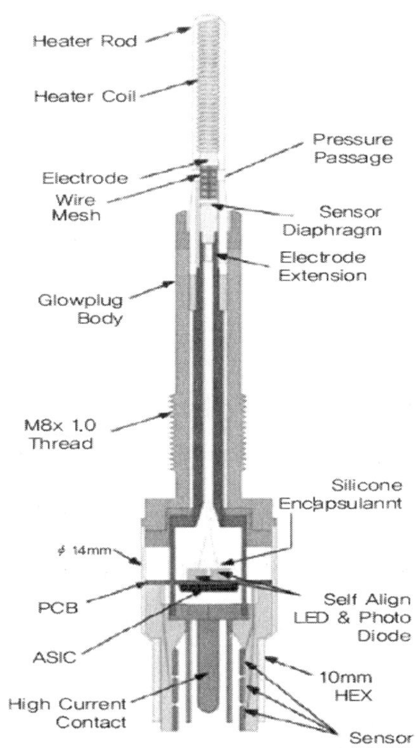

Fig 8.6 연소압 센서 일체형 글로우플러그의 구조

최근 승용디젤엔진은 복잡한 전자 제어 시스템이 적용되고 있으며, 이에 따른 제어 알고리즘 개발의 중요성이 확대되고 있다. 따라서 이러한 전자 제어 장치들의 효과적인 제어를 위하여 기존의 단순한 Open-loop 또는 PID 제어 방식보다 정밀한 제어 성능을 달성하기 위한 방법이 요구되고 있다.

현재 모델기반 제어와 같은 개념이 적극적으로 도입되고 있다. 모델기반 제어는 제어하고자 하는 제어 대상 시스템의 물리적인 특성을 실시간으로 예측하여 제어하는 기법을 의미한다. 즉 기존은 단순히 센서값을 통하여 들어오는 정보에 의존하는 수동적인 제어방식이었다면, 모델기반 제어는 예측된 물리적 특성값을 제어하고자 하기 때문에 과도운전과 같은 조건에서 보다 빠른 정밀 제어가 가능하고 운전자의 운전습관을 데이터로 저장하여 운전자의 다음 행동을 미리 예측하여 제어가 가능하다. 현재 승용디젤엔진의 EGR 시스템을 포함하는 공기량 제어에 있어서는 일부 적용이 되고 있으나, 향후 엔진 전체 시스템에 대한 모델기반 제어 개발이 진행되고 있다.

8.3 디젤엔진의 연비개선 기술

차량 연비에 대한 인식은 몇 년 전 까지만 해도, 화석에너지자원의 고갈과 그에 따른 가격상승 등 경제적인 문제에 국한되었다. 그러나 최근 차량의 효율성 문제는 환경오염에 인한 인류의 생존 자체에 대한 문제라는 방향으로 큰 인식 전환에 이르게 되었다. 그러한 변화에 따라, 자원 안보 및 자국의 산업 보호 측면에서 검토되던 세계각국의 연비규제 및 환경규제 또한, 최근에는 지구온난화 및 환경오염에 대한 사전 대비 차원으로 변화를 겪고 있다.

미국의 경우 연비 및 환경 규제가 완화되는 듯 했으나 오바마의 취임 이후 더욱 강화된 연비 규제안을 추진하고 있으며, 우리나라에서도 '녹색성장기본법'에 근거하여 미국과 유럽 등 선진국 수준의 강화된 연비 규제 제정이 검토되고 있다(시장특성을 감안할 때 세계에서 가장 강력한 연비 규제 도입이 예상된다). 따라서, 연비 향상은 자동차 제조사들에게는 제품의 상품성 개선이 아닌 자사의 향후 경쟁성에 대한 매우 절박한 문제가 되고 있다.

1) 승용디젤 엔진의 연비기술

승용디젤의 연비 우수성은 높은 열역학적 효율이 가장 크게 기여하고 있다. 대표적인 디젤엔진에 관련된 기술은,

- 커먼레일 시스템의 도입 → 최적화된 연소시스템의 구현 가능
- 1,800~2,000bar 이상의 고압,
- 8개 이상의 분사공을 갖는 분사 시스템 도입 → PM 등 배기가스 저감, 연소효율 향상
- 고효율 EGR 쿨러, Low Pressure(LP) EGR → NOx 저감, 연비 개선을 위한 분사 시기 최적화

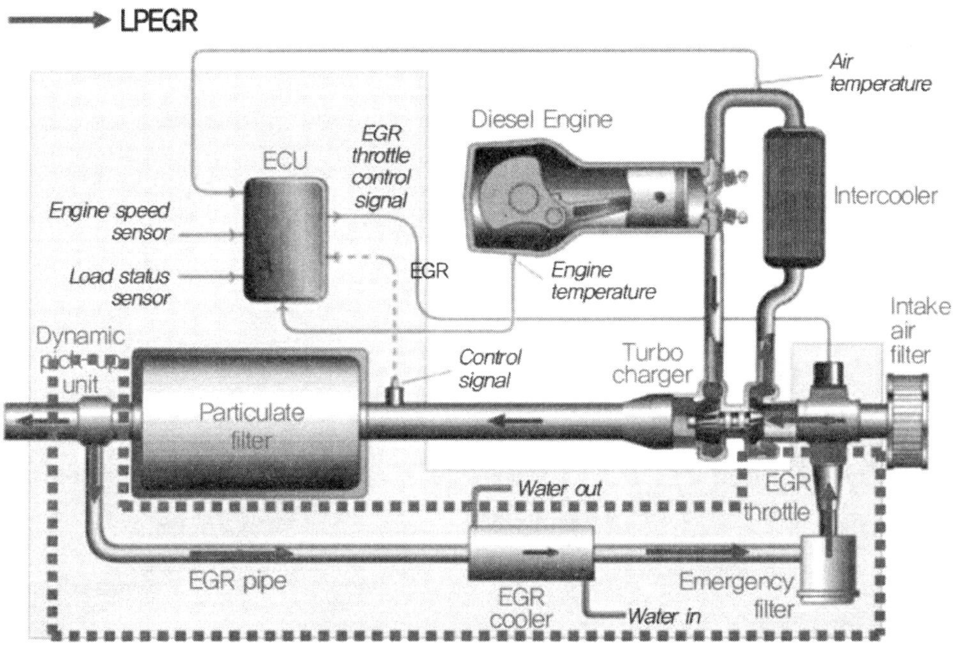

Fig 8.7 LP-EGR 시스템 구성도

또한 연비 및 환경 문제 뿐만 아니라 디젤엔진의 우수한 동적 특성을 위해

- VGT,
- VGC(Variable Geometry Compressor)
- 2-Stage Turbo 시스템

기술이 개발되어 차량의 기어비 운용을 보다 유연하게 함으로써 파워트레인 시스템 전체의 효율 개선을 가능하게 했다.

또한,

- 디젤엔진용 저마찰 엔진오일의 개발
- 터보차저 베어링 개선(볼베어링 적용 등)
- 이황화몰리브덴(MoS2) 등 각종 코팅기술
- 체적 가변형 오일펌프(Variable Oil Pump)
- BSM(Balance Shaft Module)의 최적설계

와 같은 각종 마찰계 개선 기술도 최근에는 아주 활발히 개발·적용되고 있다.

OAD(Over-running Alternator Decoupler)시스템은,

발전기의 진동 감쇠를 통한 벨트장력 저감을 유도하여 벨트 동력 손실을 감소시킨다.

쿨링시스템의 열손실 및 마찰손실을 최적화와 워터펌프 구동력 손실 저감을 위한 전자식 워터펌프나 클러치 워터펌프 또한 이미 양산에 적용되고 있다.

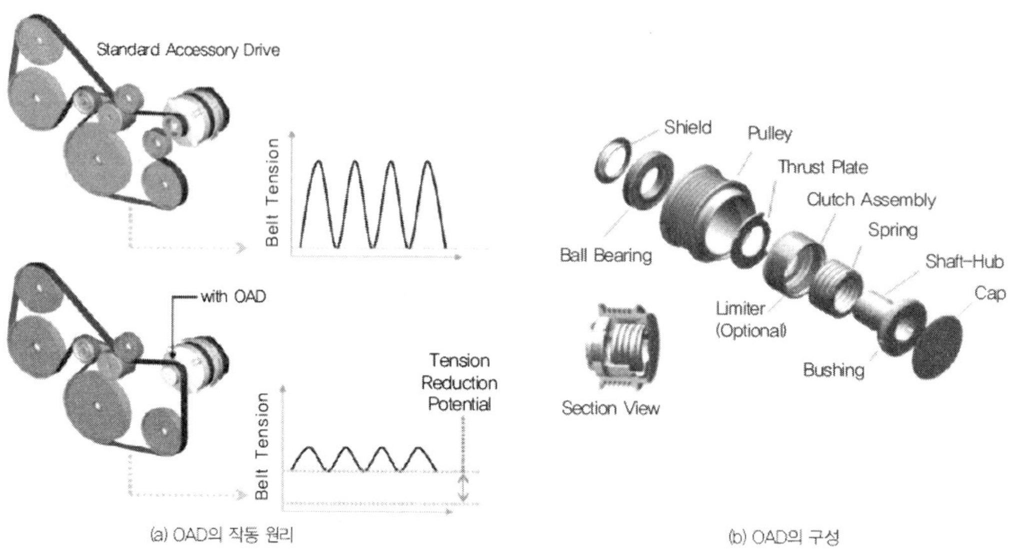

Fig 8.8 OAD 구성도 및 작동 원리

연비를 중시하는 시장의 경향은 승용디젤 개발의 새로운 트렌드를 이끌어내었

다. 기존의 고배기량에 대한 선호가 연비/친환경 위주로 바뀌게 되면서 엔진의 다운사이징을 통한 연비개선 또한 충분한 시장경쟁력을 갖게 된 것이다. 이미 엔진의 다운사이징은 시장에서 제품의 경쟁력에 중요한 역할을 하고 있다.

예) 기아 카니발 (2900cc → 2200cc)

기아 쏘렌토 (2500cc → 2200cc)

현대 그랜져 (3300cc → 3000cc)

BMW (3000cc → 2000cc)

폭스바겐 (2000cc → 1400cc)

디젤의 경우 다운사이징을 통한 주 운전영역 변화(저부하→고부하)를 통한 고효율 운전의 이점이 NOx 증가로 인해 모두 살려내기가 쉽지는 않다. 따라서 승용 디젤차량의 다운사이징 시에는 중량저감, 주행저항(공기저항 및 구름저항)개선 등 부하저감 기술 및 경량화 기술과 인터쿨러 및 EGR쿨러 효율개선등의 조합으로 최고의 효율을 이끌어 내고 있다.

2) 승용 디젤차량의 연비 기술

승용디젤엔진 탑재 차량의 연비 개선을 위해서는 차량 부문의 각종 연비개선기술이 필수적으로 적용되어야만 기관 효율의 우수성을 최종적으로 구현할 수 있다.

연료로 공급된 화학적 에너지는 파워트레인시스템으로부터 기계적인 일로 변환되며, 차량의 중량(운동에너지로의 변환 후 감속 중 브레이킹 손실), 공기저항, 구름저항 및 각종 전달계 효율(마찰 손실 등)에 의해 소모된다. 즉, 차량 부문의 연비 개선 기술은 각종 손실의 제거에 주로 초점을 둔다.

(1) MDPS(MotorDriven Power-Steering)

엔진 부가장치의 소모 에너지를 저감하기 위해 가장 널리 적용되고 있는 기술은 MDPS(MotorDriven Power-Steering) 시스템이다.

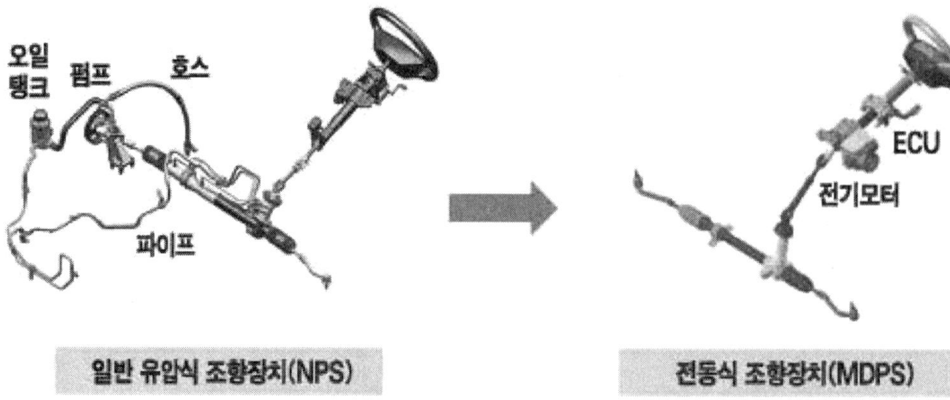

Fig 8.9 MDPS 시스템과 유압시스템 비교

기존 유압식 파워스티어링시스템은 조타하지 않는 상태(Nonsteering)에서도 기본 유압을 유지하기 위해 불필요하게 엔진 동력을 소모하는 손실이 매우 큰 시스템 중 하나였다. 그러나, MDPS는 조타시에만 동력(전력)을 소비하며, fig 8.9에서 알 수 있듯이 일반 유압식 조향장치의 다수의 구성품(오일탱크, 펌프, 파이프, 호스 등)들이 MDPS로 발전되면서 전기모터와 ECU로 줄어 든 것을 알 수 있다. 이러한 시스템의 간략화는 경량화로 이어지고 차량의 연료효율성 증가에 직접적인 영향을 준다.

(2) ISG(Idle Stop & Go)시스템

아이들 중 연료 손실을 제거하기 위해 아이들 시 엔진을 정지하는 기술이다. 디젤 차량의 경우 ISG 시스템은 디젤 특유의 진동특성 때문에 더욱 정교하게 개발되고 부가적인 컨트롤로직이 적용되고 있다.

(3) 능동공력제어 시스템

공기저항 감소를 위한 능동공력제어 시스템은 BMW에서 엑티브 에어프랩(고속주행 시 차량 전면 공기흡입구를 막아 공기저항을 최소화하는 기능을 함)을 승용차에 적용하기 시작했고 제조사에 따라 다양한 방식으로 기술이 개발되고 있다.

(4) 타이어기술

주행저항 중 타이어의 구름저항은 실리카컴파운드 도입 이후 많은 개선이 있어왔으나, 최근에는 타이어 구조 최적화 및 신컴파운드의 추가 적용을 통해 더욱 낮은 구름저항 구현이 가능해져 연비 개선에 크게 기여하고 있다. 또한 냉간시 타이어의 웜업(Warm-up) 특성을 개선하여 짧은 시간에 주행에 최적의 타이어 온도를 구현하여 연비를 개선하기 위한 연구도 시도 되고 있다.

(5) 전장시스템

전장시스템의 소모전력을 줄이기 위한 시스템도 적용되고 있다.

- 에너지회수 시스템 : 차량 가속 시 발전량을 축소하고, 감속(브레이킹) 시 발전량을 증가시켜 감속 중 에너지 손실을 일부 회수(fig 8.10)
- 발전기 제어 : 베터리의 충전이 완료되면 발전기의 동작을 정지시켜 엔진동력 손실 저감
- 에어컨컴프레서의 차량 가/감속 연동제어

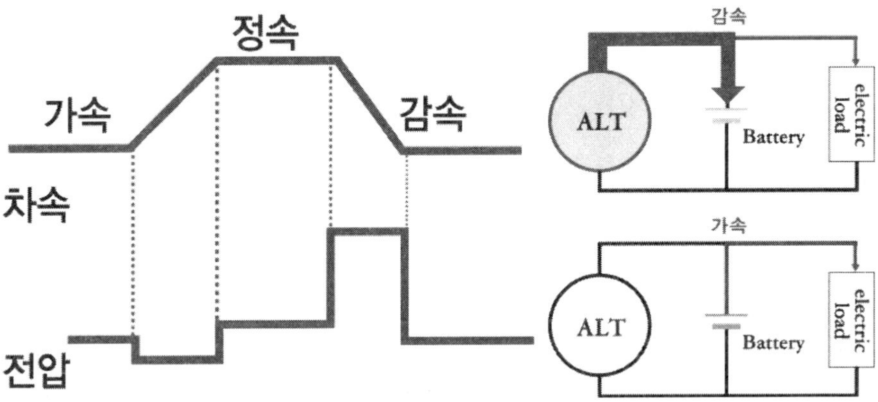

Fig 8.10 가감속 연동 발전제어 시스템

(6) 디젤하이브리드

기존 가솔린 하이브리드에서와는 다른 다양한 기술조합(LTC, HCCI 등 디젤 신연소기술과의 조합등) 및 원가절감방안(플러그인 시스템 도입, Super Capacitor 채용, Mild-HEV 등)에 대해 많은 연구가 추진되고 있으며, 도요타, VW, Audi 등에서 2011~2012년에 발매를 검토하고 있다.

Fig 8.11 Citroen C4 디젤 HEV 및 VOLVO의 디젤 Plug-In HEV

(7) 고효율 운전 유도 시스템

승용디젤의 연비 향상을 위한 기술적 접근중 운전자를 연비형 운전으로 유도·학습시키는 방식도 시도되고 있다. 경제운전알림시스템'이라는 명칭으로 탑재되고 있는 이 시스템은 운전자가 고효율 영역에서 운전할 수 있도록 하는 보조적인 기능을 하여 연비를 향상시킬 수 있도록 유도한다.

운전자가 원할 경우 차량의 각종 제어 방식 자체를 연비형으로 변경할 수 있는 시스템도 적용되고 있다.

■ 참고문헌

1. http://www.cleandiesel.co.kr
2. 최회명, 민경덕, "승용디젤엔진의 연비개선을 위한 다운사이징", Auto Journal, 2008
3. 김용래, 조성환, "수퍼클린 승용디젤엔진의 기술개발 동향", Auto Journal, 2009
4. 김광연, "클린 승용디젤 차량의 연비향상 기술동향", Auto Journal, 2009
5. 민경덕, 최회명, "수퍼클린 승용디젤엔진의 배기가스 저감 기술 동향", 2009

제9장 ••• 차량 네비게이션 시스템

9.1 차량 네비게이션 시스템

1) 차량 네이베이션 시스템의 개요

차량 네비게이션 시스템의 진화는 표.1과 같다. 1981년 세계최초의 차량 네비게이션 '일렉트로자이로게이터'를 혼다가 발표했다. 가스레이더자이로에 의한 정확한 현재위치 추정을 CRT(브라운관)화면에 궤적으로 밝히고, 화면에 장착된 필름 인쇄지도 위에 나타내는 시스템이었다.(Fig. 1) '지도'와 '현재위치'를 조합한 것이 차량 네비게이션 발상의 시초였다.

표 9.1 차량 네비게이션의 진화

년도	개발 업체	비고	
1981 1987 1988 1990	혼다 일렉트로자이로 게이터 토요다 일렉트로 멀티비젼 닛산 멀티 AV시스템 마츠다 유노 스코스모	세계 최초 차량 네비게이션 CD 디지털 맵 맵 매칭, 자이로 GPS	초기시대
1991	걸프전쟁 GPS의 이용확대		

1992 **1993**	토요다 보이스 네비게이션 시스템 소니 파이오니아 210만원 네비게이션 파나소닉	경로 안내 및 시판용 네비게이션	보급화
1996	미국 클린턴 대통령 GPS 무상 제공 선언		
1996 **1999**	VICS 서비스 개시 토요다 일렉트로 멀티 비젼	교통체증 정보 고성능·3D리얼	

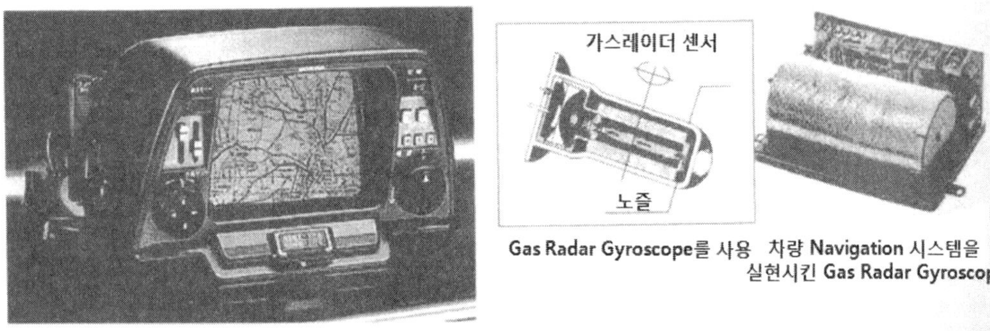

Fig 9.1 혼다「일렉트로 자이로 게이터」(1981년)

1987년 토요다 자동차는 '일렉트로 멀티비젼'을 발표했다. 디지털 지도를 CD-ROM에 기록하고, 지자기센서와 차속센서에 의한 현재 위치를 추정해서 CRT 화면에 그 디지털 지도 데이터와 현재 위치를 표시하는 시스템이었다.(Fig. 2) 오디오와 텔레비전, 차량 에어컨의 상태를 표시하고, 또 터치패널에 의해 조작된다. 이 스타일은 이후 차량 네비게이션의 기본적인 디자인이 되고, 일본형 차량 네비게이션의 창시자로 되었다.

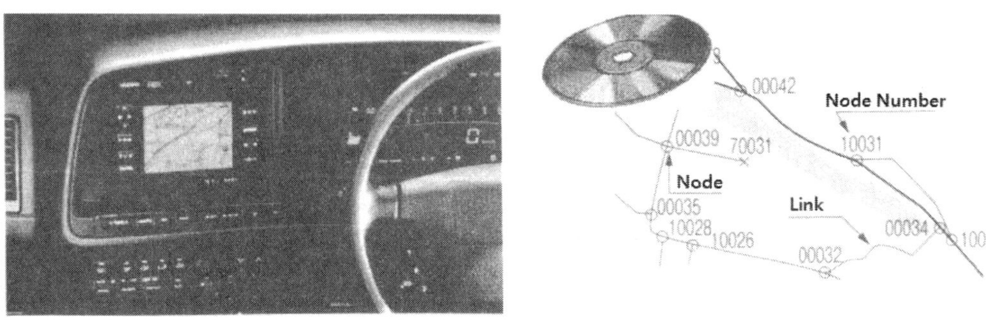

Fig 9.2 토요다「일렉트로 멀티비젼」(1987년)

2) 차량 네이베이션 시스템의 기반기술

(1) 디지털 지도

디지털 지도는 국토지지원 발행 1/25,000의 지형도 등을 기본으로 하여, 차량 네비게이션에 필요한 데이터를 현지조사, 혹은 항공사진에 의한 측량에 의해 보완, 조정, 가필하여 기본지도(디지털화하는 지도원고)를 작성한다. (Fig.3) 기본지도의 스케일에 의해 디지털 지도 데이터의 정도는 결정된다. 일본의 경우 1/25,000의 지형도, 4,500 매 정도로 전국이 커버되고 시가지(도시부)는 1/25,000의 지도에 커버되고 있다.

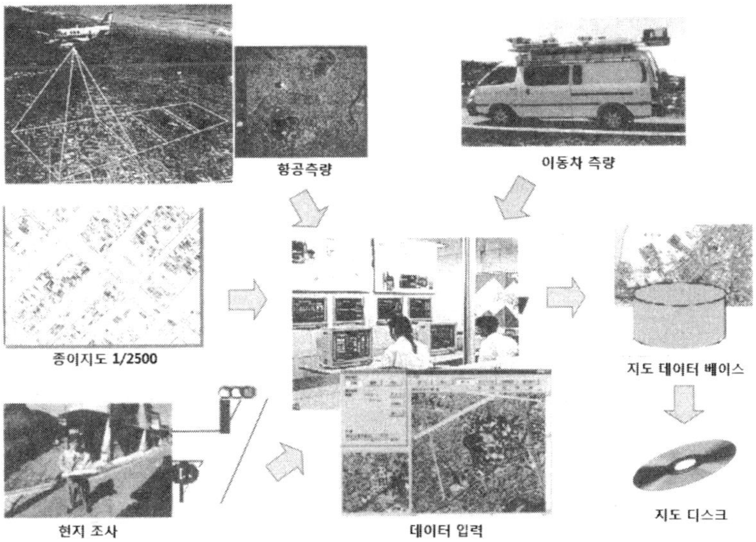

Fig 9.3 디지털 지도의 개발

디지털 지도와 종래의 종이 지도가 크게 다른점은 도로 네트워크 구조를 기술하는 것이다. 교차점을 노드, 그것을 연결하는 도로 조각을 링크로 정의해서, 접속관계를 표현한다. 기술한 도로 네트워크 구조에 의해 경로를 산출할 수 있다. 이것이 일방통행과 좌, 우에 대한 규제 등의 교통 통제 데이터, 도로폭, 레인수, 신호의 유무등 상세 정보를 더해서 도로 네트워크 구조를 완성시킨다. 더욱이 부수정보로서, 그 도로를 자동차가 지나갈 때 걸리는 시간을 코스트 데이터로서 놔둔다. 이들의 모든 데이터는, 현지 조사를 하지 않으면, 경로 안내 서비스로서의 기능을 조정할 수 없으므로 차량 네비게이션의 데이터의 현지 조사는 중요하다. 이 디지털 지도 데이터를 차량 네비게이션의 지도 기록 디바이스인 CD-ROM과 DVD-ROM, HDD, SD카드에 포맷을 하여 차량 네비게이션용 지도 디바이스를 완성시킨다.

(2) 현재 위치 추정기술(추측항법, 맵 매칭, GPS)

현재위치 추정의 기술은 추측항법, 맵 매칭 기술, GPS 기술과 진화하여 왔다. 추측 항법은 Fig. 4에 나타낸 것처럼 요레이트 센서에 의한 방위와 차속센서에 의한 거리를 적산하여 위치를 추정한다. 요레이트 센서는 자동차가 돌았을 때, 그 각속도에 따라 발생하는 코이오리힘을 검출하여 출력한다. 추측항법에서는 방위와 거리를 적산하여 현재 위치를 추정하므로 달리면 달릴수록 방위의 어긋남, 거리의 어긋남이 적산된다.

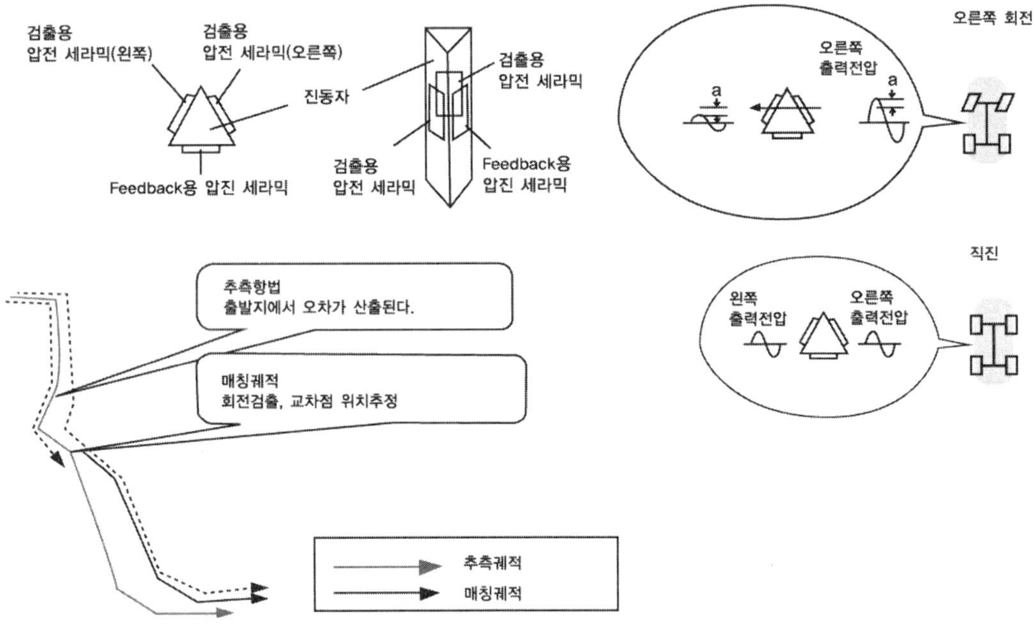

Fig 9.4 Yaw Rate 센서와 추측항법

맵매칭은 Fig.5처럼 직진하는 도로를 따라 달리고 있고, 크게 돌았을 때 등, 추정항법의 궤적변화 패턴과 도로형상 패턴을 비교하여, 유사한 도로의 형상을 탐색하여 맞추어 가는 기술이다. 도로 데이터가 정확하므로 도로 데이터상을 달리는 한 현재 위치의 어긋나는 것은 없다. 현실에는 도로 외를 달리고 혹은 도로데이터가 낡은 경우가 있어 위치의 어긋남이 일어난다.

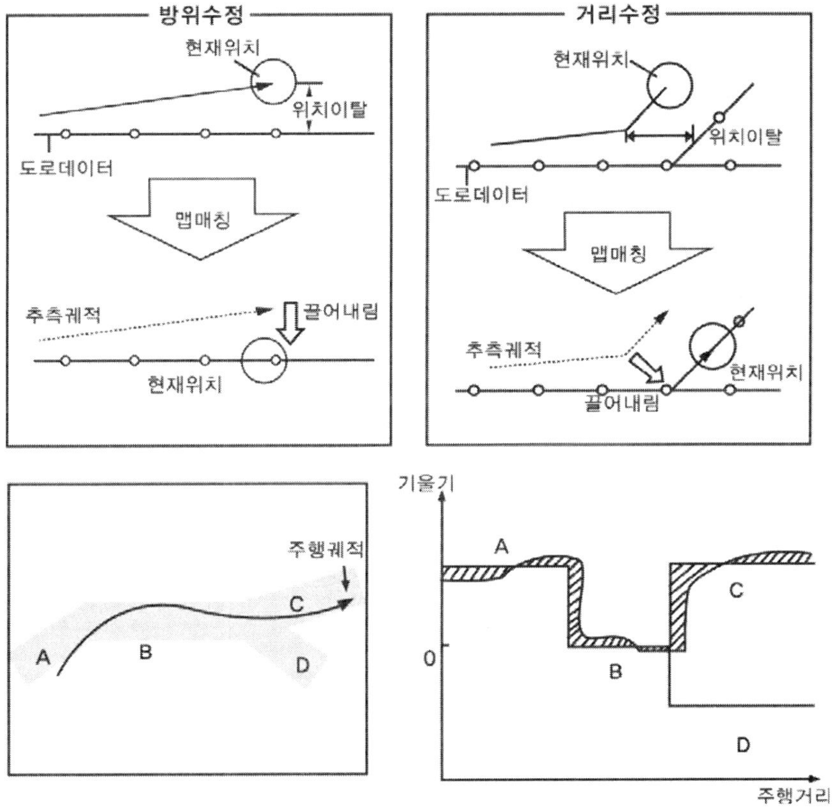

Fig 9.5 맵 매칭

GPS는 지구상을 저궤도로 회전하고 있는 24기의 위성시스템의 것이다. 위성에서 전파를 포획하고, 그 위성의 발신하는 정확한 시각 데이터를 사용해서 절대위치를 계산하는 방법이다. Fig. 6에서 나타내는 것처럼 4개의 위성을 포획하면, 4개의 시각 데이터에서 4개의 방정식이 유도되고, 4개의 미지수(x, y, z, t)를 구할 수 있다. 지구를 타원체라 보고 지표에 어느 위도, 경도, 고도의 절대 위치가 측정되는 것이 특징이다. 고층빌딩의 사이, 터널 중, 고가도로 밑, 산의 경사면 등 위성이 포획할 수 없는 주행환경에서는 위치를 특정할 수 없다.

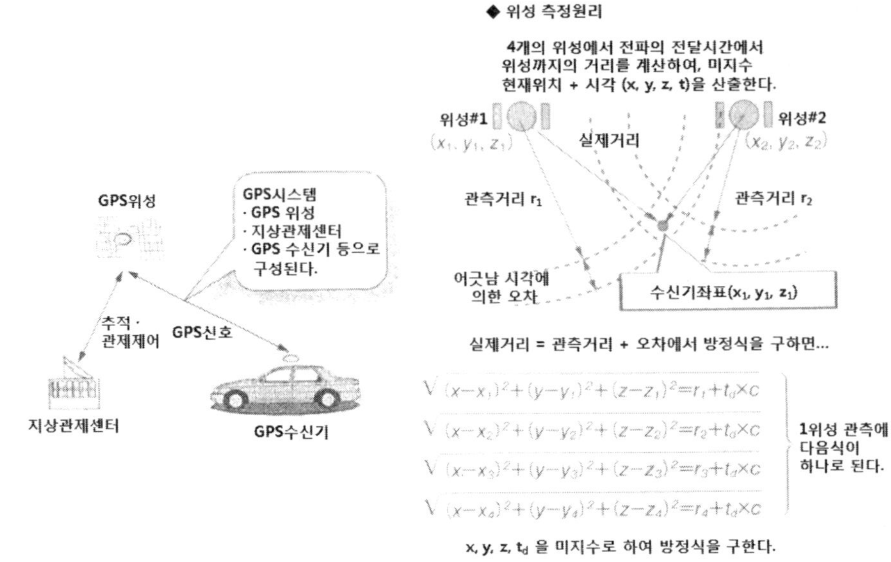

Fig 9.6 GPS에 의한 현재위치(절대위치)

역사적으로, 1989년 닛산 자동차가 맵매칭 기술을 채용한 멀트 AV시스템을 발표했다. 디지털 지도의 도로 형상 데이터와 추정 항법의 궤적 데이터를 비교하여 누적된 거리오차와 방위오차를 보정하여, 도로상에 현재 위치를 표시하는 맵 매칭 기술이었다.

이것에 의해, 그때까지의 추측 항법만에 의한 현재위치 표시에서는 수 km 달리면 위치 오차가 크게 되고, 수동으로 보정하지 않으면 사용할 수 없었던 차량 네비게이션의 결점이 해소되어, 수십km를 주행해도 현재 위치가 어긋남 없도록 되었다.

그 후, 1990년에 마츠다가 GPS(Global Positioning System)을 채용한 네비게이션을 발표했다. 도로데이터의 불비와 맵매칭의 어긋남이 일어나도 GPS에서 구한 위치에 현재 위치를 되돌려 놓도록 되고, 이후 GPS에 의한 절대위치 추정이 사용되도록 되었다.

GPS를 이용한 항법에는, 4개의 위성을 보족하면, 그때그때 어떤 확률의 원(구)의 안에 현재 위치가 있다고 이산적으로 추정된다. 한편 추측항법과 맵매칭에 의해 추정되는 현재 위치는, 도로데이터에 따라 연속적으로 추정된다. GPS의 추정위치와 비교하여, 추측항법, 맵매칭의 추측위치가 GPS에 의한 확률권외에 있을 경우, GPS의 추측위치을 맞다고 판단한다. 추측항법, 맵매칭, 그리고 GPS의 3개를 조합한 하이브리드항법으로 불리는 현재위치 추정이 현재는 주류가 되고 있다.

GPS는, 미국방성이 구축한 것이다. 1991년, 걸프전쟁이 발발하여 지상부대의 전대의 위치파악이 급무가 되었다. 휴대형 GPS수신기를 지참하고, 그것에 통지하는 위치를 가지고 행동하는 것이 목적으로, 1996년, 미국정부는 거기까지(이것으로 끝) 군사용과 구별하여, 일반형으로 암호화하여 GPS 위치신호의 정도를 의도적으로 낮춘 SA(Selectable Availability)을 해제한다고 발표했다.

이 후, 4개의 위성이 보족되어 있으면 GPS를 10m정도의 정밀도를 얻어질수 있도록 되었다.

(3) 경로안내

토요다는, 1991년 '소아라', '크라운'으로 경로안내, 1992년에 '세루시오'로 음성 루트를 안내하는 차량 네비게이션을 발표했다. 이것에 의해 그 때까지의 차량 네비게이션의 '현재위를 표시해서 알려주는'라 하는 기능에서, '모르는 지점으로 안내하는'라고 하는 자동차의 운전에 없어서는 안 될 경로 유도기능이 탄생했다. 이 일본형 지도 네비게이션에 의한 '음성 경로 안내 차량 네비게이션'은 이후 세계의 시장에 넓게 받아지도록 되었다.

음성경로안내 차량 네비게이션의 표시방법에 관해서는, 일본과 유럽 간에 논쟁, 경쟁이 일어났다. 유럽의 자동차 메이커는 Fig. 7에 표시한 것처럼 TBT(Turm By Turm : 화살표 안내표시)형의 차량 네비게이션이야 말로 있어야 할 것으로 주장하였고 일본은 지도표시형 차량네비게이션을 주장하였다.

유럽에서는 '독일의 고속도로, 아우토반을 쾌주하는 자동차의 루트안내가 필수이고, 주행속도에 따라 지도가 스크롤 표시하는 등을 갖는 외에, 운전자에 부담을 생각하면, 모노크롬(Monochrome : 흑백의 두 가지색)의 화살표시와 음성에 의한 안내를 보급해야한다는 생각이었다.

음성경로 안내 네비게이션은 '지도'와 '화살표' 어느 쪽인가 주류인가 논쟁은 1996년 일본에서 시작된 VLCS(Vehicle Information and Communication System)의 교통정보, 정체표시의 보급과 액정표시기기의 저코스트화에 의해 '지도'에 군배가 승리하게 되었다. 어디가 정체되어 있는가, 그것을 한눈에 보고 이해하는 것은 지도에 정체도로가 빨갛게 표시하는 것이 적합하기 때문이다.

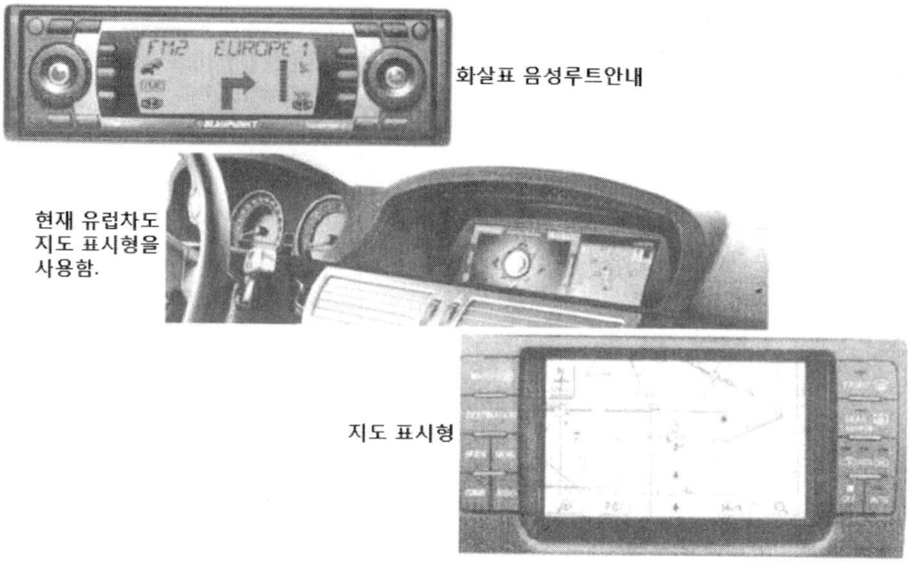

Fig 9.7 일본과 유럽의 네비게이션 경쟁

(4) 경로계산

경로계산은, 목적지와 현재위치를 연결하는 모든 도로의 네트워크의 조합, 교차점 노드와 그것을 결합하는 도로링크의 조합을 조사, 그 조합의 코스트, 경로길이, 규제속도, 도로폭 등을 남김없이 자세하게 계산하여 처리해야 한다.

Fig. 8에 다이쿠스트라법으로 불리는 대표적인 경로 계산법을 나타낸다. 아우쿠스트라법은 정적코스트네트워크에서는 최적해가 구해진다고 증명되어 있는 알고리즘이다. 출발지 S와 목적지 G가 8개의 도로링크, 6개의 교차점 경로에서 연결되어 있다. 도로링크에 덧붙여 적혀진 숫자는 통과에 필요한 노력값(길이)이다.

S에서 출발하여 링크를 통과하여 G를 목표로 한다. Fig. 9(a)에서는 위의 노드에 도달하는데 2개의 링크를 통과 할 수밖에 없다. 上노드(위노드)에는 2개의 코스트를 첨부한다.

Fig. 9(b) 밑노드에서는 2개의 코스트를 경유하면 2+2=4, 한편 5의 링크로 오면 5로 된다. 5와 4를 비교하면 4가 싸다. 그것으로 이 노드는 4의 코스트를 옆에 적어둔다. 이와 같이 전부의 노드에 제일 싼 경로에 도달한 코스트를 옆에 적어둔다.

Fig. 9(c)에서는 G의 노드에 도달하는데 윗 노드에서 오면 7+1=8. 밑 노드에서 오면 6+3=9로 된다. 8이 싸기 때문에 8의 코스트로 옆에 적어둔다. G의 코스트가 옆에 적혀진 순간, 가장 싼 경로로 결정되는 것이다.

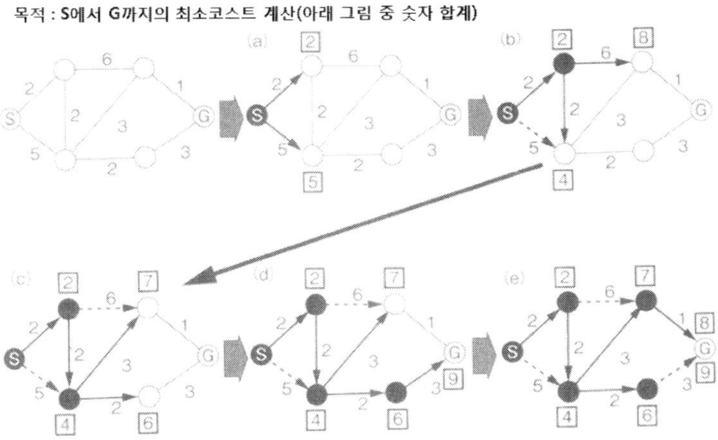

Fig 9.8 루트 계산(다이케스트라법)

경로 계산시간에 덧붙여, 경로의 질도 중요하다. 일례로 세계 각국의 특유 교통 경로에 맞춘 경로 산출이 있다. Fig. 9에 그 예를 나타낸다. 북미에는 미시간턴과 죠크핸들로 불리는 좌회전 법칙이 있다. 부드럽게 합류해서 주도로의 흐름을 막지 않도록 생각한 교통법칙이다. 트래픽 서클, 런너 바운드로 불리는 교차점은 신호가 없는 교차점에서 속도를 낮추어서 부드럽게 진로변경하는 교통법칙이다. 한편, 중국에서는 사람, 자전거, 오토바이, 자동차, 버스가 혼재되어, 상호 눈으로 보고, 빠른 속도, 주행속도를 미묘하게 조정하여 교차한다. 이와 같은 지역에 맞게 습관을 가미한 경로와 그 안내가 필수이다.

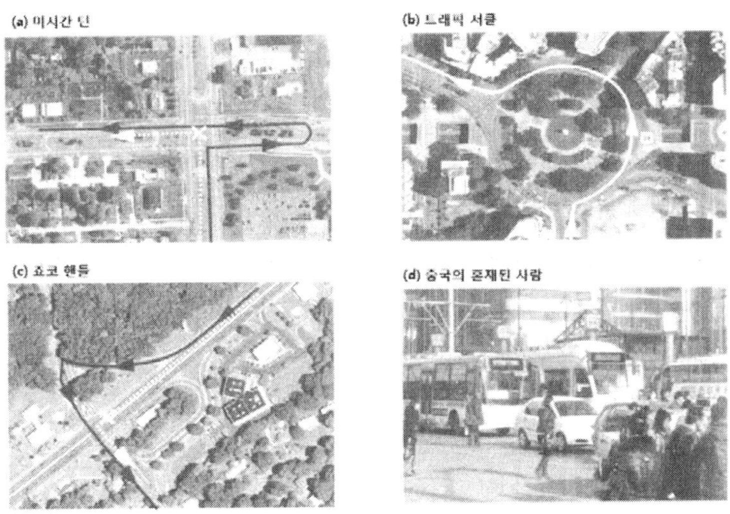

Fig 9.9 세계 각 지역 특유의 교통법규

3) 차량 네이베이션 시스템의 진화

(1) 기능과 성능의 진화(현재위치 정도와 경로의 질, 계산속도의 향상)

1990년, 토요타의 '일렉트로 비젼' 에서는 시가그림의 3차원 표시, 목적지까지 수초에 산출되는 경로계산, 도로상항에 맞춘 음성안내 등외에, 정체와 공사구간 등의 도로운행에 관한 정보를 표시하는 것뿐만 아니라, 음성으로 운전자에게 통지하는 시스템을 담아서 하나의 완성형으로 실용화했다. (Fig. 10)

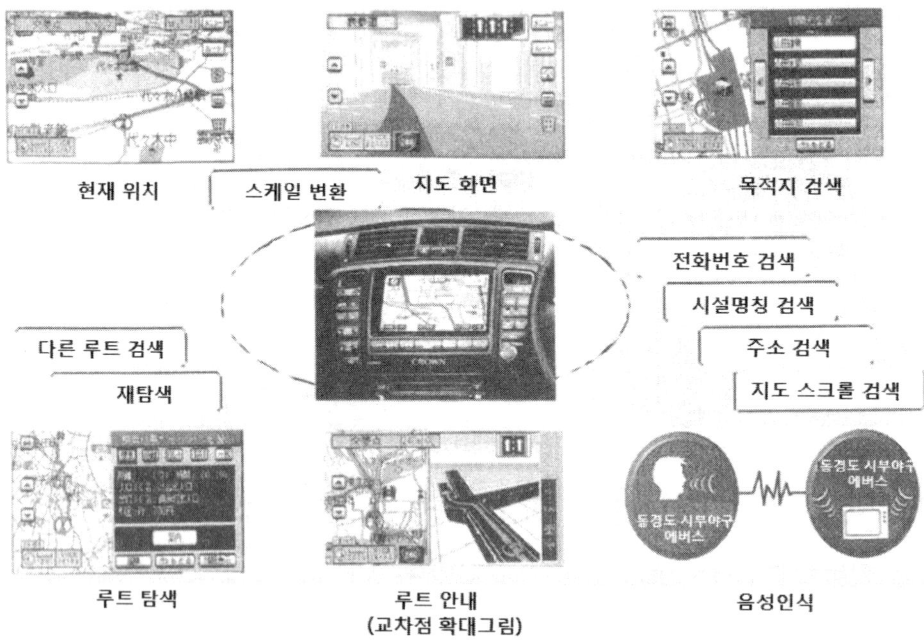

Fig 9.10 토요다의「일렉트로 멀티비전」

차량 네비게이션은 그 후에도 CPU와 메모리의 성능향상의 은혜를 받아서, 경로계산과 지도의 표시속도의 향상이 일어나고 있다. 차량 네비게이션의 성능향상에 있어서, 횡축을 연도, 종축을 거리에 현재위치 정도의 향상을, 종속에 시간에 경로 탐색시간의 단축을 나타낸 것이 Fig. 11이다.

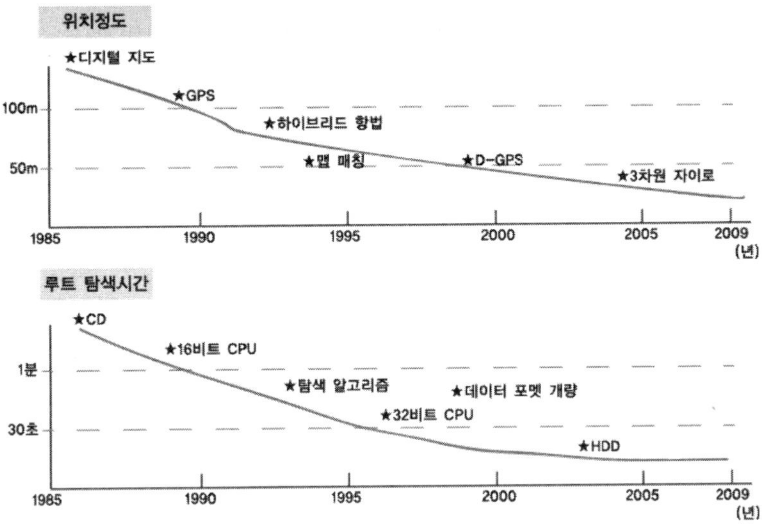

Fig 9.11 네비게이션 성능향상

위치정도는, GPS의 SA해제와 GPS에서 얻어진 속도와 방위를 이용한 오차의 보완, 자이로센서의 정도향상 등에 의해, 현재는 10m정도로 높아졌다. 이후에도 자이로센서의 성능향상과 대축도 지도 데이터의 정비, 반송파의 위상성분을 이용한 고정도 위성측위 등에 의해 수m정도로 좋아질 것이다.

한편, 경로 탐색시간은, 2000년경에 10초정도로 일본을 종단하는 경로를 복수본 계산하는 것이 달성되어, 실용상으로 문제없는 수준으로 되었다.

(2) 교통정보의 진화

VICS로 대표되는 교통정보의 통신서비스 진화에 의해, 차량 네비게이션은 경로안내에서 교통(지리)정보 단말로 진화했다. 이제는 정체정보가 없는 차량 네비게이션은 차량 네비게이션으로 불리지 않도록 되었다. Fig. 12~14에, VICS가 제공하는 교통정보, 그 정보제공의 구조, 그리고 도로에 설치된 초음파 차량감지기, 마이크로파 차량감지기등의 센서에서 정체 정보를 생성하는 구조를 나타낸다.

VICS(Vehicle Information and Communication System)은 체증정보 등을 제공

- 1996년 동경영역부터 서비스 개시
- 2003년 전국 전 영역 완료

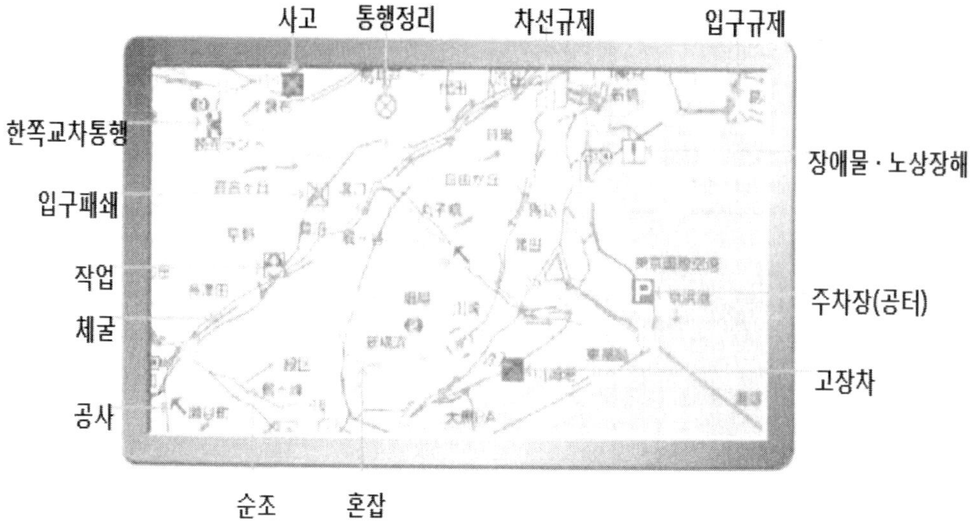

Fig 9.12 VICS가 제공하는 교통정보

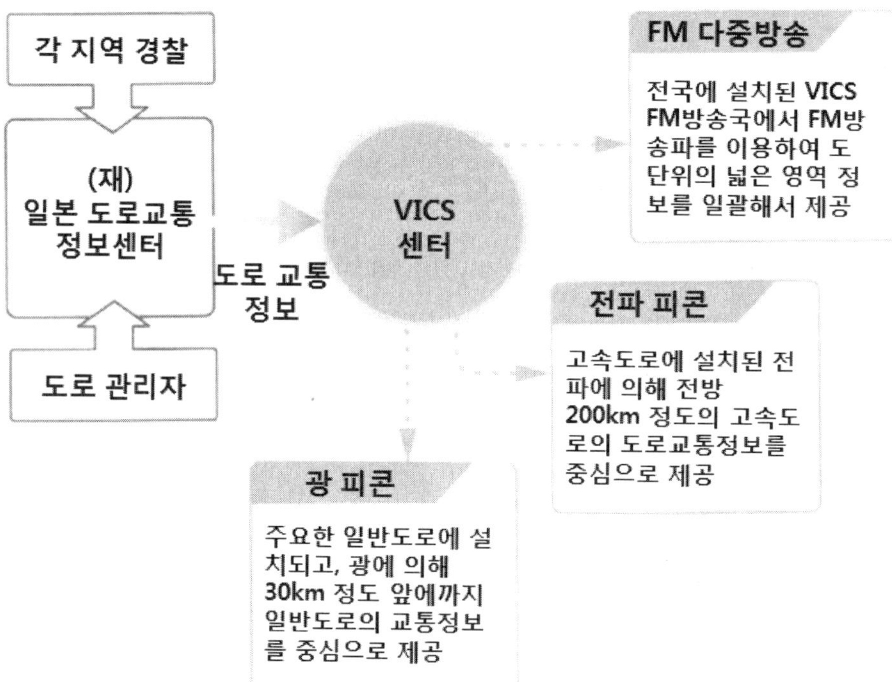

Fig 9.13 VICS의 구조

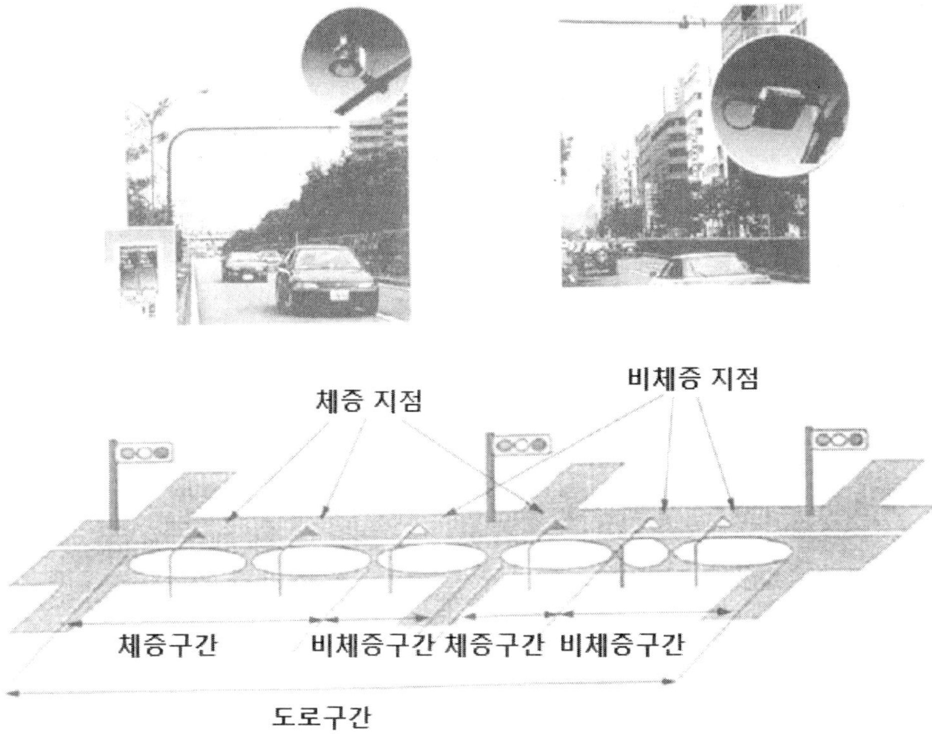

Fig 9.14 초음파 · 마이크로파 차량감지에 의한 체증감지

정체구간의 추정방법에 관해 설명하면 도로에 매설된 초음파 차량감지기와 마이크로파 차량감지기에서 센서 밑을 통과한 차량의 속도, 혹은 점유율이 감지된다. 그 값으로부터 차량감지기의 매설된 지점의 정체, 비 정체를 판단한다. 더욱이 정체로 판정된 지점이 연결되어 있는가를 판단하여 정체구간을 추정한다. 그리고 정체구간 이외를 비 정체구간으로 한다. 또 자동차에 탑재하거나, 가지고 다니는 휴대 통신기기의 통계처리에서 정체를 추정하는 방법이 실용화되어 있다. 이것을 프로브데이터라 부른다. 자동차의 위치 시간변화를 따라가서, 그 도로의 교통흐름을 보다 정확하게 산출하는 장치이다.

(3) 시스템의 진화

일본이 만들어 낸 지도표시형의 기본형 차량 네비게이션의 탑재율을 순조롭게 늘려서, 세계를 석권했다. 차량 네비게이션은 오디오, 에어컨, 텔레비전 등의 AV 기기는 물론 휴대전화와 인터넷과의 차외 접속기능을 점점 진화하는 방향에 있다.

현재는, 차량 네비게이션의 네비게이션 기능만을 제공하는 소형의 PND(Portable Navigation Device)도 보급되고 있다.

Fig. 15에 표시한 것 처럼 차량에 탑재하는 네비게이션 관련 부품을 시스템으로 종합되는 고기능 차량 네비게이션은 ETC(Electronic Toll Collection System)과 VICS, DCM(Data Communication Module : 휴대전화 데이터 통신기), Bluetooth 등, 차외와 통신하는 디바이스와 연결된다. 덧붙여 터치패널뿐만 아니라 햅틱디바이스(촉감을 이용한 HMI)등 손을 뻗지 않고도 조작 할 수 있는 입력디바이스와 조합하는 것이 특징으로 되어있다.

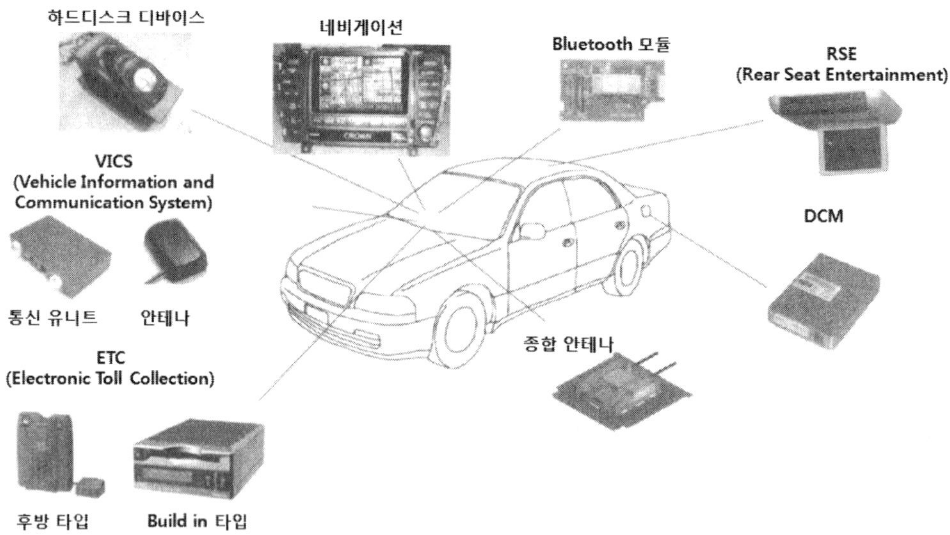

Fig 9.15 차량에 탑재하는 네비게이션 관련 부품의 시스템화.

Fig. 16에 차량 네비게이션 제품의 다양화와 그 변화를 나타낸다. 차량 네비게이션 단독에서 오디오기기와 복합기가 급증하여, 디스플레이로써 터치래널에 각종 스위치 기능을 병합한 기계적 스위치의 간소화가 진행되었다.

일렉트로 멀티비젼과 오디오 차량 네비게이션 일체형이 보급되는 한편, DVD, 휴대전화(스마트폰)이 차량 네비게이션으로서 이용되고 있다. 또 미 Google사의 Android 스마트폰 형의 무상 네비게이션, 미 Apple사의 iPhone형 네비게이션 소프트의 다운로드 서비스, 핀란드 Nokia사의 스마트폰으로서 같은 휴대 전화 네비게이션등 네비게이션과 지도를 다운로드해서 움직이는 휴대전화 형의 네비게이션이 보급되는 것을 예상한다.

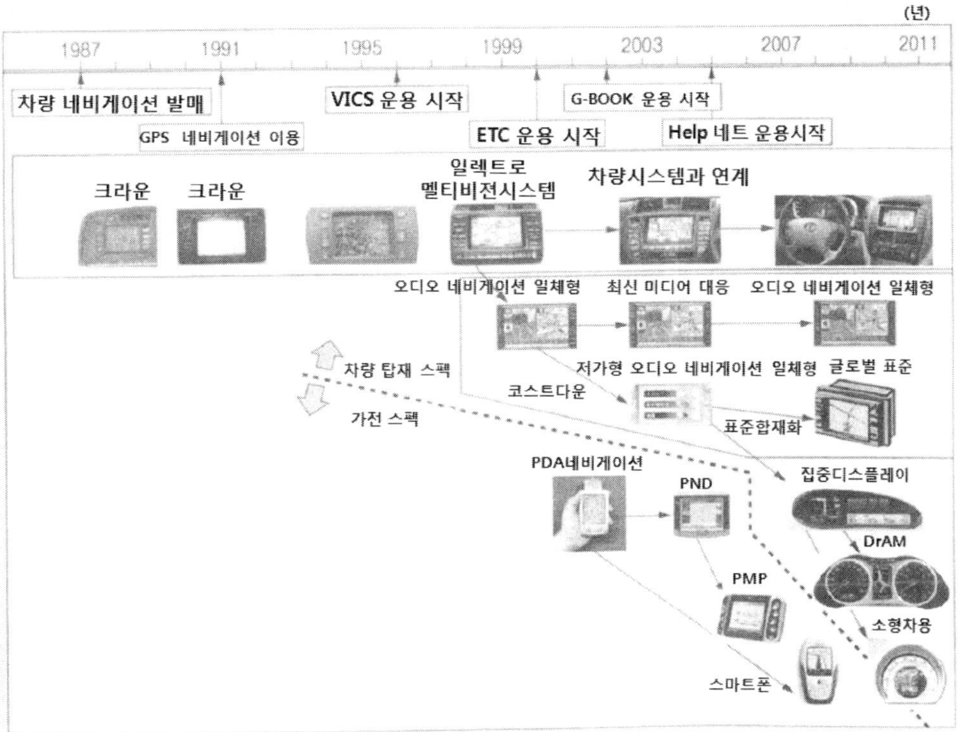

Fig 9.16 차량 네비게이션의 진화

9.2 차량 네비게이션의 개발 프로세스

차량 네비게이션의 대표적인 개발프로세스를 Fig. 17~19에 나타낸다. 하드웨어의 설계에서는 커스텀 LSI와 그것을 탑재한 프린트기판의 설계, 구조설계가 있다. 차재설계에서는 자동차 메이커가 갖는 자동차의 디자인과 구조의 이해와 지식, 경험이 필요하다. 전파에 미션에 관한 규제, 내률(인테리어 부품의 돌기)규제 등을 만족할 뿐만 아니라 이그니션 캐스터투, 순간적이 표시가 될것 등, 스위치의 조작감, 클릭 감의 기중이 있는것 등, 자동차 메이커에서 배양된 요구 사양을 만족시키는 설계이다.

소프트웨어 설계에서는 차량 네비게이션의 지도표시, 경로안내, 목적지 검색기능과 오디오와 에어컨 등 다른 기기와의 통신기능을 설계하고, 알기쉬운 화면 조작과 화면프로, 아름다운 화면디자인, 음성인식, 전화를 사용한 HMI을 설계한다.

그 코딩양은 몇 백행에 이르고 있고, 프로그래밍과 디버깅 수법은 XDDP(eXtreme Derivative Development Process)등의 최신 소프트기술에 의해 설계되고 있다.

차량 네비게이션의 평가에는, 벤치평가, 환경시험, 테스트코스트에 의한 내구시험주행 등이 있다. 그러나 실제 도로 환경에서 유저로 무빙하여 조작, 목적지의 입력, 표시된 경로를 주행하거나, 일부러 경로를 이탈하는 등의 현지 평가가 중요하다. 차량 네비게이션은 현지에서 평가하지 않으면 그 교통법규에 맞는지, 안내 타이밍에 위화감이 없는지 등을 확인할 수 없기 때문이다.

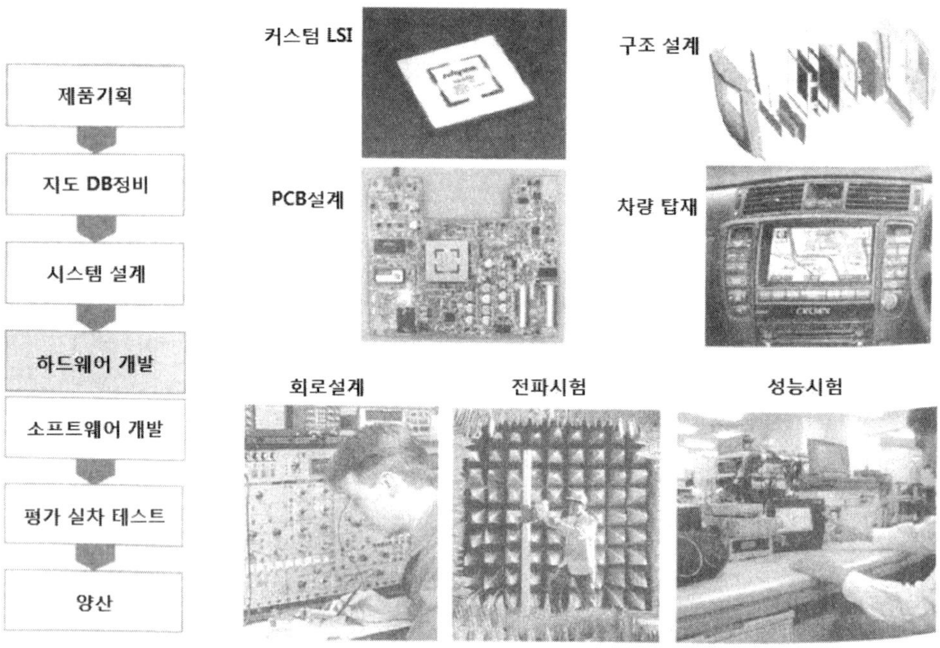

Fig 9.17 차량 네비게이션 개발 프로세스(하드웨어 설계)

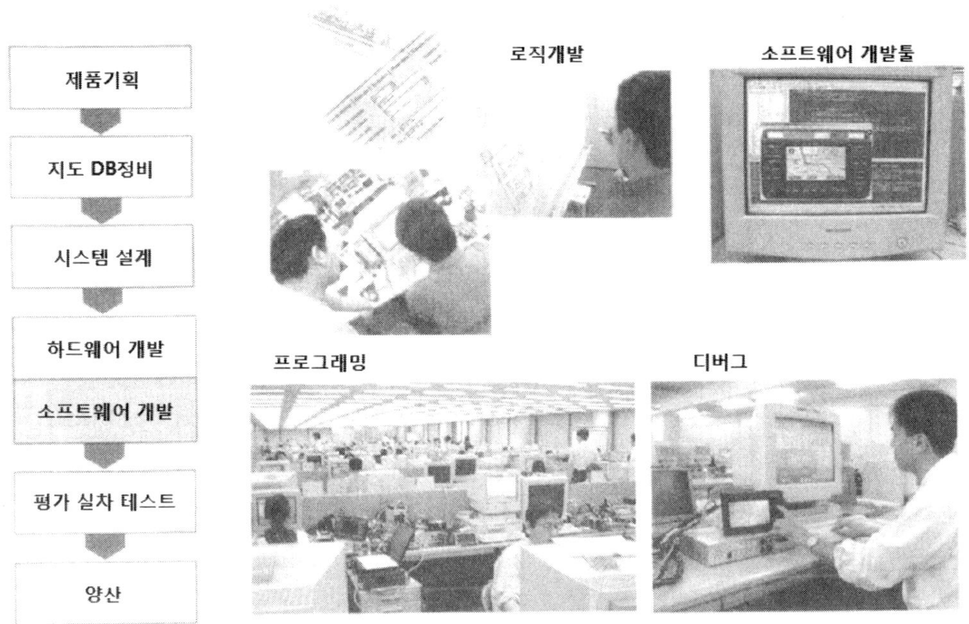

Fig 9.18 차량 네비게이션 개발프로세스(소프트웨어 설계)

Fig 9.19 차량 네비게이션 개발 프로세스(평가)

9.3 차량 네비게이션 시스템의 장래

1) 안심, 안전, 정확한 차량 네비게이션

차량 네비게이션이 보급화되어 한정없이 안정, 안심한 네비게이션 시장의 요구가 높아지고 있다. 안내 경로의 정확도, 지도에 제도와 선명도의 향상이라는 기본적인 기술뿐 아니라 사고와 여행지에서의 트러블 등의 지원기능도 큰 역할을 하게 되었다. 미국의 차량 네비게이션의 이용자의 레포트를 보면 '토요다 자동차의 아발론을 타고 여행 중, 모르는 지역에서, wife 알러지 병상이 되었다. 긴급통신기능을 사용하여 가까운 병원을 찾아서 그곳으로 급행했다. 차량 네비게이션에게 고맙다는 말을 전하고 싶다.' 이 문제에서 차량 네비게이션은 편리한 도구이고 긴급시의 지원으로서도 사용되는 것을 알았다.

2) 탤레매틱 차량 네비게이션

긴급통보가 확실하게 기능할려면 차량 네비게이션이 차외와 연결되는 것이 필요하다. 이것에 의해 통신을 이용한 이동체 대상 정보기능서비스인 차량 탤레매틱 기능이 등장했다. 제 1세대의 차량 탤레매틱은 북미에서 시작됐다. GM박사는 'onstar', ford사는 'RESCU'를 실현했다. 긴급통보와 에어백이 동작했을때의 백차위치 및 GPS정보의 통지에 의해 사고EO에 일초라도 빨리 탑승자를 구출하기 위한 시스템이다.

그 후, 독일의 Dimler사와 BMW사, 일본의 토요다, 혼다, 닛산 자동차 등이 빠짐없이 제2세대의 차량 탤레매틱을 개발했다. 유럽에서는 긴급정보 외에 원격고장진단 기능을 추가, 일본판은 여행과 관광등에 대한 리얼타임 날씨, 교통정보, 이벤트와 목적지의 정보를 추가했다. 긴급정보는 운전자의 목숨에 관한 중요한 기능이지만, 코스트네 어울리는 수요는 적다. 편리성을 향상시킨 기능을 추가한 탤레매틱의 보급을 시작했다.(표)

현재, 유럽과 미국에서는 자동차의 긴급정보를 규제에 의해 표준 탑재해야 한다고 주장하고 있다. 치명적인 사고를 줄이는 기술로서 차량 네비게이션에 영향을 부과하는 것은 필수이다.

표 9.2 주요 차량 텔레매틱 기능

회사명	GM	TOYOTA	HONDA	NISSAN	TomTom
서비스명	OnStar	TOYOTA G-BOOK mX	HONDA 인터네비·프리미업크럽	NISSAN 카윈더스	TomTom HD Traffic
주요지역	미국	일본, 중국	일본	일본	유럽
개시시기	1996년	1997년	1998년	1998년	2007년
통신수단	차량탑제기기	차량탑재기기/ 휴대전화	휴대전화/ 통신카드	오퍼레이터 서비스 드라이버 정보통신	프로그램정보제공 시스템, 유저간 정보제공
특징	안전 · 안심에 주력	안전 · 안심에 주력, 푸르브 정보제공 시스템	푸르브 정보제공시스템 화재정보 등 제공	오퍼레이터 서비스 드라이버 정보통신	프로그램 정보제공 시스템, 유저간 정보제공
오퍼레이터	○	○	○	○	x
자동 긴급통보	○	○	x	x	x
Remote	○	○	x	x	x
체증정보	x	○	○	○	○
경로안내	○	○	○	○	○
기타	-	지도경신	연비절감 운전지원 시스템 지도경신	연비절감 운전지원 시스템 지도경신	지도경신

3) 디지털 지도의 선명도 향상

차량 네비게이션이 외부와의 통신기능을 가지는 것에 의해, 디지털 지도의 선명도가 획기적으로 향상하는 시대를 맞이하고 있다. 차량 네비게이션의 지도는, 정도, 선명도, 커버범위가 요구되어지고 있다. 새로 개통한 고속도로, 바이패스 도로폭 등의 간선도로의 변화, 그리고 교외의 대형쇼핑몰의 개점등에 의해 차량 네비게이션 지도의 진부화가 빨라지고 있다. 종래 지도의 매인터넌스(보수)는 지도데이터를 수록한 CD-ROM과 DVD-ROM을 구입하여 바꿀 필요가 있었지만, 센터형네비게이션기능의 실용화와 차분통신형 네비게이션의 실용화에 의해, 선명도가 높은 네비게이션이 보급되어지고 있다.

(1) 센터형 네비게이션

필요한 지도의 차분 데이터만을 통신, 배포해서 차량 네비게이션의 그 데이터를 통합하여 사용하는 시스템이다.

그 구조와 특징을 Fig. 20에 나타낸다. 서버에서 차분 데이터 받지만 CD-ROM 등을 입수한다. 그 차분 데이터를 차재 차량 네비게이션에 통합해서 경로데이터로써 사용하는 것으로 한다.

Fig 9.20 지역, 차분, 경신의 구조 및 특징

이 편집은 차분데이터를 차량 네비게이션의 지도와 연결하여 처리하는 것을 가리킨다. 토요다의 G-BOOK의 경우, 전국 유료도로, 고속도로, 자택주변 80km사방, 목적지 주면 10km 사방의 차분 데이터를 편집할 수 있다. 종래는 지도 데이터를 년차 갱신하는 경우, 데이터 제작에 수개월 걸렸다. 이것에 대해, 차분데이터에서는 Fig. 21에 표시한 것처럼 현지 조사에 데이터 제작까지 수 주간에 단축되므로, 차량 네비게이션 지도를 보다 빠르게 갱신할 수 있다. 이 차분데이터 갱신을 운전자가 모르는 시간에 처리 할수 있도록 궁리를 하면, 늘 최신의 지도데이터가 있다는 것의 서비스를 제공할 수 있다. 이후 선명한 높은 차량 네비게이션이 필수 이다. 더욱이 서버의 최신 차분데이터와 차재의 지도데이터 버전을 관리하는 기술이 필요하다. 차분갱신에 있어서 각 차량의 지도데이터가 언제 갱신되었는지, 또는 되어있지 않은가를 정확하게 관리할 필요가 있다.

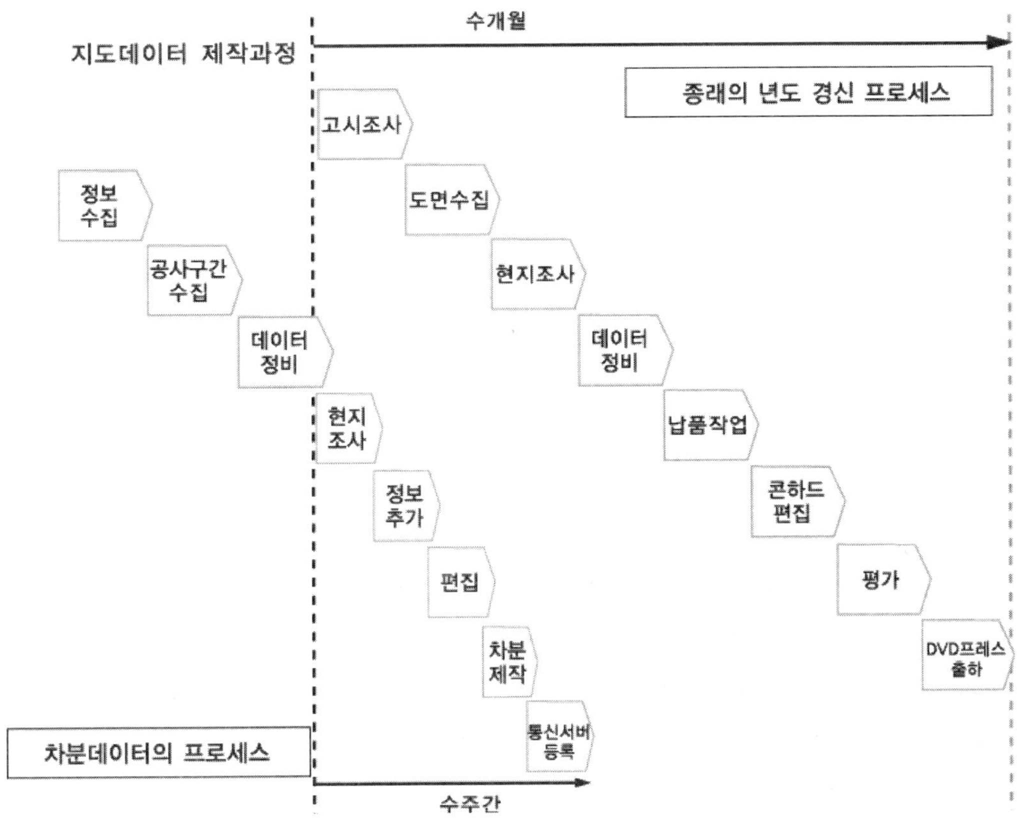

Fig 9.21 지도차분 데이터 추출·작성

4) 푸르브 정보제공 시스템

푸르브 정보제공시스템은 자동차를 푸르브(촉각, 탐색침)으로 보고, 차량고유의 여러 가지 센서로부터 정보(속도, 주행거리 등)을 차외에서 발신하고, 리얼타임으로 그 장소의 정보(시각, 위치)로써 수집, 다른 차량과 인터넷으로 최신의 정체정보와 고정도의 경로 안내를 제공하는 시스템이다.(Fig. 22)

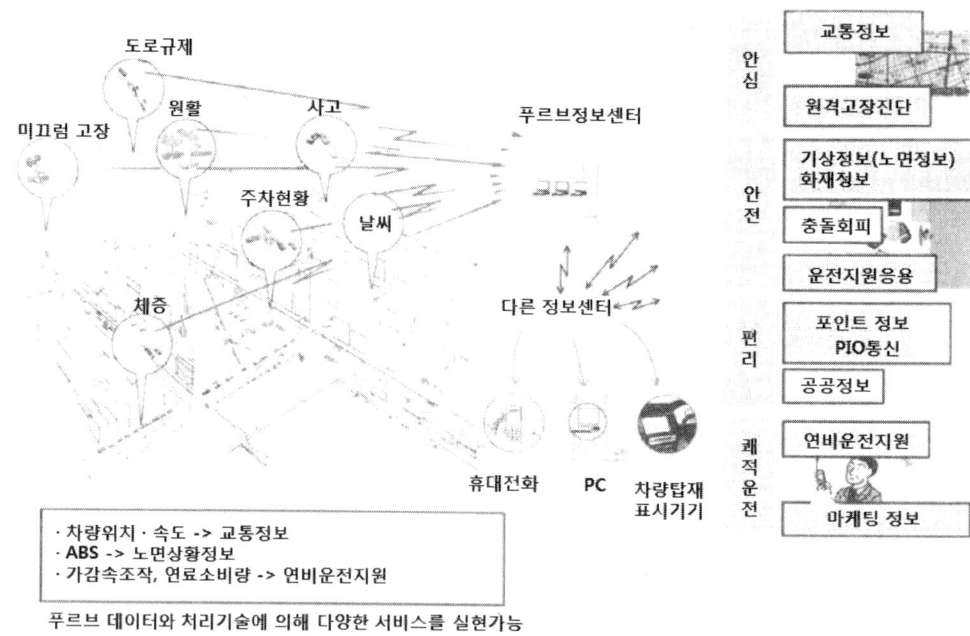

Fig 9.22 푸르브 정보제공시스템

VICS의 정보는 도로에 매설된 센서로 통과하는 차량을 계측하고 정체인가를 판단한다. 한편, 푸르브 정보제공시스템은 실제 그 도로구간을 주행한 시간으로 정체인가를 판단한다. 그 도로주간을 푸르브차량이 통과하고 있지 않으면 정도가 떨어진다.

푸르브 정보는 차량뿐만 아니라, 휴대전화에서도 얻을 수 있다. 네델란드의 TomTom사는 자사의 차량 네비게이션에 덧붙여, 휴대전화를 활용해서 교통정보의 제공서비스를 실시하고 있다. 휴대 전화를 활용하면, 광범위하게 동시에 밀도 높은 푸르브 정보에서 얻어지는 반면, 차량으로 이동하는가, 이동하지 않는가, 혹은 걷고 있는가의 판별은 어렵게 된다.

현재, 푸르브 정보제공 시스템은, 교통정보에 더하여 와이퍼의 동작상태를 검출하여 비의 내리는 양을 제공한다. ABS의 동작상황에 의한 노면의 슬립정보를 제공한다. 운전자의 가감속 상황에 의해 보다 더 연비의 좋은 운전 방법을 지원하는 새로운 개발이 계측되고 있다.

5) 어디에도 이용 가능한 차량 네비게이션

자동차에서 내린 후에도 목적지에 핀포인트로 안내해주는 보행자 네비게이션 기능을 요구하가 있다. 한편 휴대전화의 보행자 네비게이션 기능은 자동차에 들어오고 있다. 차량 네비게이션과 휴대전화가 오픈되어 연결되고 있고, 데이터가 유용 될 수 있다. 열린 마켓의 상품 개발이 요구되어 지고 있다. 휴대전화와의 연계는 차량 네비게이션과 인터넷 세계가 연결되는 것에 의해 가능하게 되었다. 일부분의 예로써, 휴대전화와 PC로 찾은 이벤트와 지점을 차량 네비게이션의 목적지로 설정하는 것이 시작되고 있다.

장래는 택시의 배차 시스템과 차 세어링의 관리 시스템과, 차량 네비게이션, 보행자 네비계이션의 정보가 연계된 Fig.24에 나타낸 것처럼 탤레메틱 서비스가 이용 될지도 모른다.

6) 도시문제를 해결하는 차량 네비게이션

런던시가는 전부 도로에서 정체가 문제화되고 있다. 제한속도를 사용해서 경로계산하는 런던시가를 서->북으로 빠져나가는 루트를 20분으로 가야 하지만, 실제로는 정체에 의해 30분 이상 걸린다. 교통정보데이터를 사용하여 정체를 피할 루트도 27분 정도 걸린다. 런던에서는 교통체증에 의해 50% 시간이 악화되고 있고, 교통체증을 회피하는 차량 네비게이션의 효과는 8%정도 밖에 안 된다. 런던은 정체세라고 하는 시내에 타고 들어가는 시간의 벌금을 부과 하도록 되었다. 장래에는 각국의 도시에도 같은 상황으로 될 가능성이 있다.

한편, 북미에서 실제 교통정보를 해석하고 있는 기업에서 '학교의 스케쥴이, 북미의 교통정보에 큰 영향을 미치고 있다. 학교가 끝나는 시간이 되면 정체가 일어난다.'는 보고가 있다. 전송과 마중과 스쿨버스에 의해 교통량이 증가하기 때문이다. 원인을 알면 그 대책을 세울 수 있다. 일어난 정체를 표시해서 그것을 피하는 것이 아니고, 정체를 일으키는 원인을 해소하는 차량 네비게이션, 교통정보 데이터의 해석과 정체를 일으키는 원인을 해소하는 루트를 안내하는 장치가 바람직하다. 이러한 점에서 푸르브 정보를 활용하는 것 뿐만 아니라 서버에서 최적루트를 계산하는 장치는 정체문제를 해결하기 위해 중요한 기술로 된다.

9.4 차량 네비게이션 시스템의 과제

차량 네비게이션의 진화는 현재위치 정도의 향상, 지도데이터 선명도 및 품질의 향상, 안내 결로의 질 향상, 교통정보에 의한 해결책 제공이 중요하다. 또 안심 · 안전 · 정확 · 교통정보 · 도시문제의 해결, 긴급통보를 포함한 텔레메틱 서비스, 보행자 네비게이션 등, 그 가치가 증가하는 방향에 제한 없이 넓혀져 갈 가능성이 있다.

이후 과제로써 다음과 같은 것을 들 수 있다.

① 현재위치 정도가 10m 정도에서 1m 이내로 높아지고, 혹은 늘 10m 이내를 보정할 수 있는가?

② 지방특유의 루트, 혹은 시시각각 변화하는 환경에 적용한 경로 안내가 가능한가.

③ 교통정보뿐 아니라, 도로장해, 화실, 공사, 이벤트 등 선명도의 높은 환경정보를 입수 · 제공 가능한가?

④ 고정도에서 고선명한 지도, 자동차가 통행하고 있는 도로 전부를 망라 전부의 네트워크 구조가 망라 될 수 있는가?

■ 참고문헌

1. M·Ogawa, Y·Shoji, Digital Map on CD, SAE page 880211, SAE 1988

2. Y·Shoji, T·Horibe, M·Ogawa, Toyota Electro Multivision, SAE page 880220, SAE, 1988

3. M·Ogawa, S·Azuma, K·Ishikawa, T·Itoil, Map Navigation Software for the Electromiltivision of the '91 Toyota Soarer VNIS 1991,912790, 1991

제10장 ••• 섀시 및 바디자세 제어

10.1 변속기의 전자제어

1) 자동변속기의 개요

자동차 운전에 있어 주행 속도에 따른 적절한 기어의 변속은 그리 쉬운 것이 아니며 운전의 테크닉 중에서 가장 어려운 것이 자동차의 속도에 따라 적당한 기어로 바꾸어 자동차 엔진에 무리를 덜어 RPM을 낮춰 주는 것이 바로 기어 변속이다. 이것은 운전을 처음 하는 초보자나 비교적 감각이 무뎌진 노인 운전자들에게는 어렵고 힘든 일이 아닐 수 없다. 일반적인 수동변속기를 사용하는 자동차 대신 자동변속기를 사용하는 자동차가 발명되면서 이러한 문제점들을 해결할 수 있었다.

자동변속기는 자동차의 주행속도와 부하(負荷)에 맞추어 자동적으로 최적의 토크 변환을 얻을 수 있도록 클러치 페달을 없앤 것을 말한다. 따라서 클러치와 기어 변속의 조작을 운전자 대신 기계가 운전 상황에 맞추어 자동적으로 하는 장치로 토크컨버터와 유성기어식의 자동변속기를 조합한 것, 유체클러치와 유성기어식의 자동변속기를 조합한 것 등 두 가지가 있다.

선택 패턴은 운전자가 변속레버를 수동으로 선택할 때의 변속기 기능을 표시한 것으로 6종류가 있다. P(Parking)는 주차나 엔진 시동 때 차량이 움직이지 않을 때, R(Reverse)는 후진할 때, N(Neutral)은 중립, D(Drive)는 주행 때 선택하며, 2(Second Gear)는 2단 기어, L(Low Gear)는 1단 기어를 가리킨다.

변속 패턴은 변속기용 컴퓨터에 프로그램된 패턴에 따라 자동 변속이 되며 변속레버를 D, 2, L 및 R에 놓으면 가속 페달을 밟지 않아도 차가 앞뒤로 움직인다. 또 가속 페달을 빠른 속도로 깊숙히 밟으면 속도에 따라 자동으로 저속기어로 변속되는데 이를 킥다운(kick down)현상이라고 한다.

2) 자동변속기의 역사

1886년 다임러(Gottlieb Wilhelm Daimler) 는 고무V벨트와 가변풀리를 이용한 무단변속기를 개발했으나 실용화 되지 못했으며, 1925년 독일 베를린의 엔지이어였던 휀팅거가 이것을 발판으로 자동으로 변속이 가능한 변속기를 개발하여 1936년부터 2년간 벤츠 모델이 시험적으로 장착하였다. 그러나 이것은 양산 과정에서 많은 문제점을 드러내며 실패하였다. 그 후 1930년 미국의 자동차 기업인 GM(General Motors) 은 뷰익 디비전에서 자동변속기를 실용화하기 위해 개발했으나 실패하였다.

이러한 노력 끝에 1937년 클러치 페달이 없는 자동변속기가 등장하였는데 미국의 자동차 회사인 GM은 금속롤러와 레이스의 구름접촉에 의해 동력을 전달하는 토로이들(toroidal) 드라이브에 대한 특허를 얻어 뷰익 모델에 최초로 적용하였으나 기능상 많은 문제점을 보였고, 자동사 산업에 있어 대단한 발전이었으나 클러치의 컨트롤에 아주 복잡한 문제점이 있었다. 그 후 1940년 GM의 올즈모빌 모델에 이러한 자동 변속기 차량을 계량한 모델을 선보였으며, 이것은 대중들에게 큰 호응을 받아 보급에 성공하였다.

하이드라매틱인 이것은 옵션으로 장착되었는데 기계식 클러치를 사용하지 않을 수 없었는데 그것과 전자 작동 방식을 조합해야만 효율적인 구동이 가능했기 때문이다.

1949년 GM의 시보레가 본격적인 실용화 모델을 선보였으며, 1958년 네덜란드에서 '다프(DAF)'라는 회사를 세운 허버트에 의해 무단변속기(CVT: Cotinuously Variable Transmission)가 발명되었다. 이것은 '바이오메틱' 이라는 금속 V벨트 구동식 자동변속기로써 최초에 트럭에 장착하였는데, 일반적인 변속기는 5단의 수동변속기나 4단의 자동변속기와 같이 일정한 변속비를 가지고 필요에 따라 조정할 수 있었다. 그러나 이 무단 변속기는 일정한 범위 안에서 연속적으로 변속비를 변화시킬 수 있는 변속장치였다.

허버트는 무단변속기를 컨셉트카에 적용해 1958년 암스테르담 모터쇼에 출품했는데, 대중들의 큰 호응을 받게 되었고 이것을 발판으로 1959년 2기통 750cc, 30 마력 엔진의 '다프750'에 적용하여 판매하였다. 이러한 무단 변속기는 변속을 위해 기존의 1단부터 5단까지의 각 단계를 사용하는 것이 아니고 일정 범위 내에서 연속적으로 무한한 변속을 할 수 있었다. 또한, 엑셀레이터를 조작하는 것만으로 변속이 되므로 승차감이 뛰어나고 연료소비율이나 가속 성능이 향상되었으며, 자동변속기보다 부품수가 적어 생산원가도 줄일 수 있다는 큰 장점을 지니고 있었다.

엔진을 항상 최적의 회전상태로 유지함으로써 최적의 성능과 수동보다 뛰어난 연비를 얻을 수 있었고, 이때문에 배출 가스량이 적어 환경적인 측면에서도 큰 도움을 줄 수 있었다. 그러나 내구성이 약하기 때문에 출력이 강한 차량에는 적용되지 못하고 비교적 작은 소형차나 경차에만 장착할 수 있다는 단점을 지니고 있었다.

1970년대 영국 포드와 페라리의 합작으로 전자제어의 세미 오토매틱 기어박스를 개발하였다. 이것은 훗날 페라리 355 F1과 알파로메오 알파 156셀레스피드에 채용되기도 하였다.

석유파동이후 무단변속기에 대한 연구가 활발해지기 시작했으며, 1995년 후지중공업(스바루, Subaru)은 전에 사용되던 무단변속의 단점들을 보완한 전자 클러치식 무단변속기를 개발하여 660cc, 64마력 엔진의 '비비오(vivio)'에 적용하여 판매를 시작하였다.

3) 자동변속기 전자제어 시스템의 구성

(1) TCU (Transmission Control Unit)

TCU은 각종 센서의 정보를 근거로 연산을 하여 그 결과에 따라서 솔레노이드 밸브를 작동시켜, 댐퍼 클러치 제어, 변속패턴 제어, 변속시 유압제어를 한다.

(2) 펄스 제너레이터 - A

- 기능

자기 유동형 발전기로써 변속시 유압제어의 목적으로 킥다운 드럼 회전수(입력측 회전수)를 검출한다.

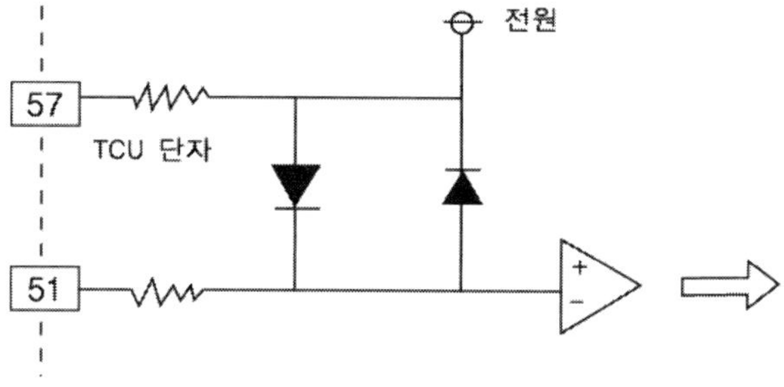

Fig 10.1 펄스 제어레이터-A의 인터페이스

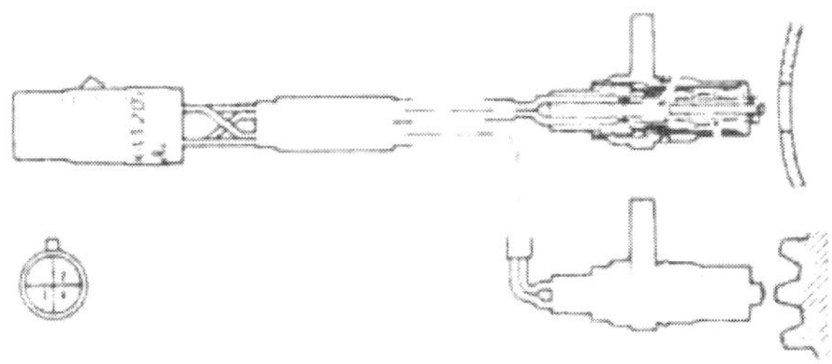

Fig 10.2 펄스 제너레이터 - A 의 구조

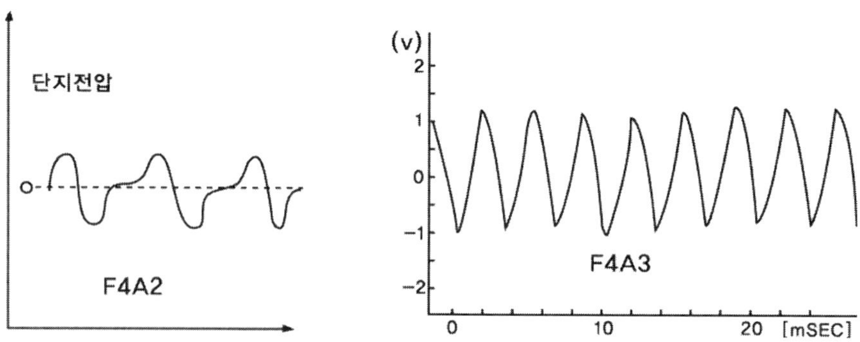

Fig 10.3 펄스 제너레이터 - A 의 출력특성

(3) 펄스 제너레이터 - B

- 기능

자기 유도형 발전기로 차속의 검지를 위해 트랜스퍼 드라이브 기어의 회전수(출력측 회전수)를 검출한다.

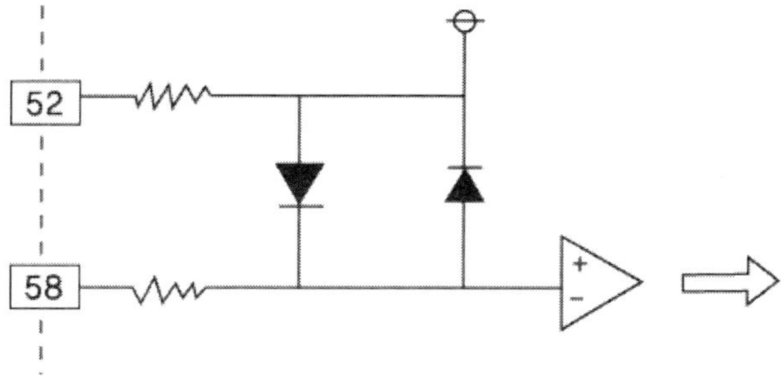

Fig 10.4 펄스 제너레이터 - B 의 인터페이스

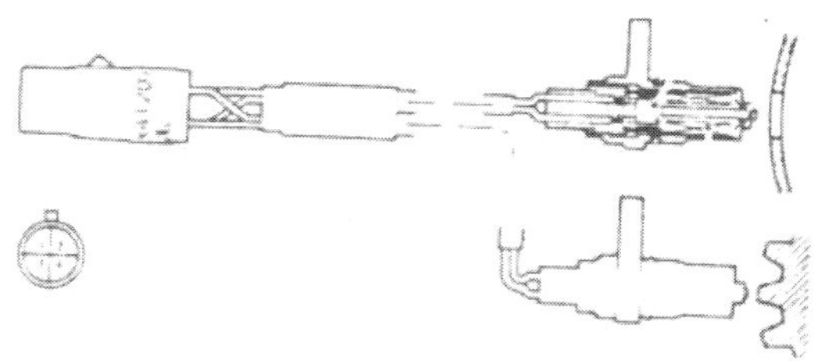

Fig 10.5 펄스 제너레이터 - B 의 구조

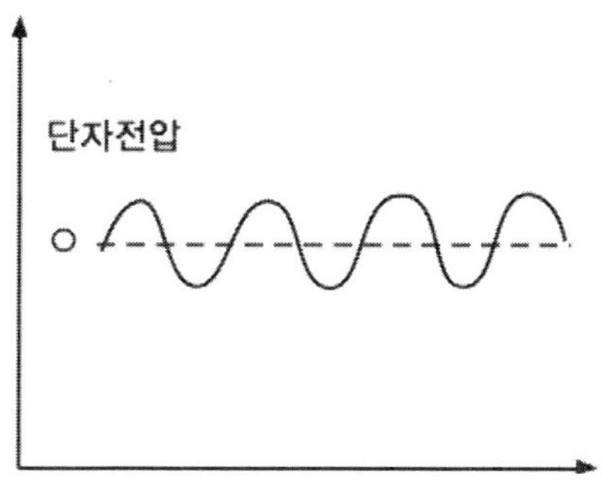

Fig 10.6 펄스 제너레이터 - B 의 출력특성

(4) 인히비터 스위치

- 기능

절환 접점식 스위치로 중립(Neutral), 주차(Parking)위치 이외에는 엔진이 시동하지 않도록 하는 것과 레버 조작의 확인 및 후진(Reverse) 위치에서의 후진등의 점등 등을 하기 위하여 선택레버의 위치를 검출한다.

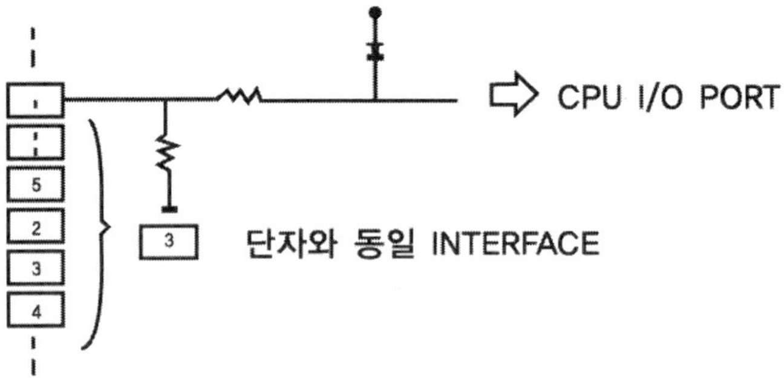

Fig 10.7 인히비터 스위치의 인터페이스

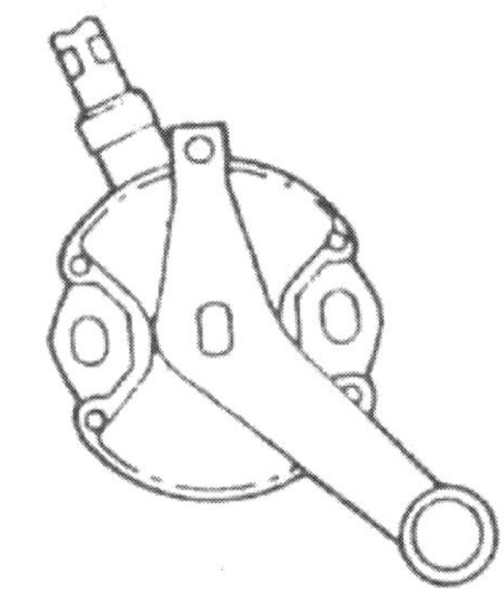

Fig 10.8 인히비터 스위치의 구조

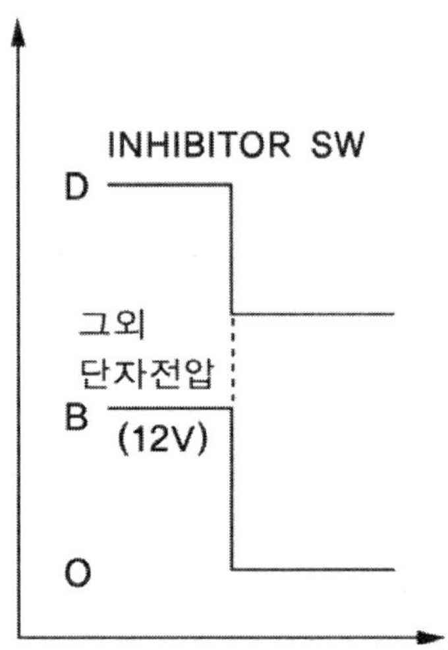

Fig 10.9 인히비터 스위치의 출력 특성

(5) 오버 드라이브 스위치

- **기능**

접점식 스위치로 운전자의 의지에 따른 오버 드라이브 모드의 선택을 검출한다. 스위치 ON → 4단까지 변속, 스위치 OFF → 3단까지 변속.

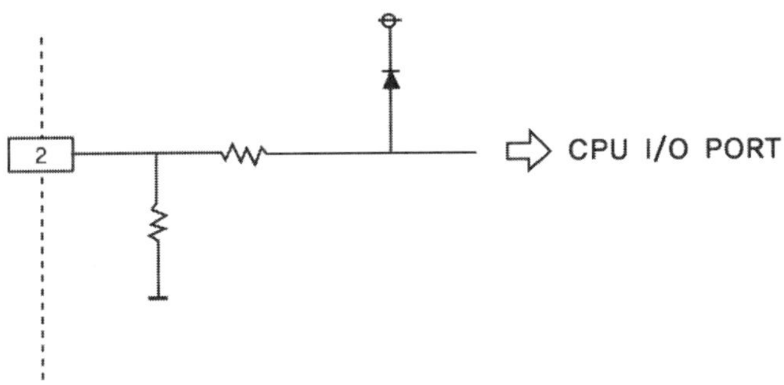

Fig 10.10 오버 드라이브 스위치의 인터페이스

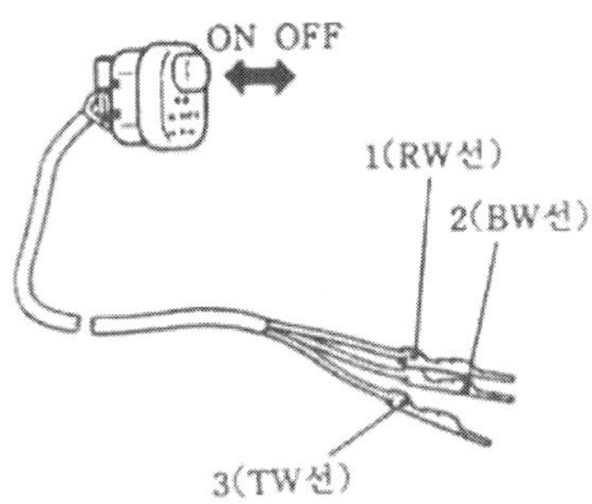

Fig 10.11 오버 드라이브 스위치의 구조

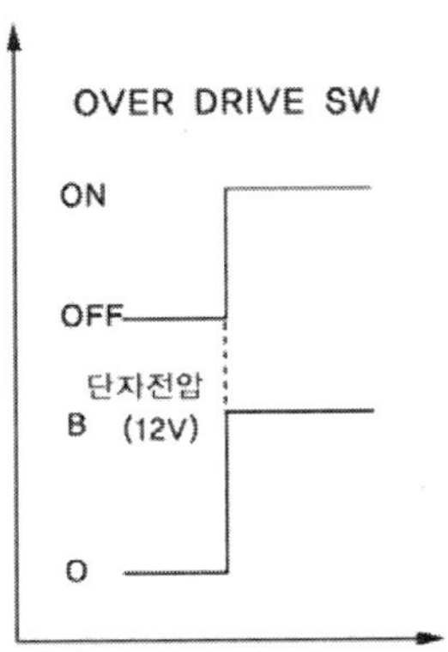

Fig 10.12 오버 드라이브 스위치의 출력 특성

(6) 엑셀러레이터 스위치

- **기능**

접점식 스위치로 공회전시 진동저감 및 크라이프량 저감에 효과있는 2속홀드(HOLD)영역 설정 및 댐퍼 클러치 비작동 영역의 판정을 위하여 엑셀러레이터 스위치의 ON/OFF를 검출한다.

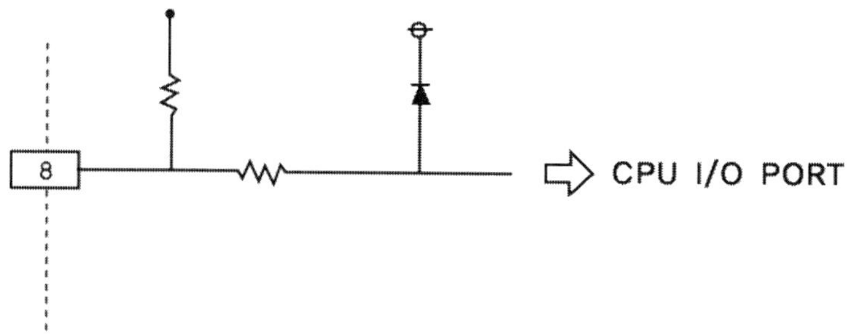

Fig 10.13 엑셀러레이터 스위치 인터페이스

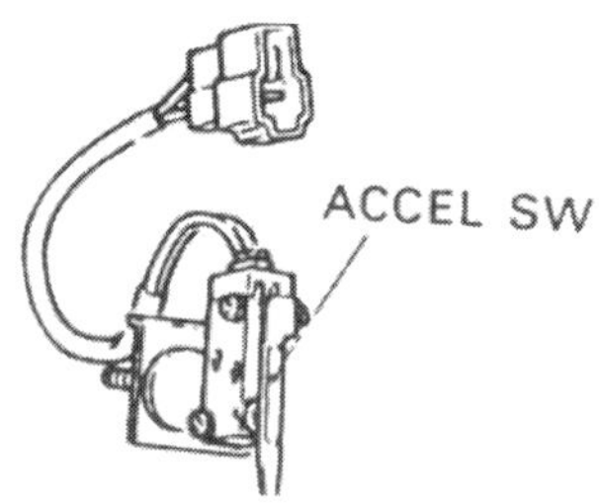

Fig 10.14 엑셀러레이터 스위치 구조

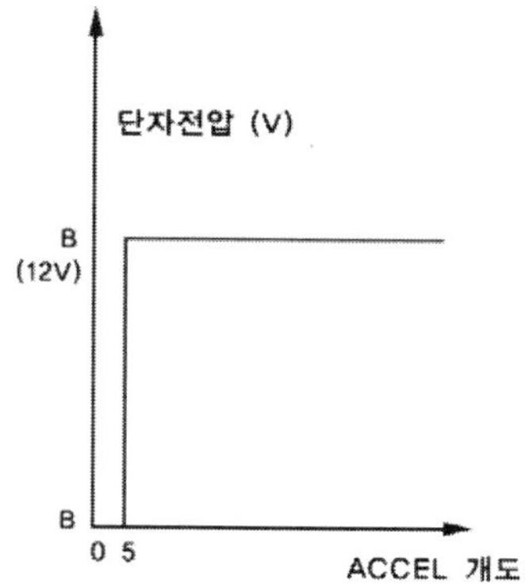

Fig 10.15 엑셀러레이터 스위치 출력 특성

(7) 이그니션 펄스

- 기능

내압형 반도체 트랜지스터로 슬립율 연산, 변속시 유압제어를 위해 엔진의 회전수를 검출한다.

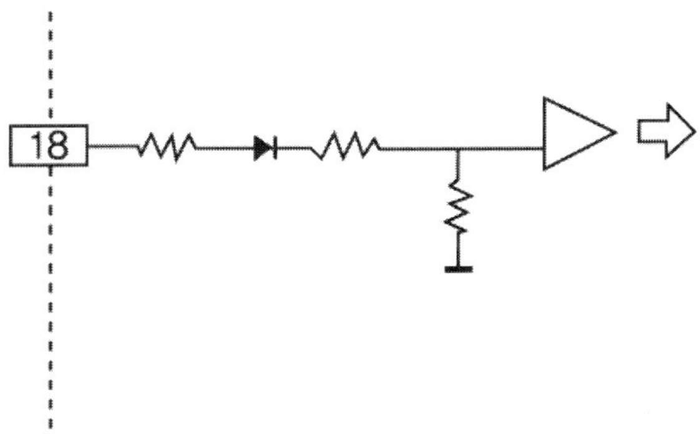

Fig 10.16 이그니션 펄스의 인터페이스

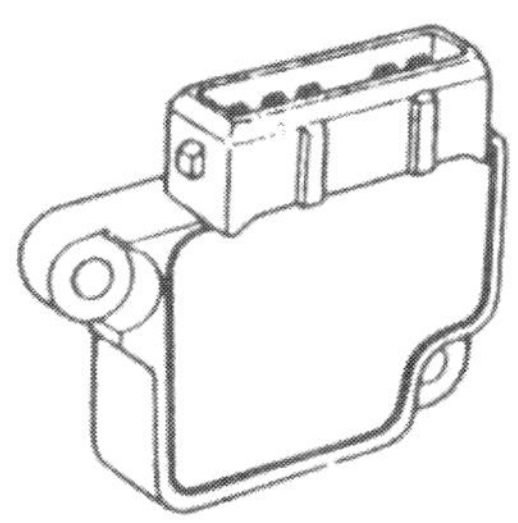

Fig 10.17 이그니션 펄스의 구조

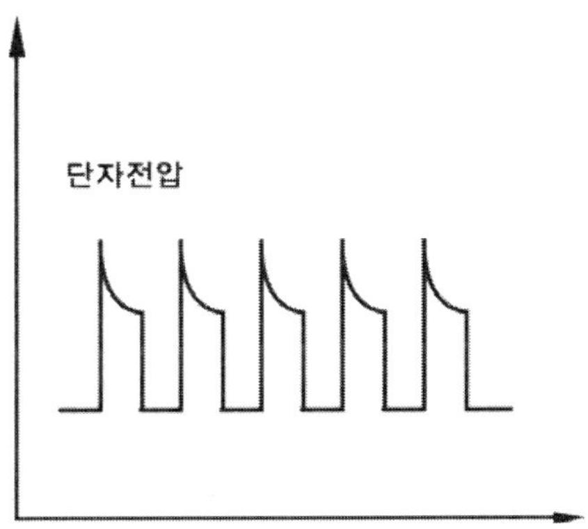

Fig 10.18 이그니션 펄스의 출력특성

(8) 스로틀 포지션 센서

- 기능

포텐셜 알루미늄 미터(Potential/AL Meter)로 변속시기, 댐퍼클러치 작동 영역 변속시의 유압제어를 하기 위해 스로틀 개도를 검출한다.

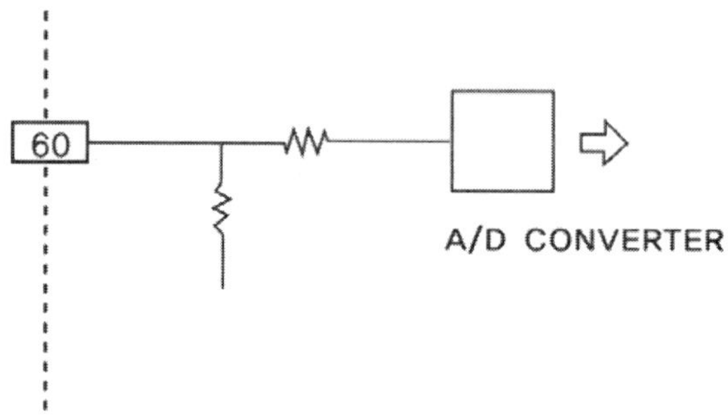

Fig 10.19 스로틀 포지션 센서의 인터페이스

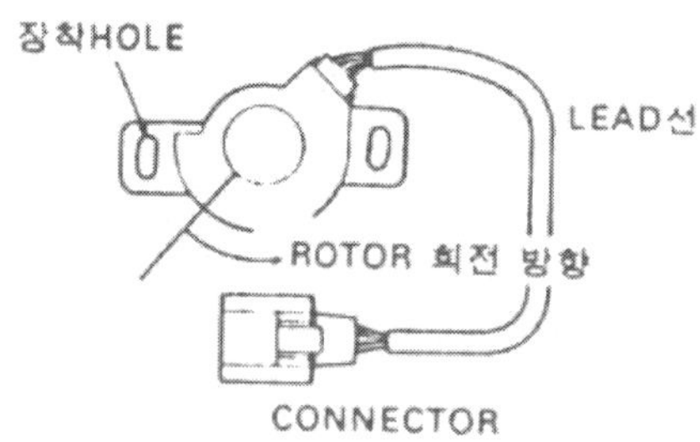

Fig 10.20 스로틀 포지션 센서의 구조

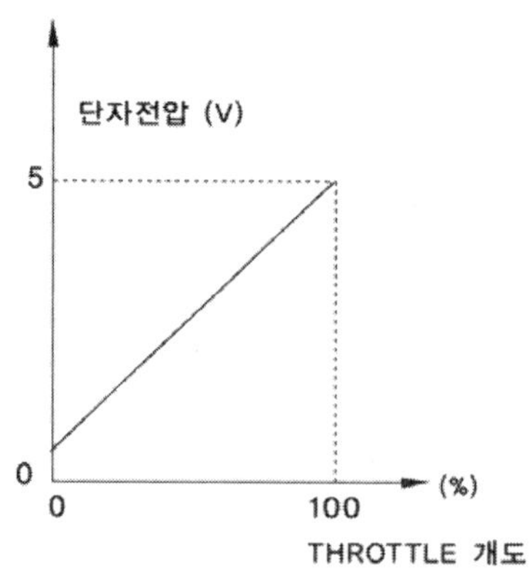

Fig 10.21 스로틀 포지션 센서의 출력특성

(9) 킥다운 서보 스위치

- **기능**

접점식 스위치로 킥다운 밴드를 작동시킬 때의 유압제어를 위해, 킥다운 밴드가 작동되기 시작하는 점을 검출한다.

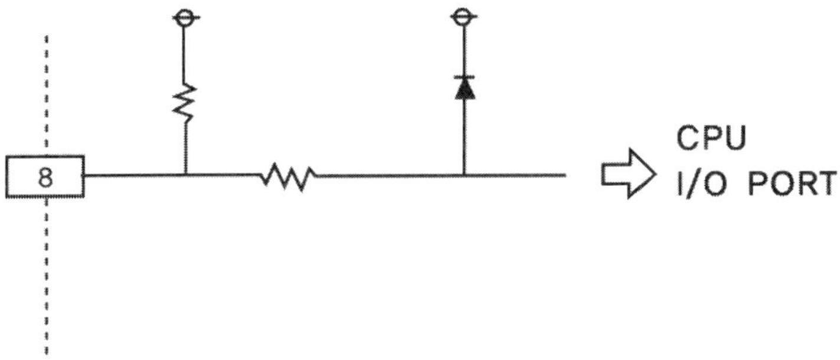

Fig 10.22 킥다운 서보 스위치의 인터페이스

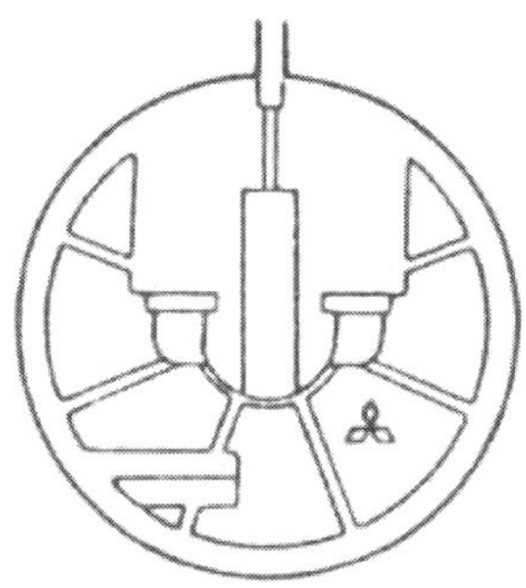

Fig 10.23 킥다운 서보 스위치의 구조

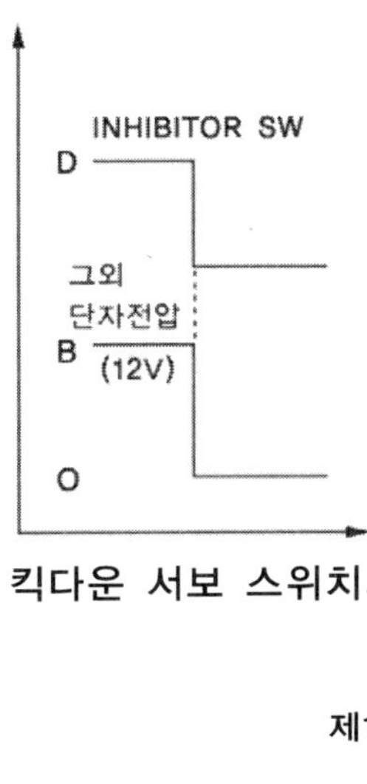

Fig 10.24 킥다운 서보 스위치의 출력특성

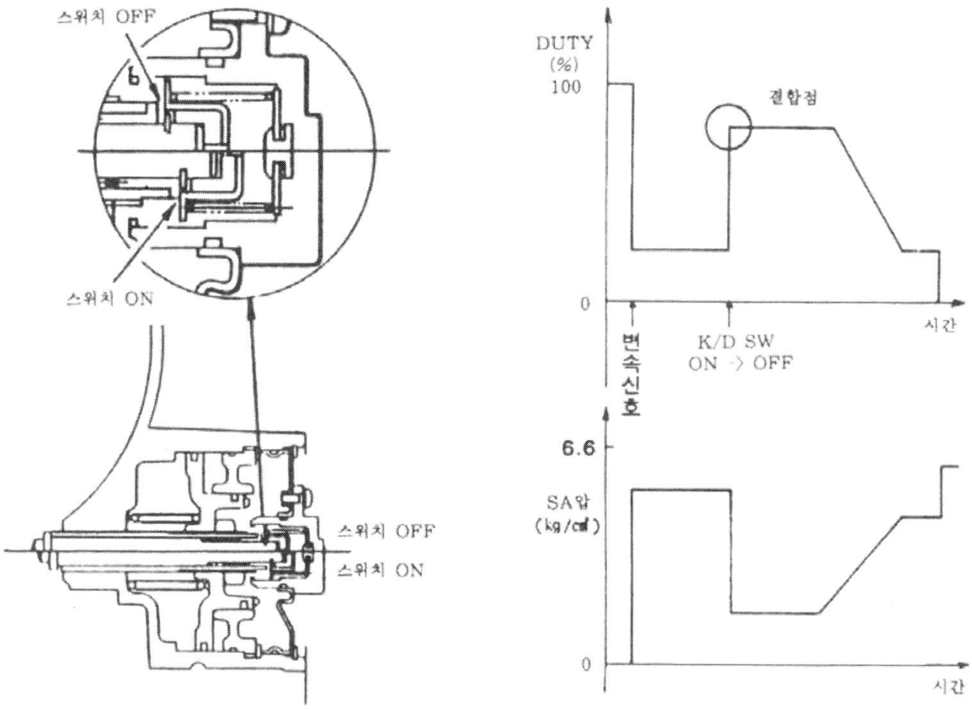

Fig 10.25 킥다운 서보 스위치의 사용 예 - 1속에서 2속 증속시

변속시의 느낌을 좋게 하기 위해 킥다운 브레이크 작동 직전까지는 킥 다운 서보에 높은 유압을 보내어 작동시간을 줄이고, 그 이후에는 적정한 유압을 작동시켜 킥다운 드럼을 잡을 때 충격이 발생하지 않도록 한다. 킥다운 브레이크 작동 전까지는 킥다운 서보 스위치가 ON되고, 작동이 되고나면 OFF되어 그 신호를 TCU에 전달하며 그 시점에서 서보작동압을 저하시킨 후 마지막에는 높은 유압을 보내어 킥다운 드럼을 고정시킨다.

(10) 유온센서(저온)

- 기능

댐퍼 클러치 작동 영역검출 및 변속시 유압제어의 정보로 사용하기 위해 자동변속기 오일의 온도를 검출한다.

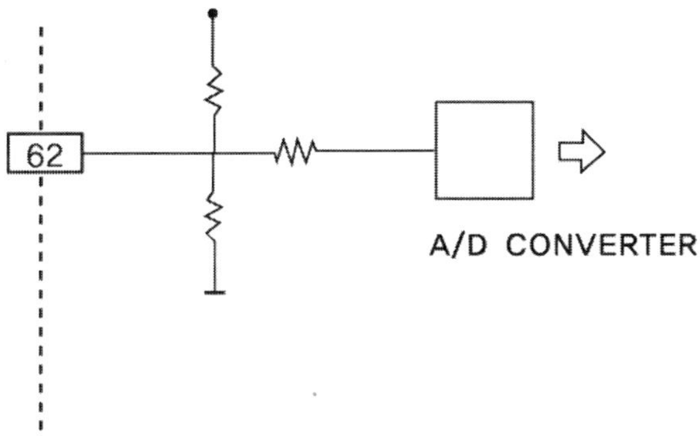

Fig 10.26 유온센서(저온)의 인터페이스

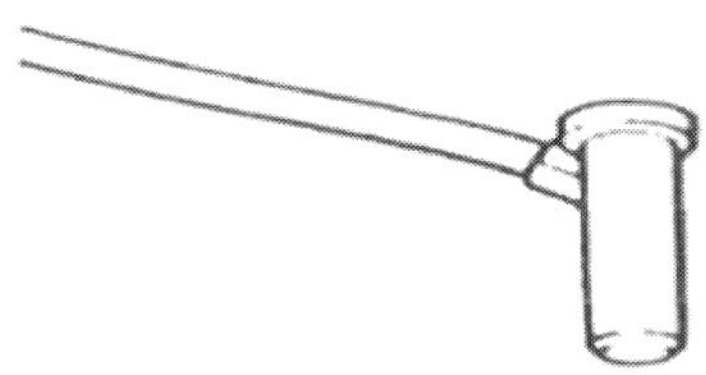

Fig 10.27 유온센서(저온)의 구조

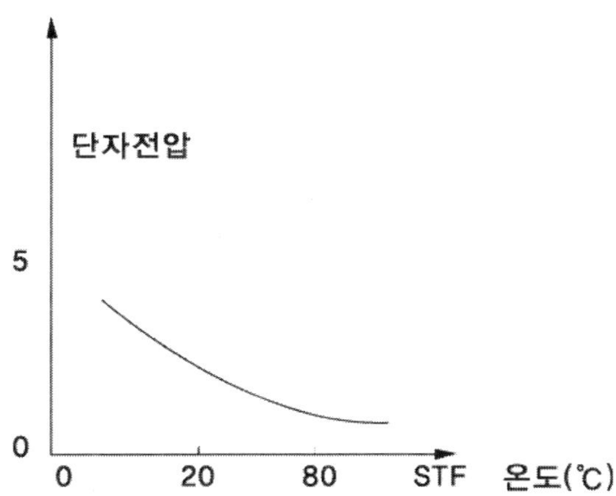

Fig 10.28 유온센서(저온)의 출력특성

(11) 유온센서 (고·저온 분리형)

- **기능**

댐퍼 클러치 작동 및 비작동 영역을 검출하여 변속시 유압제어 및 유온가변 제어시에 사용한다.

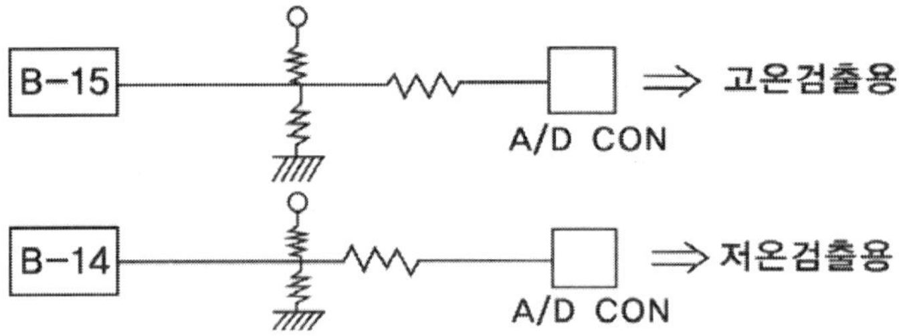

Fig 10.29 유온센서 (고·저온 분리형)의 인터페이스

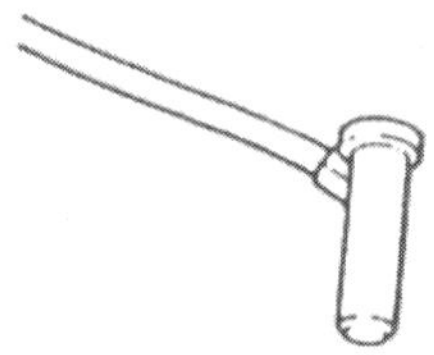
Fig 10.30 유온센서 (고·저온 분리형)의 구조

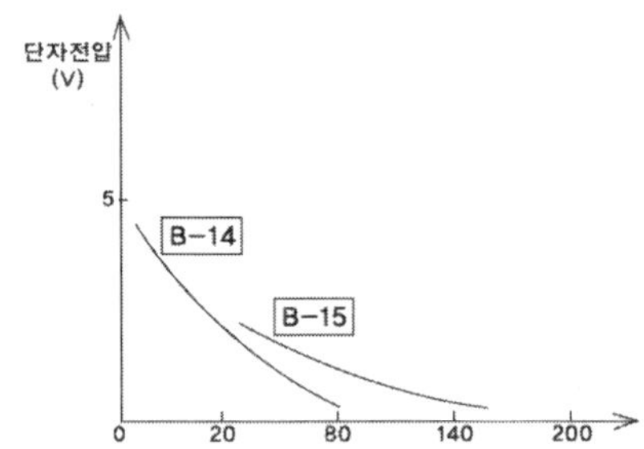

Fig 10.31 유온센서 (고·저온 분리형)의 출력특성

(12) 수온센서

- 기능

댐퍼클러치 비작동영역을 검출하기 위해 엔진 냉각수온의 50°C 상태를 검출한다.

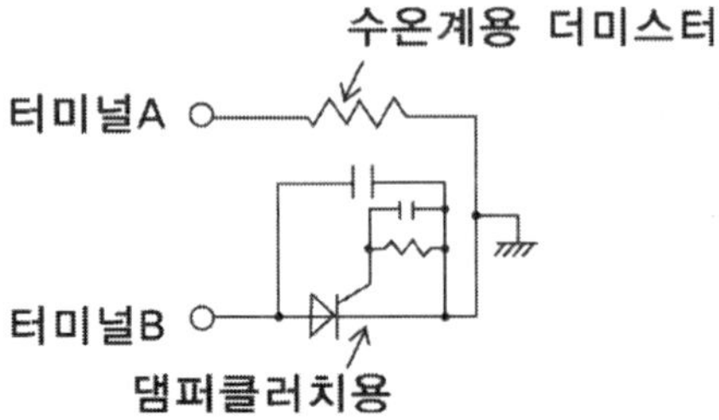

Fig 10.32 수온센서의 인터페이스

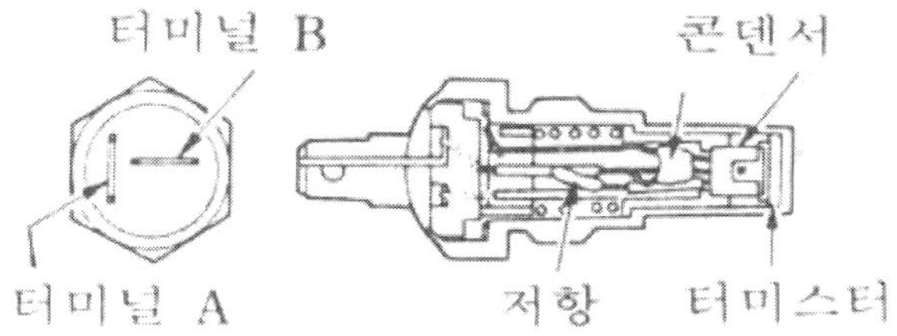

Fig 10.33 수온센서의 구조

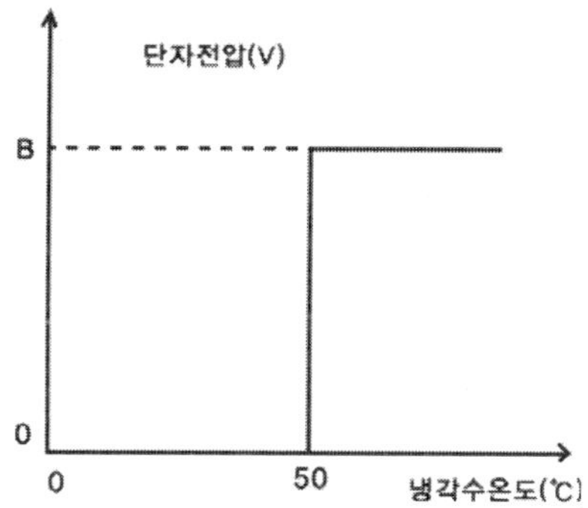

Fig 10.34 수온센서의 출력특성

(13) 차속센서

- 기능

자기 접점식 센서로 차속을 검지하기 위해서 스피드 미처 드리븐 기어의 회전수를 검출한다.

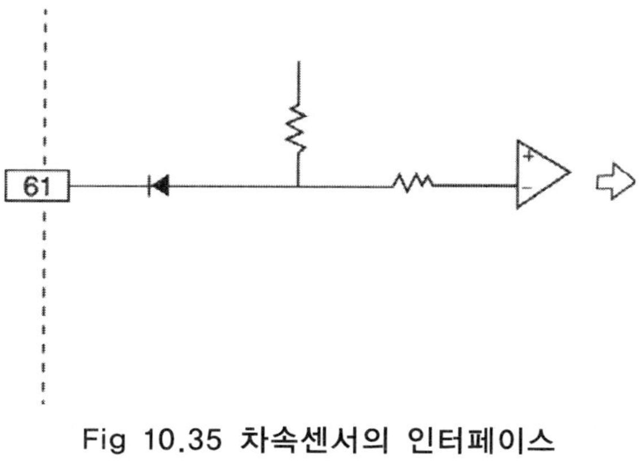

Fig 10.35 차속센서의 인터페이스

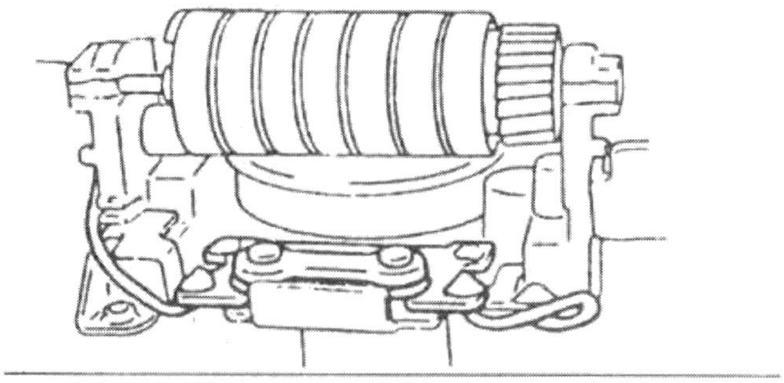

Fig 10.36 차속센서의 구조

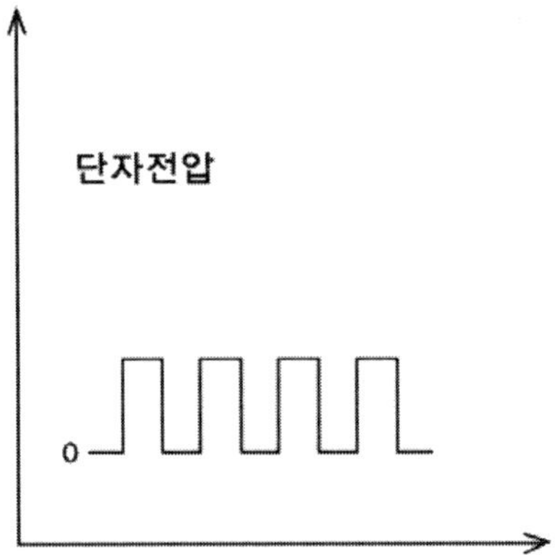

Fig 10.37 차속센서의 출력특성

(14) 파워/이코노미(노말) 스위치

- **기능**

운전자의 요구에 가까운 변속 패턴을 선택하기 위해 P/E SW의 위치를 검출한다.

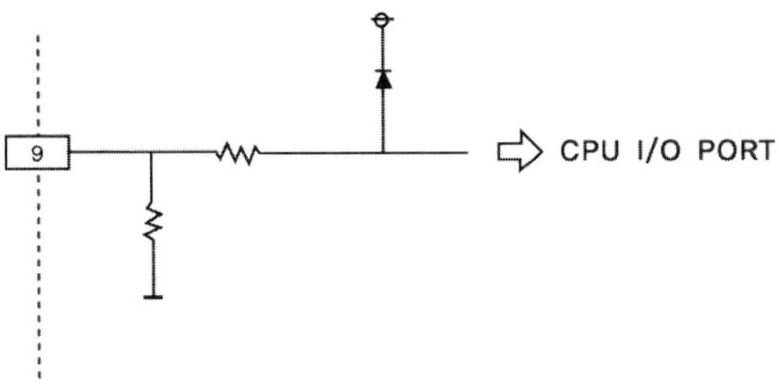

Fig 10.38 파워/이코노미(노말) 스위치의 인터페이스

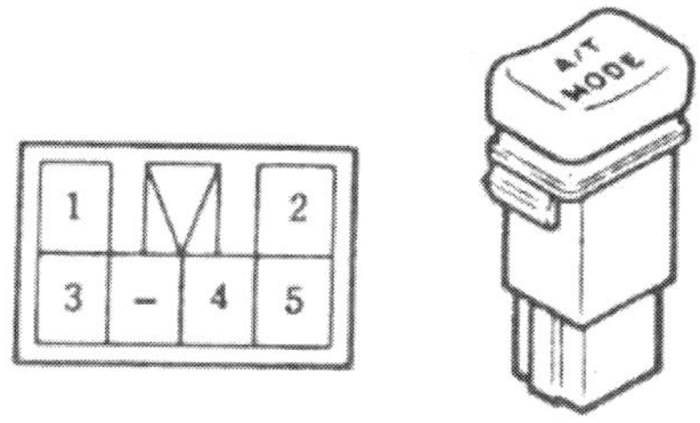

Fig 10.39 파워/이코노미(노말) 스위치의 구조

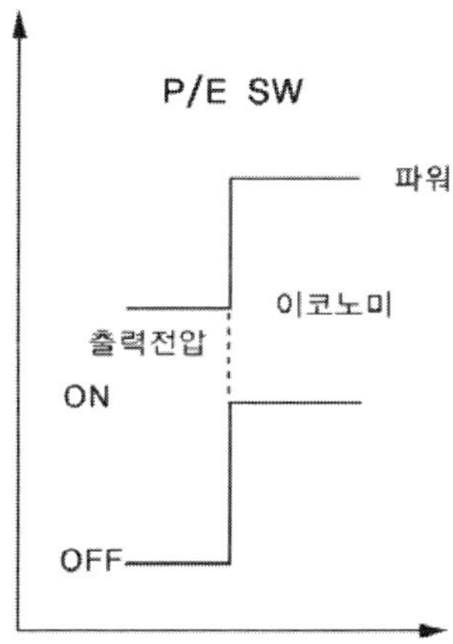

Fig 10.40 파워/이코노미(노말) 스위치의 출력특성

(15) 댐퍼클러치 컨트롤 솔레노이드 밸브

- 기능

댐퍼 클러치의 작동제어를 위해 댐퍼 클러치 컨트롤 밸브에 작용하는 유압을 TCU의 신호에 따라 듀티 제어한다.

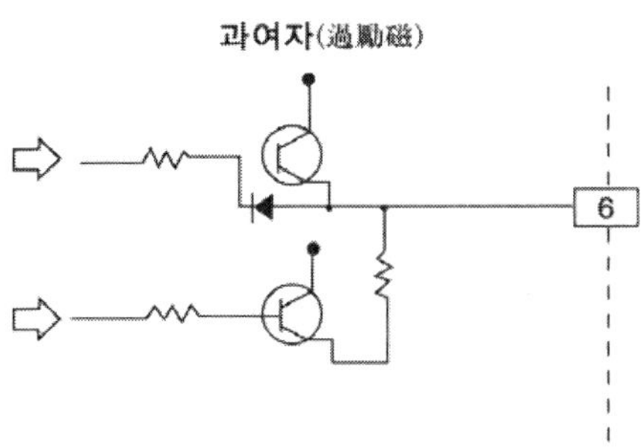

Fig 10.41 댐퍼클러치 컨트롤 솔레노이드 밸브의 인터페이스

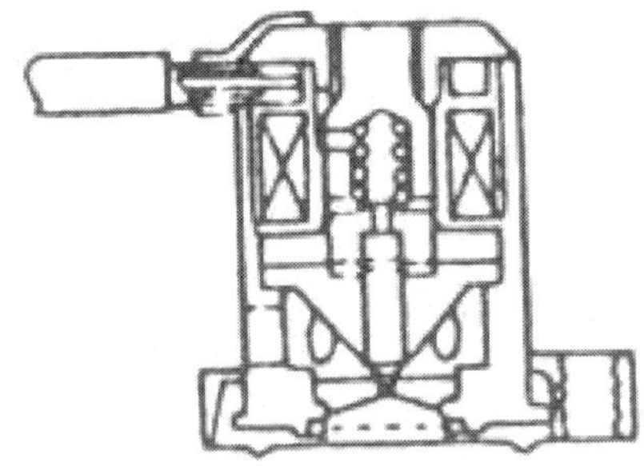

Fig 10.42 댐퍼클러치 컨트롤 솔레노이드 밸브의 구조

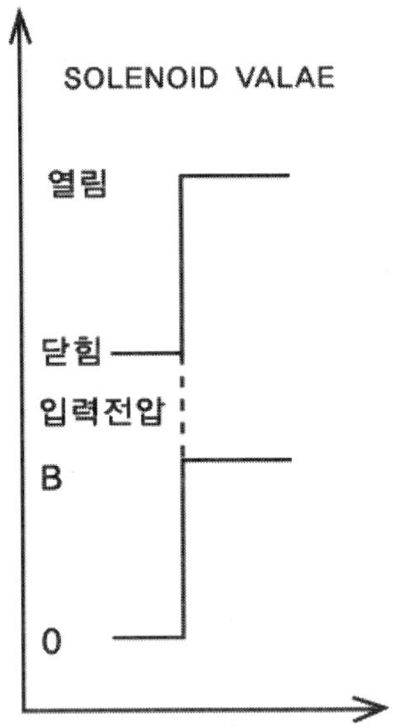

Fig 10.43 댐퍼클러치 컨트롤 솔레노이드 밸브의 출력특성

(16) 압력 조절 솔레노이드 밸브

- **기능**

각 작동요소의 제어를 위해 압력 조절 밸브에 작용하는 유압을 TCU의 신호에 따라 듀티 제어한다.

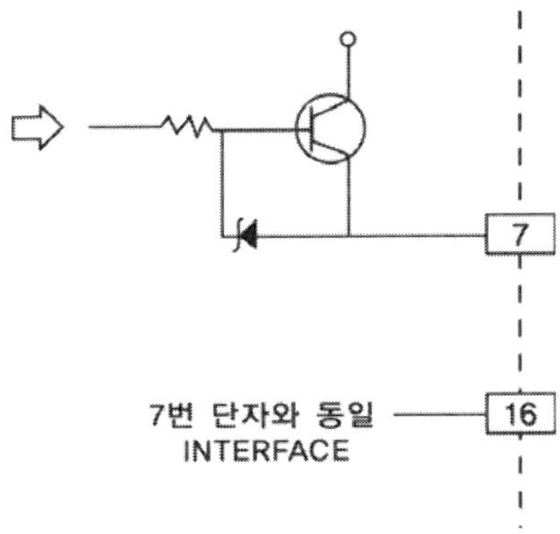

Fig 10.44 압력 조절 솔레노이드 밸브의 인터페이스

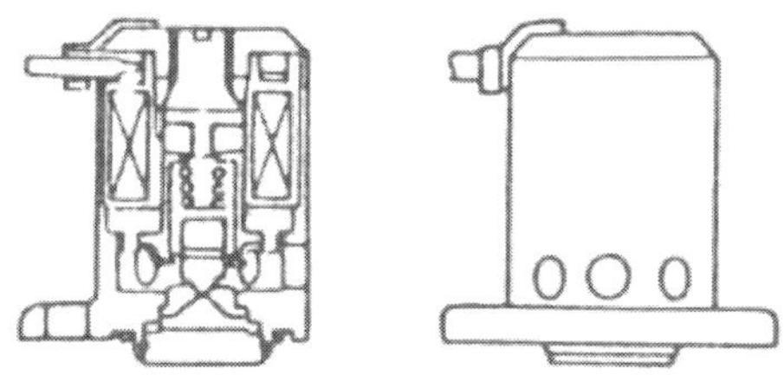

Fig 10.45 압력 조절 솔레노이드 밸브의 구조

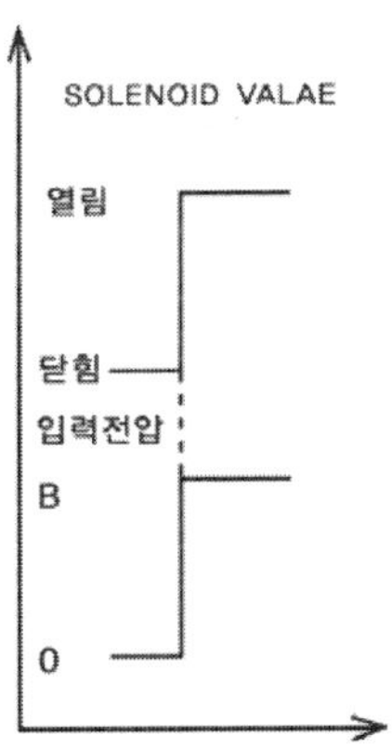

Fig 10.46 압력 조절 솔레노이드 밸브의 출력특성

(17) 변속 조절 솔레노이드 밸브 A, B

- **기능**

변속제어를 하기 위해 TCU의 신호에 따라 변속 조절 밸브에 작용하는 유압을

제어한다. (ON→압력해제 OFF→압력형성)

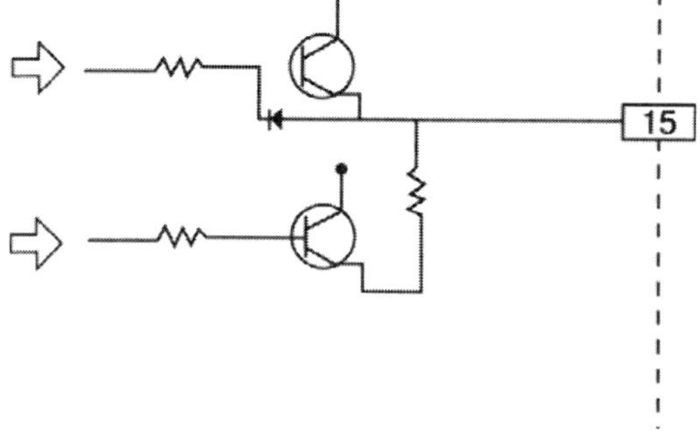

Fig 10.47 변속 조절 솔레노이드 밸브 A, B의 인터페이스

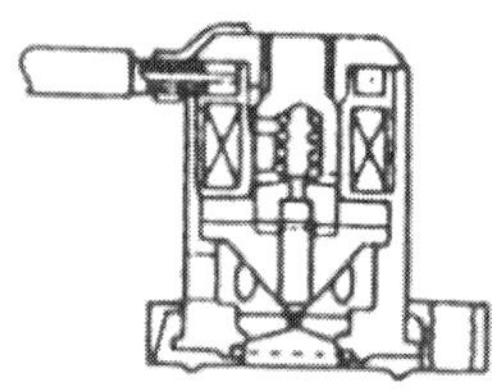

Fig 10.48 변속 조절 솔레노이드 밸브 A, B의 구조

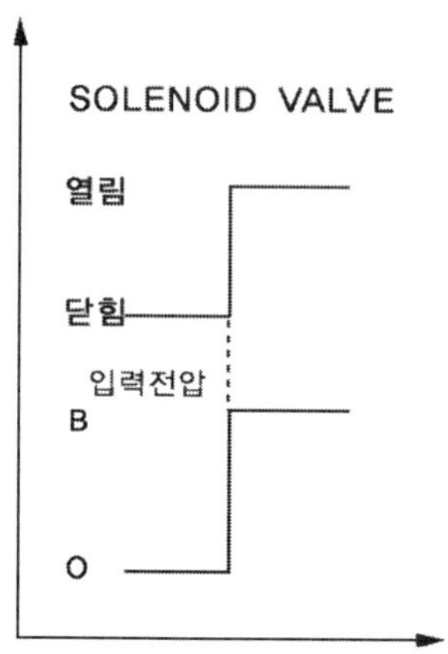

Fig 10.49 변속 조절 솔레노이드 밸브 A, B의 출력 특성

4) 자동변속기 전자 제어의 종류

(1) 댐퍼 클러치 제어

- TCU는 댐퍼 클러치 비작동영역의 판정과 엔진 회전수, 터빈 회전수, 스로틀

개도 보정 등의 결과를 댐퍼 클러치 제어 판정 영역과 비교하여 댐퍼클러치의 작동, 비작동 및 목표 슬립율을 결정하여 댐퍼클러치 컨트롤 솔레노이드 밸브의 구동신호를 출력한다. DCCSV의 제어는 Fig 10.48에 표시된 것과 같이 35Hz의 듀티 구동을 하며, 솔레노이드 밸브의 응답성을 높이기 위해 각각의 펄스 시작시 수 ms동안 높은 전압(12V)를 부과하고 있다.

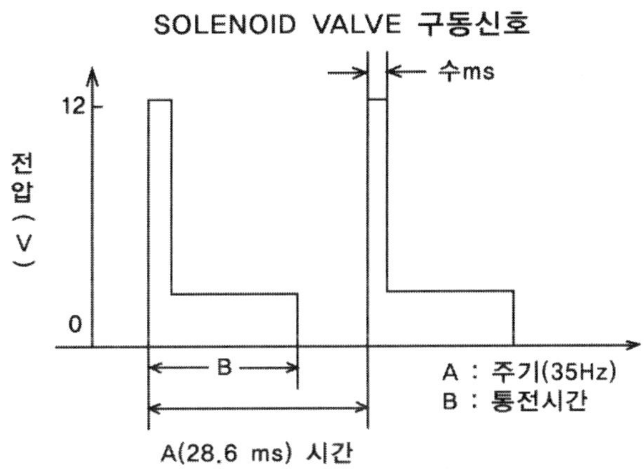

Fig 10.50 댐퍼 클러치의 솔레노이드 밸브 구동신호

- 댐퍼클러치는 제어 듀티가 클때 DCCV 좌단에 작용하는 유압이 저하하여 댐퍼클러치 작동유압의 유로를 크게 열기 때문에 댐퍼클러치는 강한 힘으로 밀착되어 슬리율이 낮게 된다. 반대로 제어 듀티율이 작을 때의 DCCV 좌단에 작용되는 유압은 별로 저하되지 않아 댐퍼클러치 작동 유압도 낮게 되기 때문에 댐퍼클러치의 슬립율도 크게 된다. 이와 같이 듀티율을 제어하여 댐퍼클러치의 슬립율이 목표치에 가깝도록 한다.

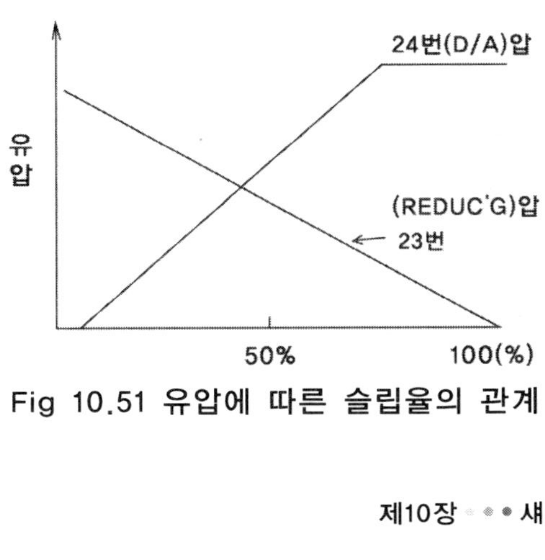

Fig 10.51 유압에 따른 슬립율의 관계

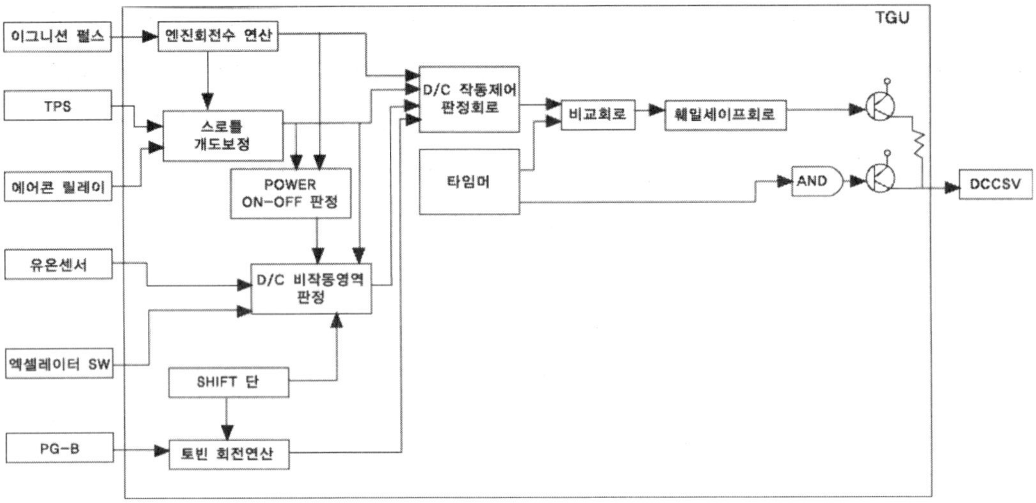

Fig 10.52 댐퍼클러치에 관련된 센서와 기능

(2) 변속 패턴 제어

- TCU는 선택레버 위치, 스로틀 개도, 파워/이코노미 스위치, 펄스제너레이터 B, 엑셀러레이터 스위치, 유온 센서의 정보를 받아 운전상황에 따른 최적의 변속이 이루어지도록 변속단을 선택하여 변속 조절 솔레노이드 A, B에 신호를 보낸다.
- SCSV는 ON.OFF로 구동되어 변속 조절 밸브에 작용하는 유압을 변화 시켜 각단으로 변속이 이루어 지도록 한다.
- SCSV-A, B 의 ON/OFF 에 의한 변속단의 변화는 아래의 표와 같다. 즉, TCU는 SCSV를 ON/OFF 제어하여 변속패턴에 따라 각 단으로 변속을 시킨다.

표 10.1 SCSV에 의한 변속 변화

변속단	SCSV	
	A	B
1속	ON	ON
2속	OFF	ON
3속	OFF	OFF
4속	ON	OFF

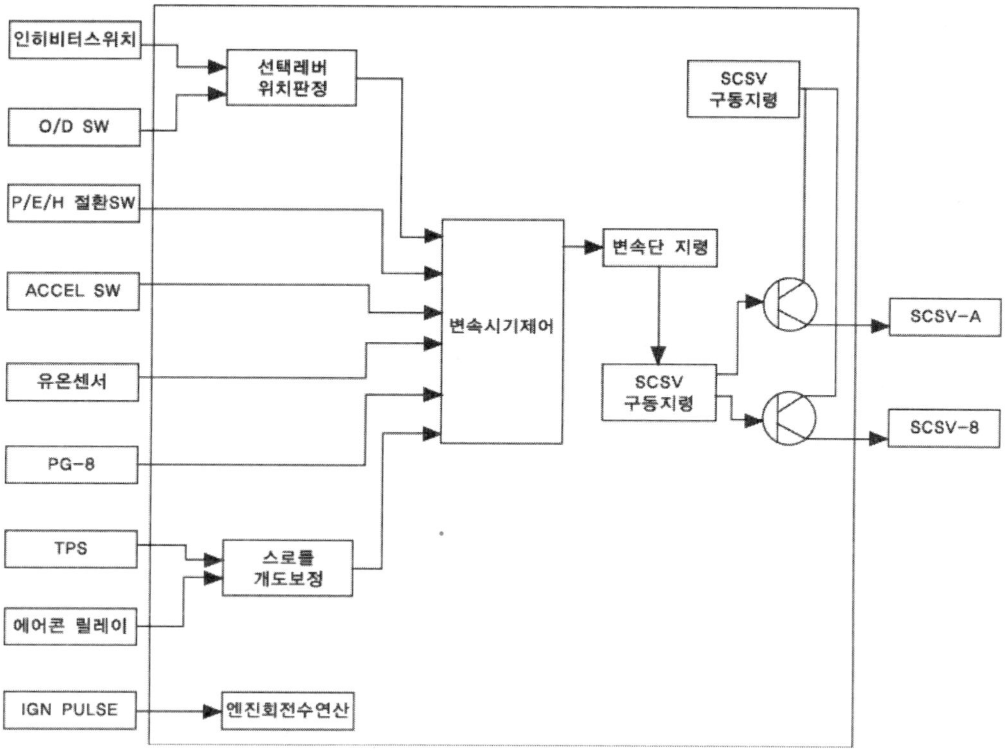

Fig 10.53 변속 패턴 제어 센서와 기능

(3) 변속시 유압 제어

- TCU는 변속시기 제어로부터의 변속지령, 킥다운 서보의 움직임, 킥 다운 드럼 회전수, 스로틀 개도, 파워/이코노미/홀드 스위치의 정보로부터 각각의 변속에 맞는 변속시의 유압특성을 판단하고 압력 조절 솔레노이드 밸브를 듀티 구동하여 압력 조절 밸브의 움직임을 제어한다.

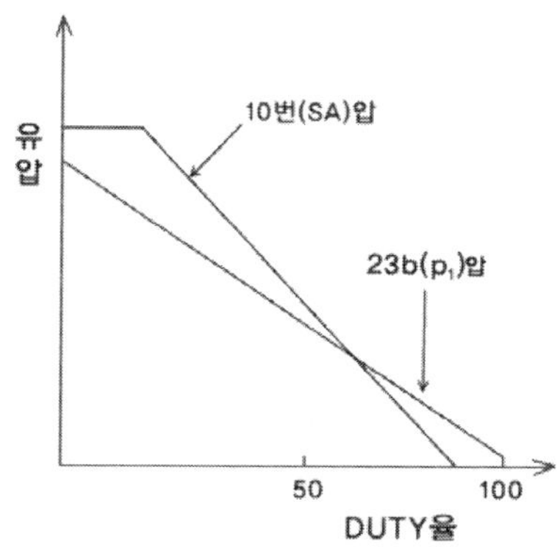

Fig 10.54 변속시 유압 제어

- 듀티 제어는 댐퍼클러치 컨트롤 솔레노이드 밸브와 같은 방법을 사용하고 있다. 압력 조절 밸브의 움직임을 제어하여 변속시에 각 작동요소에 가해지는 유압이 부드럽게 작동되어 변속 충격이 적은 변속을 가능하도록 한다.

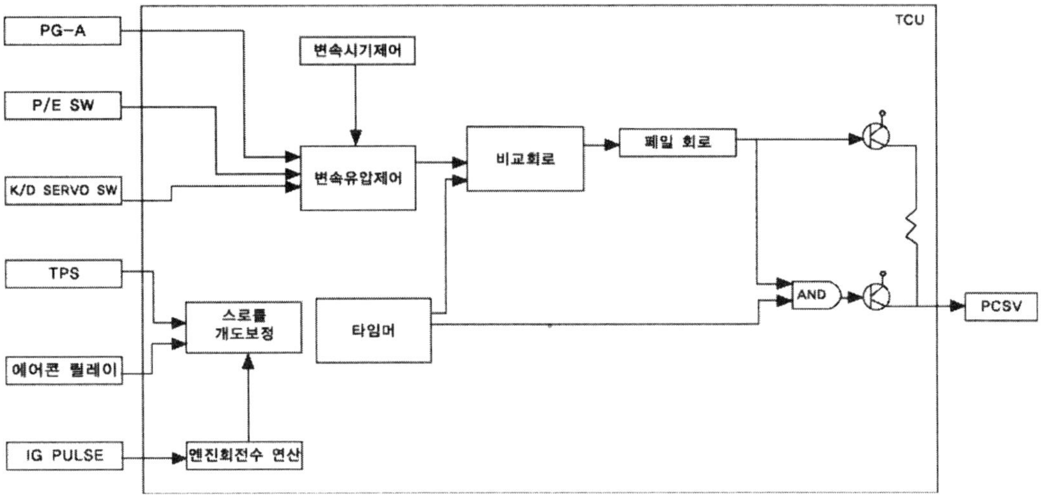

Fig 10.55 변속 유압 제어 센서와 기능

- **변속 유압 제어의 예**

■ 3속에서 2속 파워 ON 변속시의 예

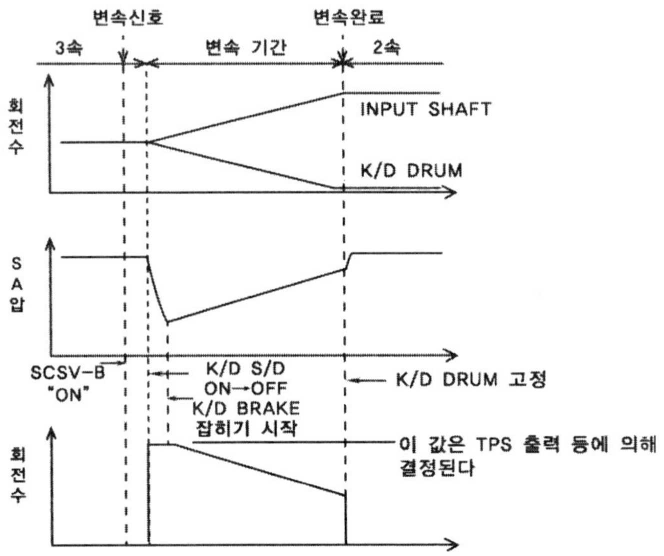

Fig 10.56 파워 ON 변속시의 신호 변화

3속에서 2속으로 변속 신호가 들어가면 프론트 클러치 듀티압이 빠지고 서보작동압에 의해 킥다운 서보 스위치가 ON에서 OFF로 되면 압력 조절 솔레노이드 밸브에 듀티 제어가 개시된다. 킥다운 브레이크가 작동하기 시작하면 듀티율은 내려가고, 이것에 따라서 서보 작동압이 높아진다. 펄스 제너레이터에 의해 동기가 검출되면 듀티 제어는 종료하여 서보 작동압은 최대치를 유지한다.

10.2 전자제어 현가장치

1) ECS(Electronic control suspension system)의 개요

자동차의 현가장치는 승객의 안락함과 주행안정성을 확보하는 주장치로 자동차를 구성하는 중요 부분이며 주행 조건에 따라 승차감과 핸들링에 많은 변수를 가지고 있다. 현가 장치의 특성상 안락함과 주행 안정성을 동시에 만족시키기는 어려운 점이 있는데 현가장치를 부드럽게 하면 안락감은 확보할 수 있으나 주행안전성은 나빠지게 되고 반대인 경우에는 안락감은 저하된다. 도로 사정이나 주행조건에서 이 두가지를 모두 만족시키기 위해서는 기계적인 시스템으로는 불가능하다. 도로 조건이나 주행 조건에 맞게 현가장치의 특성을 변화시켜 승차감과 안정된 핸들링을 확보하는데 목적이 있는 시스템이 바로 ECS이다. ECS는 컴퓨터(ECU), 각종 센서, 액추에이터 등을 설치하고 노면의 상태, 주행조건, 운전자의 선택 등과 같은 요소에 따라서 자동차의 높이와 현가특성(스프링정수 및 감쇠력)이 컴퓨터에 의해 자동적으로 조절된다. 즉 비포장 도로를 주행할 때에 차체가 노면에 긁히지 않토록 하기 위하여 높아져야 하고 포장된 도로를 주행할 때에는 안전성을 높이기 위해 차체가 낮아져야 한다. 그리고 현가 장치를 매 순간마다 강하게(HARD) 또는 부드럽게(SOFT) 조절하여야 하는데 이러한 작동을 컴퓨터를 이용하여 조절한다. 즉 전자장치를 응용하여 기계식 현가장치에서 발생되는 여러가지 문제점을 해소시키기 위해 스프링상수, 쇽업쇼버의 감쇄력, 공기스프링의 압력을 변경시켜 자세제어, 차고조절, 주행안정성, 승차감을 향상시켜 운전자의 욕구를 만족시키는 장치가 전자 제어 현가장치(Electronic Control Suspention)이다.

- **피드 백 변속 제어 시스템** (Feed Back Shift Control System)

■ 각 변속단으로의 변속시 T/M 입력 토크의 변화를 TCU에 설정하여 목표치와 일치하도록 PCSV의 듀티율을 피드백 제어하는 시스템이다.

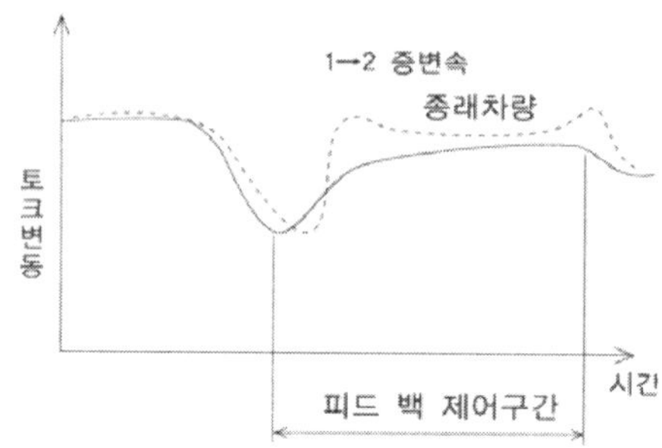

■ T/M 입력 토크(토크 컨버터내 터빈의 속도 변화율을 높여 제어 유압을 떨어뜨림으로서 토크의 변동을 줄이고, 반대로 입력 토크가 적을때는 PCSV의 듀티율을 낮추어 제어 유압을 높임으로서 토크 변동을 이상적으로 되도록 실시간 제어를 한다.

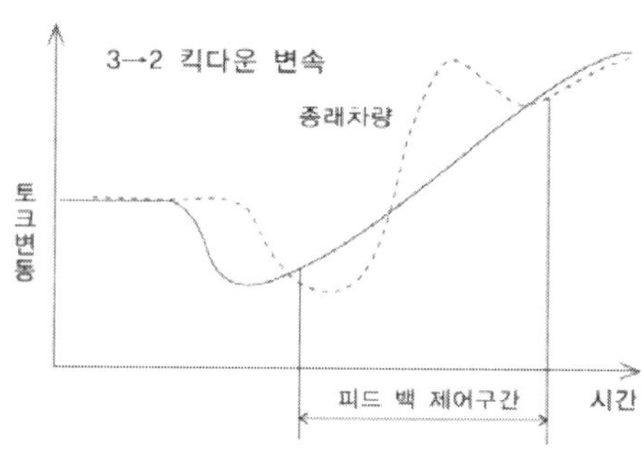

- **어댑티브 증변속 컨트롤 시스템** (Adaptive Up Shift Control system)

■ 각 변속단으로 증변속시 TCU에 설정되어 있는 이상적인 변속시간과 실제 변속시간과의 차이를 검출하여 그에 대응하는 PCSV의 듀티율을 제어, 보정함으로서 변속시 변속느낌을 향상 시킨다.

■ 실제의 변속시간이 TCU에 설정된 변속시간보다 길면 PCSV의 듀티율을 낮춤으로서 제어유압을 높여 변속시간을 단축시키고, 반대로 실제의 변속시간이 TCU

에 설정된 변속시간보다 짧으면 PCSV의 듀티율을 높임으로서 제어 유압을 낮추어 변속시간을 길게 함으로서 TCU에 설정된 변속시간과 같이 제어한다.

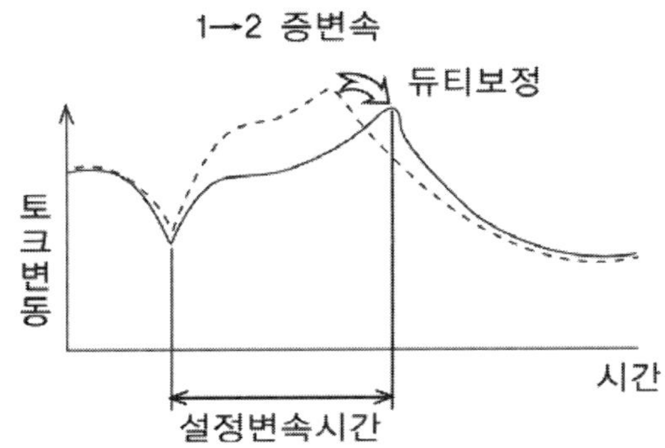

- **홀드모드**

■ D, 2, L 레인지로 주행시 운전자의 판단에 딸 강제 변속상태(1속, 2속, 3속, 4속)로 유지시킴으로서 목적에 따라 수동변속기와 같은 특징을 부여할 수 있는 시스템이다.

■ D, 2 레인지로 출발시 2속 홀드(HOLD) 상태임으로 눈길등 미끄러운 노면에서 용이하게 발진할 수 있도록 엑셀러레이터 조작(스로틀 개도)에 의한 변속이 되지 않고 TCU내에 홀드 모드시의 변속 패턴에 의해 차속에 의해서만 변속이 이루어진다.

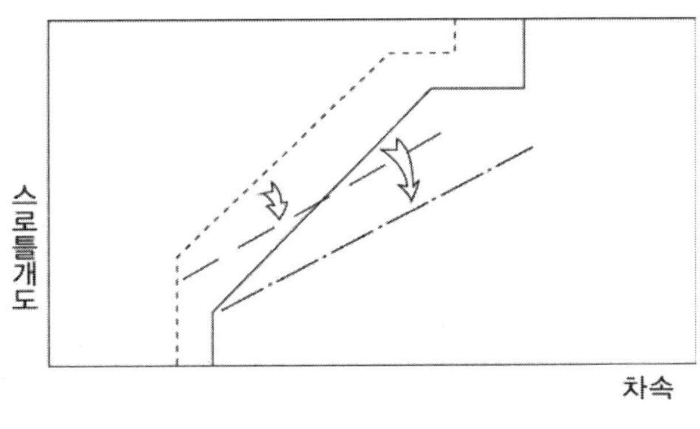

2) ECS의 기술 동향

기존의 수동식 현가장치를 장착한 차량의 주행안전성능은 승차감과 핸들링의 상반되는 성질 중 한쪽 방향만을 중점적으로 개발해왔다. 따라서 상반되는 이 두 가지 운동 특성을 동시에 향상시키는 방법이 계속하여 모색되어 왔다.

일반적으로 자동차의 현가장치에는 판스프링, 코일스프링, 토션바, 고무스프링 등의 스프링류와 쇽업쇼버를 사용해 왔으나 전자기술의 발전과 더불어 자동차의 현가장치를 통하여 노면에서의 미세한 진동과 선회시 롤링 등 불안정한 차의 상태를 최적의 상태로 제어될 수 있도록 설계된 것이 전자제어식 현가장치이다.

운전자가 과도하게 조향을 하거나 차량의 거동이 일정한 궤도를 벗어날 경우 하중차이에 의한 쏠림 현상이나 조향력 상실로 인하여 운전자는 차량 전복이나 기타 예측 불가한 위험에 처할 수 있다. 그러나 전자제어식 현가장치가 장착된 자동차는 불규칙한 노면의 주행시 타이어 접지면에서의 수직하중을 적절한 수준으로 유지하여 선회, 제동, 구동시의 차량의 안정성을 확보할 수 있고, 차량의 주행중에 발생되는 노면의 불규칙한 압력을 효과적으로 차단함으로써 승객에게 안락한 승차감과 운전편의성을 제공해 줄 수 있다.

전자제어의 기능별 종류로는 차고제어, 감쇠력 제어, 스프링 상수 제어, 자세제어, 조향력 제어 등을 대표적으로 들 수 있다.

또한, 전자제어식 현가장치는 구조 및 작동 원리에 따라 크게 반능동형(Semi Active) 현가장치와 능동형(Full Active) 현가장치로 나눌 수 있으며, 최근에는 노면감지 능동형(Active Preview) 현가장치 등이 개발되고 있다.

3) ECS 의 기능에 따른 분류

(1) 차고 제어

승차인원이나 적재하중의 변화에 따른 차체 자세의 변화를 방지하고 고속주행시에는 차량의 높이를 낮춰서 주행 안정성을 향상시키며, 험로나 악로를 주행할 때는 차의 높이를 올려서 노면과의 접촉을 방지하는 등의 목적으로 차 높이 조정기구가 개발되었다. 차고 제어 방법은 유압식과 공압식으로 대별되어지고, 유압식은 다시 재키식과 하이드로뉴매틱식으로 분류된다. 하이드로뉴매틱식은 공압식과 마찬가지이지만 금속스프링을 병용하는 것과 쓰지 않는 것으로 분류된다. 또한 제어방법으로 기계식과 전자제어식이 있다.

- **유압식**

유압식은 각 차륜에 설정된 유압 재키, 전동모터로 구동되는 오일펌프, 오일탱크, 스풀밸브, 스레셔스위치 등으로 구성되고 차고 선택스위치나 차속 신호에 따라 오일펌프를 정전 또는 역전시키고 각 재키를 작도시켜서 차량의 높이를 조절할 수 있다.

- **하이드로뉴매틱(hydropneumatic)식**

하이드로뉴매틱식은 오일펌프에서 토출된 작동유를 압력조정기를 이용하여 주축압기에 저장해 놓고, 레벨링밸브에 의하여 이 유압을 유압실린더로 공급 또는 유압실린더로부터 배출해서 차고를 조정하는 것이다.

레벨링밸브는 스태빌라이저부에 설치되며 차고의 변화에 따른 스태빌라이저의 변위를 이용하여 레벨링밸브의 스풀을 통하여 유압의 공급과 배출을 기계적으로 조절해서 차고를 바꾸고 있으며, 레벨링밸브를 수동으로 제어해서 차고를 바꿀 수 있다. 유압의 급배류량은 공급압이나 실린더 압에 따라 달라지기 때문에 차체 전체를 일정속도로 오르내릴 수 없는 경우가 있다. 공기압식에서도 비슷한 기구가 대형버스 등의 공기 현가장치에 적용되고 있다.

- **전자제어식**

전자제어식은 차고센서나 그 밖의 센서 신호를 제어회로에서 처리하며 공기 현가장치나 하이드로뉴매틱 현가장치의 압력과 스트로크를 제어하여 차고를 조정하므로 기계식에 비해 광범위하고 높은 수준의 제어를 할 수 있다.

공압식의 전자제어식 차고조정시스템의 공기압 공급장치는 모터구동의 컴프레서, 드라이어, 에어탱크로 구성되어 있다. 차체자세의 변화를 차고센서로 검출하고 컨트롤러에서 기준위치로 복귀되기까지 솔레노이드 밸브를 제어하여 공기 현가장치로 공기를 공급하거나 배출하여 차고를 조정한다.

공기현가장치에는 쇽업쇼버에 롤링다이어프램을 일체화시킨 구조가 일반적으로 사용된다. 에어탱크는 차고의 상승시간을 단축시키기 위하여 사용되는데 컴프레셔의 용량을 크게 해서 에어탱크를 쓰지 않는 시스템도 있다.

공압식의 경우 공압회로내의 수분 제어가 필요하기 때문에 드라이어로 수분흡착제인 실리카겔이 일반적으로 사용되며, 공기를 배출할 때에 감압 재생을 하는 프레셔스윙 방식에 의해 수분의 포화를 막는 방식이 채용되고 있다.

(2) 감쇠력 제어

현가장치의 쇽업쇼버에 요구되는 감쇠력은 같은 피스톤 속도라도 주행조건에 따라서 다르기 때문에 각자 주행조건에 대응해서 감쇠력을 변환하는 시스템이 적용된다. 일반적으로 노면이 양호한 도로에서의 주행시에는 감쇠력을 낮게 설정하여 승차감을 확보하고 급발진, 급제동시에는 감쇠력을 높임으로써 차체 자세의 변동을 저감시킬 수 있다. 또한, 험로나 악로 등을 주행할 때는 감쇠력을 높임으로써 차체 진동을 신속하게 억제할 수 있으며 타이어의 접지력 변동을 저감시키는 것도 가능하다.

감쇠력 가변기구는 감쇠력가변 쇽업쇼버, 콘트롤러, 각종 센서 및 감쇠력 변환용 엑츄에이터 등으로 구성된다. 감쇠력 가변기구는 피스톤로드 속을 관통하는 컨트롤로드를 회전시켜서 그 하단에 고정된 셔터가 오일통로를 개폐하여 감쇠력을 조정하도록 되어있다. 높은 감쇠력인 경우는 통로를 닫아서 감쇠력 특성은 피스톤에 장치된 제 1밸브의 특성이 된다. 낮은 감쇠력인 경우는 통로를 열어서 감쇠력 특성은 제1밸브와 제2밸브의 짜맞춤 특성이 된다.

과거의 감쇠력 가변식 쇽업쇼버는 오리피스 면적만 가변 구조로 되어 있었기 때문에 오리피스 특성만이 가변함으로서 가변 감쇠력 특성의 선정범위에 제약이 있어서 효과가 현저하지 않은 경우도 있었다.

(3) 스프링 상수 제어

일반적으로 현가장치의 스프링상수나 감쇠력이 낮아지면 스프링 위쪽의 가속도가 감소되어 승차감은 좋아지지만 적재하중의 변화에 따른 차고의 변화 및 주행중의 롤링, 피치, 바운스 등의 차체 자세 변화가 커진다. 이 때문에 낮은 스프링 상수를 갖기 위해서는 차고조정 기능과 스프링 상수 가변기능도 필요하게 된다. 또한, 감쇠 계수비를 일정 범위내로 설정하기 위해서는 감쇠력도 동시에 가변으로 할 필요가 있다.

스프링상수 가변기구는 공기 현가장치나 하이드로뉴매틱 현가장치 등과 같이 공기 스프링이 이용된다. 공기현가장치의 스프링상수 가변 원리는 공기스프링의 체적을 분할하고, 양자의 연결 통로에 개폐 밸브를 설정하여 구성된다. 공기 스프링 상수는 공기실의 체적과 역비례의 관계가 되므로, 앞에서 기술한 구성에 의하여 체적을 나누어 씀으로서 스프링 상수를 가변 할 수 있다.

즉, 스프링 상수 제어에는 일반적으로 차고제어기능, 감쇠력제어 기능도 포함되어 있기 때문에 종합적인 현가장치 제어라 할 수 있다. 현재 전자제어식 현가장치 장착 차량의 경우에는 차고조절기능, 쇽업쇼버의 감쇠력제어기능, 압축공기를 이용한 스프링상수제어 기능을 통하여 안티다이브, 안티스쿼트, 안티롤링의 제어와 차속에 따른 스프링상수 변화에 따른 조종안정성 향상을 기할 수 있다.

(4) 자세제어

자세제어의 가장 대표적인 것이 바로 롤 제어이다. 롤 제어는 롤 강성을 가변으로 하는 방법으로 쇽업쇼버의 감쇠력 제어 혹은 현가스프링의 스프링상수 제어에 의한 방법이 있으나, 각각 승차감에 대하여 악영향을 끼치기 쉬우며 제어방법이 복잡해진다. 롤강성 제어에 국한하는 경우, 스태빌라이저의 비틀림 강성을 가변화한 기구도 사용된다.

스태빌라이저는 좌우 바퀴가 같은 위상으로 스트로크하는 영역에서는 스프링작용을 하지 않고, 스프링의 고유진동수에 영향을 주지 않는다. 노면의 종류에 따라 다르나, 노면파장이 길수록, 즉 공간주파수가 낮은 노면입력 상태에서는 좌우바퀴 변이의 상관성이 높고, 좌우 같은 위상에서 스트로크하는 것이 되므로 롤강성을 높일 목적으로 스태빌라이저의 비틀림강성을 높여도 감쇠력 제어나 현가스프링의 스프링상수 제어에 비교하여 승차감에 주는 영향은 적다. 스태빌라이저의 비틀림 강성을 가변하기 위한 장치로는 기계식과 유압식이 있으며, 어느 경우에도 스태빌라이저와 로워암의 부착부에 장착하여 결합부의 강성을 변화시킨다.

유압식인 경우에는 신축하는 피스톤로드에 동반하는 피스톤 상하실 사이의 오일의 흐름을 유로조절밸브의 개폐에 의하여 제어하는 기구이다. 피스톤 로드가 자유롭게 미끄럼 운동을 하는 상태에서 스태빌라이저로의 입력은 부하되지 않고 롤강성은 낮아진다. 다만, 피스톤로드 스트로크를 초과하는 큰 입력이 부하되면 실린더에 내장된 스토퍼에 의한 스트로크 규제에 의하여 스태빌라이저 본래의 강성으로 되돌아가는 안전설계가 이루어져 있다. 또한 오일의 흐름을 구속하여 피스톤로드를 고정하면 스태빌라이저 자체의 강성이 얻어진다. 이 모드에서는 실린더의 중립 위치에서 리저버실로 연통하는 포트를 마련하여, 어느 상태에서 로크 동작이 이루어지거나 중립위치에서 로크되어 차체 자세에 비틀림을 주는 일은 없다.

기계식인 경우도 유압식의 경우와 같이 피스톤로드의 상하 움직임을 로드에 가공된 홈과 외주 콜릿에 의하여 기계적인 방법으로 상하 움직임의 구속을 한다.

이 경우도 로크는 홈이 있는 중립위치에서만 로크되어 차체 자세에 변화를 주는 일은 없다.

제어방식은 현재 실용화 되고 있는 유압식, 기계식 모두가 케이블 조작에 의한 수동 조정식이고, 길이 좋은 도로에서의 승차감 향상과 악로주행 및 고속주행에 있어서의 롤각저감과 접지성 향상을 목적으로 속업쇼버의 감쇠력과 연동하는 변화제어를 하고 있는 유압식도 있다.

스태빌라이저의 강성가변제어는 롤강성의 변경을 가능하게 함과 더불어, 앞뒤 바퀴에 설치하면 전후 단독으로 변화시키는 것도 가능하게 되고, 스플깅 위 질량 관성의 이동량을 전후륜에서 변화를 줄 수 있어 스티어링 특성도 제어하는 것이 가능하게 된다. 가변장치의 제어 방법도 수동 조정뿐만 아니라 감쇠력 가변기구와 같이 여러 가지 센서 신호를 입력으로 하여 응답성이 좋은 전기력이나 유공압에 의하여 구동되는 컨트롤 시스템화의 가능성도 있다. 또, 유압식 가변장치 경우는 외부의 유압원과 실린더의 상하실을 변환밸브를 거쳐 접속시켜 횡가속도 등의 신호에의하여 실린더 변위 혹은 압력의 제어를 하는 등 능동적인 롤 제어를 할 수도 있다.

(5) 조향력 제어

타이어에 횡력 또는 전후력이 가해지면, 현가장치의 탄성변형에 의하여 토우(toe) 각의 변화를 일으켜 그에 따른 스티어링 특성도 달라진다. 이 토우 각의 변화에 따라 목표로 하는 스티어링 특성을 얻을 수 있도록 컨트롤하는 기구가 컴프라이언스 기구이다.

이 기구는 후륜에 설치되는 예가 많고, 선회시에 작용하는 횡력에 의해서 외륜을 토우-인으로 향하도록 하여 후륜의 선회력을 크게 하는 것으로서 고속선회시의 안전성을 향상시키는 것이나, 제동시의 뒤쪽 방향으로 향하는 힘에 의하여 토우-인 으로 향하도록 하여 제동시의 안정성 향상을 목적으로 한 것이 있다. 또, 가해지는 가로 방향의 횡력이 작은 경우는 토우-아웃 크면 토우-인 으로 되도록 설정되어 가로방향 가속도가 낮은 선회에서의 복원성과 높은 선회에서의 안정성 모두를 목적으로 한 것도 있다.

이들은 링크의 배치나 부쉬의 강성 배분에 의하여, 토우변화 특성을 제어하고 있지만, 토우 제어량을 크게 하면 부쉬의 변화량이 커지게 되어 부쉬의 내구성이 저하된다. 또, 토우 제어량을 크게 하는 것은 토우 강성이 저하되고, 노면 요철에 의한 입력으로도 토우 변화를 발생시켜 직진 안정성을 해칠 염려가 있기 때문에 제어량의 설정은 여러 가지 요인을 만족하는 범위에서 이루어져야 한다.

또, 최근에는 유압 등의 외력을 이용하여 토우 변화를 능동적으로 제어하고자 하는 기술이 소개되고 있다. 전후 컴플라이언스를 높게 설정하여, 토우 변화를 정확하고 확실하게 제어함으로써 조종안정성을 높이고자 하는 새로운 시스템의 연구가 진전되고 있다.

4) ECS의 구성

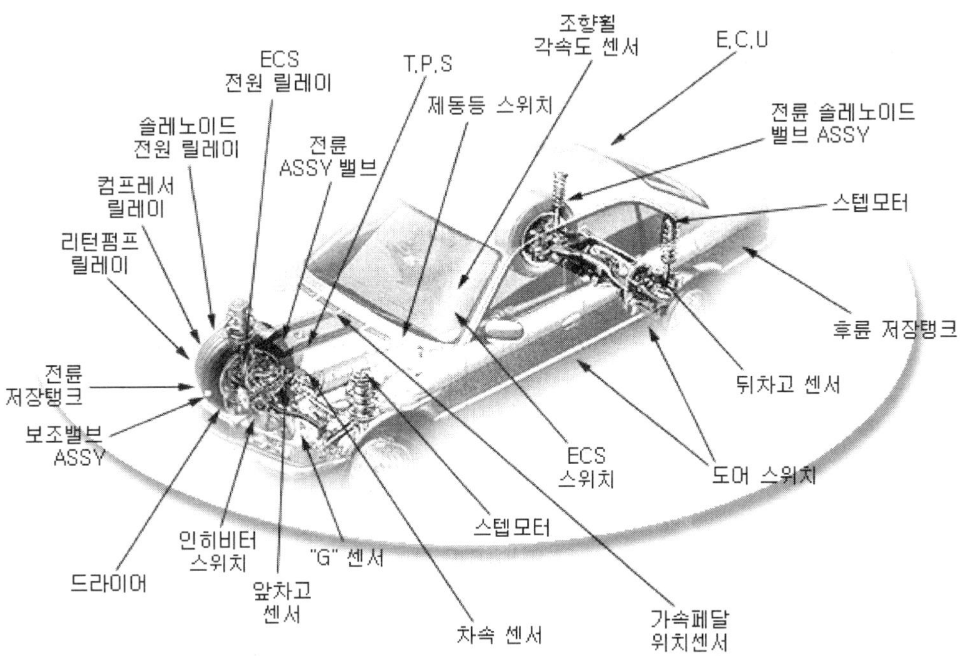

Fig 10.57 ECS 센서의 구성

(1) 브레이크 스위치

- 기능 : 운전자의 브레이크 페달 조작 여부를 판단하여 컴퓨터에 입력
- 제어 : 다이브제어

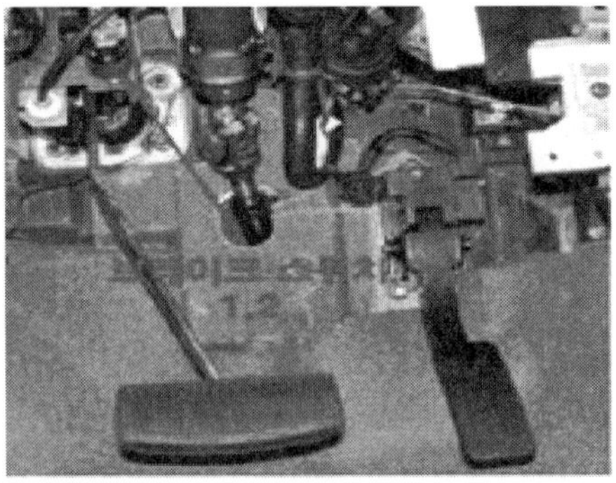

Fig 10.58 브레이크 스위치

(2) ECS지시등

- 기능 : AUTO 모드 시에는 소등되며 운전자가 SPORT 모드를 선택하게 되면 컴퓨터는 계기판에 SPORT 모드 표시등을 점등시켜 운전자에게 알려주며 시스템에 고장이 발생하게 되면 컴퓨터는 "SPORT" 표시등을 점멸시켜 고장을 알려 준다.

(3) 스텝 모터

- 기능 : 각각의 쇽업소버 상단에 설치되어 있으며 컴퓨터의 신호에 의해 작동된다. 컴퓨터는 자동차 운행 중 쇽업소버의 감쇄력을 변화 시켜야할 조건이 되면 스텝 모터를 회전시키고 스템 모터가 회전하게 되면 스텝 모터와 연결된 제어로드가 회전하면서 쇽업 소버 내부의 오일 회로가 크게 변화 되어 감쇠력이 가변하게 된다.

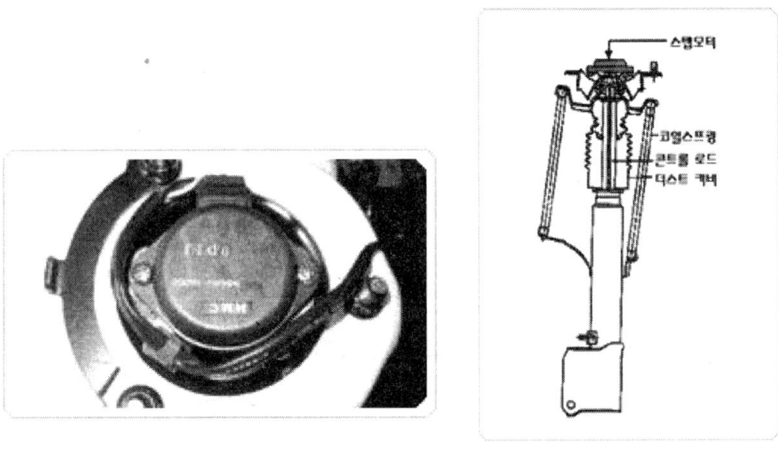

Fig 10.59 스탭 모터

(4) ECU

- 기능 : 각종 센서로부터 입력된 정보를 연현주행조건 노 면 상태 등을 판단, 스텝모터를 SOFT, MEDIUM, HARD 위치로 작동시키는 일을 한다. 또한 고장이 발생하면 고장을 기록하여 진단장비를 통해 출력하고 계기판에 SPORT램프를 점멸시켜 운전자에게 고장을 알려주는 역할을 한다.

(5) 앞/뒤 차고센서

- 기능 : 차고센서는 차축과 차체에 연결되어 위치를 감지하며 차체의 상하움직임에 따라 레버가 회전 하므로 레버의 회전량을 센서를 통하여 감지한다.

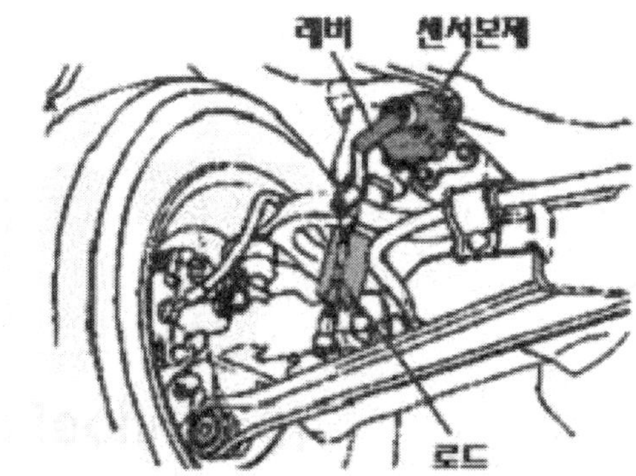

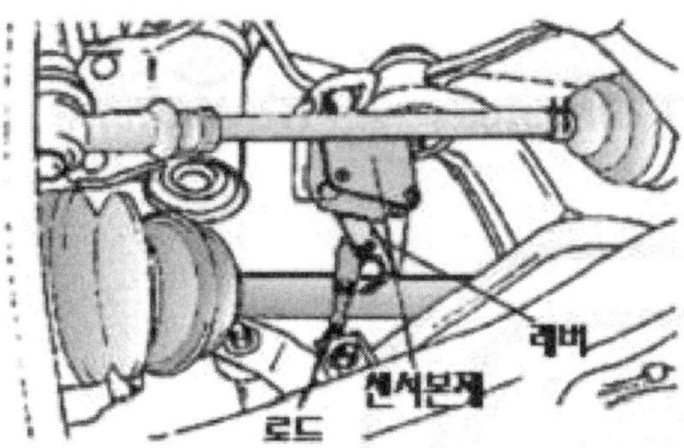

Fig 10.60 앞/뒤 차고센서

(6)인히비터 스위치

- 기능 : 자동변속기 인히비터 스위치는 운전자가 변속레버를 P,R,N,D,2,L 중 어느 위치로 선택 이동하는 지를 ECU로 입력시키는 스위치이다.

- **제어** : 변속레버를 이동할 때 발생할 수 있는 진동을 억제하기 위해 감쇠력을 제어한다.

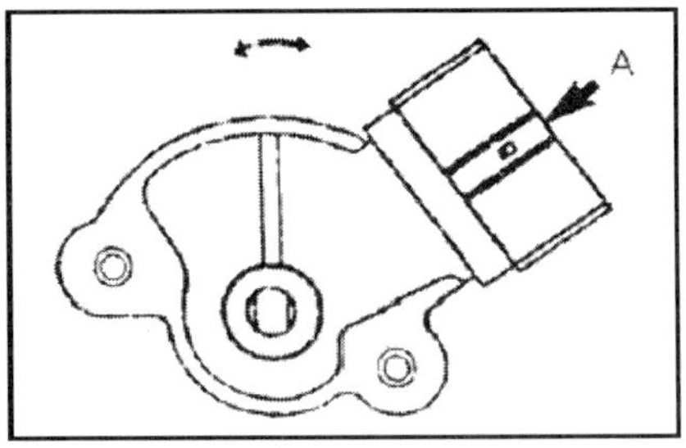

Fig 10.61 인히비터 스위치

(7) 고압 스위치

- 기능 : 앞 공기 저장탱크에 장착되어 있으며 고압 탱크의 압력에 의해 ON, OFF된다. 고압 탱크정하게 되도록 하는 역할을 하는0.7Kg/ ㎠ 이하로 떨어지면 ON 되고 1.4Kg/㎠ 이상이 되면 OFF 되며 이 신호를 이용하여 컴프레셔가 작동한다.

Fig 10.62 고압 스위치

(8)저압 스위치

- 기능 : 앞 공기 저장탱크에 장착되어 있으며 고압 탱크의 압력에 의해 ON/OFF된다. 저압 탱크내부의 압력이 일정하게 되도록 하는 역할을 하는데 7.6Kg/㎠ 이하로 떨어지면 ON 되고 9.5Kg/cm이상이 되면 OFF 되며 이 신호를 이용하여 리턴 펌프가 작동한다.

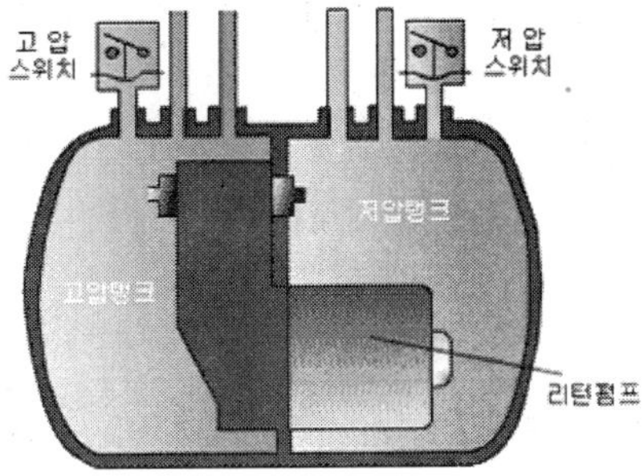

Fig 10.63 저압 스위치

(9) 뒤 압력센서

- 기능 : 뒷좌석의 인원이나 트렁크의 화물 적재량에 따라 뒤 쇽업 쇼버내의 압력이 변하가 일어나는데 뒤 쇽업소버 내의 압력을 감지하는 역할을 한다.

Fig 10.64 뒤 압력센서

(10) 공전 스위치

- 기능 : 가속 페달 조작 여부를 판단한다.
- 제어 : 안티 스쿼트, 변속 스쿼트를 제어.

(11)차속센서

- 기능: 자동차의 가감속도를 연산하기 위해 주행 속도를 검출하여 컴퓨터에 입력한다.
- 제어 : 롤, 스쿼트, 고속 안전성 제어 시 입력 신호로 사용.
- 장착 위치 : 변속기 출력축에 장착.

Fig 10.65 차속 센서

(12) 조향휠 각도센서

- 기능 : 핸들을 조작하면 구멍이 뚫려있는 디스크(센서판)가 회전하게 되고 센서는 구멍을 통하여 감지되어 조향 방향, 조향 각도, 조향 속도를 검출.
- 제어 : 신호를 기준으로 좌우 진동 롤(ROLL)을 예측.
- 장착 위치 : 핸들이 설치되는 조향 칼럼과 조향축 위쪽에 설치되어 있으며 센서는 2개로 되어 있다.

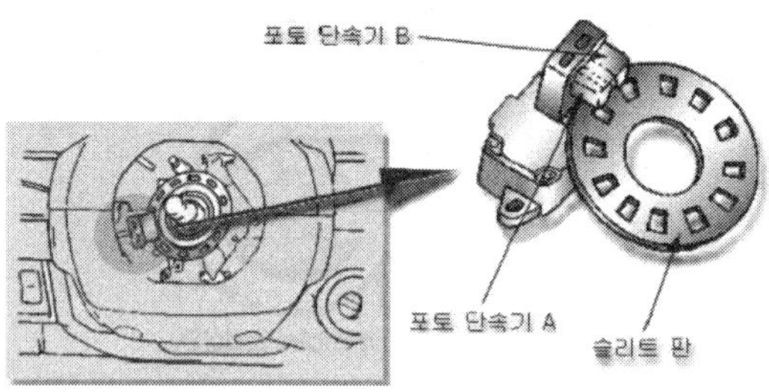

Fig 10.66 조향휠 각도 센서

(13) G센서

- 기능 : G센서는 자동차가 선회할 때 G센서 내부의 철심이 자동차가 기울어진 쪽으로 이동하면서 유도되는 전압이 변화되는데 컴퓨터는 유도되는 전압의 변화량을 감지하여 차체의 기울어진 방향과 기울어진 량을 검출한다.
- 제어 : 안티 롤 제어

Fig 10.67 G 센서

(14) 스로틀 포지션센서

- 기능 : 운전자가 엑셀레이터 페달을 밟은 양과 변화 속도를 컴퓨터로 입력.
- 제어 : 급가속 시 스쿼트 제어.

10.3 전자제어 파워 스티어링

1) EPS(Electronic Power Steering)의 개요

운전자의 바람직한 스티어링 조향력은 주행 조건에 따라 변화하여 공회전이나 저속주행중에는 가벼운 조향력이 적용되고, 고속영역에서는 안정성을 얻을 수 있는 적당히 무거운 조향력이 좋다. 이를 구현하기 위해 가벼운 핸들 조작력으로 자동차를 선회할 수 있도록 엔진으로 구동하는 유압펌프의 유압을 동력원으로 하는 배력 조향장치의 전자제어 방식이다.

차속감응식 파워스티어링 시스템에 차속 검출기구와 어시스트력 제어기구를 추가하여 구성되며, 차속의 변화에 대응해서 조종성과 안정성의 평행상태를 최적화하기 위해 어시스트력을 가변제어 하여 최적 조향력을 얻는 시스템이다.

2) EPS의 제어방식 및 종류

(1) 속도 감응식 (유량제어식)

솔레노이드 밸브나 전동 모터를 차량속도와 기타 스티어링 조향력에 필요한 정보에 의해 작동하여 고속과 저속 모드에 필요한 유량으로 제어한다.

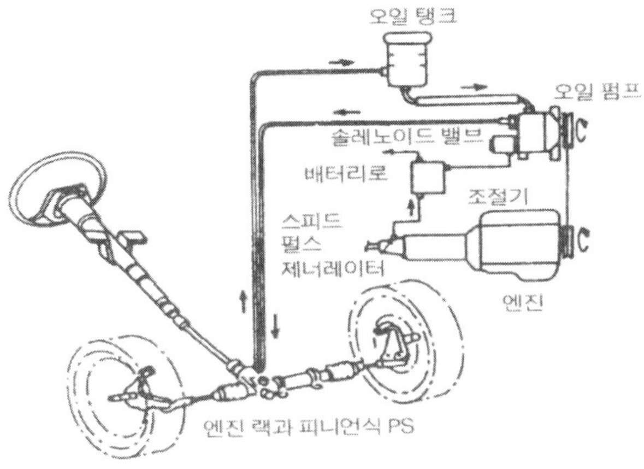

Fig 10.68 속도 감응형 PS시스템(유량 제어식)

(2) 솔레노이드 밸브 장착 베인 펌프식 – 기아

파워스티어링에의 유량 공급을 가변제어하여 솔레노이드 밸브는 미터링 오리피스를 가변 오리피스로 사용된다.

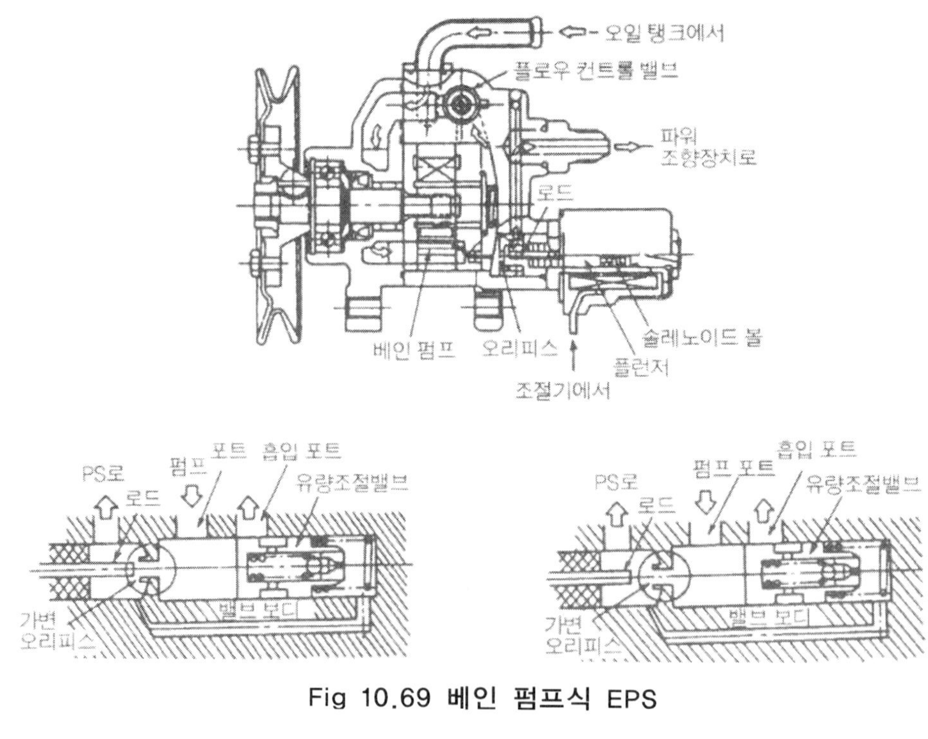

Fig 10.69 베인 펌프식 EPS

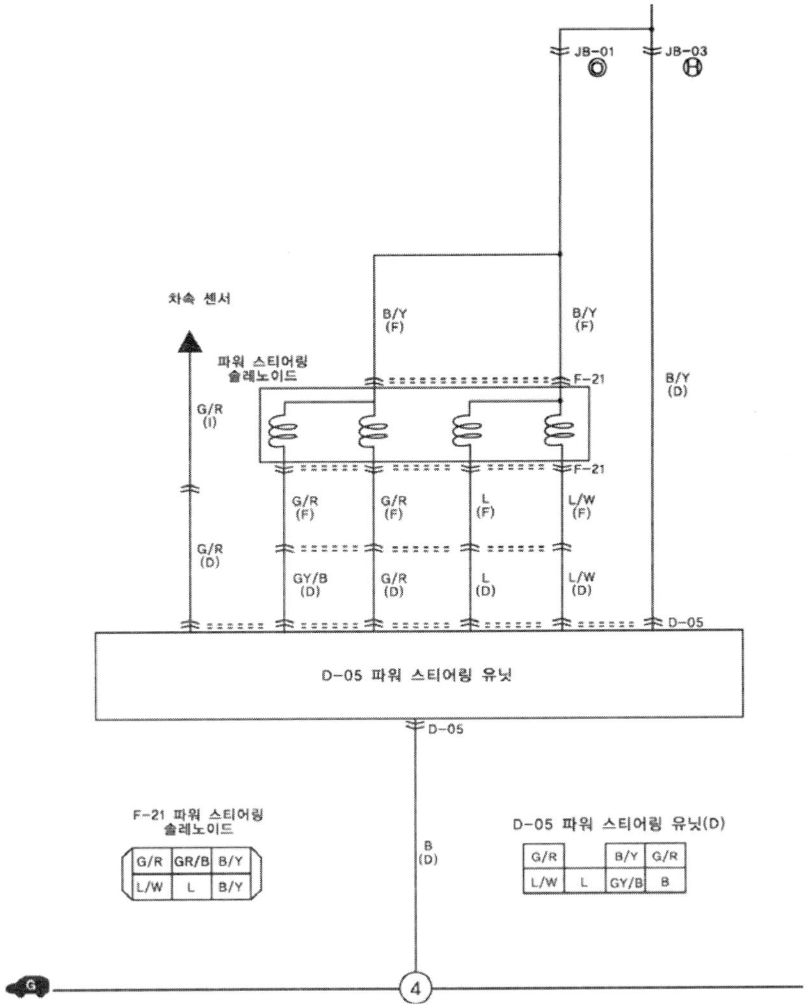

Fig 10.70 베인펌프 식 회로도

(3) 전동펌프식

소형펌프를 직류 모터로 구동하는 방식으로 유량제어식 EPS, 즉 모터 구동펌프 시스템으로 차속, 스티어링 조향략에 의해 시가지, 교외로, 산간로, 고속도로 등의 주행 상태를 자동 판별하여 펌프의 회전속도를 최적화하여 스티어링 조향력을 제어하는 방식이다. 종래의 엔진구동 펌프와 비교해 볼 때 잉여 유량을 토출하지 않기 때문에 에너지 소비가 적으며 차량속도와 스티어링 조향량에 의한 여러 가지 모드에 의해 스티어링 조향량 변화량도 확대되고 있다. 펌프는 엔진과 관계없이 설치 위치를 선택할 수 있으며 리어 엔진차량과 미들 엔진차량 등의 EPS 시스템으로 사용이 고려되고 있다.

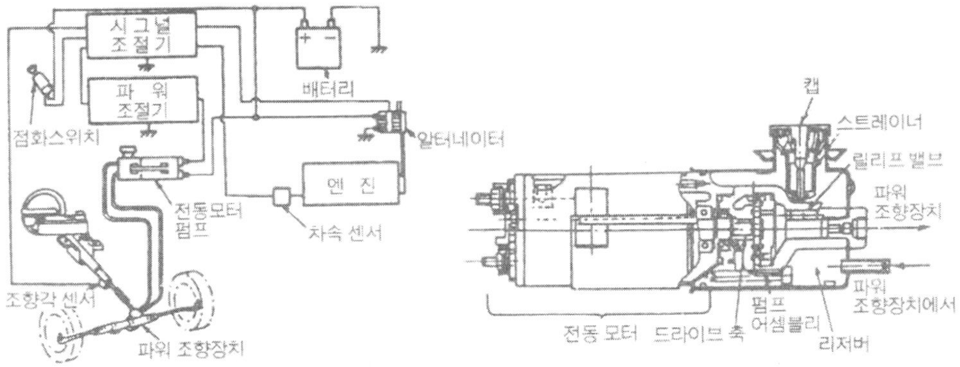

Fig 10.71 左 전동 펌프식 PS 시스템(유량제어식) 右 전동식 오일 펌프

(4)실린더 바이패스 제어식

EPS 기어박스에 실린더 양실을 연통하는 바이패스 밸브와 통로를 두고 차속의 상승에 따라 바이패스 밸브의 스포틀 밸브 면적을 확대하여 실린더의 작용 압력을 감소시켜 스티어링 조향력을 제어하는 방식이다. 이 방식에서는 바이패스 밸브 내의 흐름의 방향이 스티어링 방향에 따라 역전하므로 좌우의 특성을 갖추기 위해 설계면, 제조면에서의 배려가 이루어 지고 있다. 급조향시의 응답성 지체의 제약 및 대응 방법은 유량제어식과 마찬가지이나 스티어링 조향력 변화량은 유량제어식보다 약간 크게 된다. EPS 기어상자에는 바이패스 밸브, 바이패스 통로를 설치할 필요가 있어 고가격이 되며 연속 가변제어식으로 사용되기도 한다.

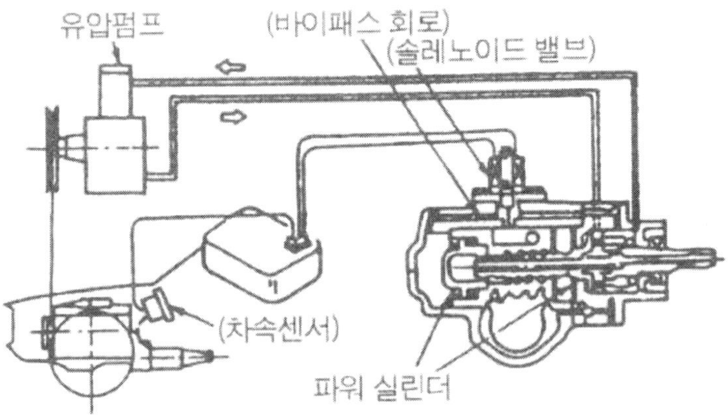

Fig 10.72 실린더 바이패스 제어식 PS의 시스템 구성

(5) 유압반력 제어식

EPS 밸브부에 유압 반력 기구를 두고 유압 반력제어 밸브에 의해 차속의 상승에 따라 유압 반려실에 도입하는 반력압을 증가시켜서 반력기구의 강성을 가변제어하여 직접적으로 스티어링 조향력을 제어하는 방식이다. 스티어링 조향력 변화량은 반력압의 제어에 의해 유압 반력 기구의 용량의 범위에서 임의의 크기가 주어지며 급조향시의 응답지체의 문제도 없이 승용차에 바람직한 고강석의 차속감응 EPS 시스템이다.

이 방식은 EPS 밸브부에 구조가 매우 복잡한 유압반력 기구를 설치할 필요가 있어 고가격이 되어 어시스트력에 1차 비례하는 스티어링 조향력이 얻어지므로 절대적으로 스티어링 조향력을 가볍게 설정할 경우가 많은 고급 승용차에서도 조타 감각이 애매하게 되는 일이 없고 스포티한 차량에서는 수동기어 상자와 같은 느낌이 얻어지므로 고가격차, 스포츠카에서 채용하는 예가 많이 있다.

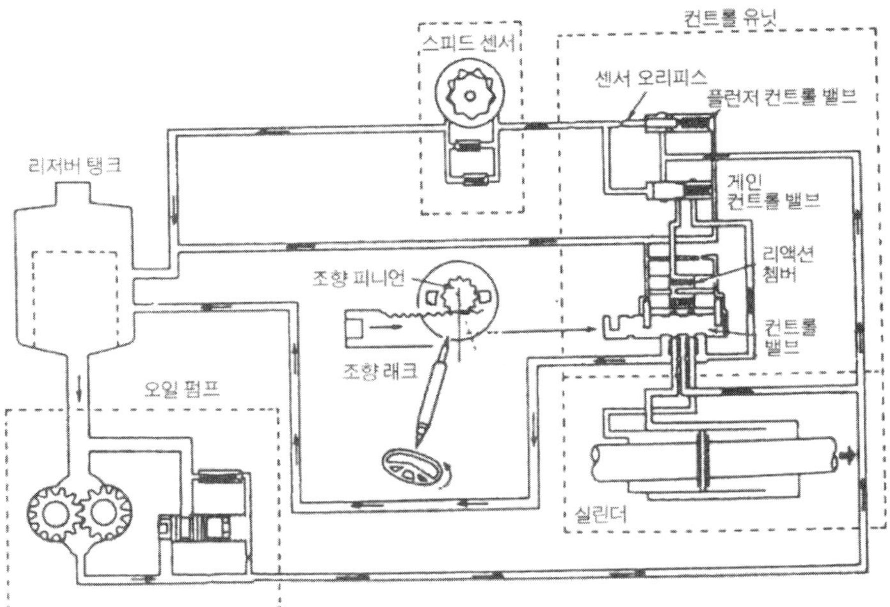

Fig 10.73 유압반력 제어식 PS(트로코이드 펌프식)

(6) 밸브 특성 제어식

차속 감응식이 아닌 종래의 EPS에서는 특정 밸브 특성과 반력 특성과의 조합으로 차량제원에 적합한 스티어링 조향력을 설정하고 있다. 밸브 특성 제어식

EPS는 이 밸브특성을 가변으로 하여 스티어링 조향력을 제어하는 것이다. 펌프로부터 공급되는 유량을 낭비없이 실린더에 작용하는 압력으로 변환할 수 있으므로 급조향시의 응답성이 좋은 차속 감응 EPS 시스템을 구성할 수 있고 또 EPS 밸브기구는 비교적 간소한 구조로 된다.

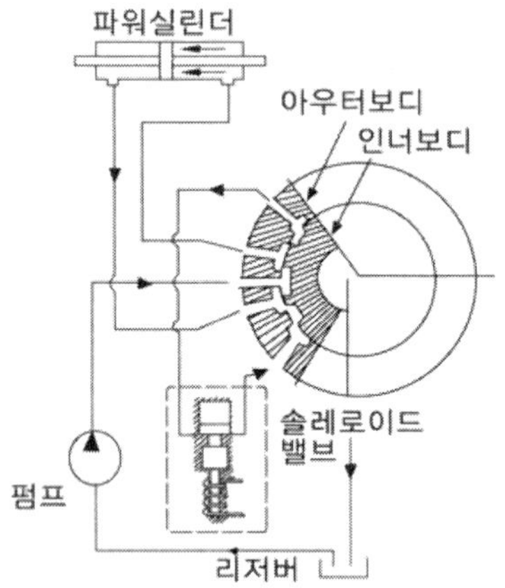

Fig 10.74 로터리 밸브 유압

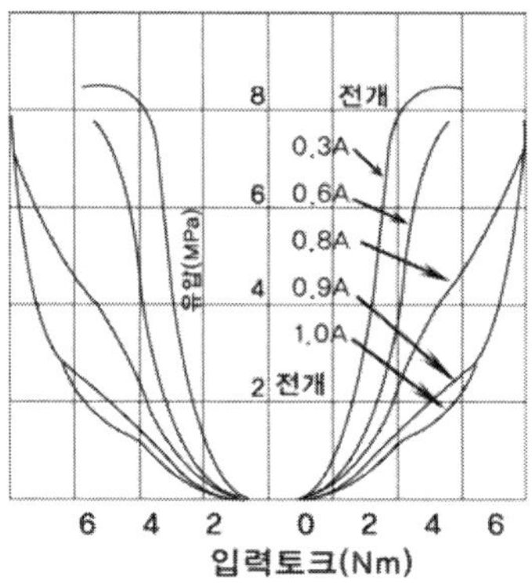

Fig 10.75 회로밸브 특성

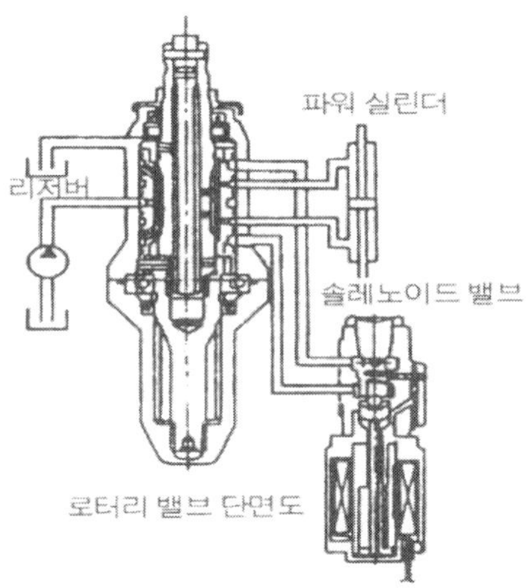

Fig 10.76 로터리 밸브 단면도

(7)EPSCM (Electronic Power Steering Control Module) - 현대

EPSCM의 전류제어는 듀티비 제어방식으로 주파수 125(Hz)의 PWM(Puls Width Modulation) 제어방식으로 차속이 증가할수록 전류값을 낮게 출력시켜 조타력을 적당히 무겁게 하여 안정감을 주고, 차속이 저하될 때 전류값을 높게하고 조타력을 가볍게 하여 주차 편의성을 증대시킨다.

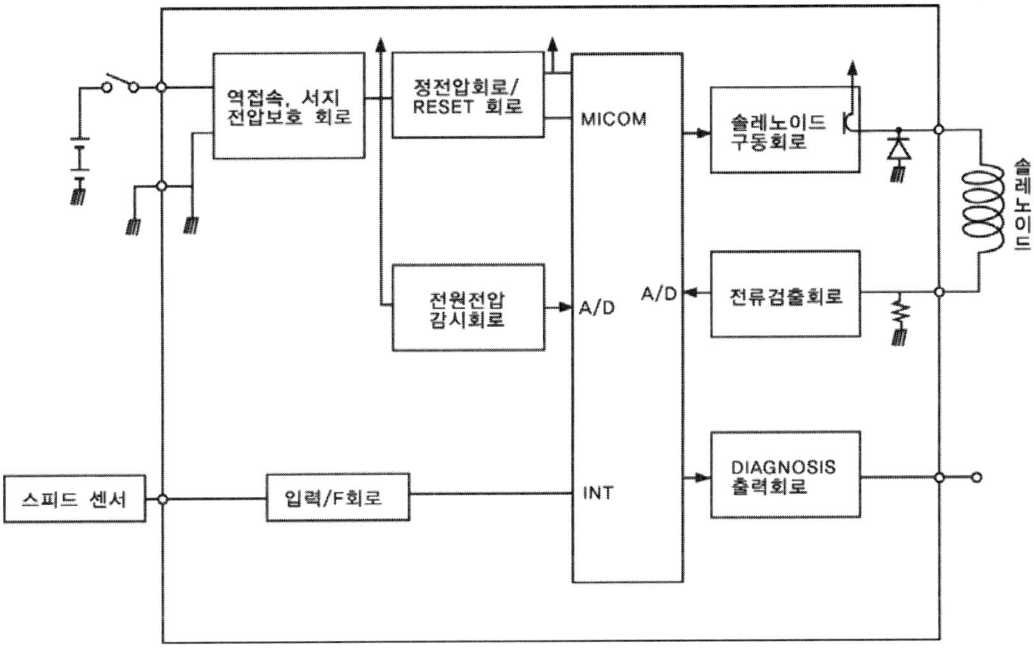

Fig 10.77 EPSCM 회로도

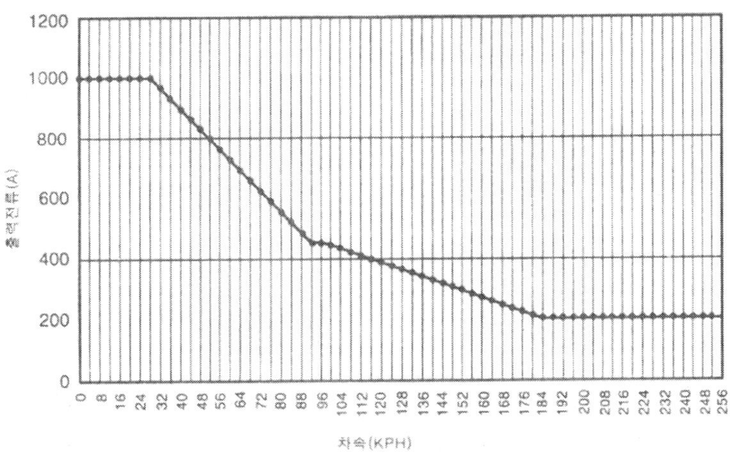

Fig 10.78 차속 증가에 따른 전류 변화

3) EPS의 작동 및 구조

(1) 구조

EPS는 전자제어 기술 적용을 종래의 파워 스티어링 기능에 추가하기 위해 기어박스의 입력축에 설치된 반력 플런저에 작용하는 유압을 제어함으로써 조향력에 대한 유압특성을 차속에 따라 변화시켜 차속 및 조향 상태에 따라 적절한 조향 특성을 얻을 수 있도록 한 시스템이다.

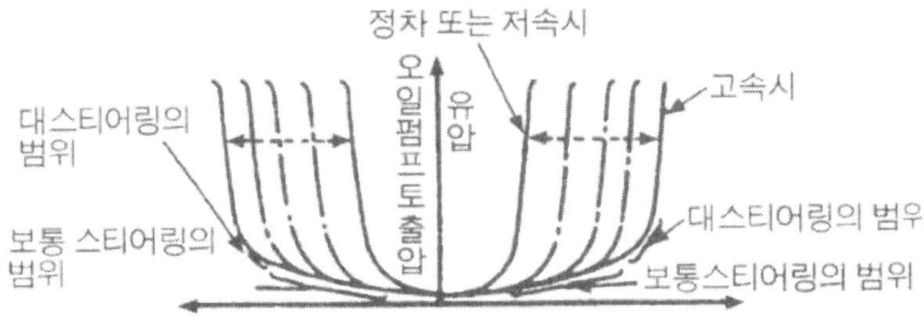

Fig 10.79 유압에 따른 스티어링 범위

(2) 작동 원리

- 정차시 또는 저속 주행시

정차 또는 저속 주행시 솔레노이드에 컨트롤 유닛으로부터 약 1A의 전류가 보내져 솔레노이드 플런저에 최고로 큰 출력이 상향으로 작용한다.

이 때문에 압력제어밸브는 상부에 위치한 스프링을 압축하여 위로 상승하여 오일펌의 오일압력이 작용하는 유로와 반력 플러저로 가는 유로를 막는 위치에 있게되어 반력플런저에 작용되는 유압을 제한하게 되어 반력 플런저가 입력축을 누르는 힘이 없기 때문에 이때 가장 경쾌한 조향을 할 수 있다.

- 중고속 주행시

솔레노이드 플런저 및 압력 제어밸브의 위치는 중 고속 중립의 경우와 동일하며 유로에서 유로에의 통로는 열리게 된다. 이 상태에서 스티어링 휠을 통상의 조향 범위내에서 조타하면 오일펌프 토출압은 저속 주행시의 경우와 같게 스티어링 조향각에 대해서 상승하기 때무에 조향력에 비례한 출력 유압이 얻어져 중고속 주행시 적절한 조향감을 얻는다.

- 고속 주행시

솔레노이드 플런저 상상에의 축력은 차속 증가에 따라 줄어듬으로서 압력제어 밸브는 하단으로 이동하고 유로가 열리면서 유로로 오일이 공급되어 반력 플런저의 두시면을 밀게 되어 플러저의 입력이 적게 되어 토션바와 피니언 기어가 일체가 되도록 함으로?써 조향력이 완전 기계식과 동일하게 무겁다.

따라서 험한길을 주행할 경우나 타이어가 펑크난 경우 노면에서 큰 반력이 작용하면 펌프 토출압이 보통 조향시보다 상승하여 반력 플런저에 작용하는 유압을 규정압 이하로 제어한다. 이 결과 주행시 노면에서 큰 힘이 작용한 경우에도 조향력을 일정 이하로 컨트롤하여 험한길 등을 주행하면서도 핸들을 놓치는 일이 없다.

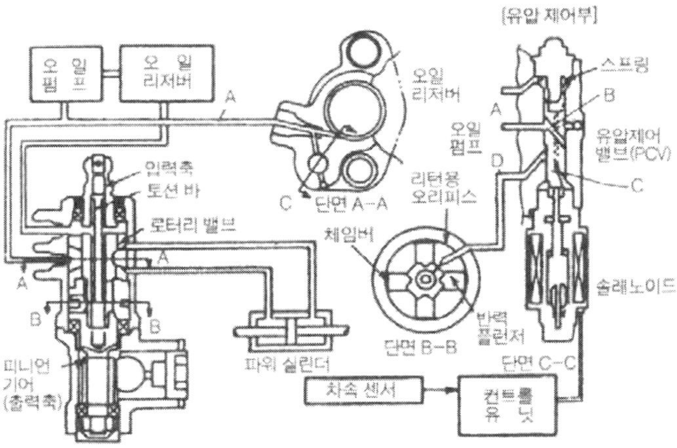

Fig 10.80 ESP의 구성 요소와 구성도

10.4 전자제어 제동장치

1) ABS (Anti-lock Brake System)의 개념

미끄러운 노면이나 눈길에서 강하게 브레이크를 밟으면 차체는 주행하고 있는 것에 상관없이 차륜의 회전이 정지하게 된다. 이 상태를 차륜의 잠김이라고 한다. 차륜의 잠김이 발생하면 타이어의 횡방향 마찰력이 없어지고, 조향을 행하여도 차체가 회전하지 않게 되며, 똑바로 정지하려고 해도 차체가 여진을 일으키고 원하지 않는 선회를 하게 된다. 즉 목전에 장애물이 돌출하게 되면 급브레이크를 하게 되고 동시에 조향을 행하여 장애물을 피하려 하지만 어렵게 된다.

ABS (Anti lock Brake System) 는 이러한 상황에서 제동을 행하면서 조향을 실시하여도 적절한 제동성능과 조향성을 확보하고, 차체의 여진을 일으키지 않는 것을 목적으로 한 안전 시스템이다.

승용차용 유압식ABS는 일반적으로 차륜 속도 센서, ECU (Electric Control Unit), 압력 모듈레이터 유닛으로 구성되어 있다.

ABS의 원리를 간단하게 설명하면 급제동시에 있어서 어떠한 미끄러운 노면에서도 차륜의 잠김 상태를 확실하게 방지해 타이어의 마찰력을 확보하고, 동시에 브레이크의 효과도 최대한 확보할 수 있도록 차륜의 미끄러짐 상태를 제어하는 것이다.

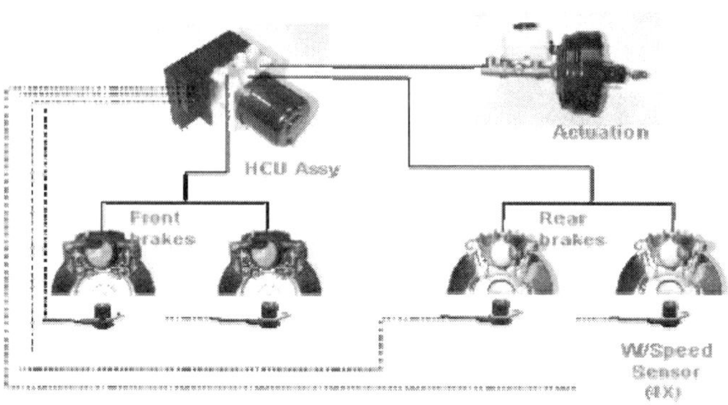

Fig 10.81 ABS의 구성도

ABS의 효과는 후륜 잠김(lock)을 방지하는 것에 의하여 미끄러짐을 막아 안정된 자세에서 가/감속, 정지할 수 있게 하는 제동시의 방향 안정성 확보와 전륜의 잠김을 방지함으로써 조종성을 확보해 제동하면서 장애물의 회피, 차선변화, 선회등이 가능한 제동시의 조종성 확보, 그리고 노면에서의 제동거리도 단축시킬 수 있는 최적의 제동거리도 얻을 수 있고, 불쾌한 Skid음을 막고, Skid에 의한 편마모를 방지해 타이어의 수명을 연장시키는 타이어의 편마모 방지 등이 있다.

2) ABS의 역사

ABS는 그 역사를 1900년대 초 철도차량의 차륜에서 잠김현상이 발생하여 차륜이 편마모 되는 것을 방지하기 위한 장치에서 찾을 수 있으며, 이러한 장치는 철도차량의 제동 거리를 짧게 한 것으로 알려져 있다. 이후 1940 ~ 1950 년대에는 항공기의 착륙시 타이어의 마모를 방지하기 위한 ABS에 대한 연구가 주로 이루어 졌다.

차량에서의 ABS 개념은 1949년 초 일부 장치에 대한 특허권을 가진 Kelsey-Hayes에 의해 시작되었는데, ABS가 최근 개발된 것은 1952년 Dunlop Tire 사에 의해 항공기용으로 개발된 것이다. 그 이후 현재까지 이 장치 개발에 대한 발전이 계속 되는 동안 ABS 개발에 12개의 산업체와 7개의 독립된 영구 기관이 관여하였다. 1950년대 후반부터 1970년대 초반까지, 이러한 장치 생산업체에서는 후륜 제어 장치를 연구하였다.

최근에 기술적인 연구를 활발히 하고 있는 회사로 Bendix, Robert Bosch Gmbh, New Departure Hyatt, ITT Alfred Teves Gmbh, Sumitomo Elctric Industries Ltd., Lucas Girling Ltd., Fatec Gmbh 등이 있다. 한국에서는 만도 기계를 들 수 있다. ABS에 대한 개념은 미국에서 최초로 시작되었지만, 개발에 있어서는 Bosch 및 Teves가 특히 중요한 위치를 차지하고 있는데 이것은 유럽의 도로사정이 ABS를 필요로 하였고, 또한 겨울철에 거대한 천연호수가 결빙됨으로 해서 ABS에서 필수적인 다양한 주행시험이 가능하였기 때문으로 생각된다.

미국에서는 2개의 자동차 관련 제조 업체가 이러한 장치의 개발에 참여하고 있다. 즉, Ford와 Kelsey-Hayes는 1969년 1-채널 진공식 후륜용 ABS를 장착한 Thunderbird를 생산하였으며, Chrysler는 Bendix사와 협력하여 1971년에 3-채널 4륜 진공식의 Sure Brake를 Imperial에 장착하였다. Imperial은 대량으로 생산된 최초의 4륜식 ABS 자동차이다. 이 두 회사는 그 당시 가장 우수한 기술과 독립된 부품 그리고 아날로그 방식의 전자식 제어장치를 사용하였으나 안전에 대한 충분치 못한 대중의 인식과 보이지 않는 고가의 선택적 안전장치에 대한 미국 운전자들의 무관심 때문에 이 두 장치는 1970년대 중반 이후에는 사라지게 되었다.

한편 유럽에서는, 브레이크 제조회사와 전자회사에 의해 ABS가 계속 발전되었는데 아날로그가 디지털 전자기술로, 분리된 요소가 배선 (Wiring)에 의한 통합회로를 거쳐서 마이크로프로세서를 응용한 컴퓨터로, 그리고 진공식 동력원이 고압력의 유압식 동력원으로 교체되었다. ABS 응용의 급격한 발전은 1978년 Mercedes 승용차에 사용된 유압식 장치를 발전시킨 Bosch에 의해 시작되었는데 이 때 사용된 장치는 기존의 진공식 혹은 유압 보조식 장치에 ABS 첨가장치를 추가한 3채널 4륜 ABS이다.

1980년대에 와서 ABS의 마이크로컴퓨터와 전자센서의 급격한 발전이 이루어졌다. 최근에는 ABS가 세계의 주요 승용차와 트럭 및 버스에 활용되고 있는데, 사용 목적 및 범위에 따라 여러 종류의 장치가 활용되고 있다.

현재 우리나라에서는 일부 고급차량을 제외한 중급이하의 차량에서는 노면상태 및 각 바퀴의 슬립상태에 따른 최적의 제동상태를 얻기 위해서 주로 압력 조절 밸브 (P.V, L.S.P.V, L.S.G.V 등)를 사용하고 있으나, 그 성능상 한계가 있고 또한 국제적인 추세가 자동 브레이크 제어라 할 수 있는 ABS의 장착으로 흐르고 있을 뿐만 아니라, 향후 수년 이내에 일본, 미국은 물론 유럽 각국에서도 승용차 뿐만 아니라 상용차에 ABS 장착을 의무화하려는 움직임이 활발히 진행되고 있다.

3) ABS의 요건

다음은 자동차 생산업체와 여러 해에 걸친 차량 내장 시험 과정에서 ABS 장치에 의해 해결되어져야 할 사항들을 기술하였는데 이들은 제동 안정성 (Braking Safety)에 관한 모든 면을 포함하고 있다.

- 제동작용이 자동적으로 제어되는 동안 차량은 그 방향 제어성과 조향성을 유지해야 하는데, 이것은 비상제동에서 브레이크 압력이 갑작스럽게 증가하는 경우는 물론, 브레이크 압력이 잠김 한계 및 그 이하로 서서히 증가하는 경우 모두에서 유지해야 한다.

- 좌우측 바퀴들의 제동계수가 같지 않을 때 제동을 걸 경우, 필연적으로 나타나는 요 모멘트(yaw moment)는 보통의 운전자가 별다른 어려움 없이 조향 작용으로 바로 잡을 수 있을 정도로 서서히 증가하여야 한다.

- 바퀴가 잠기게 될 때 직면하게 되는 제동 잔여 거리가 위험하지 않을 정도로 브레이크 자동제어를 통해 차량의 제어속도 범위에서 차속을 감속 시킬 수 있어야 한다.

- ABS 장치는 노면상에서의 바퀴 제동 능력을 최적으로 이용하여야 하는데, 이때에는 방향제어 및 조향 제어를 제동거리의 감소보다 우선적으로 고려하여야 한다.

- 브레이크 자동제어 장치는 노면상태의 변화에 극히 신속하게 적응하여야 한다. 예를 들면, 건조한 노면에 부분적으로 얼음조각이 있을 경우 그러한 짧은 시간에서 조차 바퀴의 잠김 가능성은 배제되어져 방향 제어 및 조향성에 영향을 미치지 않아야 한다.

- 비균등 노면 상태에서도, 브레이크 적용정도에 관계없이 방향 제어성, 조향성 그리고 최적 감속을 위한 요구 사항을 만족시켜야 한다.

- 차속이 최대 선회 속도(Maximum Cornering Speed) 아래로 충분히 떨어져 있는 한, 선회 운동 시 방향제어에 영향을 미치지 않으면서 여전히 조향성을 유지한 체 제동이 가능해야만 한다. 또한 가능한 한 짧은 제동거리를 얻을 수 있어야 한다. 최대 선회 속도란 주어진 반경을 가지는 곡선로에서 원심력의 영향으로 차량이 도로를 이탈함이 없이 주행 가능한 최대 속도를 말한다.

- 브레이크 자동제어 시스템은 빙판로에서 이상적으로 반응할 수 있어야 하고 안정성 및 직진 주행성이 보장되어야 한다.

- 제동 히스테리시스(Braking Hysteresis) 및 엔진으로부터의 구동영향에 가능한 한 빨리 적응하여야만 한다.

- 차량부품, 예를 들면 Axle에서의 공명현상(Resonances)은 반드시 배제되어야 한다.

- ABS 자동의 적정여부는 감시장치 (Monitoring System)에 의해 반드시 감시되어져야 한다. 감시장치가 제동성능을 저해하는 결함을 발견할 경우 ABS는 차단되어져 기존의 브레이크 시스템이 성능을 발휘해야 한다. 이 때 경고등에 의해 ABS가 더 이상 작동되지 않는다는 사실이 표시되어져야만 한다.

4) ABS의 종류

우선 기본적인 ABS의 종류에 대해서 알아본다. 이것은 센서의 수 및 채널이라 불리는 제어 계통의 수 등으로 분류한다. 더욱 세분화하여 분류하면 제어기의 전자회로 차이나 마이컴에 저장되는 제어 논리의 차이, 모듈레이터의 작동 방식, 솔레노이드 밸브의 구동방식 차이 등에 의해 분류되지만 이에 대해서는 각 제작사의 사양이고 수많은 조합에 의해 이루어지므로 여기서는 생략한다.

(1) 3센서(4센서)/3채널 시스템

FR(후륜 구동) 차의 기본 시스템이다. 이 시스템은 후륜 좌우에 속도 센서를 장착하여 Select low 제어를 행한다.

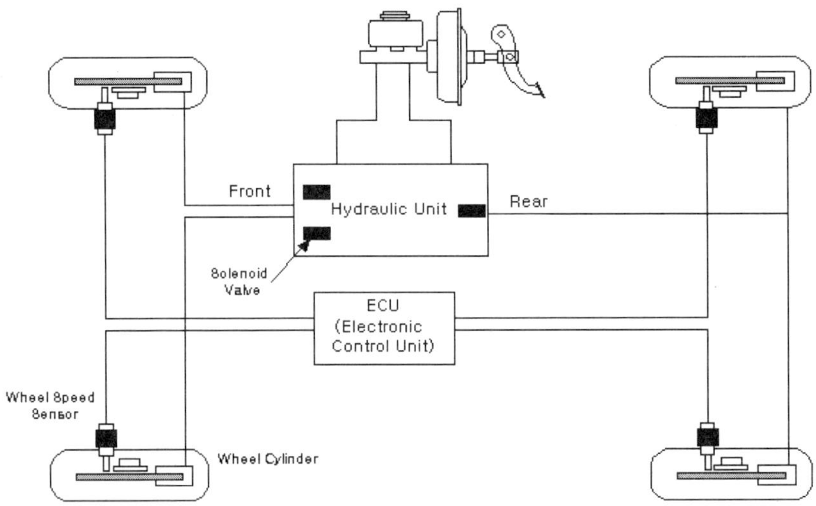

Fig 10.82 3센서(4센서)/3채널 시스템

(2) 4센서/4채널 시스템

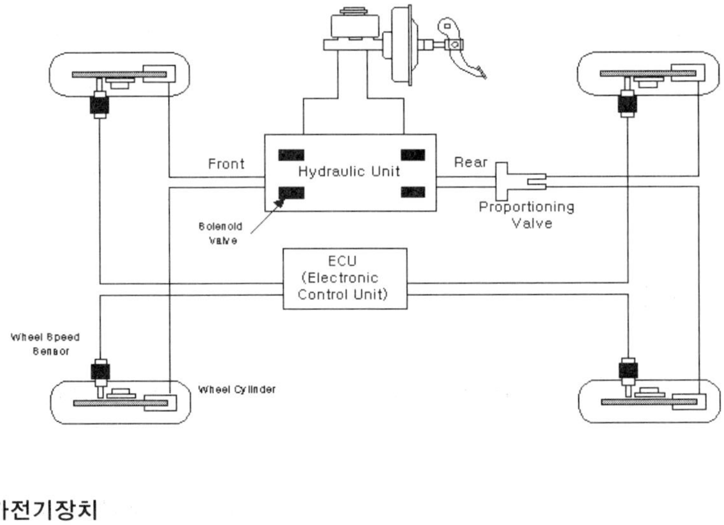

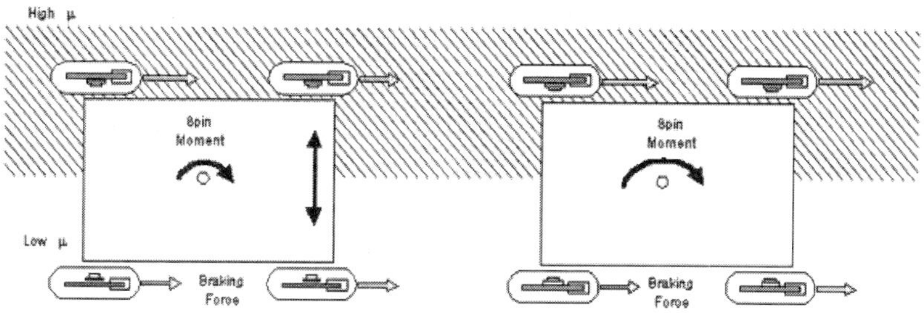

Fig 10.83 4센서/4채널 시스템

FF(전륜 구동)차 용으로 사용되며 가장 기본적인 ABS 시스템이다

센서는 각 바퀴에 갖추어지고 전륜은 각각 독립제어(wheel reference를 기준으로 차체 바퀴의 차륜 속도와 함께 미끄러짐을 제어)를 행하지만 후륜에 대해서는 좌우 독립적으로 제어할 필요 없이 후륜 중 어느 쪽이든 1 차륜에서 Slip했다면 2차륜을 동시에 감압하는 Select Low제어를 행한다. 4채널의 경우 독립적으로 제어하게 되면 좌우 Slip 노면 제어의 경우는 좌우의 제동력 차이가 크게 되므로 차량이 선회(Spin)하기 쉽게 된다. 그러므로 후륜의 Select Low제어를 행할 필요가 있다.

다시 말하면 ABS의 기본적 제어로서는 전륜 좌우와 후륜 Select Low 의 3 채널 제어가 최상이지만, 전륜구동 차의 경우에는 후륜 좌우의 브레이크 계통이 X 배관으로 독립해 있기 때문에 구조상 이유로 솔레노이드 밸브를 좌우로 독립시킬 필요가 있고, 이것을 4 채널이라 부른다.

(3) 4센서 대각 2채널 시스템

4센서 대각 2채널 시스템이란 4센서 4채널 시스템의 솔레노이드 밸브를 삭감하고 원가 절감 및 제작성 향상을 도모한 시스템이다. 이 방식에서는 전륜 좌우 각각 독립 제어하지만 후륜에 대해서는 전륜에서 결정된 브레이크압이 브레이크 위치 밸브 등에 정해진 비율로 감압해 전달시킨다. 그러므로 후륜의 브레이크압은 후륜이 잠김을 일으키는 브레이크압 보다도 항상 작게 유지되고 후륜의 미끄러짐 비(slip ratio)가 Threshold보다 크게 되는 것은 아니다. 그러므로 3채널과 4채널을 비교하면 통상시에는 후륜 선회력(Cornering Force)이 항상 확보되어 있어 차량 안정성이 우수하다. 한편 제동력에 관해서 각 바퀴마다의 최적 제어는 아니기 때문에 불리한 편이지만, 전륜 동차에서는 전륜의 제동력 분배가 크므로 실제의 경우에는 4채널과 비교해도 손색없는 수준이라 할 수 있다. 또 좌우 비균등(Split) 노면에 있어서는 고마찰계수 측에서 제어된 전륜 브레이크압이 대각선상의 후륜으로 전달되기 때문에 해당 차륜은 잠기게 되지만 잠기지 않은 경우에도 저측의 선회력은 고 마찰계수에 대해서 차량 안정성에 대한 의존도는 적으므로 3 채널이나 4채널과 비교해도 차량 안정성 면에서 큰 차이는 없다.

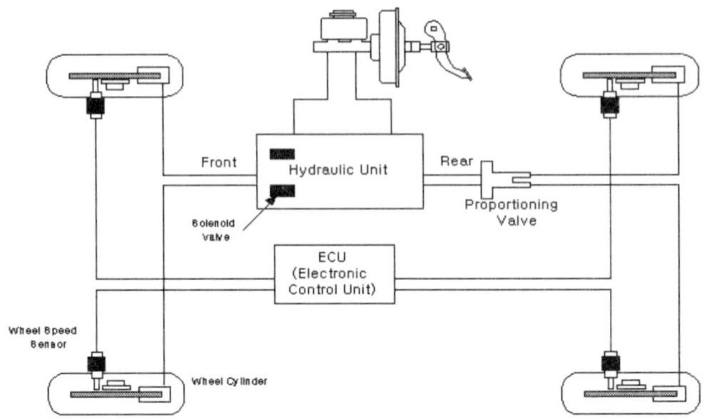

Fig 10.84 4센서 대각 2채널 시스템

(4) 4센서 대각 2채널 Select low 밸브 시스템

앞에서 논한 4 센서 대각 2 채널 방식은 좌우 비균등 노면에 있어서 저 마찰계수 측 후륜 잠김을 방지하기 위해 4 센서 대각 2 채널 Select Low 시스템이다.

Select Low 밸브는 전륜 좌우의 압력 중 낮은 쪽을 후륜 2 차륜에 전달하는 구조로 되어 있다. 그러므로 좌우 비균등 노면에 있어서 저 마찰계수 측 후륜에는 저 마찰계수 측 전륜에서 결정된 브레이크압이 전달되므로 해당 Wheel은 Lock이 없어지게 되고 3 채널 또는 4 채널과 동등의 제어를 할 수 있다.

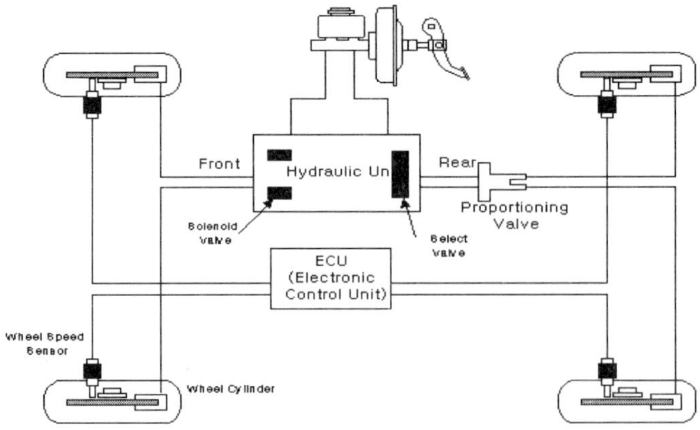

Fig 10.85 4센서 대각 2채널 Select low 밸브시스템

5) ABS 제어 주기(Cycle)

ABS의 제어 주기(Cycle)는 ABS 제품을 개발하는 회사마다 구현하는 방법이 서로 상이하게 다르고 또한 ABS의 개발에 매우 중요한 부분을 차지하고 있어 각 회사에서는 이들 자료들을 공개하지 않고 있다. 따라서 본 자료는 널리 이용되고 있는 Bosch의 제어 방법을 소개하고자 한다.

(1) 솔레노이드 제어 변수로서의 차륜 감속도

초기 제동할 때 브레이크압은 빠르게 증가한다. 차륜 감속도가 Fixed Threshold (-a)를 넘자마자 차륜의 브레이크압은 Fixed Threshold 초과상태를 유지하는 동안 감소된다. (-a)가 Threshold를 회복하면 주어진 시간 동안 서서히 브레이크압이 상승한다. 만약 Overbraking 전에 새로운 주기가 시작되지 않으면 빠른 브레이크압의 상승이 이어진다.

차륜 제동 중에 일정 저압(Low Pressure) 아래로 떨어지면 감압시간 (Tv)이 확장된다. 이것은 미끄러지기 쉬운 노면의 경우 브레이크압의 보다 우수한 성능을 제공하게 된다. 이 시스템은 개루프 제어(Open Loop Control) 요소 즉 (-a) 이하가 될 경우 감압을 마치고, 낮은 마찰 계수의 경우 감압에 대한 Tv (고정 확장 시간 -Fixed Extension Time)와 완만한 압력 상승에 대한 고착 시간(Fixed time)등을 고려하게 된다. 개루프 압력 상승은 마찰계수 미끄러짐 곡선의 안정 영역으로 들어가기도 전에 다시 감속되는 문제점이 있다.

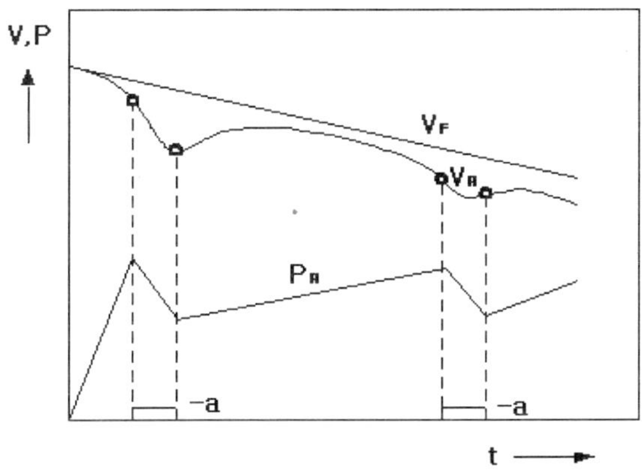

Fig 10.86 단일 제어 변수로 차륜 주변 감속도를 사용한 자동 브레이크 제어

(2) 제어 변수로서의 가/감속도

여기서는 Wheel rotation acceleration threshold (+a)를 측정한다. 이 경우 브레이크압은 (+a)를 초과해 차륜이 다시 가속할 때까지 감압된다. (+a)를 초과하는 동안 브레이크압은 차륜 속도를 안전하게 증가시키도록 일정하게 유지된다. (+a) 아래로 떨어지자마자 감압이 일어나는 새로운 제어 주기까지 브레이크압을 서서히 상승시킨다. 이는 미끄러짐 노면의 제어가 가능하지만 노면 Grip이 증가하는 Jump에 빠르게 적응하지 못한다. 높은 마찰 계수에서의 감압은 Rotation Acceleration sensor의 지연 시간과 솔레노이드 밸브에 의한 결과 때문에 너무 오랜 시간 동안 행해진다. 따라서 최적의 제동이 이루어지지 않는다. Jump에서 빠르게 적응하기 위해서 +A를 초과하면 브레이크압을 상승시킬 수 있도록 한다.

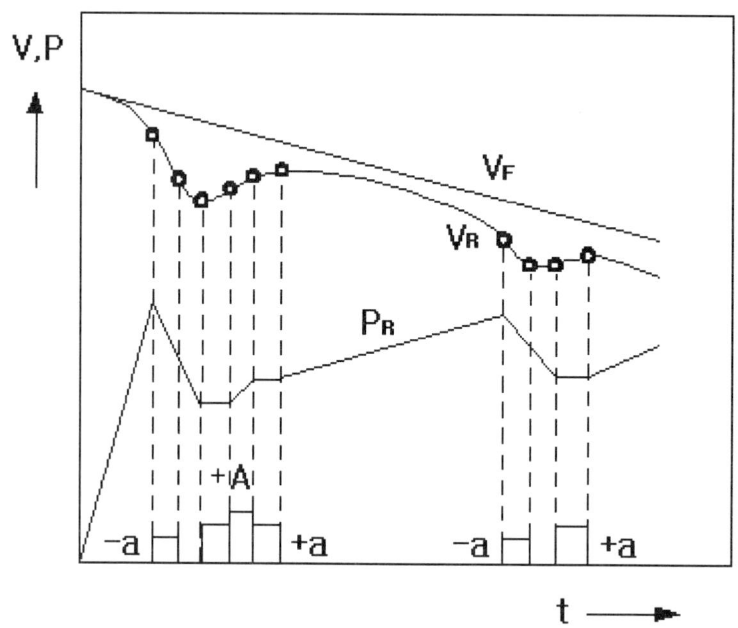

Fig 10.87 제어 변수로써 차륜 주변 감속도와 가속도를 사용한 자동 브레이크 제어

6) ABS의 구성 및 효과

(1) ABS의 구성

- **휠 스피드 센서** (Wheel Speed Sensors)

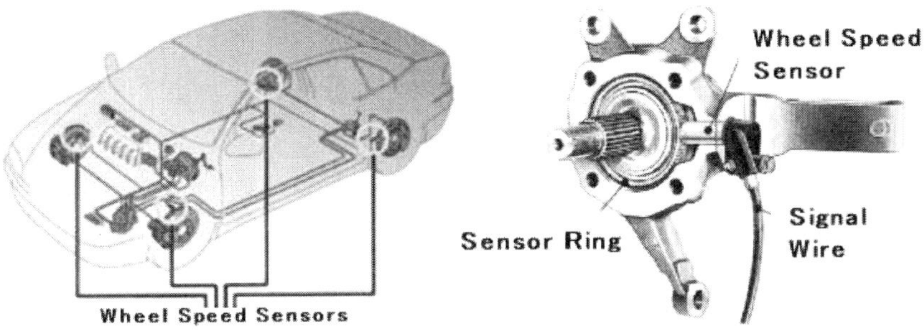

Fig 10.88 휠 스피드 센서

차륜의 회전상태를 검출한 내용을 ECU에 전달하는 역할을 한다. 보통 전륜과 후륜에 각각 1개씩 장착되어 있으며 이를 4채널 4센서 타입이라고 칭한다. 또한, 구동방식이 FR인 경우 뒷바퀴만 제어하는 2채널 타입도 있으며 차종에 따라 3채널 3센서 타입도 있다.

- ECU (Electronic Control Unit)

Fig 10.89 ABS - ECU

휠 스피드 센서에서 보내온 정보를 체크하여 회전속도에 차이가 발생하는 경우 바퀴의 잠김현상이 발생하였다고 판단하여 브레이크 유압의 증압 및 감압 제어 명령을 ABS 액추에디터로 보내주는 역할을 한다.

- HCU (Hydraulic Control Unit)

Fig 10.90 ABS – HCU

ECU에서 발생한 신호에 따라서 휠 실린더에 공급되는 유압을 제어하는 장치로 솔레노이드 밸브, 펌프, 어큐뮬레이터로 구성되어 있다.

(2) 효과

급제동시에도 스티어링 조작을 통해 차량의 이동경로를 변경할 수 있고 제동거리 역시 짧아지게 된다.

- 직진 중 제동

Fig 10.91 ABS의 직진중 제동 효과

ABS 미장착 차량의 경우 앞쪽에 장애물을 발견하고 급제동시 미끄러짐이 발생하여 방향 조작이 불가능하고 제동거리가 길어지지만 ABS가 장착된 차량의 경우 각 바퀴에 장착된 스피드센서를 통해 바퀴의 잠김현상을 방지하여 급제동시에도 운전자의 방향 조작이 가능하도록 도와준다.

- **회전 중 제동**

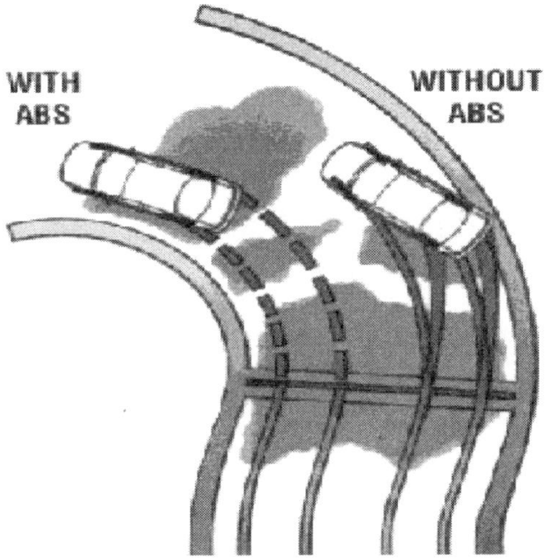

Fig 10.92 ABS의 회전중 제동 효과

ABS 미장착 차량의 경우 차량 바퀴가 잠기면서 미끄러지게 되며 관성으로 인해 밖으로 밀려나가게 되지만 ABS가 장착된 차량의 경우 잠김현상을 방지하여 미끄러짐이 발생하지 않으므로 코스를 이탈하지 않도록 해준다.

10.5 자세제어 장치

1) VDC(Vehicle Dynamic Control)의 개요

VDC는 스핀 또는 언더-스티어 (UNDER-STEER)등의 발생을 억제하여 이로 인한 사고를 미연에 방지할 수 있다.이는 차량에 스핀 또는 언더 스티어등의 발생하는 상황에 도달하면 이를 감지하여 자동적으로 내측 차륜 또는 외측 차륜에 제동을 가해 차량의 자세를 제어함으로써 이로 인한 차량의 안정된 상태를 유지하며, (ABS 연계 제어) 스핀 한계 직전에 자동 감속하며 (TCS연계 제어) 이미 발생된 경우에는 각 휠 별로 제동력을 제어하여서 스핀이나 언더-스티어의 발생을 미연에 방지하여 안정된 운행을 도모하였다.

VDC는 요-모멘트 제어 (YAW-MOMENT), 자동 감속 제어, ABS 제어, TCS 제어등에 의해 스핀방지, 오버-스티어 제어, 굴곡로 주행시 요윙 (YAWING) 발생

방지, 제동시의 조종 안정성 향상, 가속시 조종 안정성 향상등의 효과가 있다.이 시스템은 브레이크 제어식, TCS 시스템에 요-레이트 센서 (YAW-RATE), G 센서, 마스터 실린더 압력 센서를 추가한 구성으로 차속, 조향각 센서, 마스터 실린더 압력 센서로부터 운전자의 조종 의도를 판단하고, 요-레이트 센서, G 센서로부터 차체의 자세를 계산하여 운전자가 별도의 제동을 하지 않아도 4륜을 개별적으로 자동 제동해서 차량의 자세를 제어하여 차량 모든 방향 (앞, 뒤, 옆 방향)에 대한 안정성을 확보한다.

또한 타이어의 공기압이 변화하면 직경이 변화되어 휠 속도 센서의 값이 변화된다. 이를 감지하여 경고등을 점등하는 TPW (TIRE PRESSURE WARING)도 VDC에 내장되어 타이어의 공기압이 부족하면 경고등을 점등하여 운전자에게 알려준다.

2) 시스템의 원리

요-모멘트는 차체의 앞뒤가 좌/우측 또는 선회시의 내/외륜측으로 이동하려는 힘으로서 요-모멘트로 인하여 언더스티어, 오버스티어, 횡력 등이 발생되어 직진 주행중이나 선회 주행시 차량의 주행안정성이 저하된다. VDC에 의한 자세 제어는 주행안정성을 저해하는 요-모멘트가 발생되면 제동을 제어하여 반대방향의 요-모멘트를 발생시켜 서로 상쇄되게 하여 차량의 주행 및 선회 안정성을 향상시키고 필요에 따라서 엔진의 출력을 제어하여 선회안정성을 향상시키기도 한다.

먼저 타이어와 노면 사이에 접착 한계에 도달하는 경우에는 오버스티어 현상이 나타난다. 이때 VDC는 전륜의 제동장치를 제어함으로서 전륜에 의해 발생하는 과도한 선회모멘트를 줄여준다. 반대로 전륜에서 먼저 타이어와 노면의 접착한계에 도달하는 경우에는 언더스티어 현상이 발생한다. 이때 차량은 미끄러지면서 정상적인 선회반경을 넘어서게 된다. VDC는 이러한 현상 모두를 제어하여 위급한 상황에서 운전자가 원하는 방향으로 차량을 제어하여 안정성과 조향성을 유지시켜 준다.

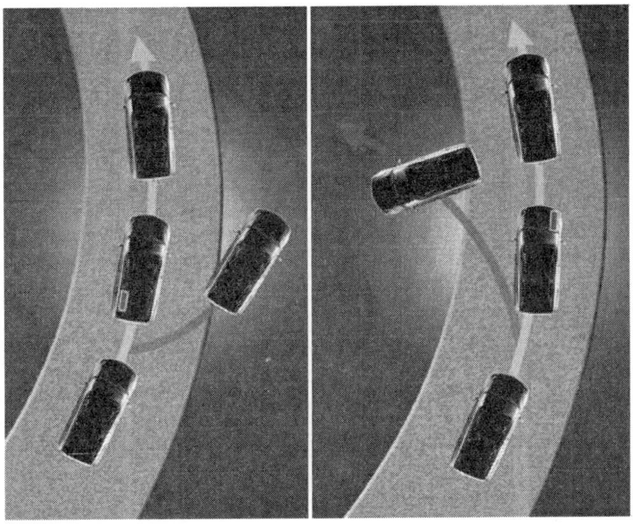

Fig 10.93 VDC 의 작동 시뮬레이션

3) 제어의 종류와 효과

요 레이트센서, 마스터 실린더 압력센서, 차륜속도센서, G 센서 등의 입력값을 연산하여 자세제어의 기준이 되는 요-모멘트와 자동감속 제어의 기준이 되는 목표 감속도를 산출하여 이를 기초로 4륜의 각각의 제동 압력과 엔진의 출력을 제어한다.

VDC는 요-모멘트제어, 자동감속제어, ABS제어, TCS 제어 등에 의해 스핀방지, 오버스티어제어, 굴곡로의 주행시 요잉의 발생방지, 제동시의 조종안정성 향상, 가속시 조종안정성 향상 등의 효과가 있다.

현재 적용되고 있는 VDC 장치는 브레이크 제어식, TCS 시스템에 요 레이트 센서, 횡가속도 센서, 마스터 실린더 압력센서를 추가한 구성이 일반적이다. 속도센서, 조향각센서, 마스터실린더 압력센서로부터 운전자의 조종의도를 판단하고, 요 레이트 센서, G 센서로부터 차체의 자세을 계산하여 운전자가 별도의 제동을 하지 않아도 4륜을 개별적으로 제동하고 차량의 자세를 제어하여 차량 모든 방향에 대한 안정성을 확보한다.

한편 타이어의 공기압이 변화하면 타이어의 직경이 변화되어 휠 속도센서의 값이 변화되므로, 타이어 공기압의 변화를 감지하여 경고등을 점등하는 TPW(Tire Pressure Warning) 도 VDC에 내장되어 타이어의 공기압이 부족하면 경고등을 점등하여 운전자에게 알려주는 장치도 있다.

4) 제어장치의 구성

VDC 장치는 하이드로릭 유니트, ECU, 요레이트센서, 횡가속도 센서, 조향각 센서, 마스터 실린더 압력센서, 휠스피드 센서 등으로 구성된다.

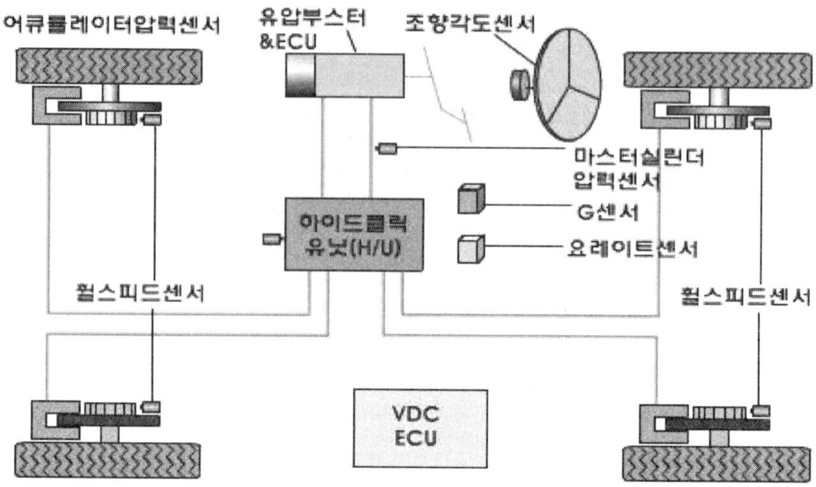

Fig 10.94 VDC의 구성

- **휠 스피드 센서 : 각 바퀴의 회전속도를 감지하는 센서**

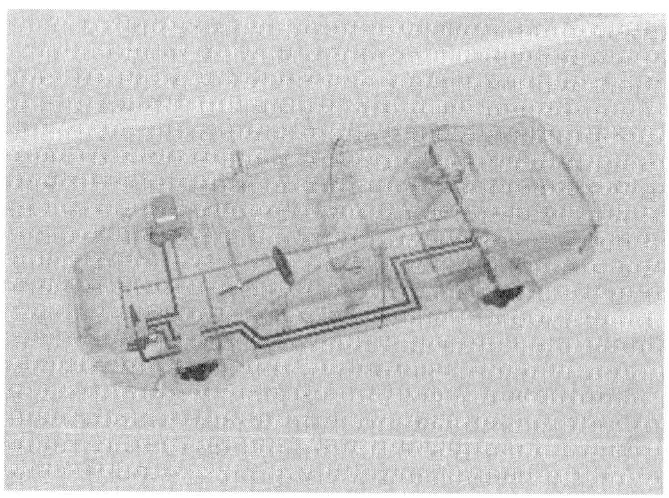

Fig 10.95 휠 스피드 센서의 작동

- 회전율 감지센서 : 수직축에 대한 자동차의 회전각을 측정하는 센서

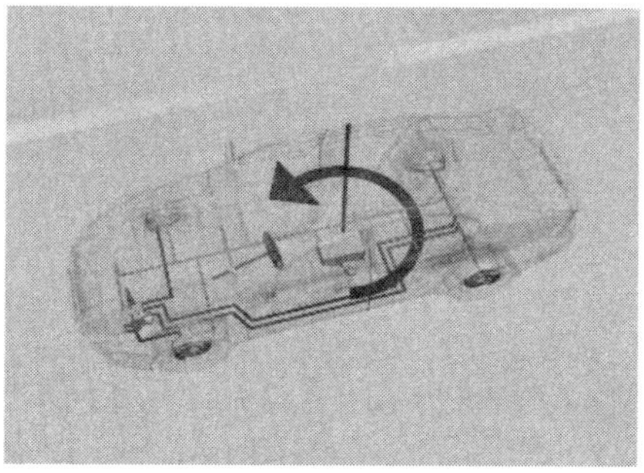

Fig 10.96 회전율 감지센서의 작동

- 조향각 센서 : 운전자의 주행방향 조종의도를 인식하는 센서

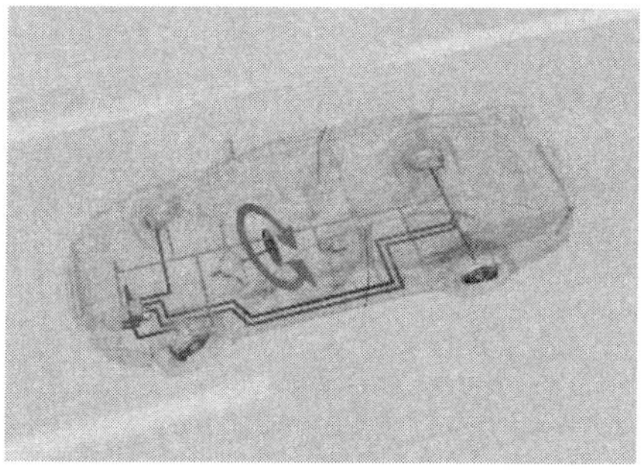

Fig 10.97 조향각 센서의 작동

- ESP ECU : 센서로부터 신호를 받아서 언제 어떻게 개입할 것인지를 계산하는 유닛

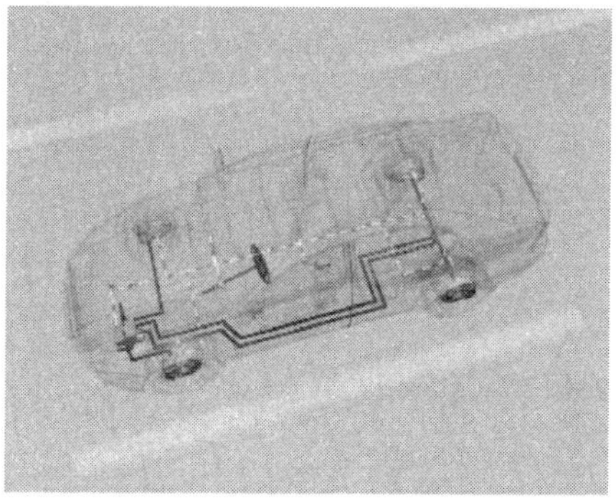

Fig 10.98 ESP ECU의 작동

- 유압조절장치 : 각 바퀴의 제동력을 발생시키거나 감소시키는 유닛

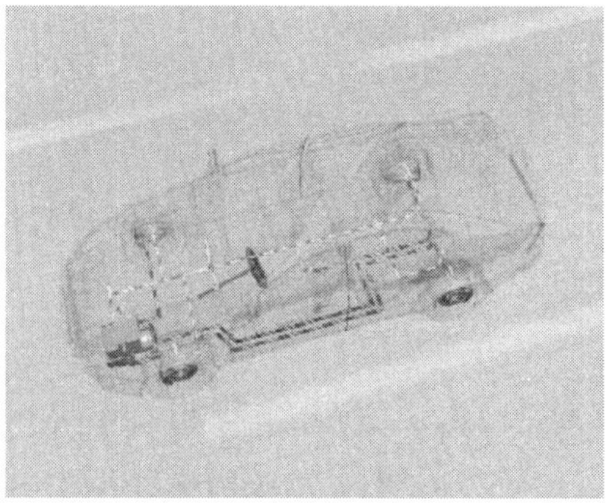

Fig 10.99 유압조절장치의 작동

5) VDC의 작동

고속 주행중 앞 트럭에서 상자가 하나 떨어지는 것을 인식하고 급하게 스티어링 휠을 왼쪽으로 꺽는 상황을 가정 한다

Fig 10.100 VDC 작동 상황

- 먼저 운전자는 왼쪽으로 신속히 벗어나기 위해서 핸들을 왼쪽으로 돌리게 된다.

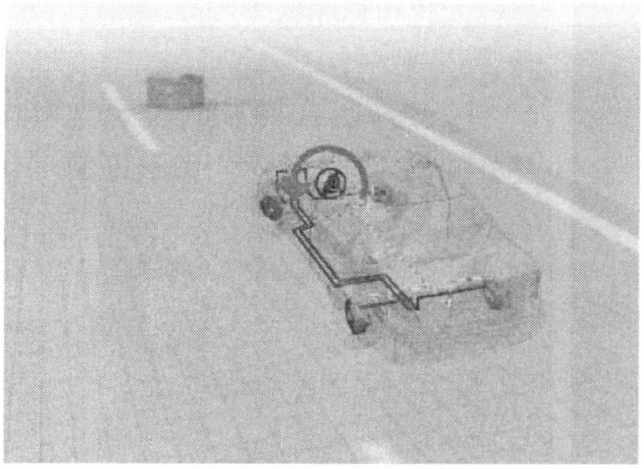

Fig 10.101 VDC 작동 예 1
(운전자 장애물 감지 및 회피)

- 이때 조향각 센서는 이 신호를 ESP ECU 로 전달한다.

Fig 10.102 VDC 작동 예 2
(조향각 센서의 정보를 ECU에 전달)

- 하지만 회전율 감지센서가 감지한 것은 장애물을 향하여 달려가는 것으로, 이 신호를 ESP ECU 에 신호를 보낸다.

Fig 10.103 VDC 작동 예 3
(회전율 감지센서의 정보를 ECU에 전달)

- 이때 순식간에 ESP ECU 는 왼쪽 뒷바퀴를 순간적으로 예리하게 제동하고 의도된 제어력이 발생하여 자동차는 운전자가 의도한 방향으로 움직이게 된다.

Fig 10.104 VDC 작동 예 4
(VDC의 개입으로 안전하게 장애물을 회피)

■ 참고문헌

1. 장재덕, "CAR 일렉트로닉스공학", 골든벨, 2002
2. 허건수, "차량 조향 제어", 자동차공학회지, Vol. 20, No. 4, 2000
3. 홍성길, "에어백 개발 신기술 동향", 자동차공학회지, Vol. 25, No. 2, 2003
4. 장광수, "ACC와 Vehicle Platoon System을 중심으로 살펴본 차량추종제어 시스템", 자동차공학회지, Vol. 21, No. 4, 2000
5. 특허청, "2001 신기술동향조사 보고서, 자동차 ABS 기술", 특허청, 2001
6. 양순용 외 1인,"H_∞ 제어를 이용한 Anti-lock Brake System의 슬립율 제어 시스템의 설계", 울산대학교 공학논문집, Vol. 30, No. 2, 1999
7. 손실규 외 4인, "카 일렉트로닉스 문제", 골든벨, 2002
8. 박정원, "카일렉트로닉스 실습", 골든벨, 2002
9. 강정용외 2인, "현대 車 파형보는 법", 2001
10. 한홍국외 2인, "대우 르노삼성 쌍용 車 파형보는 법", 2001

부 록

부록1 ● ● ● ESP HILS(Hardware In the Loop System) 소개

1. 장비 개요

HILS기술은 새로운 기술이 아니며, 항공 산업에서 이미 오래 전부터 안정성 측면에서 비행제어 시스템에 이용해 왔다. 그러나, 최근 들어 다음과 같은 필요성이 결합되어 더 많은 분야에서 사용하게 되었다.

- 시스템 및 부품 개발 기간의 단축
- 실제 플랜트에 적용하기 전 단계의 제어 시스템에 대한 시험 안전성 요구
- 비용측면에서 여러 단계의 설계 과정에서의 실패방지
- 기 제작된 제품활용으로 인한 비용 절감(제품개선)

HILS기법은 순수한 컴퓨터 시뮬레이션이 갖는 부정확성(실제 상황과의 괴리)과 실제 장착 실험(filed test)의 복잡성이나 위험성 등을 보완하기 위하여 도입되었다. 초기에는 항공우주분야, 방위산업분야, 원자력발전분야, 화공플랜트분야 등과 같이 사고발생의 위험이 높고, 사고가 발생할 경우 인명피해 등의 우려가 있는 분야에서 한정적으로 활용되어 왔다. 그러나 최근 들어 컴퓨터 기술을 포함한 전자기술의 급속한 발전에 힘입어 자동차분야와 같은 민생산업 분야에서도 폭

넓게 활용되고 있다.

자동차 분야의 경우, 자동변속기 (Automatic Transmission :ATM), 구동 제어 시스템(Traction Control System: TCS), 전자 제어식 현가 시스템(Electronically Controlled Suspension: ECS), 바퀴 잠김 방지 시스템(Anti-lock Brake System: ABS), X-by wire 등 차량의 성능향상은 물론 주행안정성과 승차감 향상을 위한 각종 샤시 서브시스템이 점차 전자화되고 있다. 이에 따라 설계 시 고려해야 할 설계변수가 많아지고, 요구되는 기술의 수준도 높아져 시스템 설계에 필요한 시간과 이에 따른 투자가 급격히 증가하게 되었다. 그리하여, 예전에는 주행 시뮬레이터(driving simulator)와 같이 차량의 동역학만을 고려한 실시한 시뮬레이션을 수행하였으나 최근에는 차량의 운전조건 및 노면의 입력상태, 그리고 제어력의 발생 장치와 기타 성능평가에 필요한 하드웨어등이 모두 결합된 형태가 필요하게 되어, 이른바 HIL개념이 차량시스템의 종합적인 설계 및 시험기법에 도입, 활용되고 있다.

HILS응용단계로서 ECU만을 실제 하드웨어로 장착하여 ECU-in-the-loop 시뮬레이션도 ECU의 성능과 제어 로직의 검증에 많이 활용되고 있다. 최종적으로는 실차 시험을 통하여 검증이 이루어져야 하지만, 실제 주행 시 돌발적인 위험 상황의 재현이 어렵고, 반복적인 시험 환경 하에서의 ECU검증은 실차 시험에서 수행되기 힘들다. 따라서 컴퓨터에 의해 주행시험 환경을 구축하고 계속적인 반복 시험을 실험실 내에서 수행할 수 있는 데에 ECU-in-the-loop 시뮬레이션의 장점이 있다.

차량 동역학 해석 소프트웨어와 하드웨어인 ECU와의 집적 시스템을 시험하기 위하여 2가지 시험 방법이 있다. 첫번째, 개회로 시험방법(open-loop test)으로 컴퓨터와 실제 ECU를 결합시켜 센서로부터 받아야 하는 ECU 입력신호를 DAB(data acquisition board) 를 통해 컴퓨터에서 제공함으로써 ECU의 작동상태를 살펴보는 시험이다.

두 번째, 폐회로 시험 방법(closed-loop test)으로 개회로 시험 구성 회로에 차량 동역학 모델까지 연결시켜 실제 주행 시 발생되는 상황을 ECU에 제공함으로써 ECU의 성능을 시험하는 방법이다.

개발된 시뮬레이터는 폐회로 시험 방법으로 부품의 성능 및 내구성을 평가와 제어 로직 개발 및 튜닝을 위한 HILS 환경을 구축하였다.

1) 구성

이번에 개발된 시뮬레이터는 다음과 같은 시험환경을 구축하였다.

ESP HILS 구축

ECU In-The Loop 환경 구축 : ESP

Logic In-The Loop 환경 구축 : ESP

향후 ESP, HILS 실차 환경 구축을 통해 비교평가를 통해 신뢰성 평가가 필요하다.

ESP HILS System은 크게 Simulator, Controller로 구성되어 있다.

2) ESP Simulator

개발된 ESP 시뮬레이터는 폐회로 시험 방법으로 부품의 성능 및 내구성을 평가와 제어 로직 개발 및 튜닝을 위한 HILS 환경을 구축하였다.

표 1. ESP 시뮬레이터 차종 및 구성

<table>
<tr><td rowspan="3">Target 차량</td><td>차종</td><td>HMC, NF SONATA</td></tr>
<tr><td rowspan="2">제동시스템</td><td>BOSCH ESP</td></tr>
<tr><td>EBD-ABS, TCS, VDC, BAS</td></tr>
<tr><td rowspan="2">HILS 환경</td><td>ECU In-The Loop
환경 구축</td><td>ESP HECU In-The Loop</td></tr>
<tr><td>Logic In-The Loop
환경 구축</td><td>User supplied HU Driver
ESP Logic by Simulink</td></tr>
</table>

ESP HILS System은 크게 Simulator, Control Rack으로 구성되어 있다.

그림 1-1 ESP Simulator 외관

2 전원 부

1) 전원 설정

ECU에 공급하는 주 전원은 Main Power supply를 사용한다. LED, 센서 및 Relay에 사용하는 5 V DC전원은 별도의 Power Supply를 사용하였다.

(1) Main power supply

Sorensen 사의 DC Programmable Power Supply를 main power supply로 사용하여, simulator의 main 전원을 공급한다.

표 2. Main Power Supply 사양

Maker	Sorensen
Model	DCS20-150E
Input Voltage	200 ~ 250 Vac, single phase 47 ~ 63 Hz
Power Density	3 kW
Output Voltage	0 ~ 20VDC
Output Current	0 ~ 150ADC
Ripple(RMS) in Constant Voltage Mode	4 mV

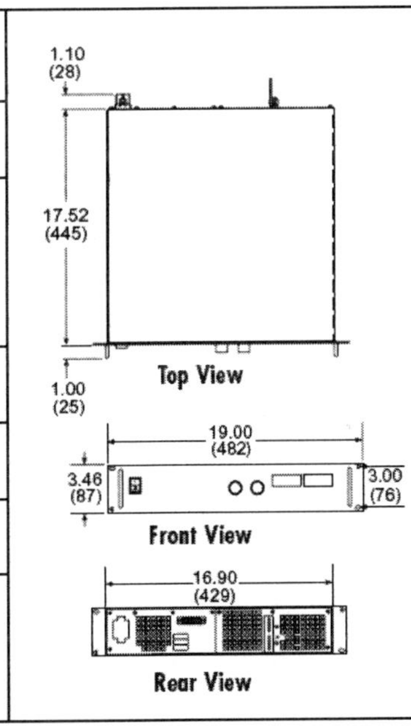

(2) 기타 Power supply

각종 센서의 경우 공급 전원이 변동할 경우 출력 값이 가변하고, Main power supply의 경우 ECU 부하조건에 따라 공급 Voltage값이 변하기 때문에, 센서용 전원은 main power와 분리할 필요가 있다. Simulator의 센서 부 등에는 별도의 소형 SMPS Power Supply를 이용하여 전원을 공급하였다. Main power supply의 On/Off 시 SMPS도 연동되어 On/Off되도록 하기 위해, 별도의 SSR을 이용하고 main power supply 출력 전압 신호를 이용하여 SMPS를 On/Off 하도록 구성하였다.

표 3. SMPS 사양

구분	사양	사진
Power Supply (SMPS)	■ Maker: Fine Suntronix ■ Model: MFS 15-05 ■ Output Spec. : 5VDC, Max 3A	

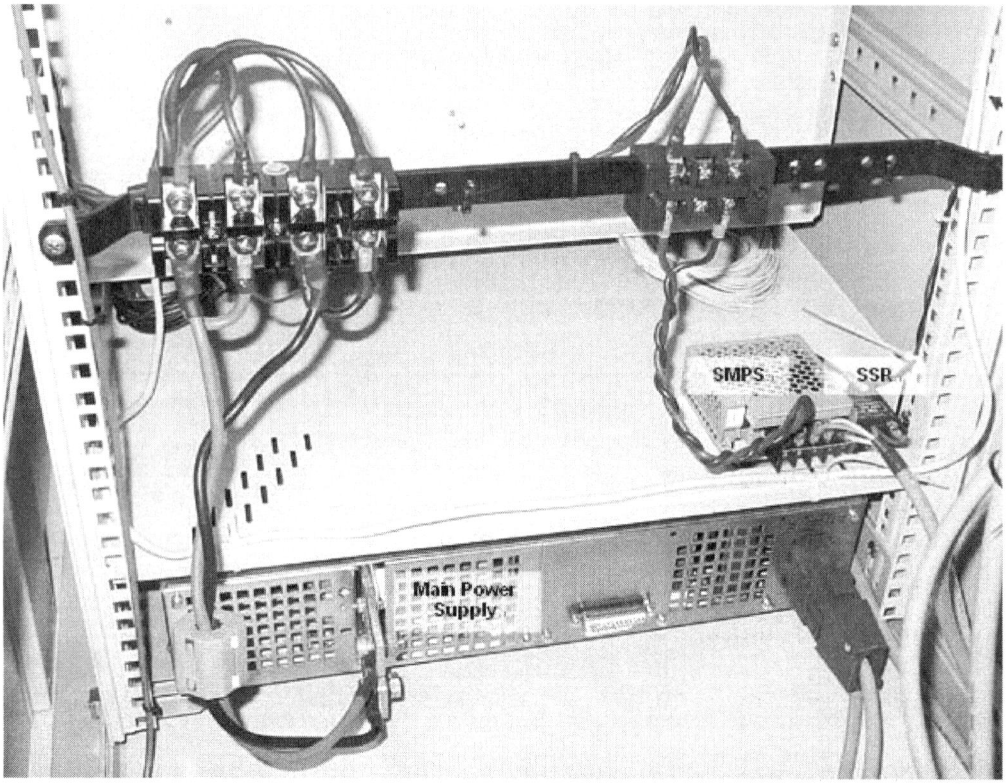

그림 2-1 Power Supplies

2) 전원 공급 방법

Main전원은 Key로 제어한다. Key ACC조건은 ECU 대기 상태이며, Key IGN 일 때 ECU 전원이 공급된다.

3. 시운전 방법

1) 전원 공급

ECU 교환 시 반드시 Main Power를 Off 한다.

(1) Real ECU In the Loop의 경우

HECU에 Real ECU를 결합 후 Connector 연결 (Solenoid 구동 드라이버 Off).
Main 전원 220 V AC 공급
Target Power ON, Host PC Power On
Target, Host PC간 Lan선 연결(Ping으로 확인)
Power supply ON : 13.5 V DC 설정
CarSim 구동,
Key IGN ON
운전
Stop을 위해 Simulink Scope에서 Stop
DO-RT창에서 Data transfer 확인 후, Window를 닫는다.

(2) Open ECU In the Loop의 경우

HECU에 Open ECU를 결합 후 Connector 연결 (Solenoid 구동 드라이버 On).
Main 전원 220 V AC 공급
Target Power ON, Host PC Power On
Target, Host PC간 Lan선 연결(Ping으로 확인)
Power supply ON : 13.5 V DC 설정
RT-LAB GUI에서 Model을 실행한다.
Key IGN ON
Model의 SC_ Console에서 Switch 조작.

4. Simulator 구성

교육용 HILS Simulator에 구현한 제동시스템은 NF SONATA 3.3 차종의

BOSCH ESP 시스템이다.

1) ESP 개요

차체자세 제어장치(ESP:Electronic Stability Program)는 스핀(SPIN) 또는 언더스티어 (UNDER-STEER)등의 발생을 억제하여 이로 인한 사고를 미연에 방지할 수 있다. 이는 차량에 스핀 또는 언더스티어 등의 발생 상황에 도달하면 이를 감지하여 자동적으로 내측 차륜 또는 외측 차륜에 제동을 가해 차량의 자세를 제어함으로써 이로 인한 차량의 안정된 상태를 유지하며 (ABS연계 제어) 스핀한계 직전에 자동 감속하며 (TCS연계 제어) 이미 발생된 경우 에는 각 휠 별로 제동력을 제어 하여 스핀이나 언더스티어 발생을 방지하여 미연에 사고를 방지하여 안정된 운행을 도모한다. ESP는 요-모멘트 제어(YAW-MOMENT), 자동감속제어, ABS 제어, TCS 제어등에 의해 스핀방지, 오버스티어 제어, 굴곡로 주행시 요윙(YAWING)발생 방지, 제동시의 조종 안정성 향상, 가속시 조종안정성 향상등의 효과가 있다

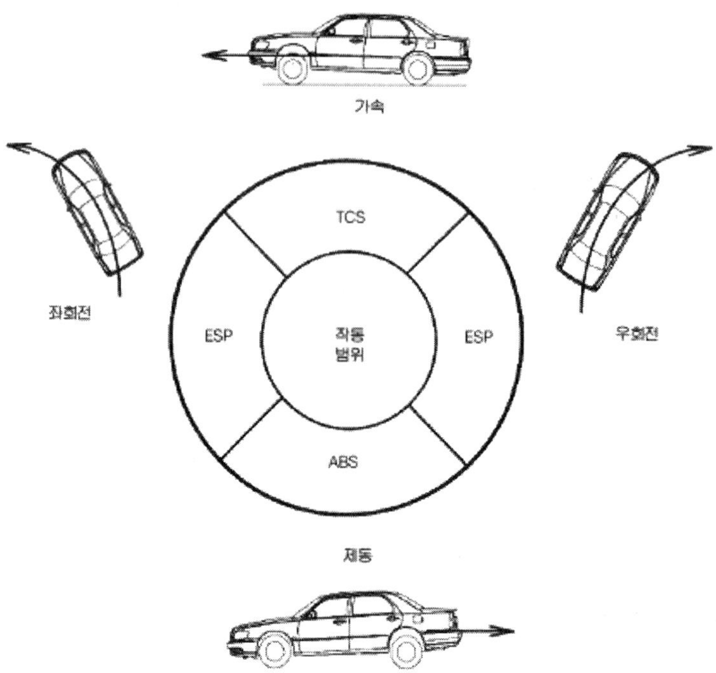

그림 4-1 ESP 작동 범위

2) ESP 시스템

차체자세제어(ESP) 시스템은 ABS제어,트랙션컨트롤(TCS), 요 컨트롤(AYC)기능을 포함한다.

ESP ECU는 4개의 휠 스피드 센서에서 구형파(Square Wave)로 나오는 휠 센서 신호(전류신호)를 이용하여, 차속 및 4개 휠의 가/감속을 산출한 후 ABS가 작동해야 할지 아닐지를 판단한다. ABS에는 탑승인원의 중량변화에 따라 제동력을 최적으로 배분하는 기능인 EBD(Electronic Brake-force Distribution) ABS 가 적용되어 눈길/빗길에서 안정된 제동성능을 발휘하며, 긴급한 제동 상황 시 브레이크 압력을 자동적으로 증가시켜 운전자를 보조하는 HBA(Hydraulic Brake Assist)가 적용된다.

트랙션 컨트롤(TCS)기능은 요레이트 & 횡가속도 센서, 마스터실린더 압력센서, 조향휠 각속도센서, 휠 스피드 센서 등의 입력 신호를 연산하여 자세제어의 기준이 되는 요-모멘트(YAW Moment)와 자동 감속제어의 기준이 되는 목표 감속도를 산출하여 이를 기초로 4륜 각각의 제동압력 및 엔진의 출력을 제어 함으로써 차량의 안정성을 확보한다. 만약 차량의 자세가 불안정하다면(오버스티어, 언더스티어) 요 컨트롤(YAW-Control)기능은 특정 휠에 브레이크 압력을 주고 엔진토크 저감 신호를 보낸다.

점화 스위치 ON후 컨트롤 유니트(ESP ECU)는 지속적으로 시스템 고장을 자기진단 한다.

만약 시스템 고장이 감지되면 ESP ECU는 각종 경고등을 통해 시스템 고장을 운전자에게 알려준다

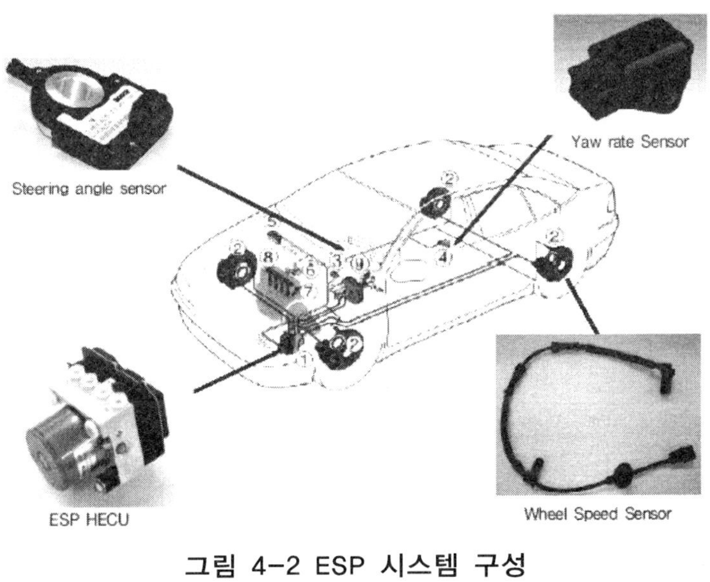

그림 4-2 ESP 시스템 구성

HECU에 의한 ESP 제어는 일반적으로 3단계로 구분할 수 있다.

1단계는 운전자의 의도를 파악하는 단계로, ESP ECU는 스티어링 휠 각속도 센서, 휠스피드 센서, 가속페달, 브레이크 페달 신호를 입력받아 운전자의 의도를 분석한다. 2단계에는 차량의 속도, 요레이트 & 횡가속도 센서의 신호를 입력받아 차량의 거동상태를 파악한다. 3단계에는 ESP ECU가 이전 단계에서 입력된 데이터를 가지고 운전자의 의도와 차량의 거동상태를 파악하여 이를 기초로 4륜 각각의 제동압력 및 엔진의 출력을 제어함으로써 차량의 안정성을 확보하게 된다.

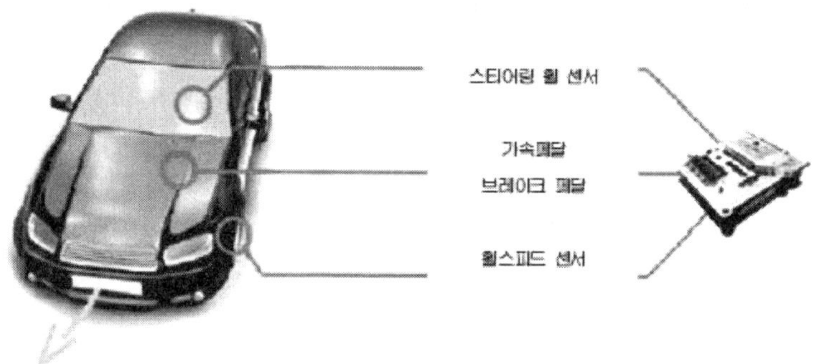

그림 4-3 ESP 제어 - 운전자 의도 파악

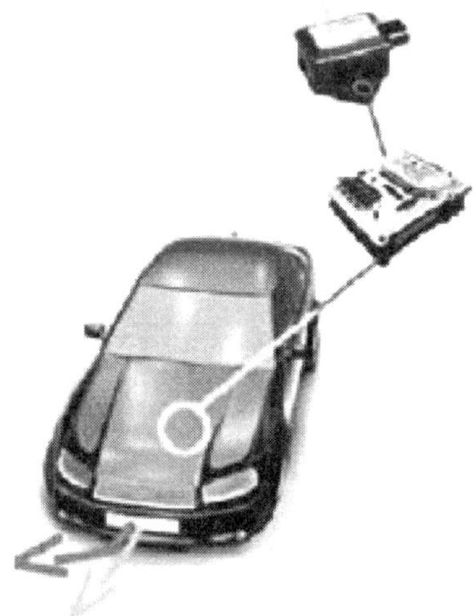

그림 4-4 ESP 제어 - 차량거동 분석

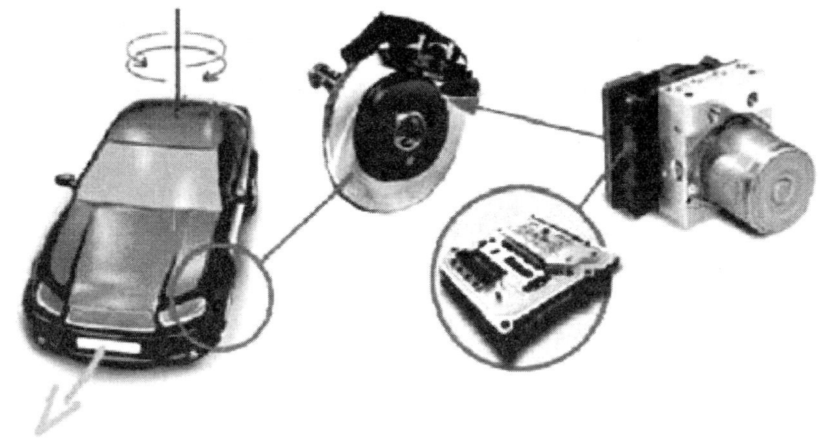

그림 4-5 ESP 제어 - 차량자세 제어

ESP 시스템은 HU 일체형 ECU(HECU) 이외에 각종 센서, 스위치 및 엔진/TM ECU와 연결되어 제어에 필요한 입출력 값을 주고받게 된다. 그림 42 ESP 시스템 구성는 ESP 시스템을 구성하고 있는 센서를 나타내며, 그림 46 ESP HECU 입출력도는 ESP ECU의 신호 입출력도 이다.

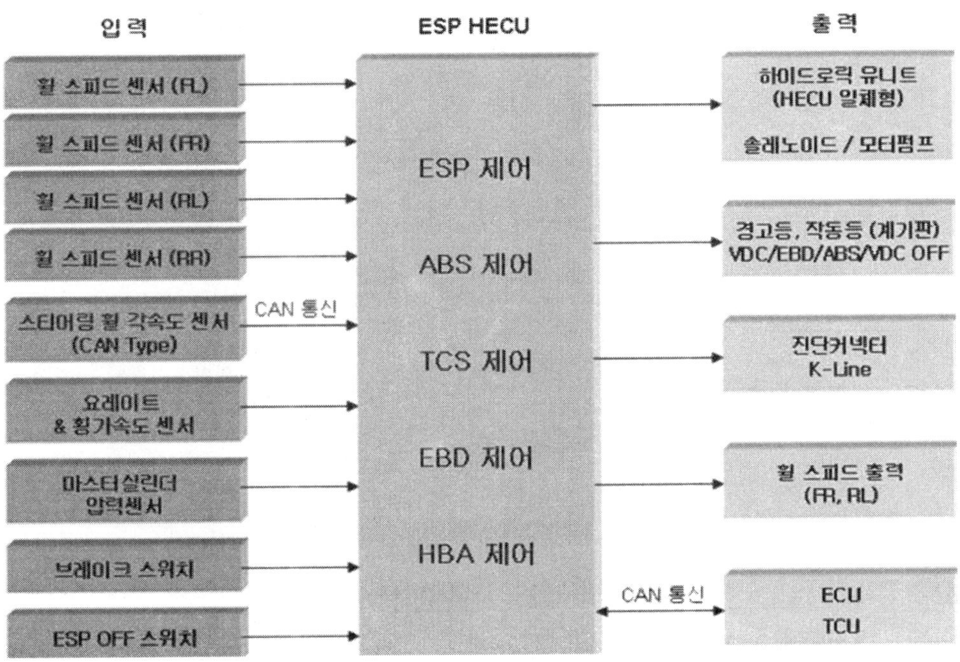

그림 4-6 ESP HECU 입출력도

HILS 환경에서 ECU가Fail Safe Mode로 진입하지 않고 정상적으로 동작하도록 하기 위해서는, 실차 조건과 동일한 각종 센서/스위치/엑츄에이터 입출력 환경을 갖추어야 한다. ESP Simulator에서는 휠 스피드 센서와 ECU/TCU를 제외한 모든 센서/스위치/엑츄에이터를 실제 차량에 적용되는 H/W를 사용하였다. ECU/TCU에서 생성되는 CAN signal은 Simulink 상의 가상의

Plant 모델과 CAN Card를 이용하여 처리하였고, CarSim에서 계산된 차량의 휠속 데이터를 기반으로 NI6602 Counter/Timer Board를 이용해 휠 스피드 센서 신호를 생성하였다.

3) Simulator 구성 부품

시뮬레이터는 AL Profile로 제작된 기본 프레임 상에 시트, 스티어링 휠/칼럼, 이그니션 키, 브레이크 페달, 가속 페달 등의 운전석 기본 부품과 ESP 시스템을 구성하는 유압/전자 부품 류 및 시뮬레이터 조작을 위한 스위치/램프 패널이 장착되며, 각종 신호를 Control Rack에 연결하기 위한 단자함이 Simulator 전면부에 부착된다. ESP 시스템 구성품 중 휠 스피드 센서 신호는 Counter board에서 생성된pulse signal로 대체하였다.

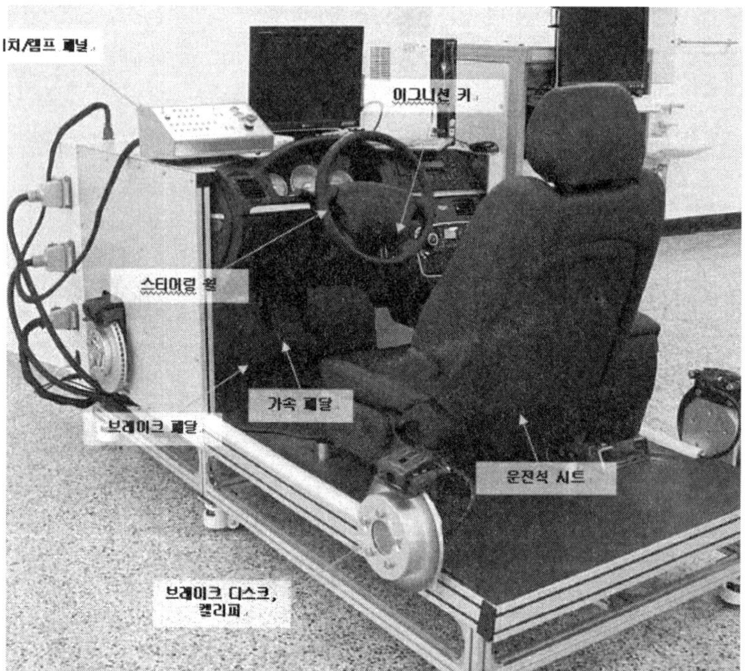

그림 4-7 시뮬레이터 기본 구성품

(1) ESP 컨트롤 모듈(HECU)

ESP 컨트롤 모듈은 압력 센서, 조향각 센서, 요레이트 센서, 횡가속도 센서 및 각 바퀴의 휠스피드 센서로부터 신호를 입력 받아 각 바퀴의 제동 압력 및 엔진 토크 제어를 통해 제동력(ABS제어)/구동력(TCS제어)/요 모멘트(ESP제어) 제어를 수행하고, 페일세이프 기능, 자기 진단 기능 및 외부 진단기와의 인터페이스 기능을 가진다. 시뮬레이터에서는 NF SONATA용 BOSCH ESP ECU를 사용하였다.

HECU는 그림 48 ESP 컨트롤 모듈 내부구조와 같이 구성되어 있다. 펌프 하우징에 모터, 펌프, 솔레노이드 밸브, 피스톤 어큐뮬레이터 및 압력센서가 연결되고, 밸브 코일은 전자제어 장치에 연결되어 펌프 하우징과 전자 제어장치가 조립되도록 되어 있다. HECU 내의 압력센서는 ESP ECU에서 ABS/ESP 제어를 위해 사용되는 압력 측정을 위해 사용된다.

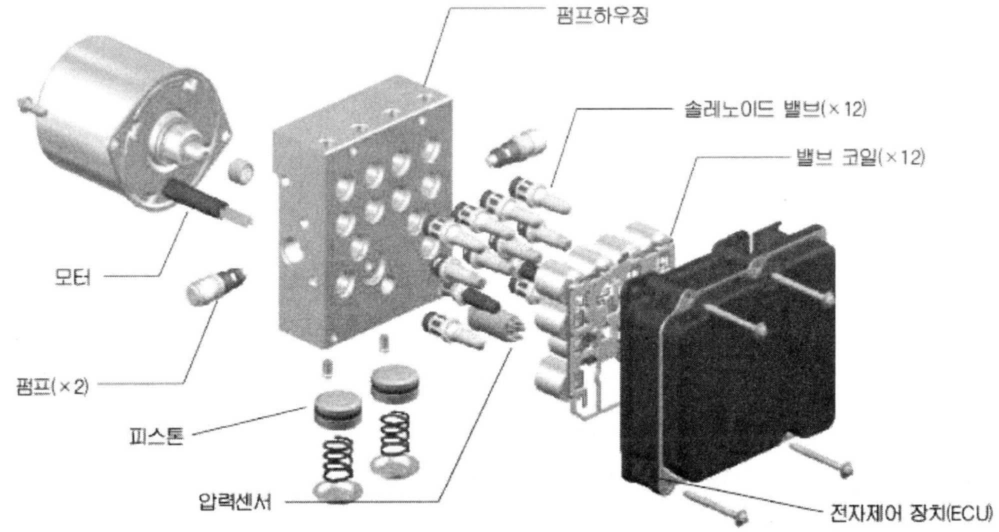

그림 4-8 ESP 컨트롤 모듈 내부구조

그림 4-9 ESP 컨트롤

시뮬레이터에서 마스터 실린더와 4개의 캘리퍼는 1개의 펌프 하우징(HU)에 연결되어 있고, ECU In-The-Loop와 Logic In-The-Loop 간의 모드 변경을 위해서는 HECU의 HU는 그대로 둔 체, normal ECU와 ECU 로직회로가 제거된 reworked ECU를 교체하는 방식을 사용한다. 그림 410 HECU 형상은 ESP ECU가 펌프 하우징과 분리된 상태와 일반 ECU의 제어 회로를 제거하고 외부 로직을 사용하기 위해 제작된 reworked ECU의 형상이다.

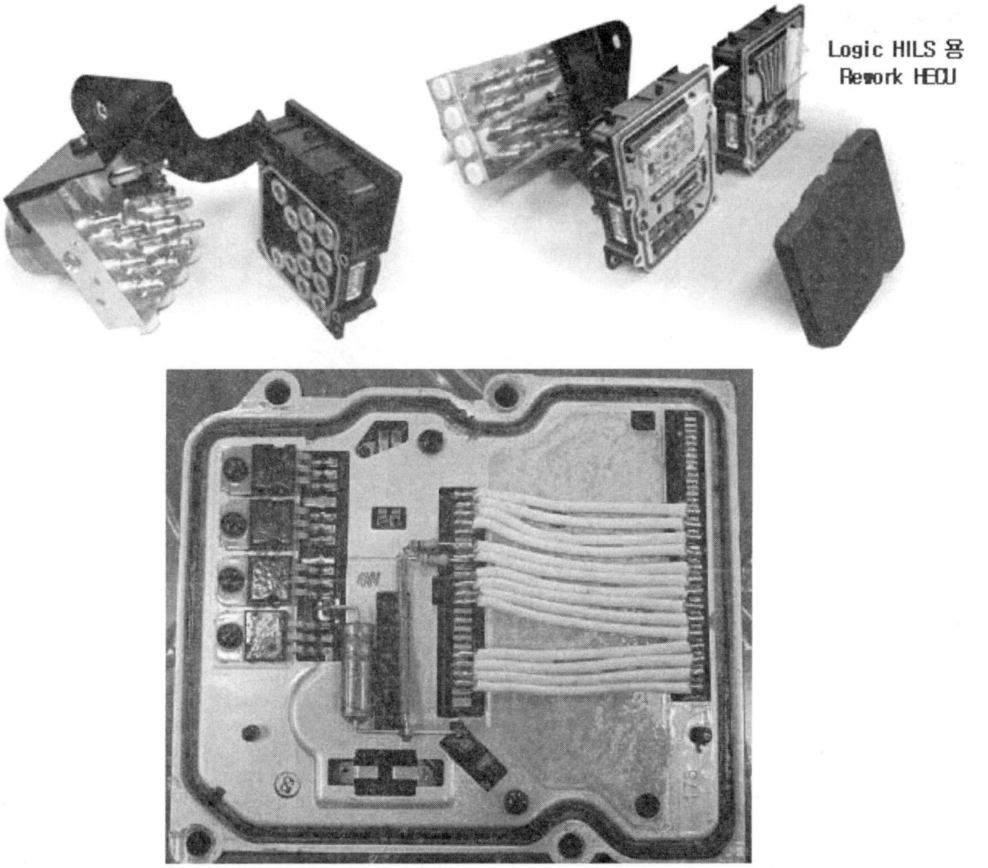

그림 4-10 HECU 형상

(2) 브레이크 부스터/마스터 실린더

시뮬레이터에는 NF SONATA ESP 시스템 용 브레이크 부스터/Master Cylinder Ass'y와 엔진 부압 대신 부스터에 진공 형성을 위한 진공 펌프가 사용되었다. NF SONATA 브레이크 부스터는 진공 배력식으로 배력비가 9:1 이다. 브레이크 페달을 통해 전달되는 브레이크 force를 증배하여 master cylinder로 전달하는 역할을 한다. 마스터 실린더를 통해 가압된 브레이크 오일은 브레이크 라인을 통해 HU로 전달된다. 사용된 브레이크 오일은 일반 DOT3 브레이크 액이다.

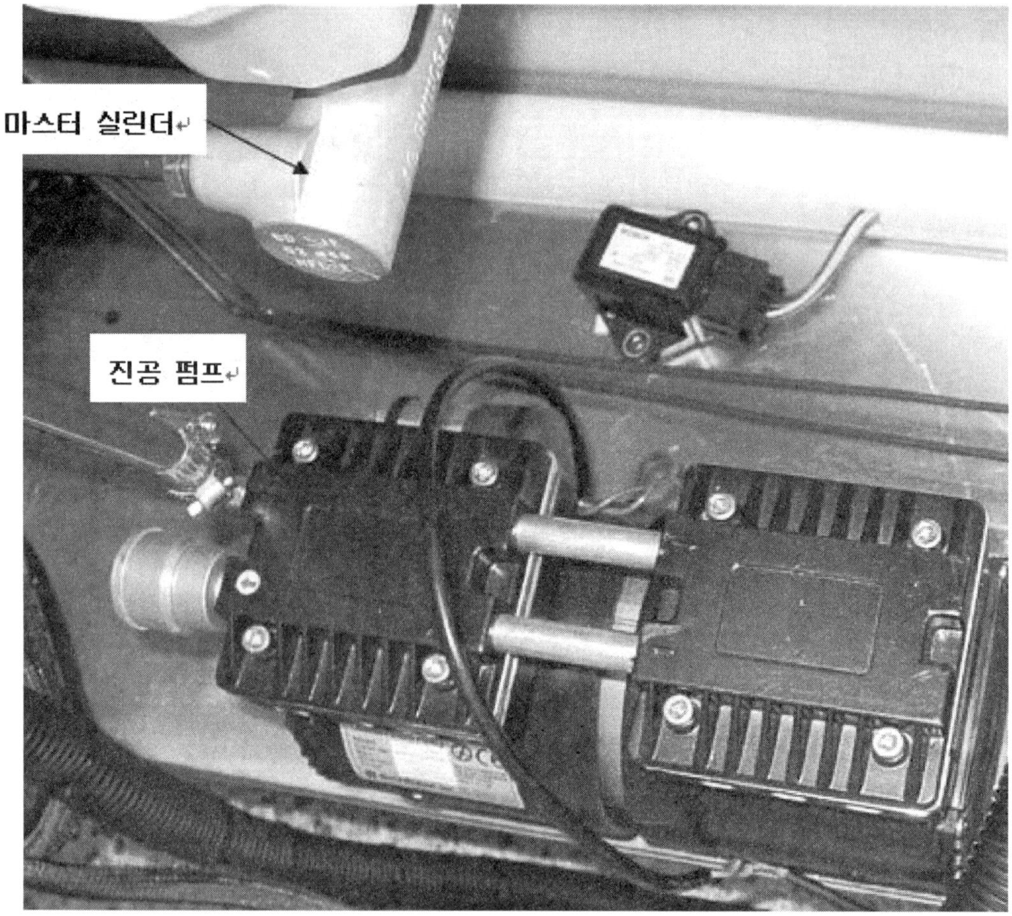

그림 4-11 브레이크 부스터/마스터

브레이크 부스터에 공급될 진공 생성을 위해 국산 피스톤 진공 펌프를 사용하였다. 제조사는 월드메디칼(www.wminc.co.kr)이고, 120 L/min에 700mmHg의 진공을 생성할 수 있는 펌프를 적용하였다.

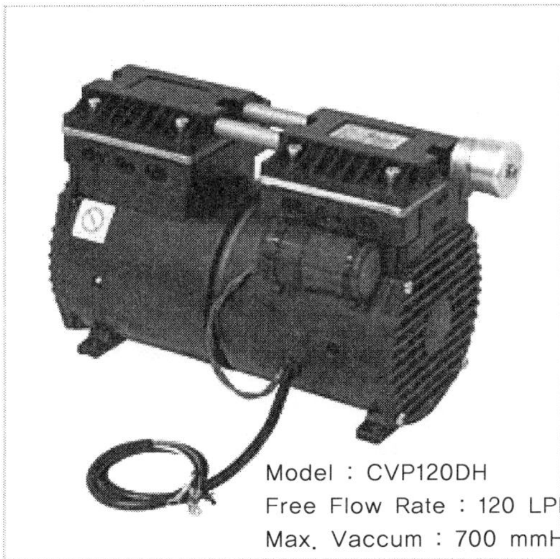

그림 4-12 진공 펌프

(3) 브레이크 디스크/캘리퍼

브레이크 디스크와 캘리퍼는 NF SONATA 차량의 부품을 사용하였다. 전륜의 경우 Simulator 부피 감소를 위하여 전륜 디스크와 동일한 두께의 지그에 캘리퍼를 고정하였다. HECU에서 공급되는 유압은 브레이크 라인과 호스를 거쳐 캘리퍼에 전달되며, 이 압력은 캘리퍼 내의 브레이크 패드를 디스크에 밀착시켜 브레이크가 작동되게 한다. 시뮬레이터에서는 휠의 회전에 의한 영향은 무시하므로, 실차 조건의 캘리퍼 부착 각도는 고려하지 않았다.

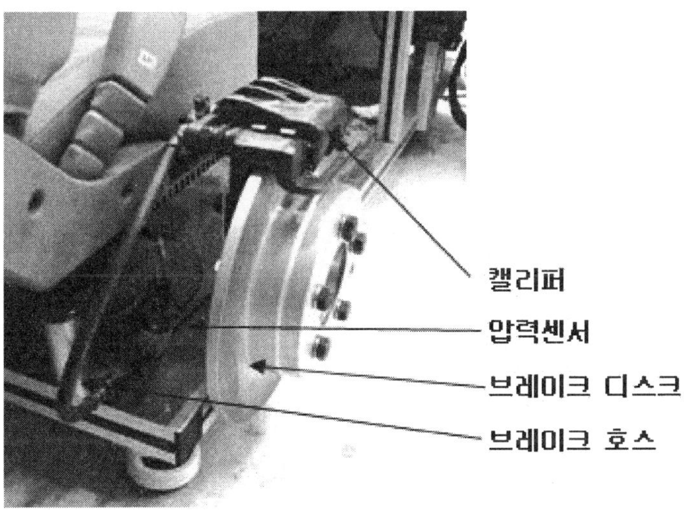

그림 4-13 브레이크 디스크, 캘리퍼

캘리퍼에서 발생하는 브레이크 오일의 압력을 CarSim 차량모델에 입력하여 제동 토크를 계산하는 목적으로 사용하기 위하여, 동일한 사양의 압력계 4개를 각 캘리퍼에 연결된 브레이크 호스 전단에 장착하였다. 사용된 압력계는 Texas Instruments 사의 스틸 다이아프램 방식의 압력 센서이며, OPIRUS ESP의 마스터 실린더에 적용되는 압력계이다.

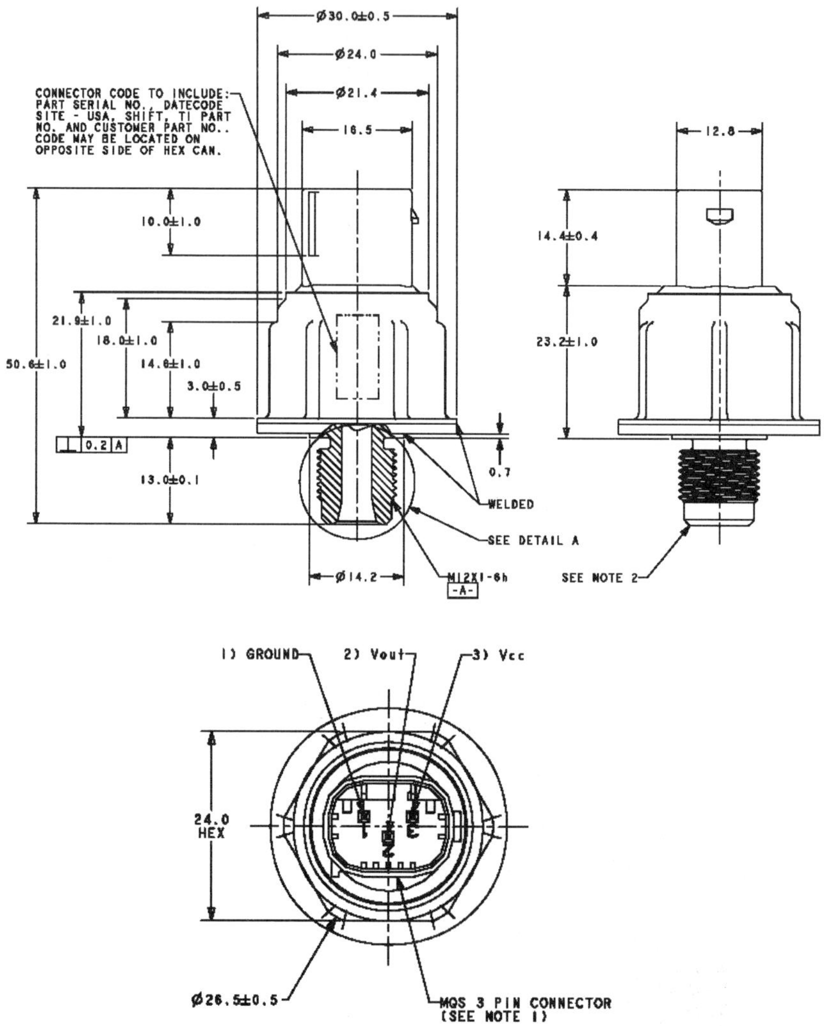

SPECIFICATIONS:

SUPPLY VOLTAGE	4.75 TO 5.25 VDC (5 VDC NOMINAL)
SUPPLY CURRENT	10 mA(NO LOAD)
OPERATING TEMPERATURE RANGE	-40℃ TO 125℃
OPERATING PRESSUR RANGE	0 TO 170 BAR (GAGE)
LOAD RESISTOR	1.1 K OHM PULL UP
PROOF PRESSURE	300BAR
BURST PRESSURE	350BAR
NOMINAL 0 BAR OUTPUT	10% Vpwr
NOMINAL SENSITIVITY	23 mV / BAR AT 5 VDC SUPPLY
LOW CLAMP RAIL	0% - 6% Vpwr
HIGH CLAMP RAIL	91% ±1% Vpwr
HIGH FAULT BAND	>96% Vpwr
COMMON MODE FAULT + DETECTION	ENABLED
OTHER FAULT DETECTION	ENABLED
DIAGNOSTIC WAVEFORM	ENABLED

항 목	제 원	비 고
정격전압	4.75 ~ 5.25V	-
작동온도	-30℃ ~ 120℃	-
입력압력	0 ~ 171bar	-
정지시출력전압	0.5V	-
출력전압	0.5V ~ 4.4V	감도=23mV/bar

그림 4-14 압력센서 사양

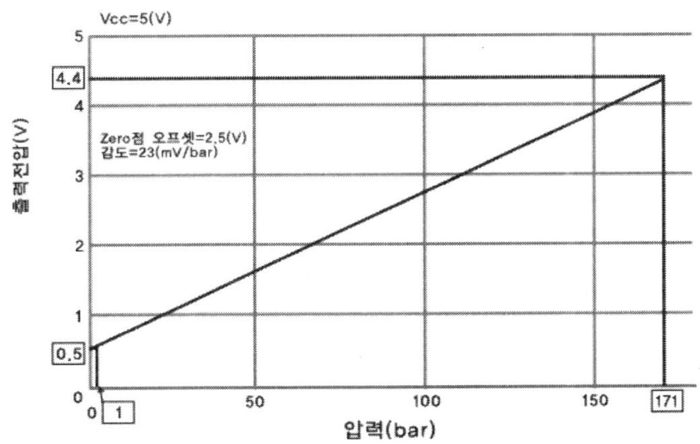

그림 4-15 압력 센서 출력특성

(4) 조향휠 각속도 센서

조향휠 각속도 센서는 스티어링 휠 칼럼에 부착되어 스티어링 휠의 조향 각속도를 검출하는 센서이며, ESP로직을 위한 운전자 조향 의도를 파악하는데 사용된다. ESP Simulator에는 AMR(이방자기저항)소자를 사용한 비접촉식 센서인 NF

SONATA용 센서가 적용되었다. 측정된 조향휠 각속도는 센서 내부의 신호 처리를 거친 후 디지털 각도와 각속도 정보를 CAN을 통해 출력한다.

표 4. 조향휠 각속도 센서 사양

항목		제원
작동 전압		8V ~ 16V
사용 온도		-40 ~ 85℃
소비 전류		Max. 150mA
조향각 속도		최대 2000/sec
측정범위	각도	-780 ~ 779.9
	각속도	0 ~ 1016/S

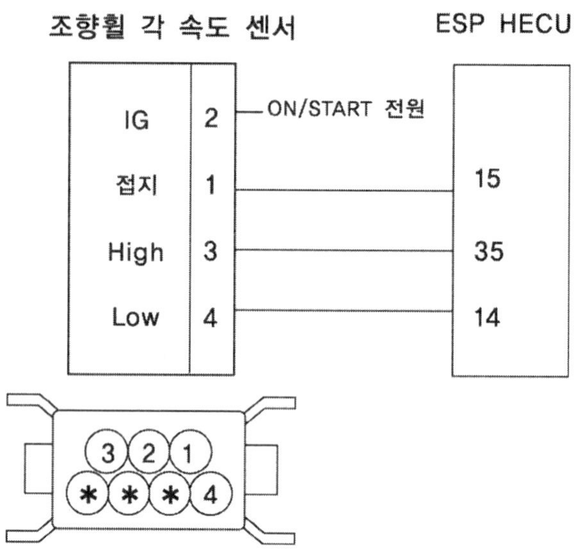

그림 4-16 조향휠 각속도 센서 Pin map

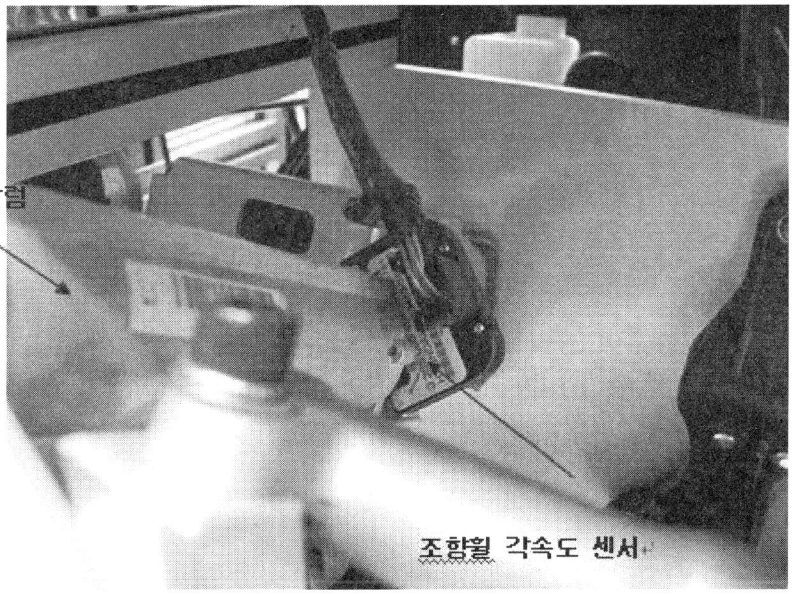

그림 4-17 조향휠 각속도 센서

(5) 요레이트 & 횡가속도 센서

NF 차종의 요레이트 센서와 횡가속도 센서는 일체형으로 되어 있으며, 차량의 사이드레버 우측 하부 플로워에 장착된다. 요레이트 센서는 차량의 회전 각 속도를 감지하는 센서로 계산된 목표 선회량과의 차이를 계산하고 횡가속도 센서는 차량의 횡 미끌림을 감지하는 센서로 노면 추정에 의한 목표 선회량을 보완하는 기능을 한다.

ESP 시뮬레이터에서 차량의 동적 거동은 CarSim에서 계산되고, 시뮬레이터 자체는 움직이지 않으므로, ESP ECU에 입력되는 요레이트 & 횡가속도 센서 신호는 CarSim에서 계산된 값을 NI DAQ Board에서 analog 값으로 변환하여 ECU로 출력해야 한다. 다만 ESP ECU에서는 요레이트 계산 시 센서에서 출력되는 요레이트 기준 신호를 입력 받도록 되어 있으므로, NI DAQ Board에서 실제 센서의 요레이트 기준값/요레이트 신호/횡가속도 신호를 입력받아 CarSim 계산값과 비교하여 연산한 후의 값을 ECU로 출력한다.

또한, ESP ECU는 차량의 IG-ON 시 요레이트&횡가속도 센서 셀프 테스트 신호를 입력 받아 오류를 검사하도록 되어 있으므로, 시뮬레이터에서 요레이트&횡가속도 센서의 테스트 신호 단자는 ECU로 직접 연결되어 있다.

그림 4-18 요레이트 & 횡가속도 센서 단품

그림 4-19 센서 장착위치

표 5. 요레이트 & 횡가속도 센서 사양

<table>
<tr><th colspan="3">항 목</th><th>제 원</th><th>비고</th></tr>
<tr><td colspan="3">공급전압</td><td>8 ~ 16V</td><td>Typ. 11.5 ~ 12.5V</td></tr>
<tr><td colspan="3">공급전류</td><td>120mA 이하</td><td>Typ. 75mA</td></tr>
<tr><td colspan="3">기준전압출력</td><td>2.464 ~ 2.536V</td><td>Typ. 2.5V</td></tr>
<tr><td colspan="3">작동온도</td><td>-40 ~ 85℃</td><td></td></tr>
<tr><td rowspan="4">요레이트
센서</td><td rowspan="2">측정범위</td><td>+w방향,좌회전</td><td>100 deg/sec 이상</td><td>Typ. 111 deg/sec</td></tr>
<tr><td>-w방향,우회전</td><td>100 deg/sec 이상</td><td>Typ. 111 deg/sec</td></tr>
<tr><td colspan="2">비선형성</td><td>-1 ~ 1 %</td><td></td></tr>
<tr><td colspan="2">오프셋(수명내, 동작온도내)</td><td>3.75 deg/sec</td><td></td></tr>
<tr><td rowspan="4">횡가속도
센서</td><td rowspan="2">측정범위</td><td>+y방향,좌회전</td><td>1.8 g 이상</td><td>Typ. 2g</td></tr>
<tr><td>-y방향,우회전</td><td>- 1.8 g 이상</td><td>Typ. 2g</td></tr>
<tr><td colspan="2">비선형성</td><td>-4 ~ 4 %</td><td></td></tr>
<tr><td colspan="2">오프셋(수명내, 동작온도내)</td><td>-0.09 ~ 0.09 g</td><td></td></tr>
</table>

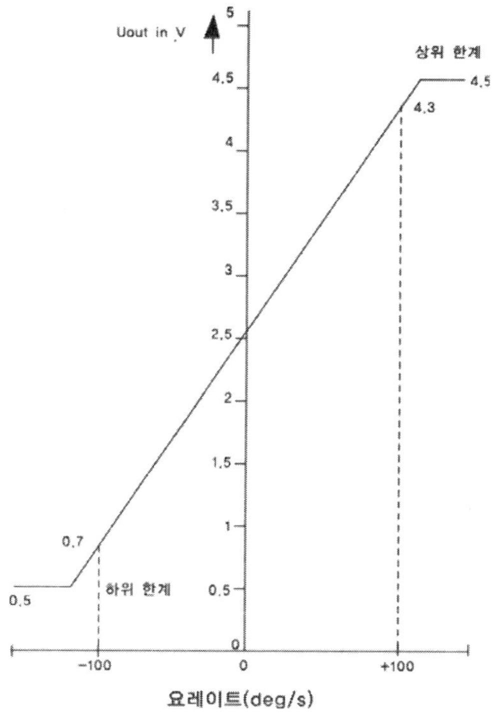

그림 4-20 요레이트 센서 출력특성

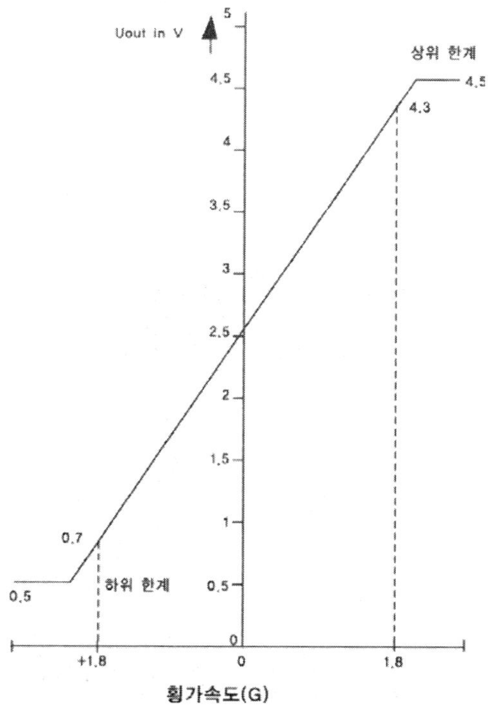

그림 4-21 횡가속도 센서 출력특성

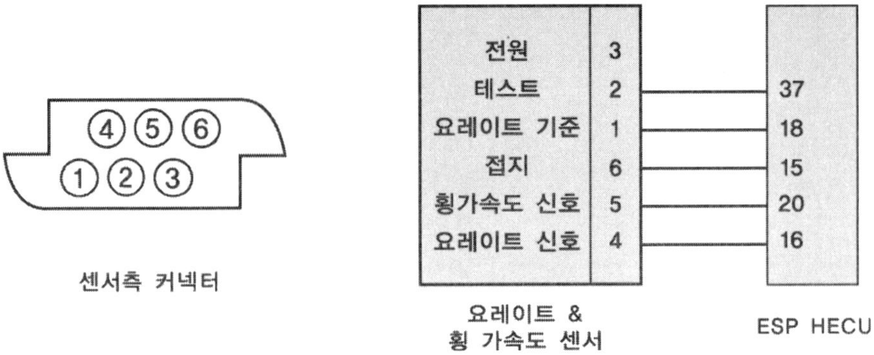

그림 4-22 요레이트 & 횡가속도 센서 Pin map

(6) 브레이크, 가속 페달

ESP ECU는 운전자의 제동의지 판단을 위해 브레이크 패달에 장착된 브레이크등 스위치 신호를 입력받도록 되어 있다. 시뮬레이터에서는 ESP 적용 차량용인 전동 조절식 브레이크 패달을 적용하였고, 패달에 부착된 브레이크 스위치 신호는 ESP ECU의 30번 단자로 입력된다.

CarSim 차량 모델에서 운전자의 가속 입력은throttle 값으로 입력하도록 되어 있다. NF SONATA 차량의 경우 ETS(Electric Throttle System)이 적용되지 않으므로, throttle 값은 스로틀 바디에 장착된 TPS 센서로부터 직접 받아야 한다. 다만 본 시뮬레이터에선 엔진 ECU에 의한 Throttle 제어 효과를 고려하지 않으므로, TPS 센서 값을 가속 페달에 장착된 엑셀 패달 센서(APS)의 값으로 대체하였다. 시뮬레이터에 사용된 가속 페달은 디젤 산타페 차종의 페달이다.

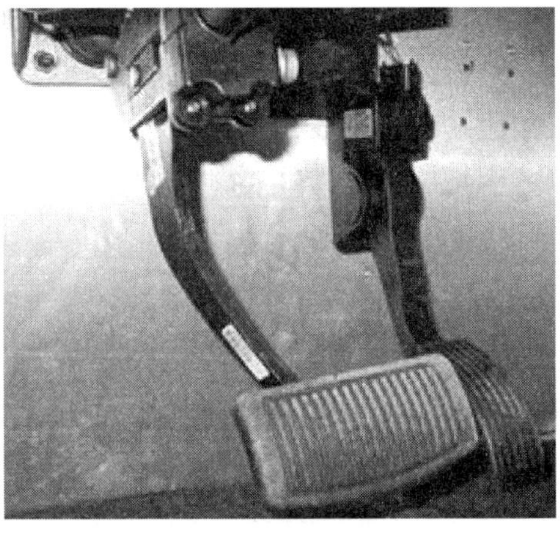

그림 4-23 브레이크 패달, 가속 패달

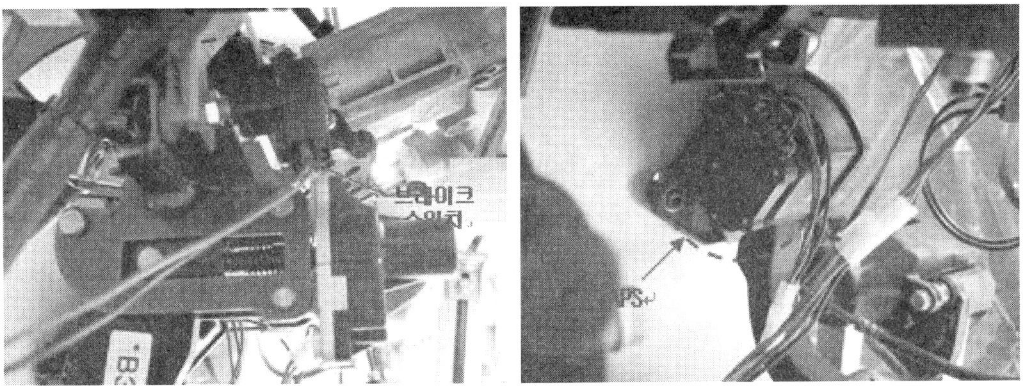

그림 4-24 브레이크 스위치 및 가속 패달 위치센서

(7) LED & Switch Panel

시뮬레이터 상단에 ESP ECU 상태를 표기하기 위한 각종 LED, 운전석의 ESP OFF 스위치를 대체하기 위한 스위치 등이 장착된 별도의 Panel을 부착하였다. ESP OFF 스위치를 작동시키면 ESP 기능이 정지되고 ABS만 동작하게 된다.

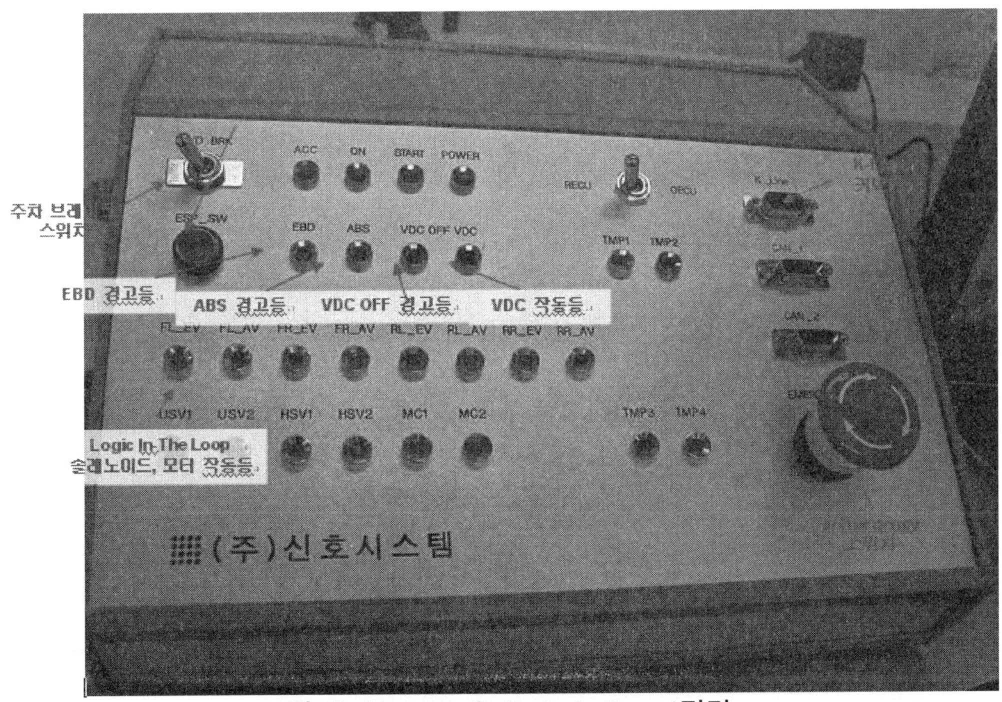

그림 4-25 LED & Switch Panel전면

(8) Signal Breakout Box

Signal breakout box는 DAQ card와 ESP 시뮬레이터 간의 signal interface를 위해 사용된다.

ESP 시뮬레이터 전면에는 각종 배선 처리를 위한 단자함이 설치되어 있다. 단자함 내에는 배선을 위한 터미널과 휴즈 이외에 이그니션 키 신호로부터 시뮬레이터 및 ECU에 공급되는 각종 전원 ON/OFF를 위한 마이컴 보드와 릴레이 보드가 같이 장착되어 있다.

HU 구동 드라이버 Box는 ESC Logic In-The Loop를 위해 사용되는 SOL 구동 드라이버 회로와 NI6602 카드인터페이스 용 보드로 구성되어 있다. SIMULINK ESC 사용자 로직에 의해 생성된 ESP HU의 솔레노이드와 모터 구동 신호를 Rework된 ESC ECU로 출력하는데 사용된다.

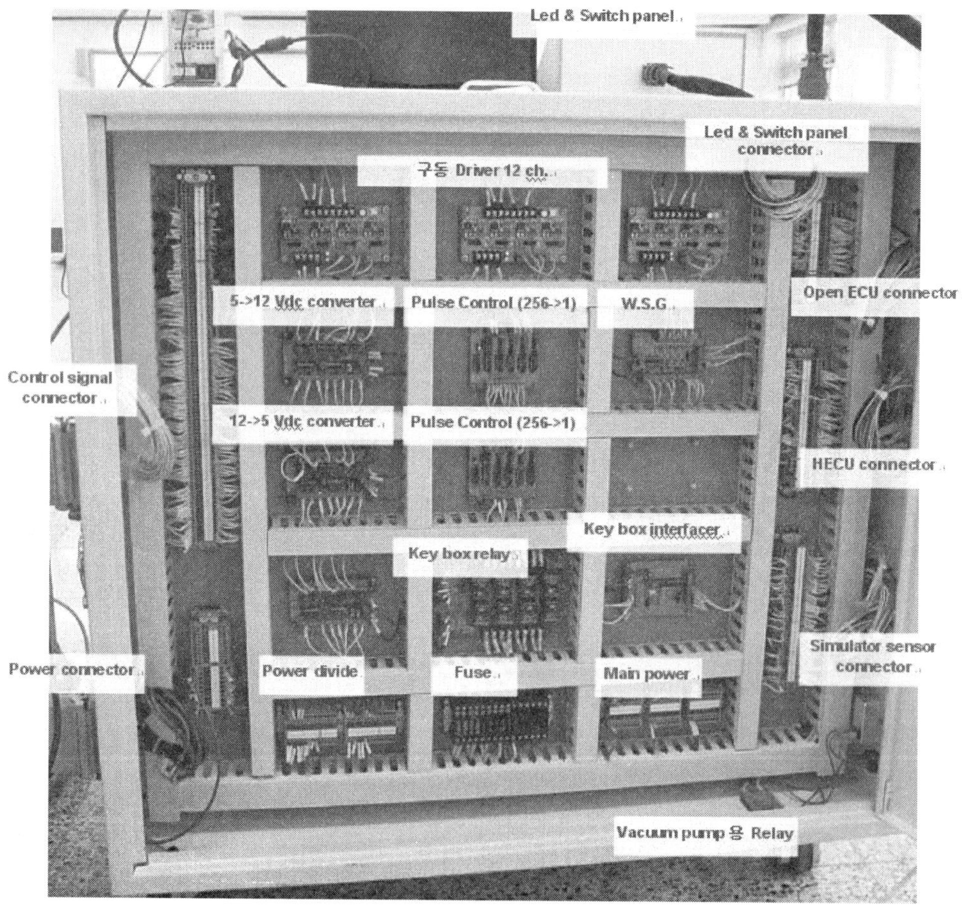

그림 4-26 단자함 내부

4) Control Rack 구성

ESP HILS Controller는 Real-time Target PC 2대, signal breakout box, solenoid & motor driver box (Logic In-The Loop 용), power supply로 구성되어 있고, HOST-TARGET간 통신을 위한 Ethernet hub가 추가되었다. Rack은 19", 깊이 750 mm를 사용하였다.

그림 4-27 Control rack

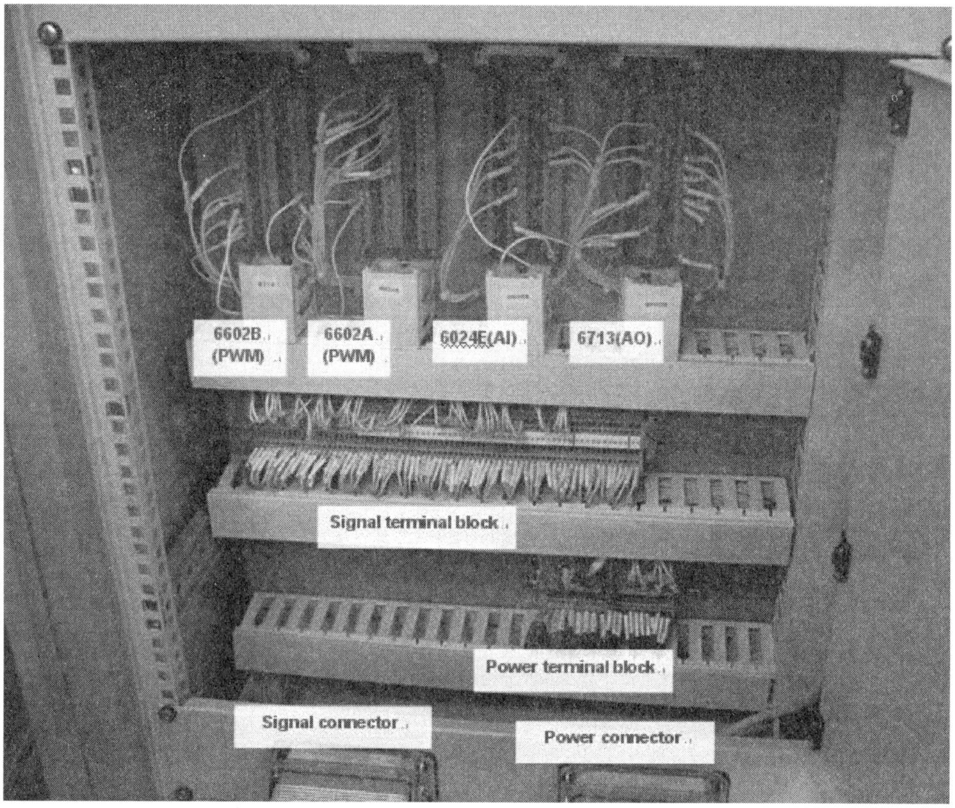

그림 4-28 Control rack 내부 interface box

(1) Target PC

Target PC는 일반 산업용 PC를 사용하여 target으로 구성하였다. Target에는 DAQ 및 Signal I/O를 위한 PCI type NI DAQ 카드와 통신용 CAN Card와 Firewire Card가 장착되어 있다. Target PC의 OS는 ONX 6.2이고, RT-Lab은 7.2.4 를 설치하였다.

표 6. Target PC 사양

Target (IP : 192.168.0.???)	
Item	Description
CPU Card	CPU : Pentium4 3.0GHz, Memory : 512MB , HDD : 40 G
Network Card	Integrated in CPU Card
DAQ Card	NI PCI-6024E x 1 EA (Multifunction I/O) NI PCI-6713 x 1 EA (Analog Output) NI PCI-6602 x 2 EA (Counter / Timer)
Communication Card	CAN Card (SOFTING CAN-PCI-AC2-2x) x 1 EA Firewire card(400 Unibrain PCI OHCI) x 1 EA

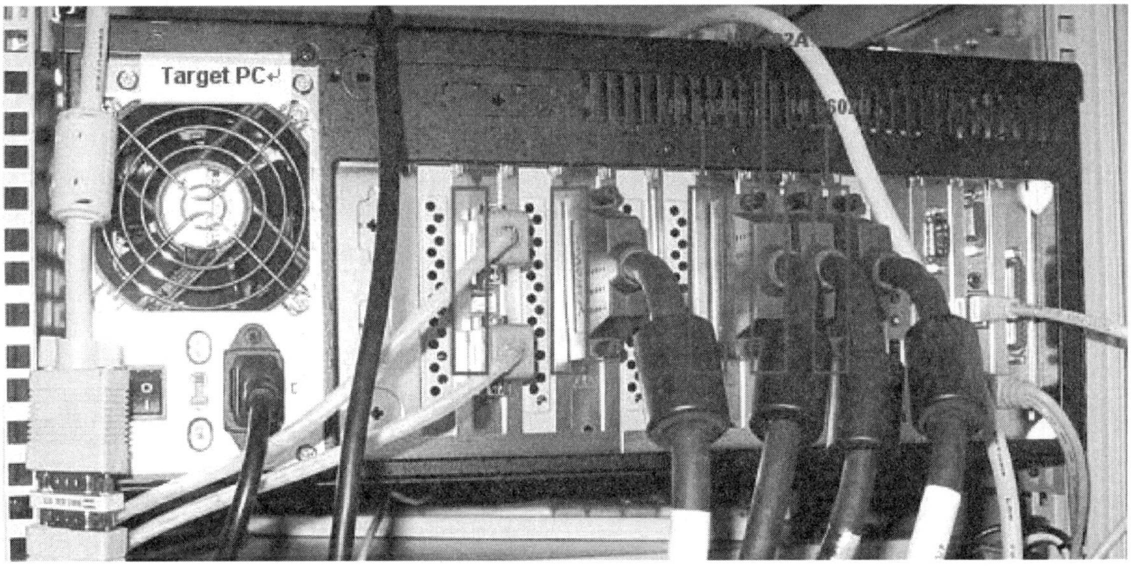

그림 4-29 Target PC 후면

ESP Simulator에 사용된 Target PC의 랜카드는 CPU 카드 온보드형이며, QNX 설치 시 자동 인식되지 않는 관계로 수동으로 설정해 주어야 한다. 랜카드 수동 설정 절차는 아래와 같다.

[QNX 랜카드 수동 설정 절차]

QNX의 terminal (shell) 창을 연 후 "pci –v | less" command를 입력하여 Lan Card의 device ID와 vender ID를 확인한다.
(예, DID = 1051h, Vender ID = 8086h)

Target 에 설치된 QNX의 "/etc/rc.d/rc.init" 파일을 문서 편집기로 열어 아래의 주석라인 다음에 랜카드 인식을 위한 명령어 라인을 입력한 후 저장한다. (Target 재부팅 시 랜카드 자동 설정을 위한 명령어)

Change the path to back before starting init:

#--------------- Section to add for Lan Card Setting ------------------------#

```
slay io-net
io-net –despeedo vid=0x8086h,did=0x1051 –ptcpip
waitfor /dev/socket
netmanager

#--------------- End of Section to add for Lan Card Setting --------------#
```

5. 센서 사양 (참고 사항)

1) Wheel speed 센서

휠 스피드 센서는 센서 엘리먼트(IC)에 부착되어 있는 영구자석으로 구성되며 센서 케이블에 의해 HU에 연결된다. Simulator에서는 휠에 회전을 하지 않기 때문에 EILS구성하기 위해서는 HU에 WSG를 통해 휠 스피드센서를 모사하였다. 휠 스피드 센서의 사양은 그림 51 휠 스피드 센서의 사양 과 같으며 톤휠의 사양은 표 7. Tone wheel 의 사양과 같다.

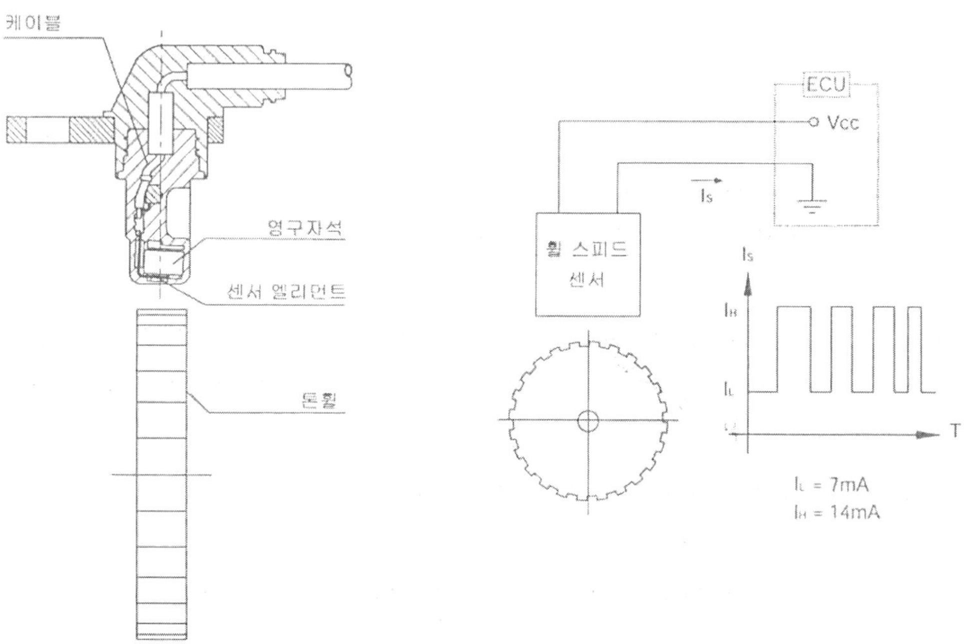

항 목	규정값	비 고
공급전압	DC 12V	
작동전압	7.5 ~ 20V(DC)	레지스터 R=115Ω 장착시
출력전류범위	7mA~14mA	레지스터 R=115Ω 장착시
장착토크	0.8~0.95kg·m	
에어갭	0.2~1.15mm	

그림 5-1 휠 스피드 센서의 사양

표 7. Tone wheel 의 사양

톤 휠	수		47개
	높이		2.5mm
	두께		2.0mm
	폭	프런트	12mm
		리어	10mm
	외경	프런트	Ø89
		리어	Ø63.95

그림 5-2 Tone wheel and wheel speed sensor

Wheel speed sensor를 모사할 수 있게 Bosch ESP에 맞는 Wheel speed generator와 일체형으로 구성되어 있다.

Wheel speed generator ECU In-the Loop simulation시 HU를 실차와 같은 조건으로 모사해주기 위한 것으로 그림 53 Active wheel speed sensor의 입출력 파형의 실제 시험결과를 이용하여 개발하였다.

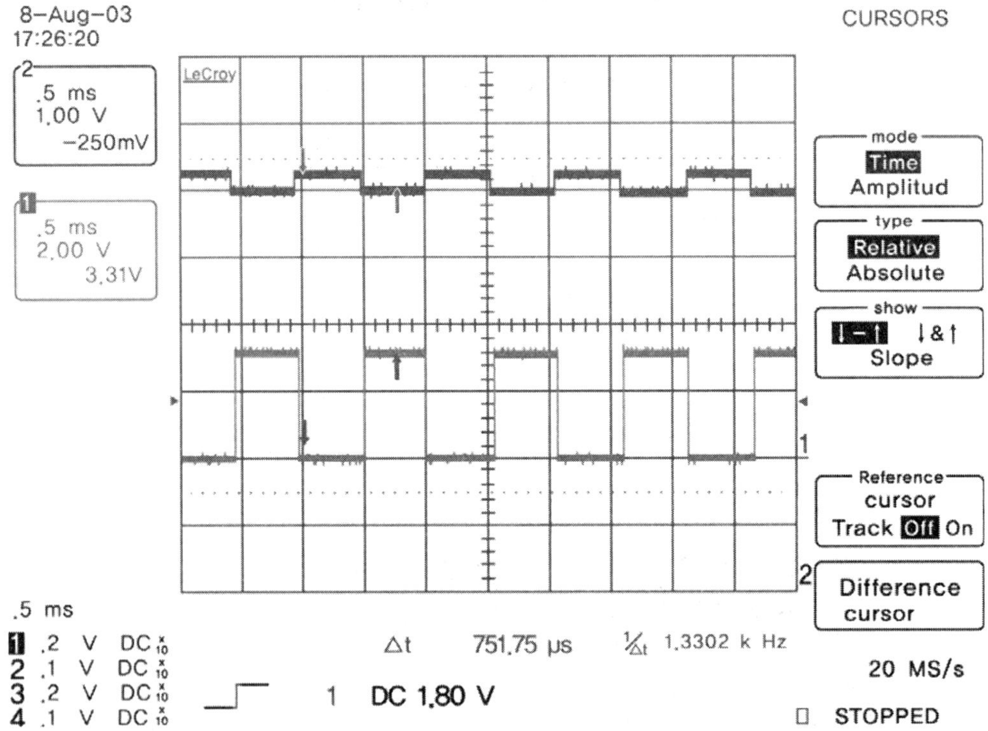

그림 5-3 Active wheel speed sensor의 입출력 파형

6. RT-LAB

상세한 내용은 RT-LAB User manual을 참조하시기 바랍니다.

1) RT-LAB 개요

HILS 장비의 구성을 위해 실시간 제어용 Software로는 QNX-OS 환경 아래에서 OPAL-RT사의 RT-LAB 을 사용 한다.

RT-LAB는 설계 검증,최적화, Controller 개발등에 수학적 블록 다이어 그램을 사용하여 실시간 제어를 원하는 엔지니어를 위하여 개발된 산업용 Software이다. RT-LAB은 그림 61 Module 분산 처리 와 같이 복잡한 수학적 모델을 여러 개의 PC환경의 Processor를 사용하여 계산이 가능 하다. 이것은 수학적 모델(Matlab)의 sub-modeling을 통하여 여러 PC에서의 Sub-Model별 분산 처리가 가능함을 의미한다. 이러한 RT-Lab의 유연성은 Real-time Hardware in the loop application의 Simulation의 속도 향상이 가능함을 의미 한다.

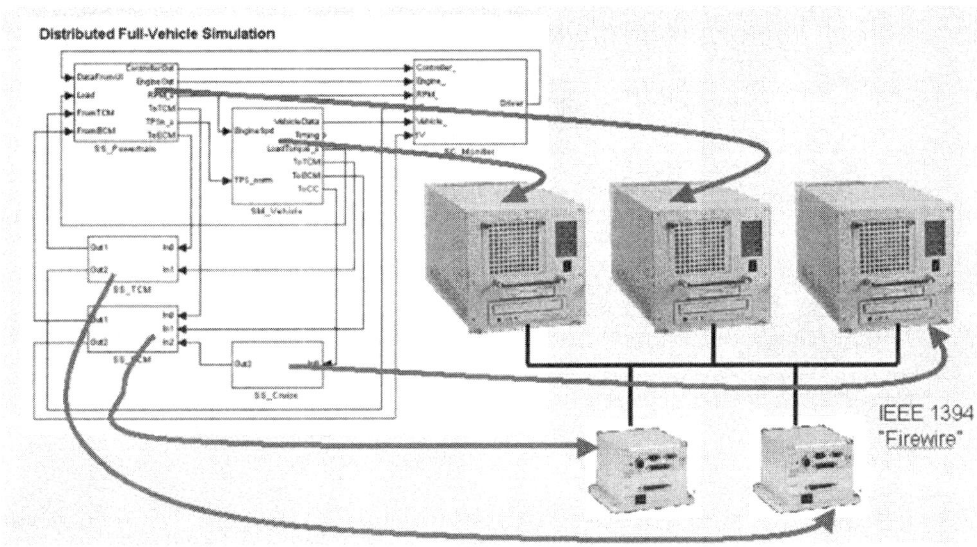

그림 6-1 Module 분산 처리

RT-LAB은 상용의 여러 종류의 I/O device 등(NI device)과 사용이 가능하며, OPAL-RT 사는 Visual Basic, Python 그리고 C/C++등과 같은 Script language와의 연동 Service를 제공한다.

각 RT-Lab Engineering Simulator는 TCM, ECM등의 검증에 독자적으로 사용 될 수도 있고 FireWire Port를 사용하여 여러 개의 시스템을 조합하여 제어하는 것도 가능 하다. 예를 들어 두 개의 Target(Industrial Computer) 과 한 개의Host-computer로 구성될 때, 여기서 Host-computer는 Modeling 과 Output display용으로 사용 되며, Target1(이하 Node1이라 함)은 동역학의 해석 연산을 담당하며, Target2(이하 Node 2라 함)는 외부와의 I/O, CAN 통신을 담당한다. 각 Target과 Host는 Ethernet으로 연결 되며, Target간은 FireWire cable 로 연결된다.

RT-LAB는 Simulink등을 사용하여 Code generation을 하므로 복잡한 시스템의 업무 수행에 Simulink의 Block Diagram외에 별도의 추가적인 program이 필요하지 않다. QNX의 Low interrupt response time을 사용 하므로, Hardware in the loop의 빠른 Sampling time의 구현이 가능하다. 예를 들어 어떤 Command interrupt가 발생 시 그 명령을 수행 하기까지의 Time delay를 Gitter라 한다. Window NT의 경우 Gitter 는 좋은 조건에서도 보통은 1 ms정도 이지만, Real-time QNX의 경우, 5 micro-second 이하이다.

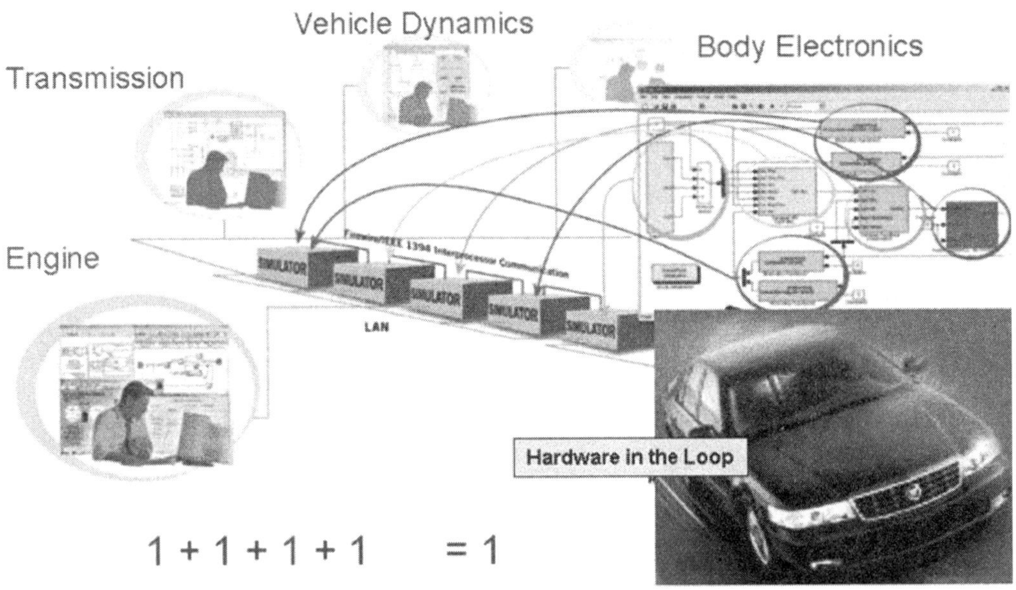

그림 6-2 개별 System의 Integration

Multi-CPU, 병렬 처리가 가능 하므로, 계산시간이 많이 소요되는 Loop 등이 필요하다면Sub-system 으로 나누어 분산 처리가 가능하고, 이 Loop를 Multi-CPU node할당하여 계산을 수행함으로써 계산시간에 의한 병목 현상을 피할 수 있다.

시험장비를 위한 전용 Real-time controller로도 사용이 가능한데, Host machine없이,Target booting후 바로 사용이 가능하다. LabVIEW등과의 Interface를 통해 보다 편리한 User interface를 제공하고, RT-Lab의고유 기능인 Probe control등을 통하여 보다 편리한 Modeling 과 매 순간 순간의 변수들의 조정과 모니터링이 가능하다. 또한 Multi-command station기능을 지원한다. 예를 들어 사용자는 두 대의 Host를 사용하여Main host에서는 동역학 모델Animation을 Display하고, 보조 Host에서는

LabVIEW interface를 실행하며 명령을 보낼 수 있다.

Snapshot 기능은 만일 사용자가 10시간 동안 Simulation을 하기를 원한다고 하자. Snapshot 기능을 이용하여 매 시간, 시점을 저장을 했다면, 원하는 시점부터, Restart가 가능하다. 자체의 API기능을 제공하여, 다른 Software와의 Interface가 쉽다. Data monitoring 기능과 Logging기능을 이용하여 필요한 Data를Matlab file로 저장 가능하다. RT-LAB를 사용 함으로 인한 장점으로는 개발 환경을 Test track 에서 Test cell로, Test cell 에서 실험실로 이동이 가능하게 하여 개발 기간을 단축할 수 있고, 시험의 반복성을 용이 하게 할 수 있다.

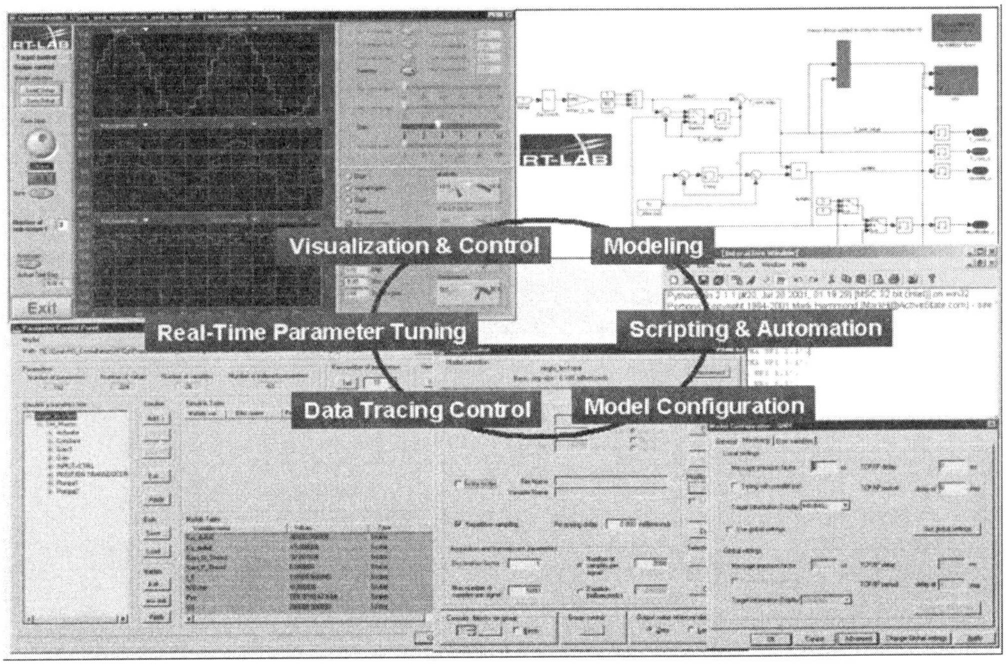

그림 6-3 User interfaces

Data acquisition 방식은 PXI, PCI 모두를 지원한다.또한 ATX, SBC, VME등 여러 하드웨어에서도 사용이 가능하다.

다음은 RT-LAB version 별 계산 속도의 향상에 관한 비교이다.

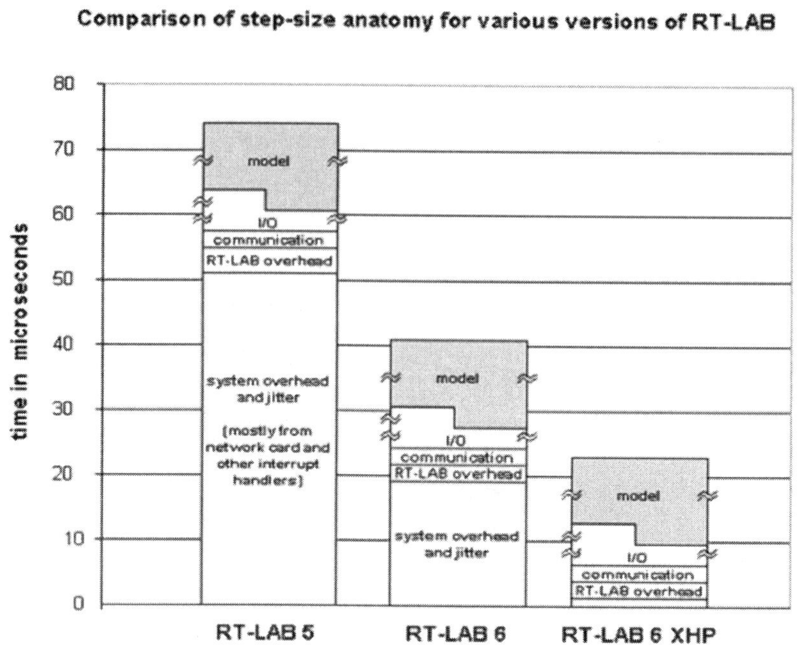

그림 6-4 계산 속도 비교

RT-LAB이 지원하는 Modeling 환경은, MATLAB/Simulink, MATRIXx 그리고 Dymola이며, 지원 가능한 부가Software로는CarSim/TruckSim, GT-Power(realtime version), AMESIM(realtime version), Southwest research RAPTOR, Emmeskay Fuel cell stack 그리고 SimuQuest Hi-Fi engine 등이 있다.

RT-LAB의 기능 및 특징을 정리하면 다음과 같다.

- Simulink 또는 SystemBuild 의 Model을 실시간으로 실행
- 각 node간 FireWire 통신을 통해 Pararell processing
- Snapshot 기능
- Stand alone embedded system 가능
- API를 통한 third party GUI와의 호환
- 실행 중 parameter의 변경이 가능하여 tuning이 용이
- 상용의 I/O boards와의 interface
- Multi-command station기능
- 실행 중 parameter의 변경이 가능하여 tuning이 용이

표 8. RT-LAB의 특징

Hardware Plat Form	PC
Block Diagram Tool	Simulink, SystemBuild
Electromechanical component models	Power System Blockset
Automotive component Models	CarSim, GT Power
Real Time Operating System	QNX
Human Machine interfaces	LabVIEW, ALTIA, World Up

2) RT-LAB 모델

RT_LAB을 이용하여 HILS를 동작시키기 위하여 두 종류의 시뮬링크 모델을 작성하였다.

(1) Open ECU in the loop simulink model

다음 그림은 자동차가 제동할 때의 유압 배관을 나타낸 그림이다.

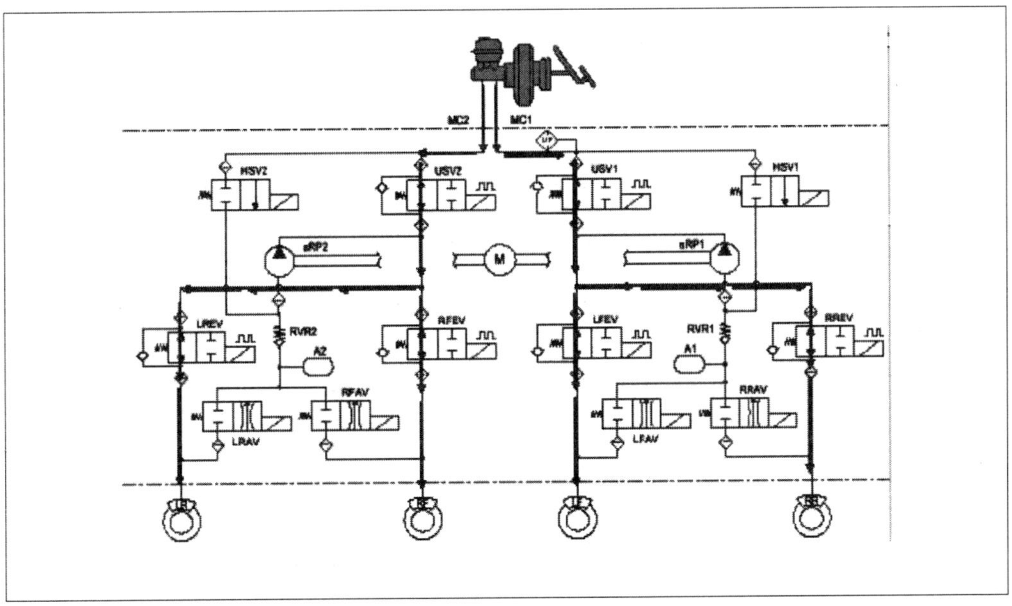

그림 6-5 브레이크 작동시의 유압 배선도

표 9. 밸브의 작동 (제동)

		FL 제동	FR 제동	RL 제동	RR 제동
EV	FL	1			
	FR		1		
	RL			1	
	RR				1
AV	FL	0			
	FR		0		
	RL			0	
	RR				0
USV	1	1			1
	2		1	1	
HSV	1	0			0
	2		0	0	

1 : on 0 : off

일반적인 제동 입력 시에는 위의 표와 같이 각 밸브들이 작동하여야 한다. Open ECU in the loop를 적용시키기 위해서는 각각의 밸브로의 제어 입력이 정확히 들어가고 있는지 확인하는 작업이 필요하다. 이를 위하여 시뮬링크 모델을 이용하여 검증 모델을 작성하였다.

(2) Open ECU model

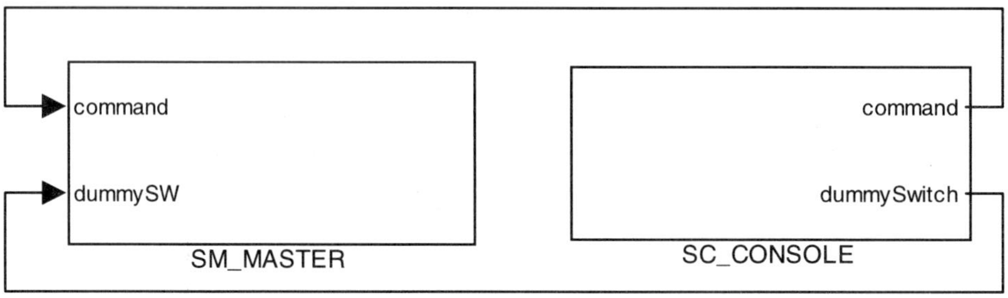

그림 6-6 Open ECU model

SM_MASTER 블록과 SC_CONSOLE 블록으로 구분한다.

① SM_MASTER

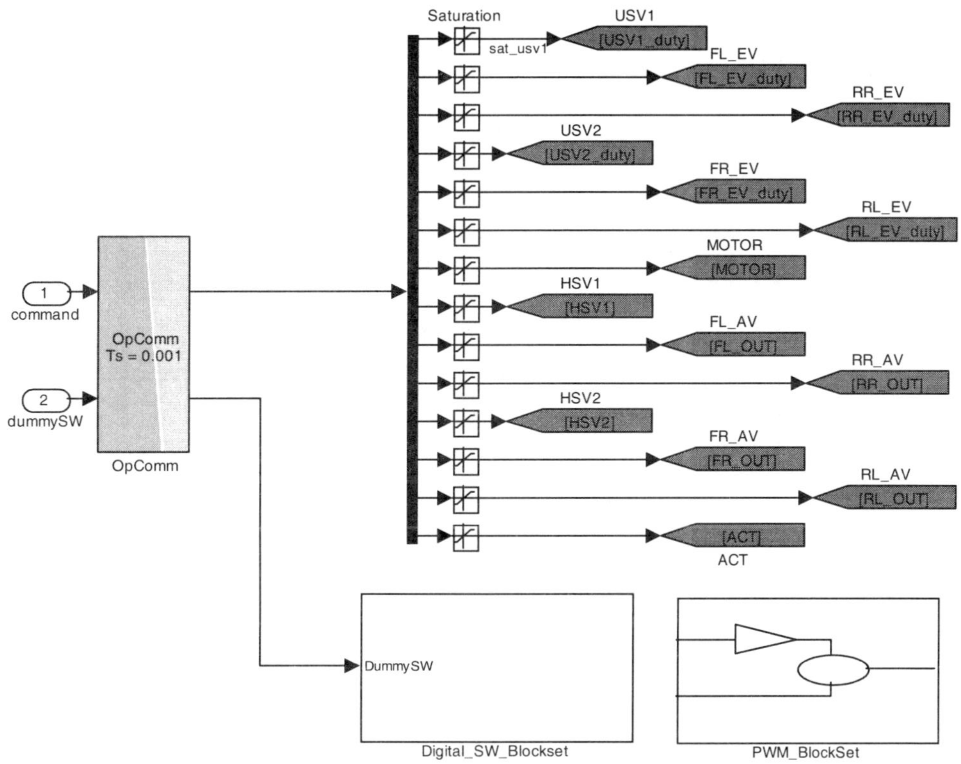

그림 6-7 SM_Master

SC_CONSOLE 블록으로부터 입력된 신호들을 NI 6602 보드의 PWM 채널을 이용하여 신호를 출력한다.

② SC_CONSOLE

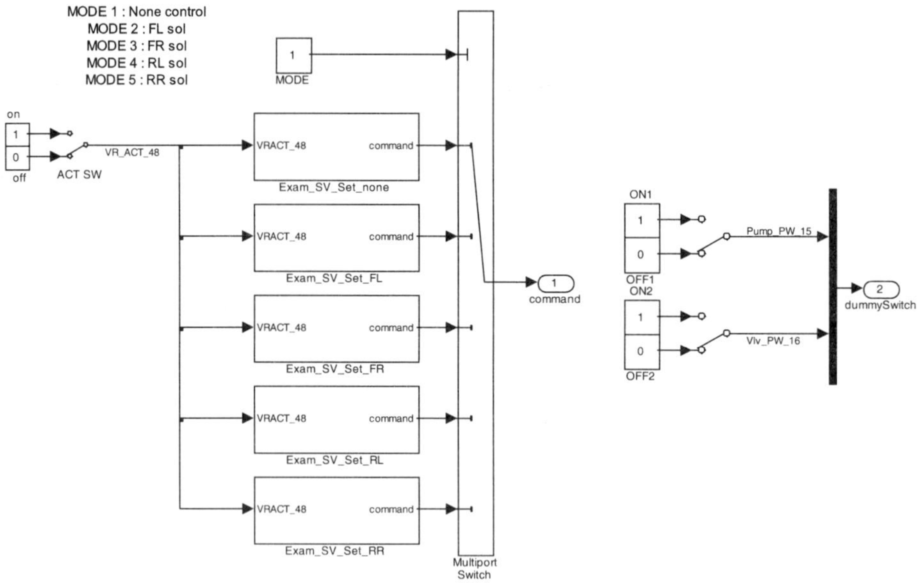

그림 -68 SC_Console

스위치 블록을 이용하여 실시간 실험 시에 각각의 입력에 대한 출력의 변화를 살펴볼 수 있다. 각 바퀴 제동 밸브의 작동이 원활히 이뤄지고 있는 경우와 전부 작동시키지 않는 경우의 총 5가지의 경우를 살펴본다.

또한, ECU 밸브와 펌프 파워, 밸브의 작동 또한 스위칭을 통하여 조작할 수 있다.

②-1 Exam_SV_Set_none

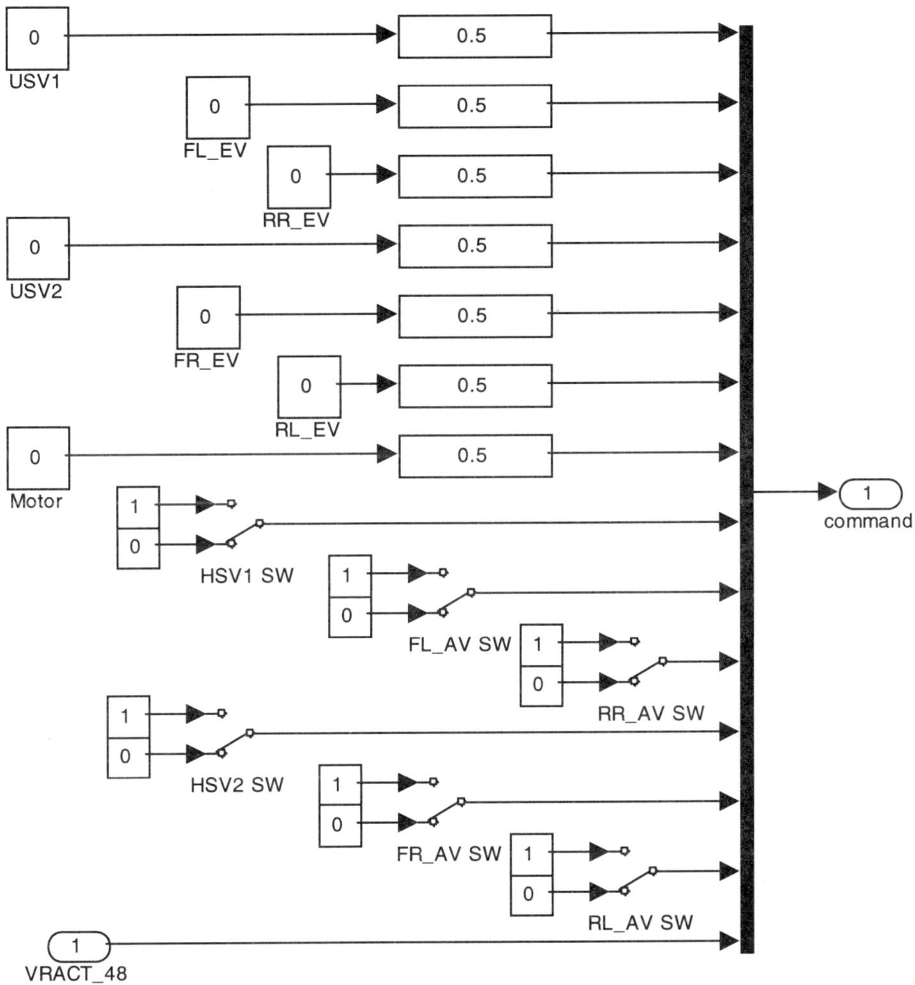

그림 6-9 Exan_SV_set_none

제동 입력에 관계되는 모든 밸브들의 입력을 0, 즉 OFF 상태로 두어 각 밸브가 오작동하지 않는 상태를 판단한다.

또한, 각 밸브들의 입력을 가변시켜 각각의 바퀴들에 대한 제동 출력을 살펴볼 수 있다

(3) Real ECU in the loop simulink model

실제 ESP ECU를 이용하기 위하여 CAN통신을 이용하여 Calibration에 필요한 신호들을 송신하고, CarSim을 구동시키기 위한 필요한 신호들을 수신하기 위한 시뮬링크 모델이다.

sm_master 와 sc_console의 두 블록으로 구성이 된다.

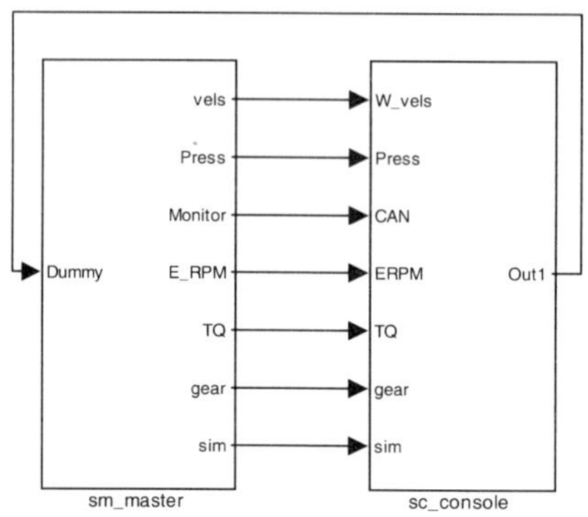

그림 6-10 Real ECU model

① sm_master

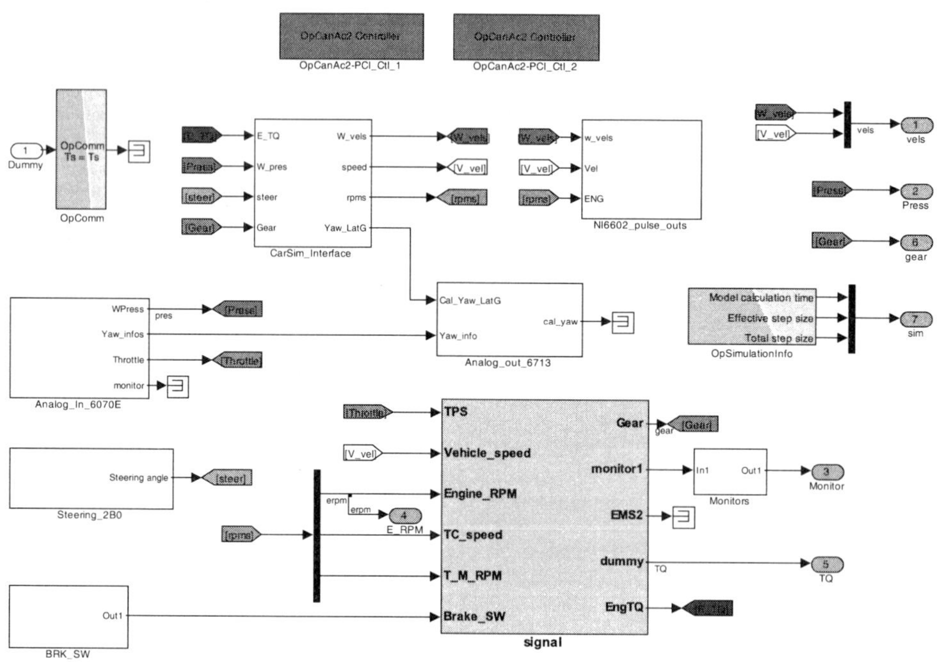

그림 6-11 SM_Master

CarSim_Interface : CarSim S-Function 과 Interface 부분이다.

NI6602_Pulse_Out : CarSim 에서 계산된 speed signal을 NI6602 board를 사용하여 SCC Module을 이용하여 ECU에 공급한다.

Analog IN_6070E : Pressure Sensor의 Signal, Pedal등 Analog Input 값을 처리한다. Yaw rate Sensor로부터의 Signal 또한 받는다.

Analog Out 6713 : Yaw rate sensor에 대한 출력을 담당한다.

Steering_2B0 : CAN을 이용 Steering Sensor의 값을 받는다.

Opsimulation Info : Target의 calculation Time Information제공.

Signals : Engine Map, Transmission 등을 포함하고 이들에 대한 CAN Message를 담당하다

①-1 CarSim_Interface

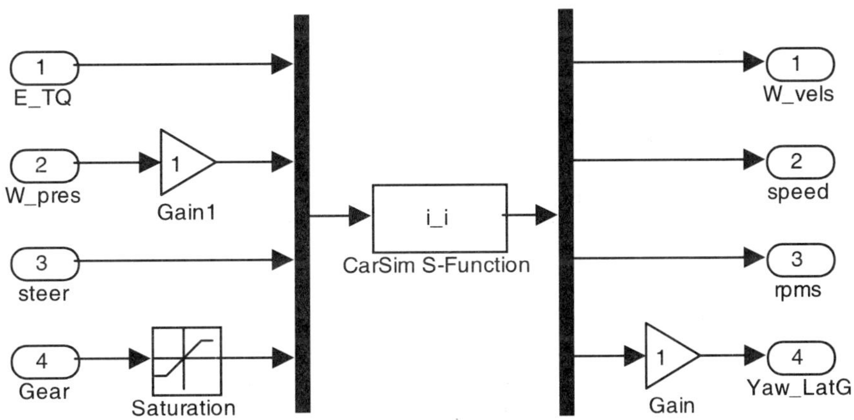

그림 6-12 CarSim_interface

In

E_TQ : 엔진 토크

W_pres : 각 휠의 브레이크 챔버 압력

steer : 스티어링 휠 앵글

Gear : EMS에서 입력되는 기어

Out

W_vels : 바퀴 속도 (from CS)

speed : 차량 속도 (from CS)

rpms : 엔진 회전속도 (from CS)

Yaw_LatG : 횡가속도 & 요레이트 (from CS)

Process

- 외부에서 계산한 엔진 토크, 각 바퀴의 브레이크 챔버 실린더 압력, 운전자 입력 조향각, 트랜스미션 기어를 입력 받아 CarSim에서 지정한 출력 변수를 계산하여 출력한다.

①-2 NI6602_Pulse_Out

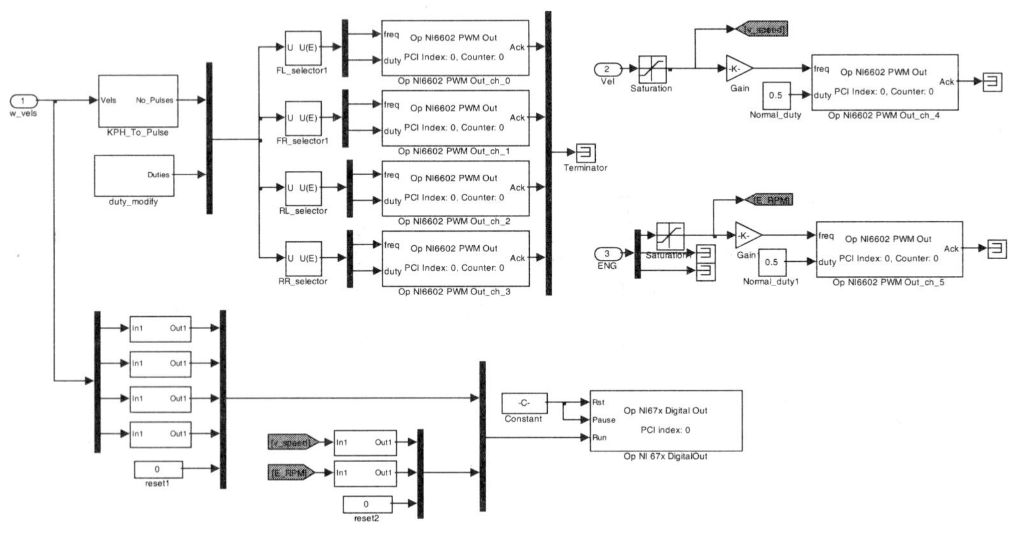

그림 6-13 NI6602_Pulse_Out

In

w_vels : 각 휠의 속도. Pulse 신호로 만들기 위해 duty를 함께 입력하여 PWM 신호를 내보낸다. (NI 6602 PWM Out 0~3)

vel : 차량속도. PWM 신호를 출력 (NI 6602 PWM Out 4)

ENG : 엔진 RPM. PWM 신호 출력 (NI 6602 PWM Out 5)

Out

NI 6602 PWM ch 0~5 : PWM 신호를 출력. (6개)

NI 6713 Digital Out

Process

- NI 6602 보드를 이용하여 계산된 속도를 입력 받아 PWM신호를 출력한다.
- NI 6713 보드를 이용하여 Display 값을 출력한다.

①-3 Analog IN_6070E

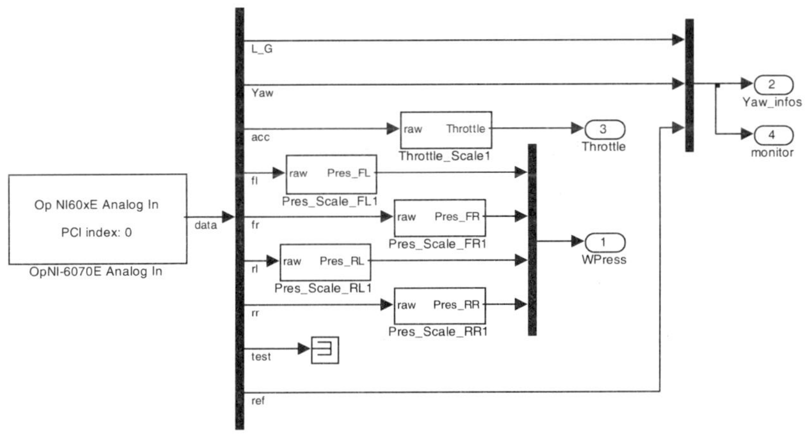

그림 6-14 Analog IN_6070E

In

NI 6070E Anal. In : HILS의 센서에서 측정되는 모든 측정값들

Out

WPress : 각 휠의 챔버 압력

Yaw_infos : 횡가속도, 요레이트, 기준요레이트

Throttle : 가속도 페달의 입력

Monitor : Yaw_infos와 동일

Process

- NI 6070E 보드를 이용하여 아날로그 신호들을 입력받아 각 출력 신호로 출력한다.

①-4 Analog Out_6713

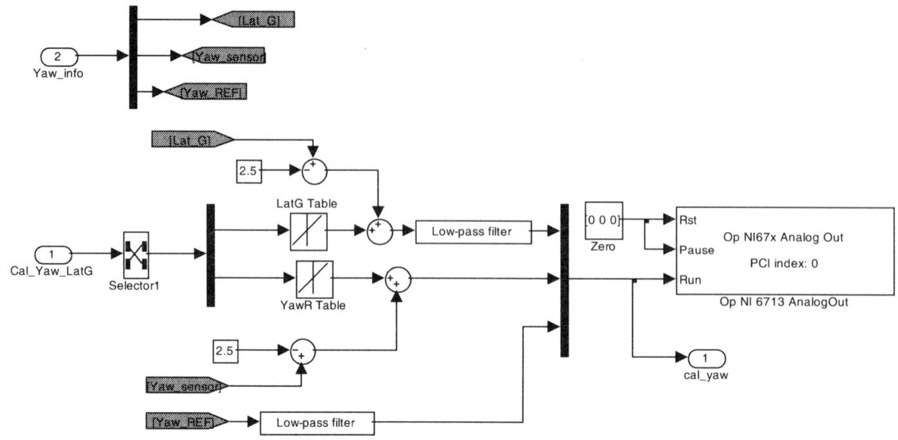

그림 6-15 Analog Out_6713

In

Cal_Yaw_LatG : 카심으로부터 계산된 수치

Yaw_Info : NI 6070E 로부터 입력된 아날로그 신호

Out

NI 6713 Anal. Out : 횡가속도, 요레이트, 기준요레이트 (= cal_yaw)

Process

- 실제 센서에서는 정확한 값들이 출력되고 있지 않으므로 CarSim에서 계산된 값들을 이용하여 센서출력값으로 정의한다.

①-5 Steering_2B0

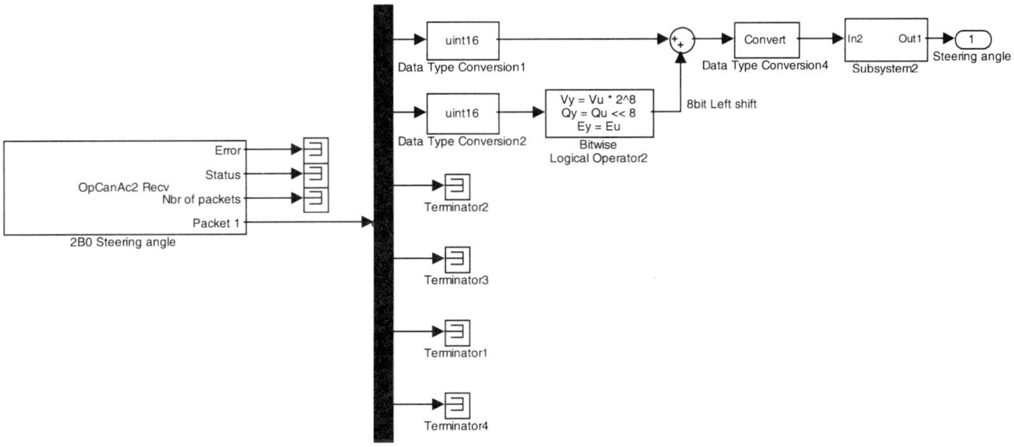

그림 6-16 Steering_2B0

In

2B0 Steering angle : CAN의 스티어링 앵글 신호

Out

Steering angle : 운전자 입력 조향각

Process

- CAN의 스티어링 앵글의 packet을 변환하여 실제 사용할 10진수로 변환하여 출력한다.

①-6 Signals

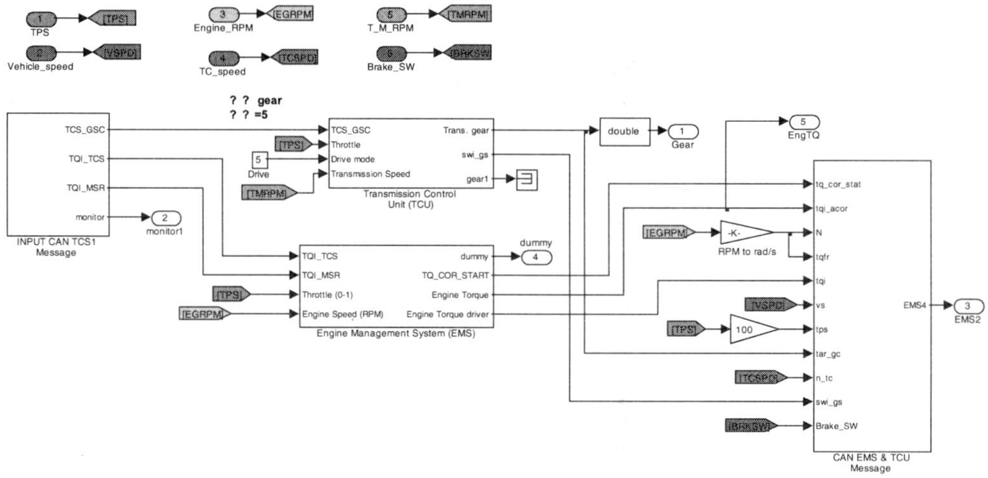

그림 6-17 Signals

IN

TPS : Throttle Position Sensor

Vehicle_speed : 차량 속도

Engine_RPM : 엔진 회전속도

TC_speed :

T_M_RPM : 트랜스미션 회전속도

BRAKE_SW : 브레이크 페달 위치

Out

엔진맵, 트랜스미션등의 정보를 CAN Message로 출력

Process

- 차량속도, 가속 페달 입력, 엔진 회전속도 등을 입력 받아 엔진맵, 트랜스미션 기어, 스케쥴 등을 계산하여 CAN Message 로 출력한다.

② Sc_concole

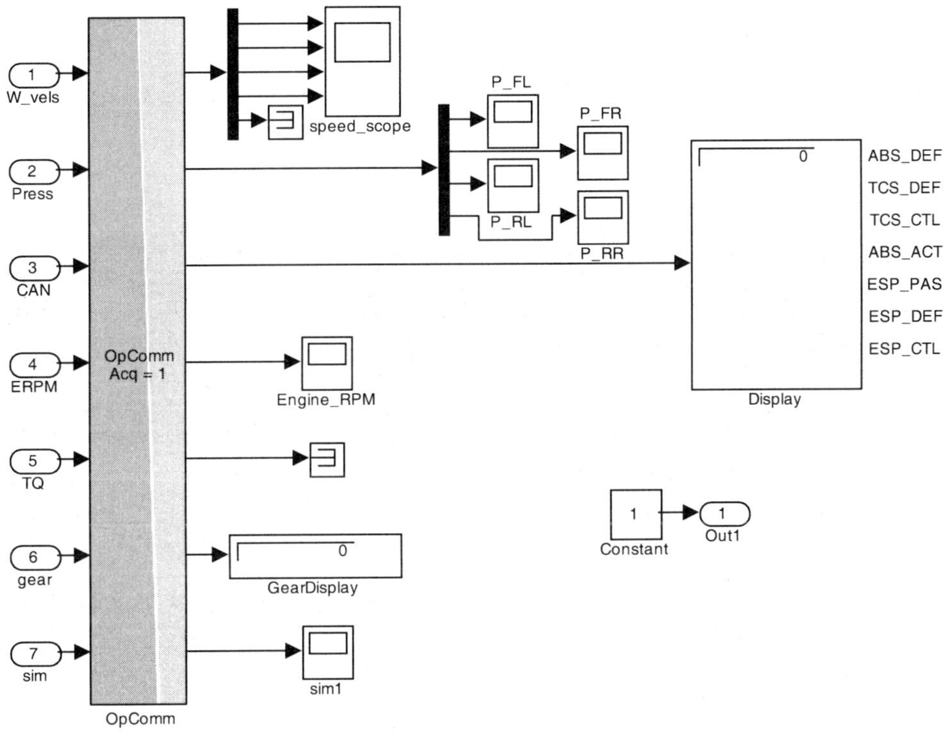

그림 6-18 SC_Console

In

Input (1~7) 은 sm_master 블록에서 정의된 출력들이다.

OpComm

외부 Sub_Model 에서 들어오는 signal은 항상 OpComm 블록을 통과하여야만 한다. (자세한 내용은 User Manual 참조)

7. Data Acquisition 시스템

NI product는 기존의 독립형 계측기에 견줄만한 기능을 가진 유용한 시스템이나 자동화 공정을 능률화 할 수 있는 컴퓨터 기반의 최상의 솔루션을 제공한다.

컴퓨터를 기반으로 하는 측정 및 자동화 솔루션을 채택하게 되면 투자비용, 시스템 개발 비용, 시스템 유지/보수 비용 등을 절감하면서 제품의 출시에 이르는 시간을 단축하고 품질을 향상시킬 수 있다.

그림 71 NI product general 계측 시스템 구성도은 NI product의 General 계축 시스템 구성도를 나타낸다.

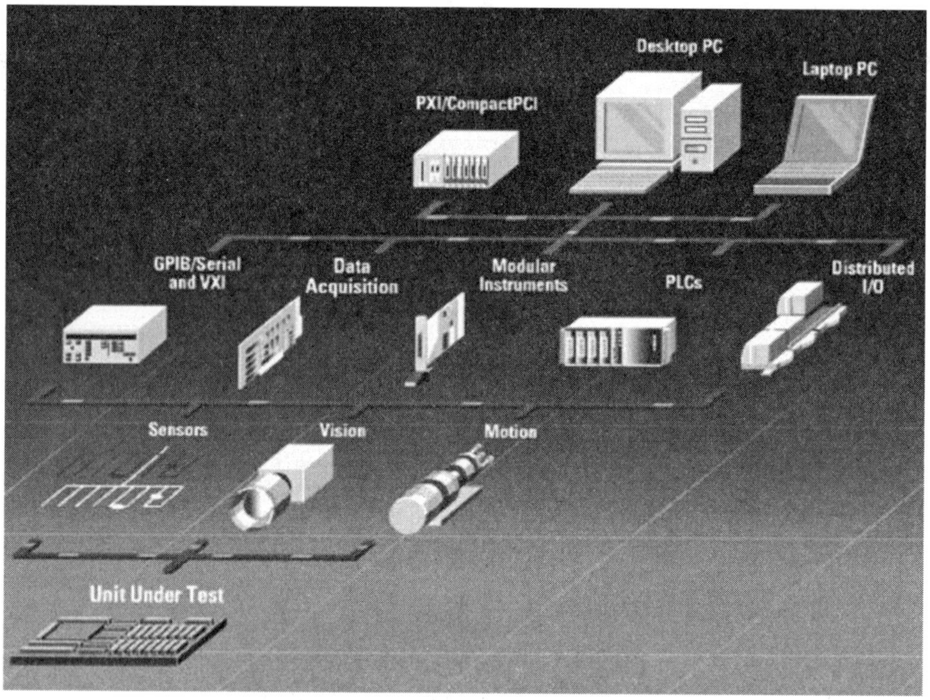

그림 7-1 NI product general 계측 시스템 구성도

1) Measurement and Automation Software

National Instruments measurement과 Analysis software는 사용자의 제품개발 생산성을 증가 시켜 준다. 제품 종류는 다음과 같다.

- LabVIEW, LabVIEW RT
- LabWindows/CVI
- ComponentWorks
- Add-On Toolset

2) RealTime Control

LabVIEW RT와 RT Series의 Data acquisition hardware는 사용자가 Windows-based PC system 에서 쉽게 사용하고 확장할 수 있다. Data acquisition, Motion, Vision등 다양한 분야에서 Solution을 제공하고 있다.

- PXI RT Controller
- FieldPoint

3) Measurement

NI Measurement component는 사용자가 원하는 적용분야에서 확장성과 유연성을 제공한다.

- Signal Conditioning(SCXI, SCC, 5B Series)
- Distributed I/O
- Image Acquisition / Vision
- Motion Control
- PXI/Compact PCI
- GPIP
- VXI/VME
- Serial Interfaces
- Industrial Networks

4) 적용한 NI Product

Board 명	Ports의 종류
PCI-6024E	- 16 ch, 12 bit analog input - 8 digital I/O - 2 analog output
PCI 6713	- 8ch, 12 bit analog input - 8 digital I/O
PCI 6602(2set)	- 8 counters - 8 digital I/O
기타	- SCB-68, I/O connector blocks - SH68-68EO, Shield cables - Flat cable - Screw terminal

■ 참고문헌

1. 신호시스템, “교육용 ESP HILL System User Manual", 신호시스템, 2007
2. 양순용외 4인, “Hardware in the Loop System(HILS)를 이용한 ABS 개발환경 구축”, 한국자동차공학회지, Vol. 7, No. 2, 1999

부록2 ••• 자작형 전기자동차 설계 및 제작

1. 시스템구축

1) 기존시스템 개요

하이브리드 자동차의 모터 시스템 구축을 위해서는 모터와 모터드라이버가 필수적 이다. 그 외 차량의 가속페달의 변위를 측정하여 모터에 신호를 보내주는 센서, 배터리 잔량을 측정하여 배터리 충전을 위한 발전의 유무를 판단하는 장치 등 다양한 센서 및 측정장비가 장착되어야 한다.

기존의 자작형 하이브리드 자동차는 그림1.1 과 같다. DC모터와 125cc엔진으로 구성된 병렬식 하이브리드 자동차이다. 이 자동차의 하이브리드 시스템은 운전자가 출발 시 모터를 작동시키고 원하는 속도에 도달하면 모터를 정지시키고 엔진을 작동시킨다. 또한 가속력이 필요하면 모터와 엔진을 동시에 작동시킨다. 이 모든 것을 차량에 장착된 스위치를 통해 운전자가 수동으로 제어한다. 기존 하이브리드 자동차에 장착된 DC모터는 드라이버 및 컨트롤러가 없어 전원의 유무에 따른 on/off 제어만 가능할 뿐 속도제어 및 토크제어가 불가능 하다. 따라서 모터의 속도 및 토크제어를 위해 적용된 DC모터의 드라이버가 필요하다.

그림 1.1 자작형 하이브리드자동차

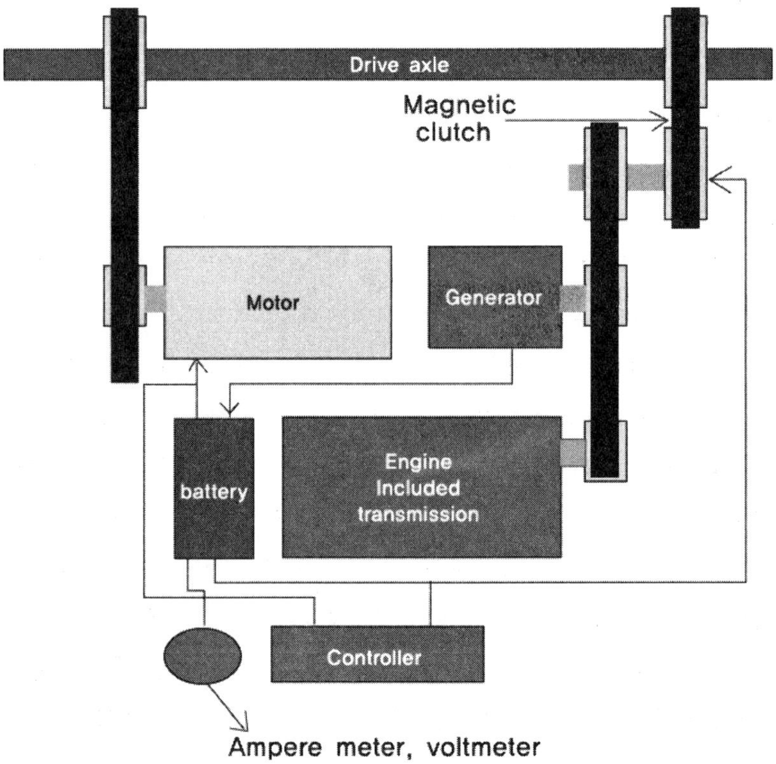

그림 1.2 자작형 하이브리드자동차 시스템 구성도

2) 신규시스템 개요

신규시스템은 기존의 수동제어를 자동제어로 변경하는 것을 바탕으로 제작하고, 기존시스템의 문제점 및 단점을 분석하여 이를 수정, 보완하는 방식으로 제작한다. 모터제어를 위해 모터 드라이버 및 드라이버 전원공급 장치를 추가한다. 추가된 구성품을 차체에 적용하기 위해 frame을 재제작하고, 시스템간의 안정성을 위해 구성품 간의 간섭이 없도록 제작한다.

3) 기존 차량의 문제점 및 해결방안

기존 차량에 장착된 DC모터는 24V, 1.1kw, 최대회전속도 1750rpm 제원을 가진 모터이다. 모터의 성능에는 문제가 없으나 제작년도가 개발 전 시스템은 오래되고 모터 제작회사의 모터 드라이브 미보유와 드라이브의 직접제작의 어려움으로 인해 모터 시스템을 전체적으로 변경할 필요가 있다. 이외에 기존차량의 내구성 테스트 및 하이브리드 시스템 테스트에서 문제점이 발견되었다. 모터시스템과 더불어 마그네틱 클러치의 성능과 차량의 선회특성 불량, 배기특성 불량 등 크게 4가지 분야에서 발생한 문제점은 다음과 같다.

i) 마그네틱 클러치와 모터에서 소비하는 전력량이 많다보니 배터리를 충전하기 위해 엔진은 주행 중 대부분 시간에 작동되어 배기특성이 불량했다.

ii) 마그네틱 클러치는 초기 테스트에서는 작동이 우수하나 배터리의 전류량이 작아지거나 테스트 시간이 지날수록 마그네틱 클러치의 성능과 내구성에 문제가 있었다.

iii) 선회특성은 기존 차량에 구동축이 일차축이라 선회 시 오버스티어가 발생하였다.

iv) 모터제어의 어려움

따라서 전체적인 시스템 변경이 필요하였다,

기존의 병렬형 하이브리드 시스템의 배기특성을 해결하기 위해 내연기관을 제거하고 전기자동차로 변경을 결정하였다. 전기자동차는 하이브리드 자동차에서 엔진의 사용이 원천적으로 제거되면서 배기가스 배출이 ‘0’이 된다. 또한 엔진의 동력제어를 위한 마그네틱 클러치를 제거함으로서 원천적인 마그네틱 클러치의 문제점을 해결하여, 전력소비로 인해 배터리의 잦은 충전 문제도 해결하였다. 구동축 타입이 일차축에서 독립차축으로 변경되면서 구동축 좌우 바퀴의 회전속도가 달라질 수 있어 선회특성 및 차량의 선회안정성이 우수해 질 것으로 생각된다.

4) 신규시스템의 구성

시스템 변경 전후에 대해 표 1.1 에 구체적으로 분석하였다.

표 1.1 시스템 변경 전후 비교

	변경 전	변경 후
Engine(125cc)	구동 및 충전용	제거
MOTOR	DC MOTOR	AC SERVO MOTOR
마그네틱 클러치	엔진 동력 구동축으로 전달	제거
발전기	배터리 충전용	제거
타입	병렬형 하이브리드	전기자동차
구동축타입	일차축	독립구동차축

2. 전기자동차의 설계 및 제작

1) 설계목표

제작 차량의 차체구조나 동력성능을 설계하기 위해서 차량의 전반적인 설계 목표값이 필요하다. 전기자동차 제작을 위한 설계목표는 표 2.1과 같다.

표 2.1 설계목표

내용	목표값
모터최대회전속도	5000 rpm
타이어반지름	0.275 m
자동차 최고속도	50 km/h
최대출력	10HP

탑승인원	1 명
공차중량	260 kg

모터최대회전속도와 타이어반지름 자동차최고속도는 전기자동차의 동력성능을 설계하기위하 값이과 탑승인원과 공차중량은 차체설계 및 안전성분석을 위해서 필요한 값이다.

2) 차체설계

차체 및 샤시의 요구조건은 아래와 같다.

- 강도가 있어야 한다.
- 가벼워야 한다.
- 강성을 유지해야 한다.
- 회전부의 주파수와 고조파에서 진동하지 않아야 한다.
- 형상이 공기역학적으로 설계되어야 한다.
- 충격에 강해야 한다.
- 사고 시 운전자/승객에 대한 충격을 최소화하기 위해 균일하게 구겨져야 한다.
- 부품을 견고하게 고정시킬 수 있도록 충분히 강해야 한다.
- 충격과 구름에 강해야 한다.
- 값이 싸야한다.
- 부식에 강해야 한다.

차체 및 샤시는 위의 조건을 고려하여 제작했고, 차체는 운전석과 파워트레인 부분을 따로 제작하여 연결하는 방식을 택한다. 운전석 프레임에는 스티어링과 프런트 휠, 가속페달, 운전자 시트 등 차량 조작에 관련한 구성품들이 배치되고, 파워트레인 프레임에는 모터, 모터 드라이브, 배터리, 인버터, 뒷바퀴 등 전기자동차 시스템 및 구동에 관련된 구성품이 장착된다. 그림 2.1 에 설계된 프레임을 나타내었으며, 프레임의 앞에서 2/3지점의 Head Safetyf를 기준으로 앞 프레임은 운전석 프레임이고 뒷 프레임은 파워트레인 프레임이다. 제작에 사용된 프레임은 KSAE Baja 규격 프레임(외경 27mm, 두께 2.9mm, 탄소강)을 사용하였다.

그림 2.1 Body Frame Design

그림 2.2에 모터와 구동바퀴가 한 모듈로서 제작했음을 나타낸다. 이런 방식으로 제작한 이유는 기존 차량의 최소의 설계변경과 향후 정비의 우수성을 고려했기 때문이다.

그림 2.2 Pawerpack Design

설계를 바탕으로 제작차량의 제원을 나타내면 표 2.2와 같다.

표 2.2 설계 제원

제원	크기
휠베이스	1775 mm
전륜트레드	1200 mm
후륜트레드	1380 mm
높이	1400mm
차고	180mm

동력원과 구동축이 모두 뒤쪽에 있는 RR타입으로 설계하여 후륜에 구동시스템 전체가 장착되어 각 트레드가 차이가 났고, 높이는 차량이 전복 시 탑승자의 머리를 보호 할 수 있도록 성인 남자의 평균 앉은 키 이상으로 설계하였다.

3) 안전성 분석

자동차가 강성과 충돌 내구성을 유지해야 하는 것은 물론이고, 안정을 유지해야 한다는 것 또한 확실히 중요하다. 안정성을 최대로 하기 위해서는 바퀴는 자동차의 가장자리에 위치해야 하며, 무게중심은 가능한 낮아야 한다. 이번 연구에서는 위 언급한 내용을 기초로 차량을 설계 하였고, 이를 토대로 설계된 프레임의 응력변화 및 회전반경을 구해 보았다.

(1) 충격량

프레임의 응력 변화를 구하기 위해 가정된 속도는 모터선정을 위해 가정된 50km/h 보다 10km/h 높게 가정하여 안정성에 대해 좀 더 가혹한 조건을 주었다. 차량의 무게는 표 2.1에서 목표한 공차중량과 성인몸무게 70kg의 합을 차량무게로 가정하고 시속 60km/h로 정면 충돌 시 최대 충격량 계산 하면 표 2.3과 같다.

표 2.3 충격량 계산 파라메타

차량무게 (kg)	충돌속도 (m/s)	운동량 (kg·m/s)	충돌시간(s)	충격량(Ns)
330	16.67	5501.1	0.8	6976.4

(2) 프레임 응력변화

CATIA로 설계된 프레임을 CATIA Analysis를 통해 안정성을 검사하였다. 정면충돌 시 프레임의 응력 변화를 통해 차체의 안정성을 판단할 수 있다. 그림 2.3의 좌측 상단에 파란색에서 빨간색으로 갈수록 응력변화가 심하게 일어남을 나타낸다. 해석결과는 그림 2.3과 같고 충격량이 전체 프레임에 분산 흡수됨을 알 수 있고, 하이브리드 시스템이 탑재되는 공간과 운전석에 드라이버의 상체가 위치하는 곳에서는 응력의 변화가 크지 않을 것을 알 수 있다.

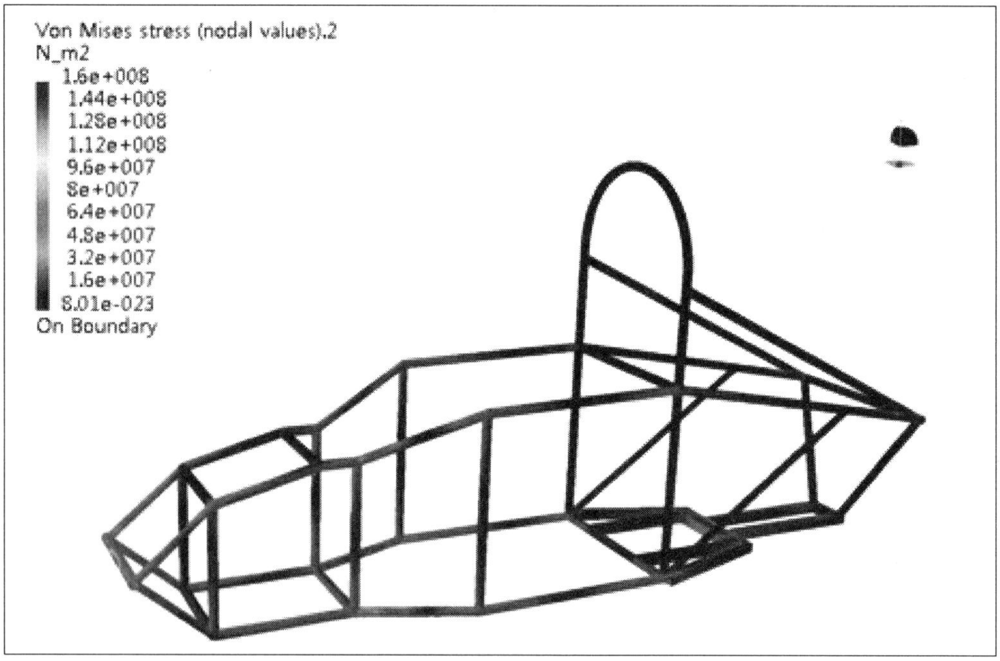

그림 2.3 안정성 검사

(3) 최소회전반경

최소회전반경은 계산된 값과 독립구동차축이 적용된 차량의 실 테스트 값과 비교하여 선회특성을 판단하기 위해 필요하다.

설계된 프레임을 기초로 차량의 회전 반경을 식(1)를 이용하여 구하였다.

$$\text{최소회전반경} = \frac{Wheelbase}{\sin\theta} + \text{킹핀옵셋} \qquad (1)$$

표 2.4 최소회전반경 파라메타

WheelBase(mm)	최대각(θ)	킹핀옵셋(mm)	회전반경(mm)
1767.8	37.81	15	2903.6

그림 2.4은 휠의 조향 최대각을 측정하기위해 설계 Tool을 이용하여 프레임과 바퀴의 간섭을 최소화 하여 설계된 것이다.

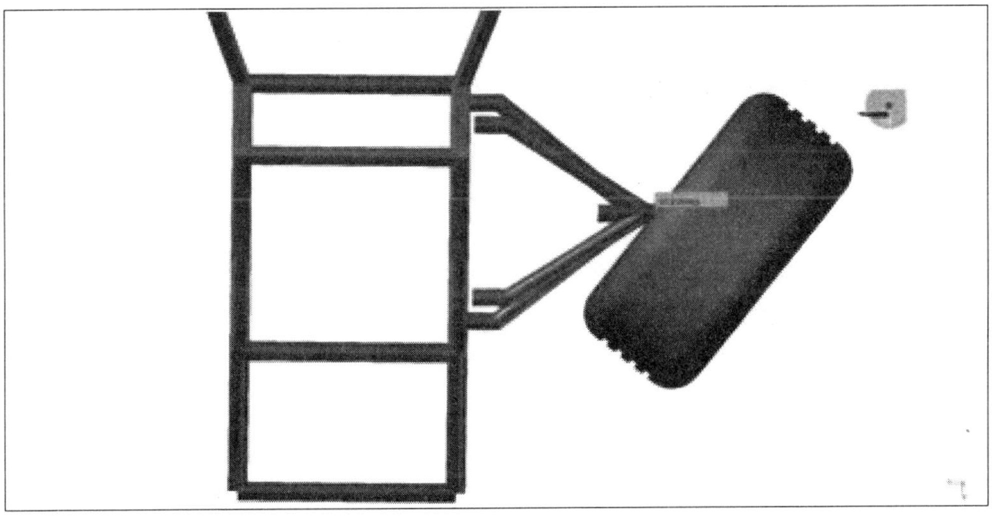

그림 2.4 Wheel 최대각

4) 동력성능설계

모터와 감속기의 제원 선정을 위하여 차량의 동역학을 이용하여 차량의 가속성능을 모델링하였다.

(1) 모터성능 설계

전기자동차의 동력원인 모터를 선정하기 위하여 제작 전기자동차의 총 견인력을 이용한다. 견인력은 구름저항력, 공기역학적 항력, 등판력, 가속력의 합으로 나타낸다.

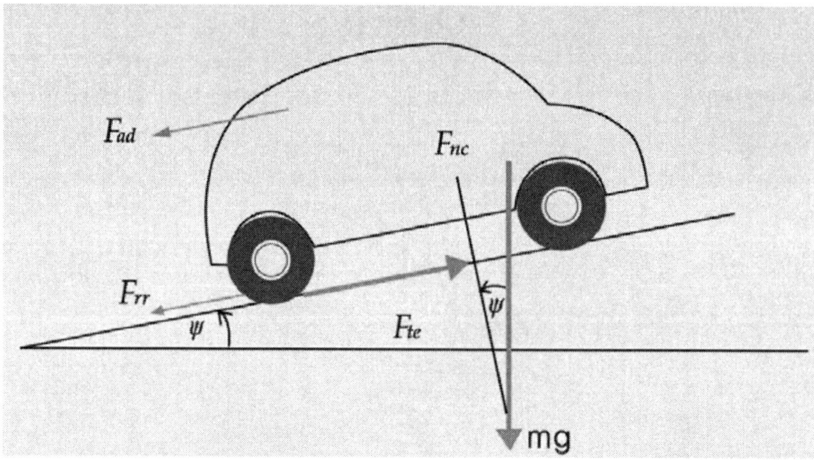

그림 2.5 경사면을 따라 주행하는 자동차에 작용하는 힘

① **구름저항력**(Rolling Friction Force)

구름저항은 도로에 대한 자동차 타이어의 마찰에 의해 주로 발생되며, 베어링과 기어시스템의 마찰 또한 구름저항의 일부분이다. 자동차의 속도와는 무관하며, 자동차의 무게에 비례한다.

구름 저항력은

$$F_{rr} = \mu_{rr} mg \qquad (2)$$

μ_{rr}은 구름저항계수이다. 구름저항계수를 변화시키는 주 요소는 타이어의 종류와 압력이며 대표적인 값은 플라이타이어의 경우 0.015이다.

제작차량의 구름 저항력을 구하면

$$F_{rr} = \mu_{rr} mg = 0.015 \times 165kg \times 9.81m/s^2 = 24.28\,N \qquad (3)$$

이다. 여기서 질량(m)은 후륜 차축에 가해지는 하중이며 총 중량의 1/2로 가정하였다.

② **공기역학적 항력**(Aerodynamic Drag Force)

공기 속을 주행하는 차체의 마찰이 원인이며, 전면면적, 자동차의 형상, 사이드미러, 덕트와 공기통로, 스포일러 및 많은 요소의 함수이다. 공기역학전 항력은 다음과 같이 나타낸다.

$$F_{ad} = \frac{1}{2}\rho A C_d v^2 \qquad (4)$$

여기서 ρ는 공기밀도, A는 전면면적, v는 속도, C_d는 항력계수 이다.

제작차량의 공기저항력을 구하면

$$F_{ad} = \frac{1}{2}\rho A C_d v^2 = \frac{1}{2} \times 1.25kg/m^3 \times 1.5m^2 \times 0.3 \times (13.89m/s)^2 = 54.26N \qquad (5)$$

이다.

공기의 밀도는 온도나 고도 및 습도에 따라 변화한다. 그러난 대부분의 경우 1.25kg/m^3 를 사용한다. 제작될 차량의 항력계수 값은 구조상 공기저항이 작은 구조이기에 0.3을 이용한다.

③ **등판력(Hill Climbing Force)**

등판력은 아래와 같이 표현된다.

$$F_{hc} = mg\sin(\psi) \qquad (6)$$

제작차량의 등판력을 구하면

$$F_{hc} = mg\sin(\psi) = 330kg \times 9.81m/s^2 \times \sin 6.84^\circ = 385.55N \qquad (7)$$

이다. 제작차량의 등판력은 일반도로의 최대경사도인 6.84°를 이용하여 구하였다.

④ **가속력(Acceleration Force)**

자동차의 속도가 변화하려면 그림 2.5의 힘뿐만 아니라 또다른 힘이 가해져야 한다. 이 힘에 의해 자동차는 직선으로 가속되면 그 관계식은 Newton의 제 2 법칙으로 주어진다.

직선가속력은 $F_{la} = ma \qquad (8)$

자동차를 가속시키는 힘울 정확히 알려면 회전부를 더욱 빠르게 회전시키는데 필요한 힘을 고려해야한다. 직선 가속력 뿐만아니라 전동기의 각속도가 매우 크기 때문에 회전 가속력도 고려해야한다.

회전가속력은 구하기가 어려우므로 직선가속력 식에 질량을 5%증가 시켜 계산한다.

따라서 가속력식은

$$F_{la} = (m + m \times 0.05)a \quad (9)$$

제작차량의 가속력을 구하면

$$F_{la} = (m + m \times 0.05)a = (330kg + 330kg \times 0.05) \times 0.69m/s^2 = 239.09N \quad (10)$$

이다. 여기서 가속도(a)은 제작차량이 최고속도 50km/h에 도달하는 시간을 20초로 가정하고 구하였다.

⑤ **총견인력**

총 견인력은 구름저항력, 공기역학적 항력, 등판력, 가속력을 합한 것이다.

$$F_{te} = F_{rr} + F_{ad} + F_{hc} + F_{la} \quad (11)$$

제작차량의 총 견인력을 구하면

$$F_{te} = F_{rr} + F_{ad} + F_{hc} + F_{la} = 703.18N \quad (12)$$

⑥ **모터제원 선정**

계산한 총 견인력을 이용하여 모터의 토크를 구해보면 다음과 같다.

$$T = \frac{F}{G} \cdot r \quad (13)$$

여기서 T는 모터의 토크, F는 총견인력, G는 모터와 구동축 사이의 기어비, r은 바퀴의 반지름이다.

기어비(G)를 10으로 가정하여 모터의 최대토크를 구해보면

$$T = \frac{F}{G} \cdot r = \frac{703.18N}{10} \times 0.275m = 19.34Nm \quad (14)$$

이다.

감속기 설계값에 따라 모터의 최대토크를 선정하였다.

(2) 감속기 성능설계

표 2.1에서 모터최대회전속도와 자동차최고속도, 타이어 반지름을 이용하여 모터와 구동축사이의 감속성능을 설계하면 다음과 같다.

$$\omega = v/r \qquad (15)$$

여기서, v는 병진속도 ω는 각속도 r은 타이어의 반지름이다.

$$50km/h = 13.89m/s\text{, 각속도 } \omega = \frac{13.89m/s}{0.275m} = 50.51\,rad/s \qquad (16)$$

구한 각속도 값은 50.51 rad/s 이다.

모터의 최고회전속도를 각속도로 변환하면,

$$\omega\text{는 }5000\,rpm\text{ 이므로 }5000\,rev/\min \times 2\pi\,rad/rev \times \frac{1\min}{60s} = 523.6\,rad/s \qquad (17)$$

모터의 각속도는 523.6 rad/s 이다.

따라서 모터와 구동축 사이 감속비는

$$\frac{\text{모터각속도}}{\text{최고속도에 대한 각속도}} \qquad (18)$$

로 표현되며 이를 앞에서 구한 계산값을 이용하여 (523.6/50.51=10.37) 총 감속비가 10.37 정도 되는 감속기 및 스프라켓을 설치해야 한다. 모터의 감속을 위해 유성감속기와 모터와 구동축사이의 스프라켓을 이용해 감속하기로 한다. 최종 기어비를 10:1로 선정하고 유성감속기를 5:1, 구동축과 모터사이의 감속비를 2:1로 하여 최종 기어비에 맞춘다. 감속비를 10:1로 했을 때 제작차량의 최고속도는 51.8km/h 이다.

(3) 동력제원 선정

식(14)에서 계산된 토크(약20Nm)를 최대토크로 가지는 모터를 선정하고 감속기는 모터의 최대회전수가 5000rpm 일 경우 감속비 10으로 선정하여 모터가 최대회전수 일 때 차속이 약 50km/h가 될 수 있도록 하였다. [9)]

5) 제작

차량제작은 운전석 프레임과 구동시스템이 장착되는 파워트레인 프레임을 각각 제작하여 연결하는 방식으로 제작하였고, 제작에 사용된 재료는 KSAE Baja 대회 규정을 따라 내경 26mm 철제환봉과 30X30 철제 사각봉을 사용하였다. 철제환봉과 사각봉의 연결 방법은 CO2용접과 볼팅을 사용하였다. 그림 2.2와 같이 모터와 구동축으로 구성된 파워팩을 제작하였고, 실 제작이 어려운 현가장치와 조향에 쓰이는 렉&피니언 기어, 브레이크, 스티어링 휠은 상용품을 사용하였다.

그림 2.6는 운전석의 기초 프레임이다.

그림 2.6 운전석 프레임

Head safety를 제작하였고, 드라이버가 탑승하는 공간에는 드라이버의 하중을 고려하여 보강 작업을 하였다.

그림 2.7은 파워팩 기초 프레임이다.

그림 2.7 파워팩 base

모터와 구동축을 지지하는 베어링이 장착되는 위치에 볼팅을 위한 홀을 제작하고 모터와 베어링이 장착을 위해 3T 철판을 기초로 사용하고 사각봉을 이용하여 보강을 하였다.

그림 2.8은 파워팩이 차체 프레임에 장착된 모습이다.

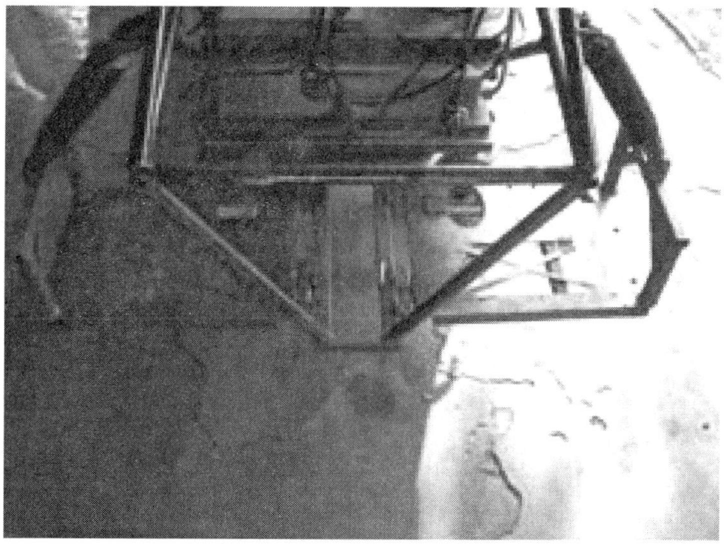

그림 2.8 설치된 파워팩 base

베어링과 현가장치을 이용하여 차체 프레임에 연결하여 노면충격에 파워팩을 보호 할 수 있도록 제작하였다.

그림 2.9과 2.10는 파워팩에 모터와 구동축 휠 및 스프라켓과 체인이 연결된 모습이다.

그림 2.9 파워팩

그림 2.10 파워팩

프레임 완성 후 설계에서 나타나지 않은 취약 부분을 보강하였다. 동력시스템이 장착되어 있는 후륜에 하중이 집중되어 현가장치를 추가로 설치하고 현가장치의 추가 장착으로 프레임에 가해지는 응력을 보상하기 위해 보강작업을 하였다. 그림 2.11이 현가장치 추가작업 후 모습이고 그림 2.12는 현가장치 추가에 따른 보강작업 후 모습이다.

그림 2.11 추가된 현가장치

그림 2.12 추가보강작업

전체 프레임이 완성된 후 외장은 알류미늄과 아크릴을 이용하였고, 드라이버가 접촉하는 분위는 안전을 고려하여 스펀지를 이용하여 마무리 하였다.

그림 2.13과 그림 2.14는 완성된 모습이다.

그림 2.13 완성된 앞모습

그림 2.13 완성된 뒷모습

제작된 차량의 무게와 제원은 표 2.5와 같다.

표 2.5 차량제원

제원	크기
휠베이스	1775 mm
전륜트레드	1200 mm
후륜트레드	1380 mm
높이	1360mm
차고	200mm
공차중량	267.6 kgf
무게중심	전 트레드에서 1021.03mm

제작차량의 제원과 설계제원을 비교하면 휠베이스와 전륜 후륜 트레드는 설계와 일치 하였고 공차 중량은 7.6kgf 증가하였다. 차고와 높이는 증가한 중량과 추가된 현가장치로 인해 설계값과 차이가 있다.

3. 조향제어시스템

1) 전기자동차 시스템 구성

각 바퀴에 각각의 모터가 장착되고 그 모터는 서보드라이버에 의해 동작특성이 결정된다. 서보드라이버는 배터리에서 인버터를 거쳐 입력되는 전원으로 동작되며 서보드라이버는 모터에 전원 공급을 한다. 그림 3.1은 전기자동차 시스템 및 제어시스템의 배치 및 연결 방법을 나타내었다.

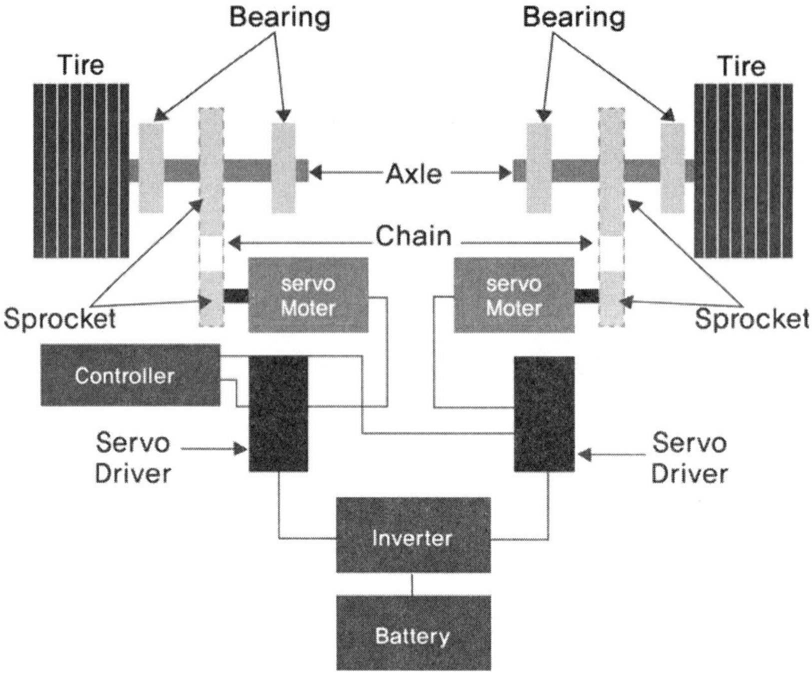

그림 3.1 Structure of Electric Vehicle System

배터리는 12V 2개를 직렬로 연결하여 인버터에 24V를 공급해 주고, 인버터는 각각의 드라이버에 220V의 승압된 전압을 공급해 준다. 드라이버에 연결된 컨트롤러를 통해 사용자가 원하는 값을 입력하면 드라이버는 그 값을 연산하여 서보모터로 값을 출력시킨다. 모터에서 발생되는 속도와 토크는 감속기와 스프라켓을 통해 감속되어 구동축과 휠로 전달된다.

제작한 전기자동차의 제원은 표 3.1과 같다.

표 3.1 동력제원

종류	제원	제작회사
AC SERVO Motor	출력 2.2kw 최대회전속도 5000rpm 최대토크 21Nm	HiGEN MOTOR
SERVO Driver	3.0kw, 220V	HiGEN MOTOR
Planetary Decelerator	Gear ratio : 5:1	APEX
Inverter	6.0kw (DC24V → AC220V)	SIN-IL TRANSFORMER
Battery	DC12V, 60A (2EA)	SEBANG

2) 수식모델링

그림 3.1과 같은 구조의 전기자동차는 선회할 경우 선회 방향에 따라 좌우 바퀴의 동적특성이 달라야 함으로 차량의 조향각과 차속간의 관계정립이 필요하다. 수식도출을 위한 조건은 다음과 같다.

- 차량 선회는 완전한 원을 그린다.
- 좌우 바퀴의 조향각은 동일하다.
- 차량의 회전 반경은 차량의 휠베이스 보다 크다.

선회하는 차량의 기하학을 나타내면 그림 3.2과 같다.

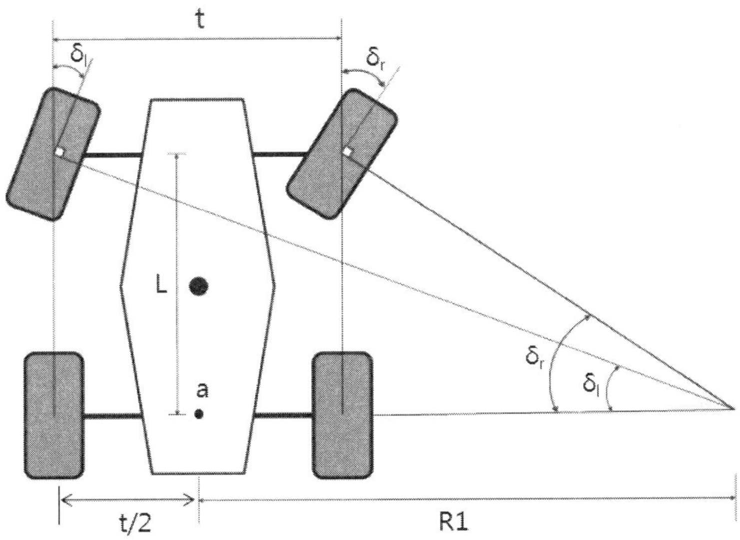

그림 3.2 선회하는 차량의 기하학

그림 1 과 같이 우측 선회 시 후륜의 좌우 휠의 각속도는 ω_l, ω_r, 각 휠의 선속도는 Vl, Vr로 나타낸다.

회전반경 중심에서 후륜 트레드의 중심까지 길이인 R1을 수식으로 나타내면,

$$R1 = L \cdot \cot\theta \qquad (19)$$

여기서 L은 제작차량의 휠베이스이다.

θ는 좌우 휠의 조향각의 평균값으로 가정한다.

$$\theta = \frac{\delta_l + \delta_r}{2} \tag{20}$$

후륜트레드의 중심인 a 지점에서 각속도와 선속도의 관계를

$$V = R1 \cdot \omega \tag{21}$$

로 가정한다.

그림 1과 같이 선회 시 좌우 휠의 각속도를 수식으로 나타내면,

$$Vl = (R1 + \frac{t}{2}) \times \omega \tag{22}$$

$$Vr = (R1 - \frac{t}{2}) \times \omega \tag{23}$$

이다.

식(21)를 각속도에 대하여 정리하면

$$\omega = \frac{V}{R1} \tag{24}$$

이다.

식(24)를 식(22)과 식(23)에 대입하여 정리하면

$$Vl = (R1 + \frac{t}{2}) \times \frac{V}{R1} \tag{25}$$

$$Vr = (R1 - \frac{t}{2}) \times \frac{v}{R1} \tag{26}$$

식(18)을 이용하여 식(25)와 식(26)을 정리하면

$$Vl = V\times(1+\frac{t}{2\times L \bullet \cot\theta}) \quad (27)$$

$$Vr = V\times(1-\frac{t}{2\times L \bullet \cot\theta}) \quad (28)$$

이다.[6),7)]

3) Steering Position Sensor(SPS)

티어링 휠의 회전 및 휠의 조향 정도를 측정하기 위해 가변저항을 사용하여 SPS를 제작하였다. 스티어링 칼럼과 가변저항을 연결하여 스티어링 휠의 회전을 물리적인 값으로 나타낸다. SPS을 통하여 출력되는 전압값과 스티어링 휠 회전량과 조향각의 상관관계를 수식으로 나타내었다.

SPS의 구성은 그림 3.3과 같다.

그림 3.3 connection of steering wheel and variable resistance

SPS에 사용된 가변저항은 10회전 되는 100KΩ 저항이고, 스티어링 휠과 가변저항사이의 기어비는 1:3으로 정한다. 따라서 Fig. 4의 타이밍 풀리는 1:3의 기어비를 가진다.

NI社의 DAQ(NI-USB-6212)를 이용하여 가변저항의 전압값을 측정하고 스티어링의 회전수와 조향각의 범위를 측정하였다.

스티어링 휠과 조향각은 바퀴가 차축과 수직일 때 0으로 설정하고 스티어링휠과 조향각의 좌측방향일 경우는 양수 우측방향 일 경우는 음수로 정하였다. SPS의 출력에 따른 스티어링 휠 및 타이어의 조향각은 표 3.2과 같다.

표 3.2 Range of data

Sort	Range
SPS (x_s)	$0.22v \le x_s \le 4.25v$
Steering angle (y_1)	$-48° \le y_1 \le 48°$
Steering wheel angle (y_2)	$-540° \le y_2 \le 540°$

SPS에 따른 조향각 범위에 따라 식(29)와 같은 조향각 수식과 식(30)과 같은 스티어링휠의 수식을 도출 하였다.

$$y_1 = 23.82x - 53.24(-48 \le y_1 \le 48) \quad (29)$$

$$y_2 = 267.99x - 598.96(-540 \le y_2 \le 540) \quad (30)$$

4) Accel Position Sensor(APS)

가속페달의 위치에 따른 모터 속도를 계측하기위해 가속페달에 차량용 TPS를 연결하여 가속페달위치를 계측할 수 있는 APS를 제작하였다

제작된 APS는 그림 3.4와 같다.

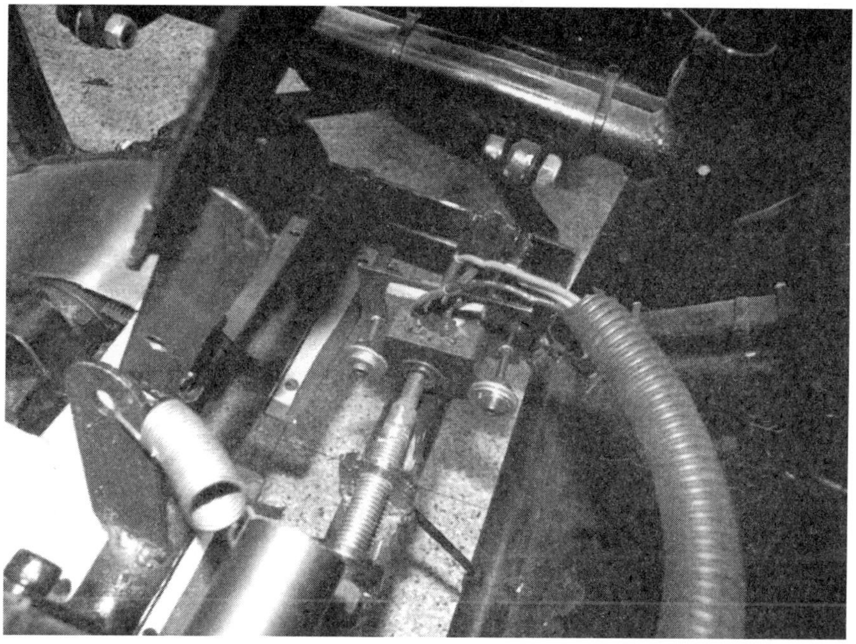

그림 3.4 APS

NI社의 DAQ(NI-USB-6212)를 이용하여 APS의 출력 전압값과 서보 드라이브에서 출력되는 모터회전수 관련 출력 전압값을 측정하였다. 각 출력 전압갑의 범위는 Table 3.2이다.

표 3.3 Range of data

Sort	Range
APS (x_a)	$0.97v \leq x_a \leq 9.74v$
Out voltage about motor rpm (x_m)	$0v \leq x_m \leq 2.1v$
Motor rpm (y_3)	$0 \leq y_3 \leq 2580$

측정된 전압값과 모터회전수와의 상관관계를 수식으로 나타내면 식(15), 식(16)와 같다.

$$y_3 = 294.18x_a - 285.35 \quad (31)$$

$$y_3 = 1228.57x_m \quad (32)$$

5) 전기자동차 모니터링 시스템

장착된 두 모터의 제어를 통하여 구동 휠과 조향각에 대한 데이터를 계측하여 시스템의 상태를 파악하기 위하여 동작상태를 모니터링 하고 식(12)와 식(13)을 이용하여 조향각과 차속에 따른 휠 속도를 제어할 수 있는 알고리즘을 제작하였다.

개발된 알고리즘은 그림 3.5와 같다.

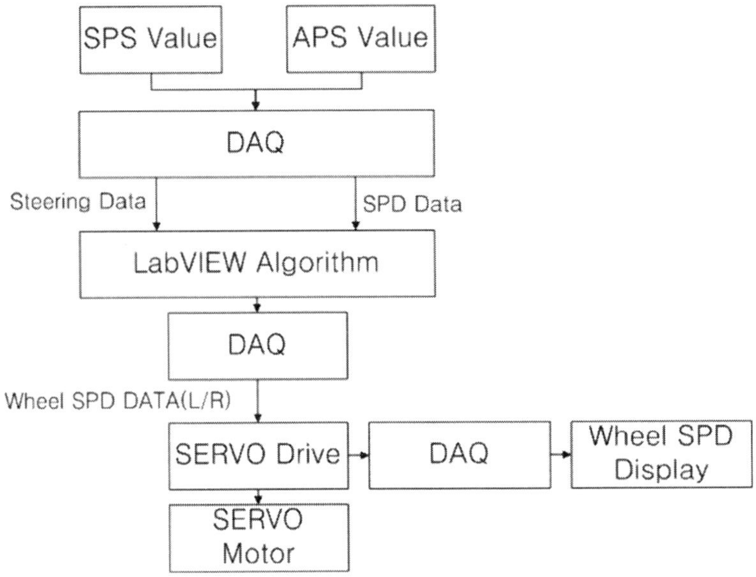

그림 3.5 동작 알고리즘

APS와 SPS의 데이터를 DAQ로 계측하여 조향각과 차속에 따른 좌우 휠속도 연산을 위한 알고리즘에 적용한다. 알고리즘에 의해 연산된 좌우 휠속도를 DAQ를 이용하여 서보드라이버에 출력한다. 서보드라이버는 좌우 모터의 동작을 제어하고 모터의 동작상태를 DAQ로 출력하여 좌우 휠의 선속도를 프론트 패널로 출력한다.

그림 3.5의 알고리즘을 바탕으로 제작한 블록 다이어그램은 그림 3.6과 같다.

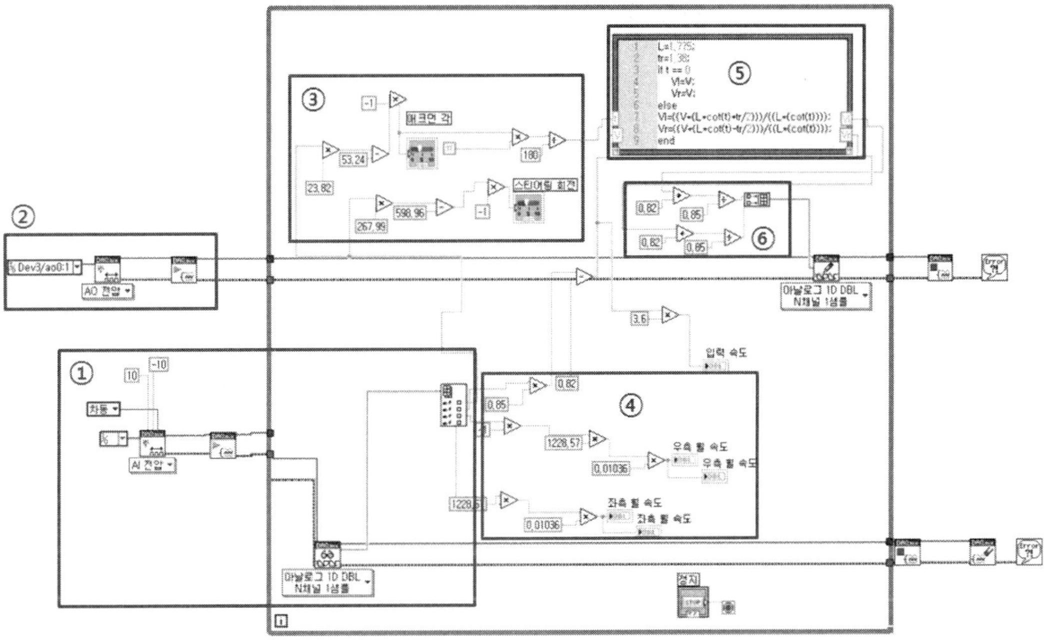

그림 3.6 블록다이어그램

블록다이어그램의 ①에서 SPS와 APS에서 출력되는 데이터와 서보드라이버에서 출력되는 좌우 모터의 회전속도를 DAQ를 이용하여 계측한다. 계측된 데이터는 ③에서는 SPS의 데이터 값을 실제 차랴의 조향각과 스티어링 회전각도로 연산하고 ④에서는 APS의 값을 차량의 입력속도값로 연산하고 좌우 휠의 회전속도를 감속비와 타이어의 제원을 고려하여 좌우 휠의 선속도로 변환한다. ⑤에서는 입력된 차속과 조향각을 식(27)과 식(28)을 이용하여 조향각에 따른 좌우 모터의 회전속도를 연산한다. ⑥에서는 ⑤의 과정에서 출력된 좌우 모터의 회전속도를 감속비와 타이어의 제원을 고려하여 서보드라이브에 입력 가능한 데이터 수치로 변환한다. ②에서는 ⑥의 과정으로 통하여 출력된 데이터 값을 DAQ를 통해서 출력 시킨다.

그림 3.7은 그림 3.5의 알고리즘과 그림 3.6의 블록다이어그램을 통하여 제작한 제작차량의 동작을 모니터 할 수 있는 프론트 패널이다.

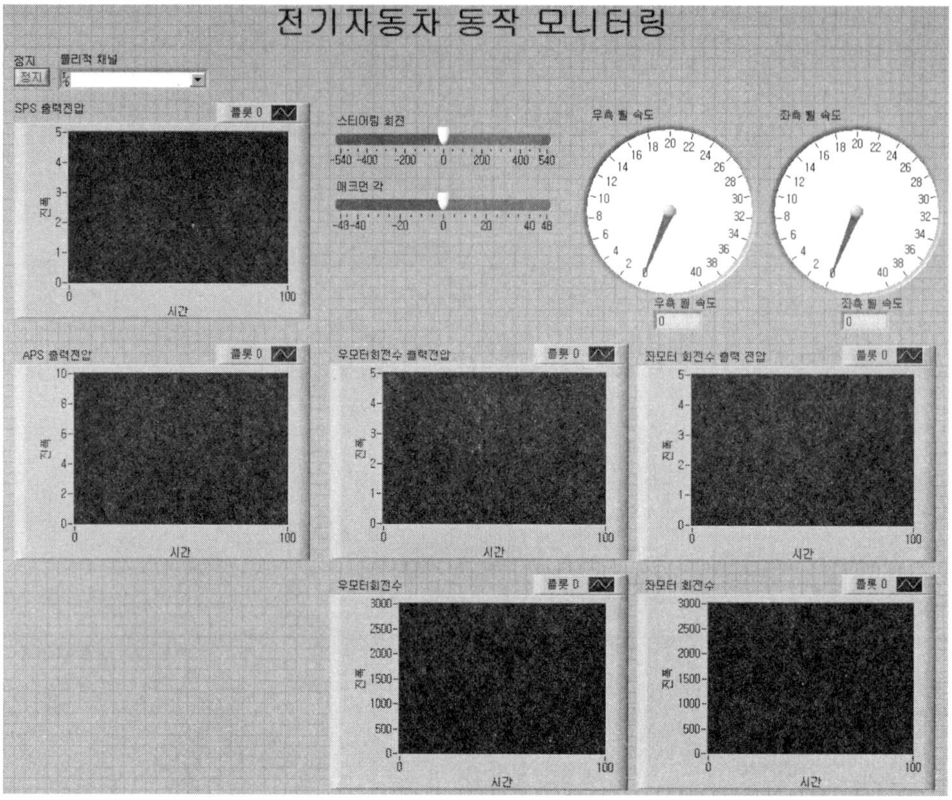

그림 3.7 Operate monitoring Front panel

프론트 판넬은 각 센서에서 출력되는 값과 모터 회전수 각 바퀴의 속도, 스티어링 휠과 조향각의 상태를 알 수 있다. 프론트 판넬을 통하여 사용자가 입력한 조향각과 가속페달 조작량과 출력되는 값과 비교 하여 차량의 상태를 확인 할 수 있다.

4. 실험결과

1) 실험방법

실험은 내구성 테스트 및 동력성능 테스트와 알고리즘 적용 후 각 구동 휠의 속도 측정 및 알고리즘 적용 전후의 차이점을 실험한다.

(1) 내구성 및 동력성능 실험

교내의 정해진 코스를 주행하면서 내구성 테스트 및 등판능력 테스트, 최고속도 테스트를 한다. 주행 코스는 그림 4.1과 같다.

그림 4.1 주행코스

①번 코스는 약 100m 로 차량의 최고속도를 실험하기 위한 코스이며, ②번 코스는 약 500m 로 차량의 등판능력 성능을 실험하기 위한 코스이다.

(2) 조향제어시스템 실험

조향제어시스템 테스트는 부하테스트와 무부하테스트로 나누어 실험한다. 부하테스트는 드라이버가 직접 차량에 탑승하여 적용된 제어알고리즘을 실험하고, 무부하실량의 구동바퀴를 지면과의 마찰력을 제거하고 실험을 한다.

조향제어시스템의 실험방법은 차량의 조향각과 차속을 일정하게 유지하여 좌우 구동바퀴의 속도를 측정하는 방식으로 한다. 실험조건은 Table 4.1과 같다.

표 4.1 실험조건

속도(km/h)	10	20
조향각(°)	10	10
	20	20
	30	30
	40	40

1) 실험결과

(1) 내구성 및 동력성능 실험결과

그림 4.1의 ①번 코스에서 최고속도 실험을 하였다. 최고속도 계측은 그림 3.5의 좌우 휠 속도 데이터를 이용하였다. 휠 속도 데이터는 그림 4.2와 같다.

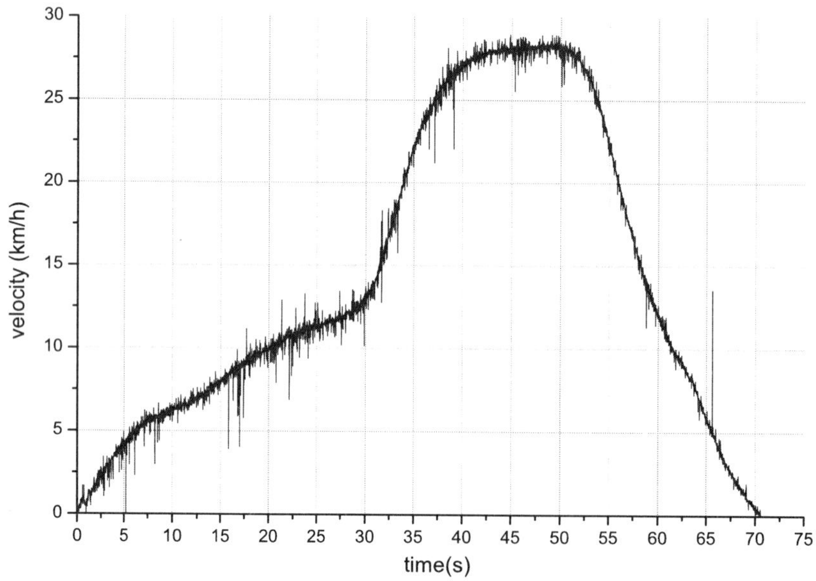

그림 4.2 최고속도 계측

드라이버의 안전과 협소한 테스트 장소로 때문에 최고속도는 약 28km/h로 측정되었다.

일반도로의 최대경사도는 약 12%(6.84°)이고 산지도로의 최대경사도는 약 13~17%이다. ② 번 코스의 경사도는 약 8.7%이고 제작차량으로 경사로 테스트

결과 주행 중 문제점이 발생하지 않았다.

(2) 회전반경 실험

적용한 알고리즘의 유용성을 판단하기 위하여 조향각을 최대로 하고 속도를 5km/h로 고정 후 알고리즘 적용 전후의 회전반경을 측정하였다. 그림 4.3은 회전반경 실험 중 차량의 조향각과 차속 및 좌우 휠의 속도를 모니터링 한 것이다.

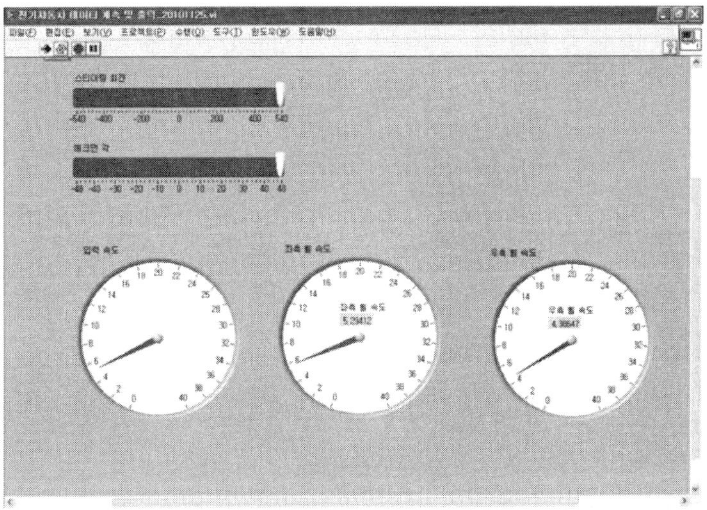

그림 4.3 회전반경 실험

회전반경은 주행 후 최외곽 바퀴자국의 지름과 제작차량의 트레드의 차로 구하였다. 알고리즘 적용 전후의 회전반경은 표 4.2와 같다.

표 4.2 회전반경 비교

알고리즘 적용 전 회전반경	알고리즘 적용 후 회전반경
3360mm	3240mm

회전반경은 알고리즘 적용 전후 120mm 차이를 보였다.

(3) 조향각에 따른 휠속도 실험

조향제어시스템 실험은 표 4.1을 따라 실험 하였다. 차속이 10km/h일 경우 부하테스트를 하였고 20km/h일 경우에는 드라이버의 안전성을 고려하여 무부하 테스트를 하였다.

차속이 10km/h, 조향각 10°일 경우 결과는 그림 4.4과 같다.

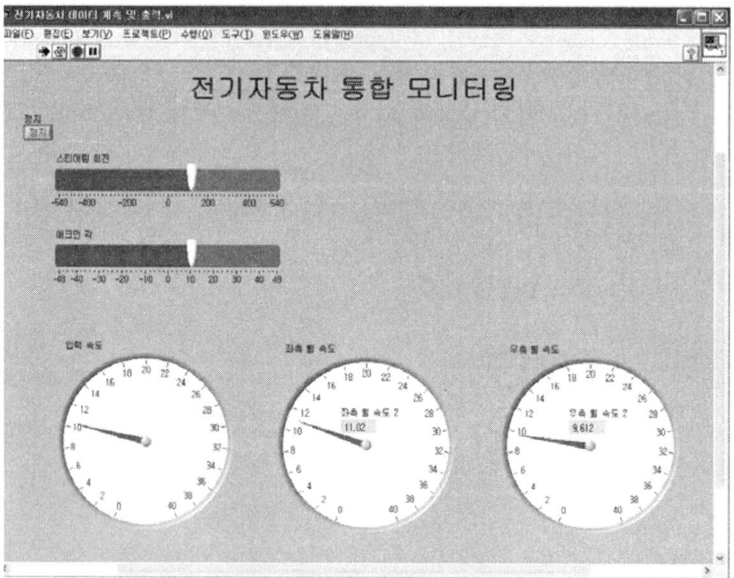

그림 4.4 조향각 10°

차속이 10km/h, 조향각20°일 경우 결과는 그림 4.5과 같다.

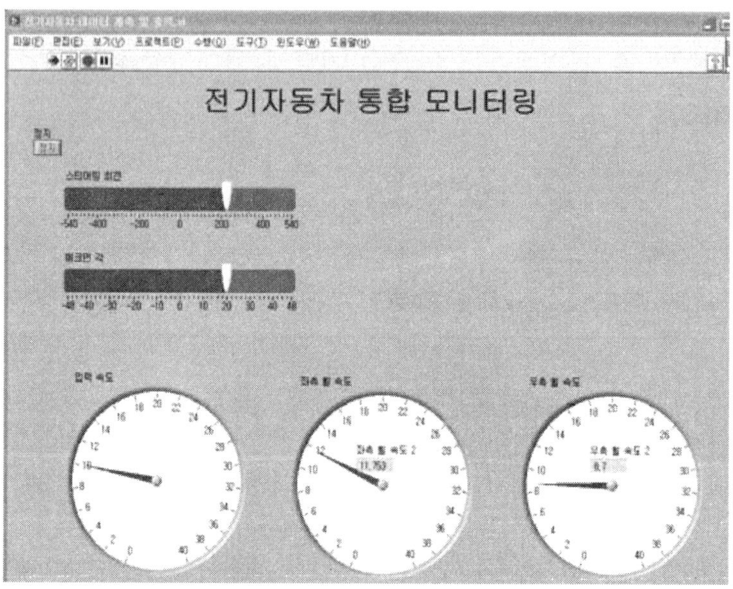

그림 4.5 조향각 20°

차속이 10km/h, 조향각 30°일 경우 결과는 그림 4.6과 같다.

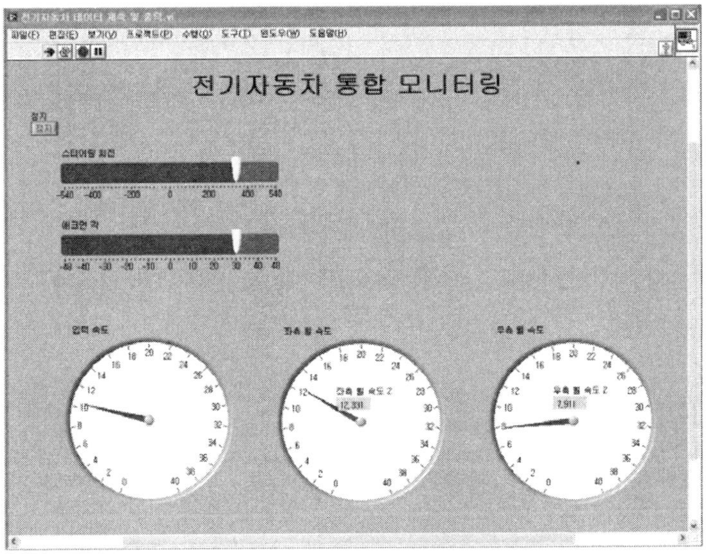

그림 4.6 조향각 30°

차속이 10km/h, 조향각 40°일 경우 결과는 그림 4.7과 같다.

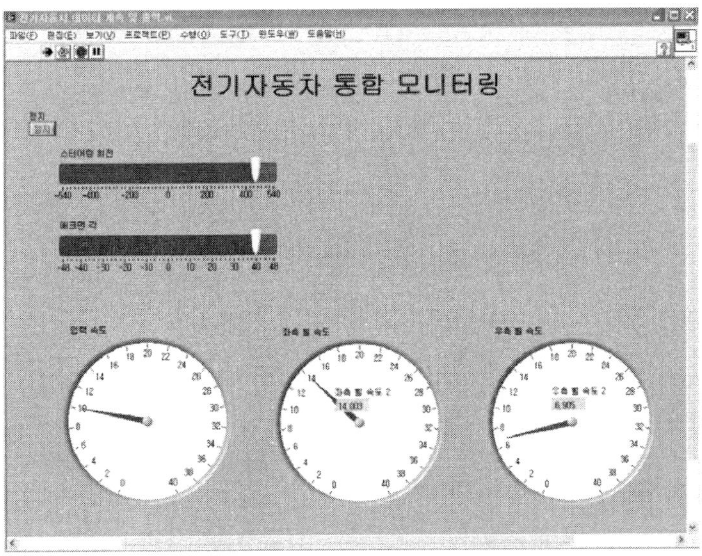

그림 4.7 조향각 40°

차속이 20km/h, 조향각 10°일 경우 결과는 그림 4.8과 같다.

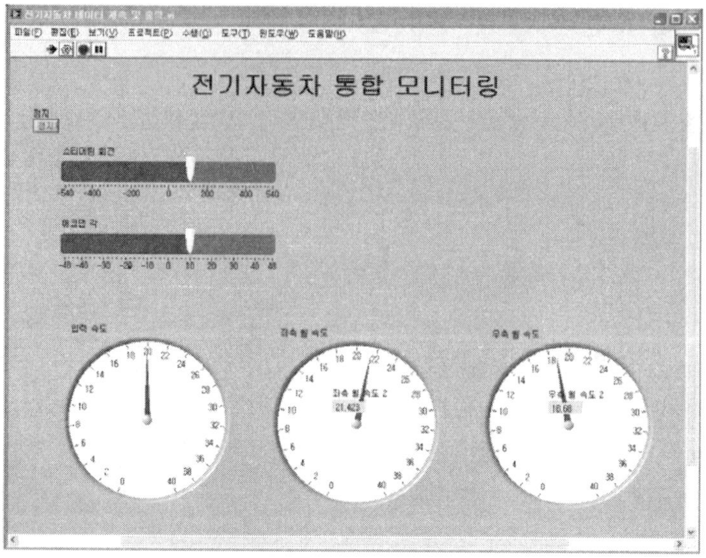

그림 4.8 조향각 10°

차속이 20km/h, 조향각 20°일 경우 결과는 그림 4.9과 같다.

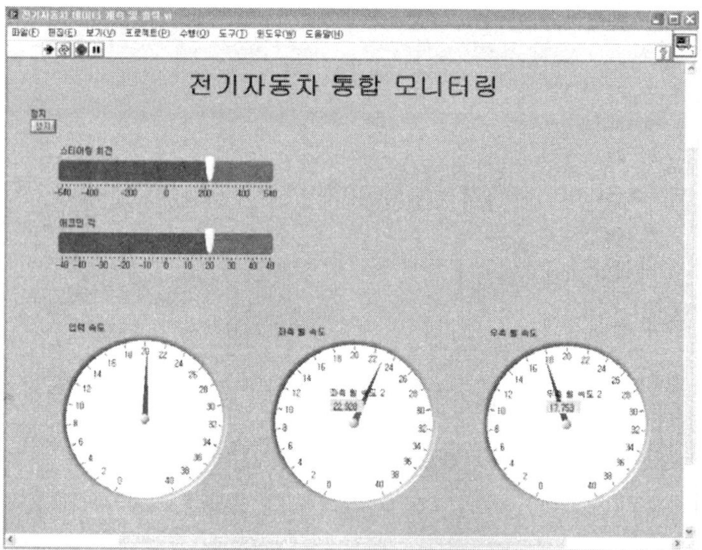

그림 4.9 조향각 20°

차속이 20km/h, 조향각 30°일 경우 결과는 그림 4.10과 같다.

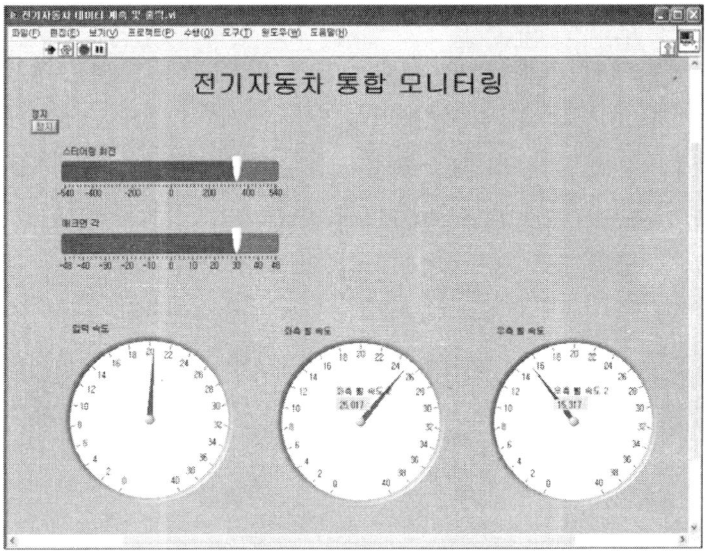

그림 4.10 조향각 30°

차속이 20km/h, 조향각 40°일 경우 결과는 그림 4.11과 같다.

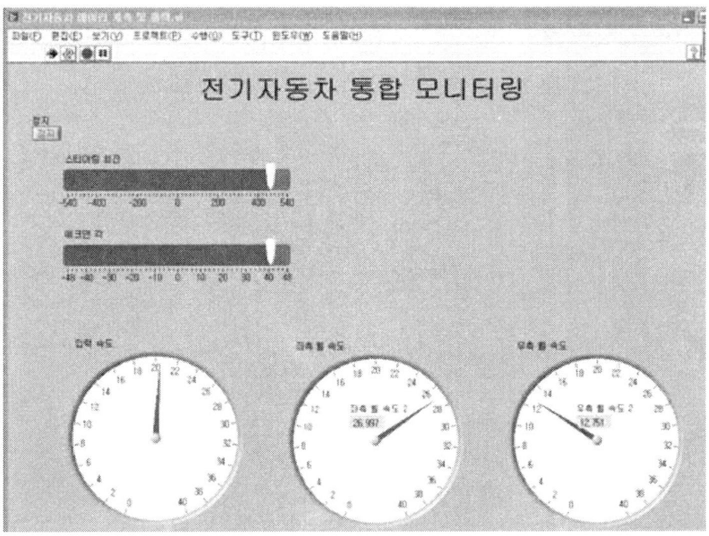

그림 4.11 조향각 40°

차속 10km/h, 20km/h에서 각 조향각에 따른 좌우 휠 속도 차이를 확인 할 수 있었다. 조향각이 커질수록 좌우 휠의 선속도의 차이가 커짐을 알 수 있었다.

(4) 휠 속도 데이터 분석

알고리즘을 통하여 실제 차량에 출력되는 휠의 선속도와 식(27), 식(28)을 이용하여 연산되는 데이터 값을 비교 분석하였다. 차속이 10km/h일 때 조향각 20°, 40°일 경우, 차속이 20km/h 일 때 조향각 20°, 40° 경우의 데이터를 이론값과 실제측정한 값을 DAQ를 이용하여 데이터를 수집하여 비교하였다.

차속 10km/h, 조향각 20° 경우 데이터는 그림 4.12와 같다.

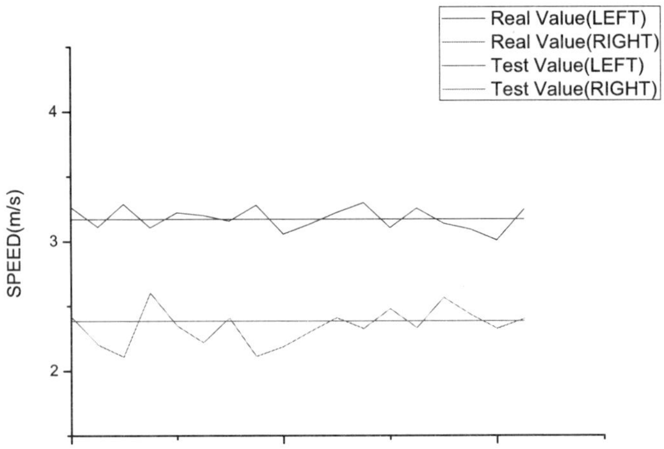

그림 4.12 차속 10km/h, 조향각 20°

차속 10km/h, 조향각 40° 경우 데이터는 그림 4.13와 같다.

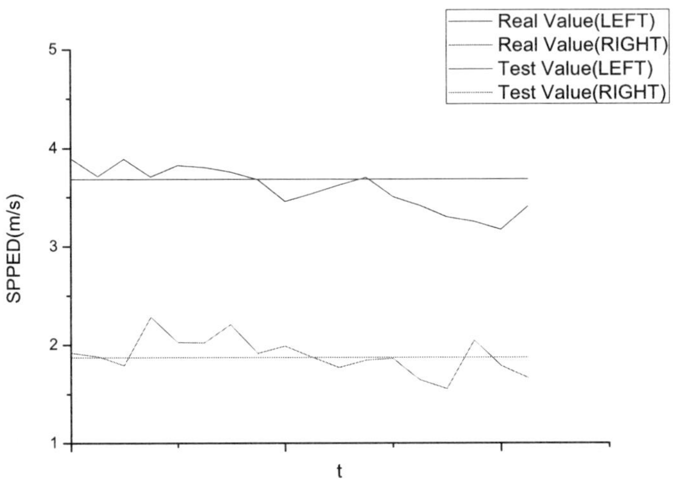

그림 4.13 차속 10km/h, 조향각 40°

차속 20km/h, 조향각 20° 경우 데이터는 그림 4.14와 같다.

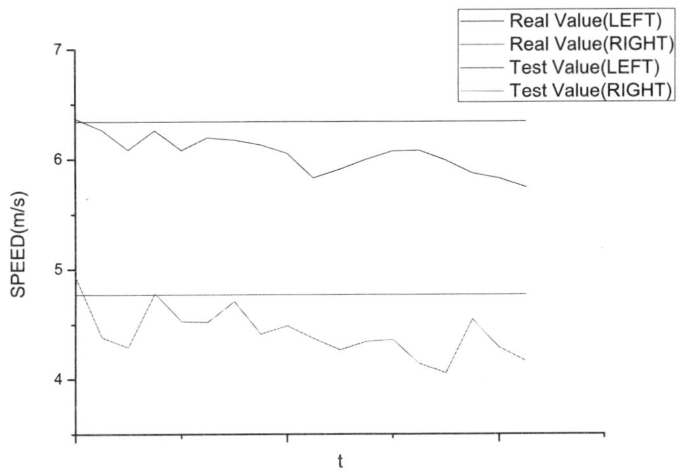

그림 4.14 차속 20km/h, 조향각 20°

차속 20km/h, 조향각 40° 경우 데이터는 그림 4.15와 같다.

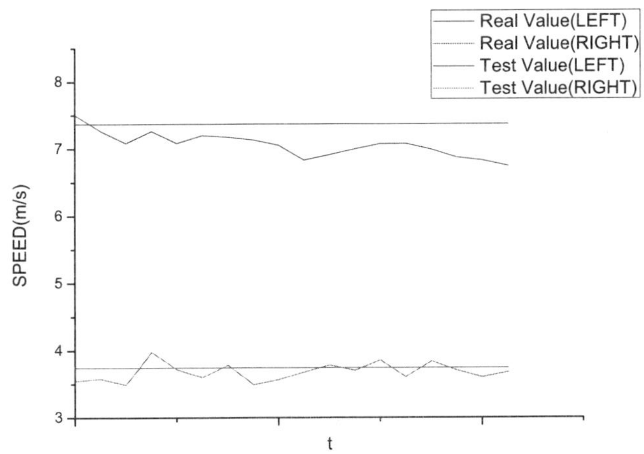

그림 4.15 차속 20km/h, 조향각 40°

총 4가지 경우 이론값과 실제 측정값의 차이가 크지 않았다. 데이터가 불규칙한 것은 변수인 차속과 조향각의 데이터가 아날로그 입력으로 일정한 값이 입력되지 못한 것이 원인 이었다.

5. 결론

본 연구를 통하여 차량제작의 전반적인 과정을 경험하고 차량 설계 및 제작에 대한 이론을 정립하였다. 차량을 직접 설계, 제작하기 위하여 제원을 선정하고, 설계한 차체의 안전성을 시뮬레이션 하였다. 또한 조향제어를 위하여 차량동역학을 이용하여 수식을 모델링 하였고, 제어시스템 구성을 위해 센서를 제작하였다. 계측한 데이터를 수식에 적용하여 조향각과 차속에 따라 구동휠의 속도제어를 구현하였다.

- 조향제어시스템 테스트를 위한 자작형 전기자동차를 차량의 제원을 고려하여 설계 제작하였다.
- 차량 주행기구학을 이용하여 차량이 선회 시 각 휠의 각속도 및 선속도에 대한 이론을 정립하고 수식화 하였다.
- 조향제어시스템의 입력값인 조향각과 차속을 계측하기 위하여 SPS(Steering Position Sensor)와 APS(Accelerator Position Sensor) 제작, 장착하였다.
- 센서와 모터동작 데이터를 계측하고 차량의 작동상태와 센서의 출력값 사이의 상관관계를 정립하기 위해 모니터링 할 수 있는 프론트 패널을 제작하였다.
- 모델링한 수식과 계측한 데이터들의 상관관계를 이용하여 조향제어알고리즘을 제작하고 실차에 적용하여 실차실험을 하였다.
- 알고리즘 적용 후 실험을 통하여 조향각에 따라 구동휠 속도의 변화를 알 수 있었다.

부록3 ••• 자작형 하이브리드 자동차 설계 및 제작

1. 개요

근래 자동차 산업은 고유가와 강화되는 환경 규제로 인하여 저공해 자동차 개발에 대한 요구가 더욱 높아지고 있다. 내연기관 자동차는 초기에 비하여 연비 및 성능, 환경면에서 비교가 되지 않을 정도로 발전 하였지만 현재의 내연기관 기술로는 각종 환경규제를 충족시키기에는 한계가 있다. 또 환경오염에 대한 소비자의 인식이 바뀜에 따라 자동차 산업은 친환경 자동차를 간과 할 수 없는 입장이 되었다. 이러한 추세에 따라 하이브리드 기술은 상용화에 빠르게 성공하고 있고, 기술에 대한 연구 및 개발도 활발히 이루어지고 있다.

하이브리드 자동차는 동력원이 2개 이상인 자동차를 의미한다. 대부분 하이브리드 자동차는 전기모터와 내연기관을 사용하며, 두 동력원의 사용방식에 따라 크게 3가지로 나누어진다. 첫 번째 직렬방식은 전기의 힘으로만 구동하는 형태의 자동차로서 축전지의 전기에너지를 이용하고 부족한 부분은 엔진과 연결된 발전기를 이용하여 전기에너지를 생산하는 방식이다. 두 번째 병렬방식은 저속에서는 전기의 힘을 이용하고, 고속이 되면 엔진의 힘을 이용하는 방식이다. 즉, 에너지 효율이 떨어지는 저속 운전 시에는 전기에너지는 사용하고, 고속 운전에서는 가속성이 뛰어난 엔진 동력을 사용하게 된다. 세 번째 직렬형과 병렬형의 장점만 모은 혼합형이 이다.

병렬방식의 자작형 하이브리드 자동차(SM-HEV: Self Manufacturing Hybrid Electric Vehicle 이후 자작형 하이브리드 자동차를 SM-HEV라 한다.)를 설계하고 제작하였다. 이를 통해 하이브리드 시스템을 이해하고, 동력전달방식으로 전자마그네틱 동력전달 시스템을 구현하고 적용하였다. 또한 적용된 하이브리드 시스템을 제어하기 위한 전자제어시스템을 구축하였고, 실험을 통해 SM-HEV 시스템의 전자제어를 확인하였다.

2. SM-HEV의 설계 및 제작

자작형 하이브리드 자동차(SM-HEV)는 크게 파워트레인과 프레임 두 부분으로 구성하였다. 파워트레인은 병렬방식 하이브리드 시스템을 채택하여 모터와 엔진, 발전기, 배터리로 구성하였다. 프레임은 1인승 자작형 하이브리드 자동차 구조로 설계하였고 프레임의 제원은 한국자동차공학회에서 주최하는 자작자동차대회 규정에 준하였다.

파워트레인은 트렌스미션을 포함한 125cc, 13HP, 1kg·m 엔진을 사용하였고, DC 24V, 3HP 모터를 사용하였다. 배터리는 DC 12V 2개를 직렬로 연결하여 사용하였고 모터와 연결된다. 발전기(24V, 90A)는 배터리와 연결되어 있어 전력을 축전시킨다.

파워트레인과 연계된 하이브리드 시스템은 변속기가 장착된 엔진을 사용하였고 트랜스미션을 통해 나오는 엔진 동력 축과 발전기, 마그네틱 클러치에 스프라켓을 장착하여 체인으로 연결하였다. 발전기는 엔진 작동 시 항상 작동하며 발전된 에너지를 배터리에 저장한다. 모터는 배터리에서 전력공급을 받으며, 체인을 통해 구동축과 연결된다. SM-HEV의 시스템 개념도를 Fig. 1에 나타내었다.

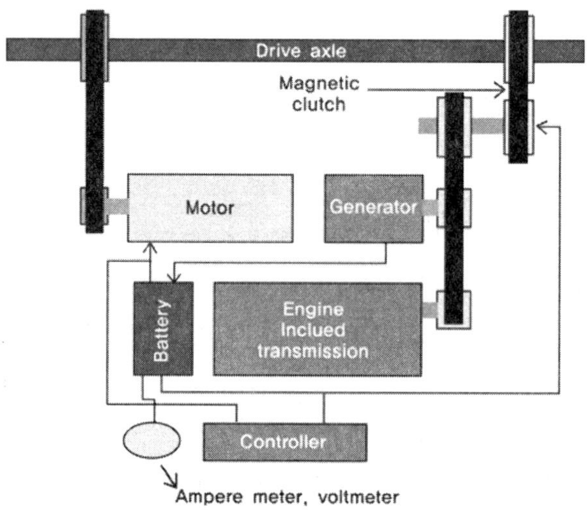

Fig. 1 Structure of the SM-HEV

프레임은 하이브리드 시스템이 장착되는 프레임과 운전석 프레임으로 구성하였다. 하이브리드 시스템이 장착되는 프레임에는 파워트레인의 하드웨어가 설치된다. 운전석 프레임에는 조작에 필요한 부품과 현가장치 및 브레이크 등 다양한 섀시 부품들이 설치된다. 프레임과 프레임 및 각 부품들의 연결 방법은 용접과 볼트 체결을 사용하였다.

SM-HEV의 구성과 3D -CAD 모델을 Fig. 2에 나타내었다. 그리고 구성부품과 제작사양을 Table 1에 나타내었다. 또한 제작사양을 바탕으로 제작한 SM-HEV는 Photo. 1과 같다.

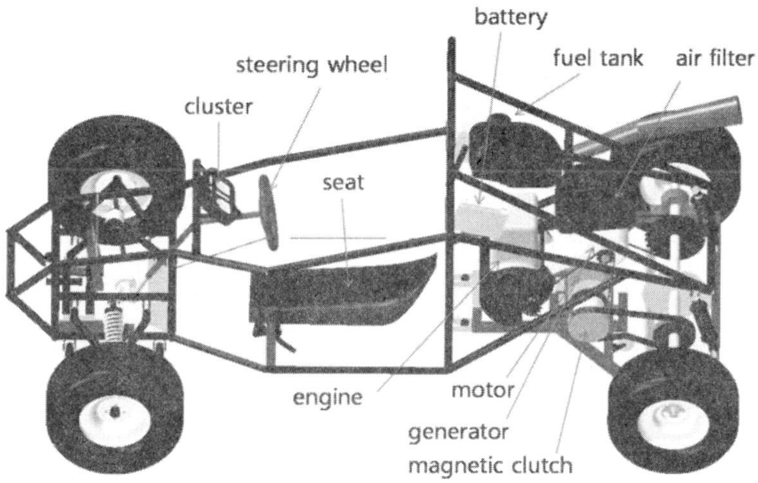

Fig. 2 Composition and CAD model of SM-HEV frame

Photo. 1 SM-HEV real image

Table 1 Specification of SM-HEV

<table>
<tr><th colspan="2">Sort</th><th>Specification</th></tr>
<tr><td colspan="2">Length</td><td>2320mm</td></tr>
<tr><td colspan="2">Width</td><td>1446mm</td></tr>
<tr><td colspan="2">Hight</td><td>1235mm</td></tr>
<tr><td colspan="2">Wheel base</td><td>1862mm</td></tr>
<tr><td colspan="2">Tread</td><td>1260mm</td></tr>
<tr><td colspan="2">Empty weight</td><td>225kg</td></tr>
<tr><td rowspan="4">Frame</td><td>Type</td><td>Circular pipe</td></tr>
<tr><td>Out-diameter</td><td>27mm</td></tr>
<tr><td>Thickness</td><td>2.9mm</td></tr>
<tr><td>Yield strength</td><td>370MPa</td></tr>
<tr><td rowspan="5">Power train</td><td>Engine</td><td>125cc 13HP</td></tr>
<tr><td>Motor</td><td>DC24V 60A 3HP</td></tr>
<tr><td>Battery</td><td>DC12V 2EA</td></tr>
<tr><td>Generator</td><td>24V 90A</td></tr>
<tr><td>Magnetic clutch</td><td>24V Magnetic pulley</td></tr>
<tr><td>Sensor</td><td>Position Sensor</td><td>5V CAS</td></tr>
</table>

3. 제어 시스템

SM-HEV의 주행 시스템은 정지 상태에서 가속구간, 일정 속도구간, 정지구간으로 구성된다. 즉 주행 저항이 큰 정지 상태에서 가속 시에는 모터 구동, 그 후 속도의 변화가 없는 구간(V=constant)에서는 엔진 구동, 주행 후 정지 상태에서는 엔진이 정지된다. 주행 시스템의 알고리즘은 Fig. 3와 같다.

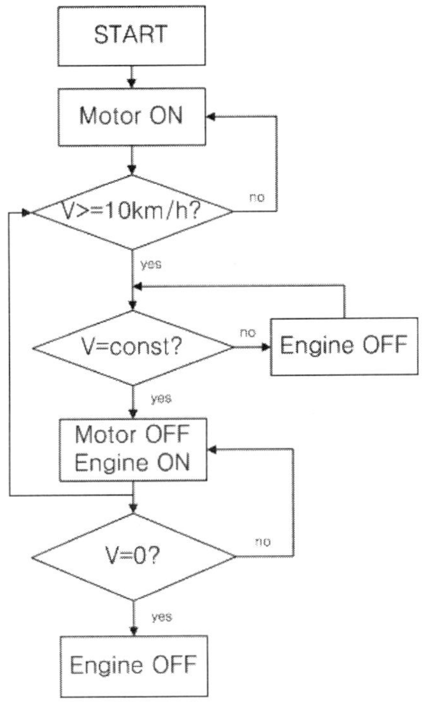

Fig. 3 Algorithm of SM- HEV drive system

차량이 정지 상태에서 출발하게 되면 모터가 작동을 한다. 모터와 엔진의 구동축 스프라켓에 설치된 센서를 통해 측정된 신호를 분석, 연산 후 자동차의 속도가 10km/h 가 될 때까지 모터가 작동한다. 내연기관은 정지상태에 동작할 때 효율이 낮기 때문에 에너지 효율을 높이기 위해 0~10km 구간을 모터 구동영역으로 선정하였다. 3), 4)

차량의 속도가 10km/h 이상이 되면 모터가 꺼지고 엔진이 시동하게 된다. 엔진은 시동모터(starter motor)에 의해 시동이 걸리며, 시동이 걸린 후 시동모터로 흐르는 전원을 차단하여 작동을 멈추게 된다. 엔진에 의한 주행 중 차량의 속도가 0km/h가 되면 엔진으로 입력되는 주 전원을 차단하여 엔진을 정지시킴으로써 차량의 정지상태에서 공회전을 차단시키는 아이들 정지(idle stop) 기능을 구현하였다.5), 8)

SM-HEV의 특징은 마그네틱 클러치(magnetic clutch)가 기존 하이브리드 자동차에 장착되는 무단변속기(CVT: Continuously Variable Transmission)나 트렌스미션(transmission)을 대신한다. 마그네틱 클러치는 엔진의 출력축과 구동축 사이에 장착되어 엔진의 출력을 구동축으로 전달하는 역할을 하며, 엔진의 동력이 차량의 주행에 필요하지 않은 경우차량의 동력을 차단시키고 엔진의 출력을 발전용으로 사용하게 한다. 마그네틱 클러치는 엔진이 시동되기 전까지는 전원이 공급되지 않으며 엔진 시동이 걸림과 동시에 전원이 공급되어 엔진의 동력을 구동바퀴에 전달하게 된다. SM-HEV 시스템에 장착된 마그네틱 클러치의 실물사진은 Photo. 2와 같다.

Photo. 2 Magnetic clutch

4. 실험방법

제어시스템은 PC를 기반으로 엔진과 모터의 회전수 및 차속을 모니터로 나타내었다. 모터와 엔진에 장착된 센서의 신호를 터미널 블록(terminal block)을 통해 수집하여 NI(National Instrument)보드를 통해 수치적으로 입력 받게 되며 그 값을 물리적 특성에 맞게 연산하여 모니터로 출력하게 된다. 제어 시스템의 하드웨어 구성은 Photo. 3와 같다.

Photo. 3 Structure of control system

제어계측 프로그램은 센서에서 받은 신호를 측정하고 연산하여 모니터링 할 수 있도록 LabVIEW 프로그램을 활용하여 작성하였다. 프론트 패널에는 모터와 엔진, 구동축에 장착된 스프라켓의 잇 수를 통해 연산되어진 모터 및 구동축의 회전수와 차속이 숫자로 표시되도록 하였다. 이러한 연산에 필요한 휠 속도와 모터 그리고 엔진 회전수는 각각 식(1), 식(2), 식(3)과 같이 된다.

$$W_V = \frac{f \times W_C \times 1000}{D_N} \quad (1)$$

여기서, $D_N : 47, W_C : 1445mm$

$$M_{rpm} = \frac{60 \times f}{M_N} \quad (2)$$

여기서, $M_N : 30$

$$E_{rpm} = \frac{60 \times f}{E_N} \quad (3)$$

여기서, $E_N : 14$

제어계측 프로그램에는 센서로부터 받은 신호의 파형이 플로팅 되도록 하여 시스템의 작동상태를 확인할 수 있도록 하였다. 웨이브 폼의 그래프로 나타나는 흰색 파형은 차속 신호를 나타내며, 빨강색 파형은 모터의 회전신호를 나타낸다. 이러한 신호를 계측하여 모터 회전수 및 휠 속도 그리고 엔진 회전수를 실시간으로 그래프와 함께 수치적으로 실시간 디스플레이 한다. 우측 상단에 3개의 LED는 좌측으로부터 엔진의 전원 공급, 엔진 시동 모터의 전원 공급, 엔진 정지 상태를 표시하게 된다. 또한 우측 하단에 2개의 LED는 위에서부터 모터와 엔진의 작동 상태를 표시하게 된다.

제어계측을 위한 프론트 패널의 구성은 Fig. 4와 같다.

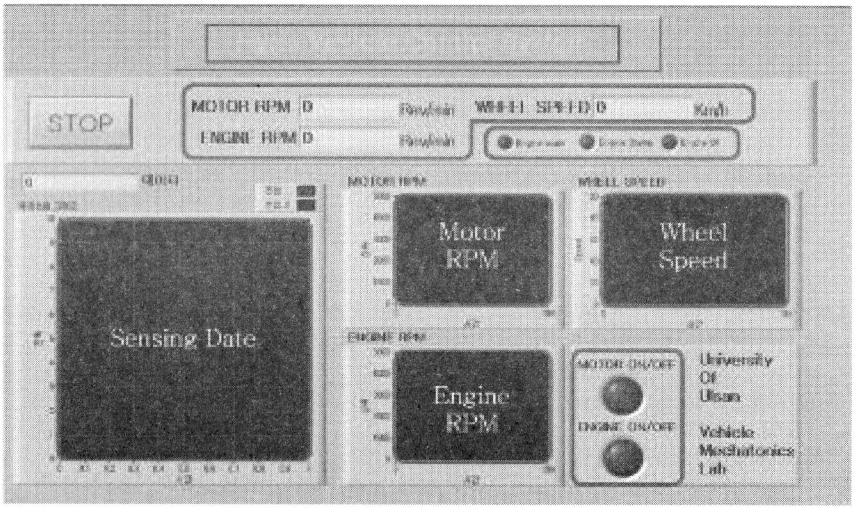

Fig. 4 Front panel

5. 실험결과

1) 제어시스템 실험

SM-HEV의 실험은 구동 바퀴를 지상에서 띄운 상태로 수행하였다. 운전조건에 따른 속도제어는 가속페달로 하였다.

SM-HEV의 초기 작동은 정지 상태에서 차속이10km/h로 가속될 때까지의 영역에서는 모터로만 구동되며, 작동상태는 Fig. 6과 같다. 차속은 약 6.7km/h을 나타내고 있으며 모터가 작동중임을 나타내는 LED가 동작함을 확인할 수 있다. 엔진은 정지 상태이며 엔진에 전원 공급이 되지 않으므로 엔진 상태 표시 LED는 모두 off 상태를 나타내고 있다. 웨이브 폼 파형의 흰색 파형은 엔진의 출력축에 장착된 스프라켓을 통해 계측된 파형이고, 붉은 색 파형은 모터에 설치된 스프라켓을 통해 계측된 파형을 나타낸다. 각 센서로부터 안정적인 신호가 검출되고 있음을 확인할 수 있다.

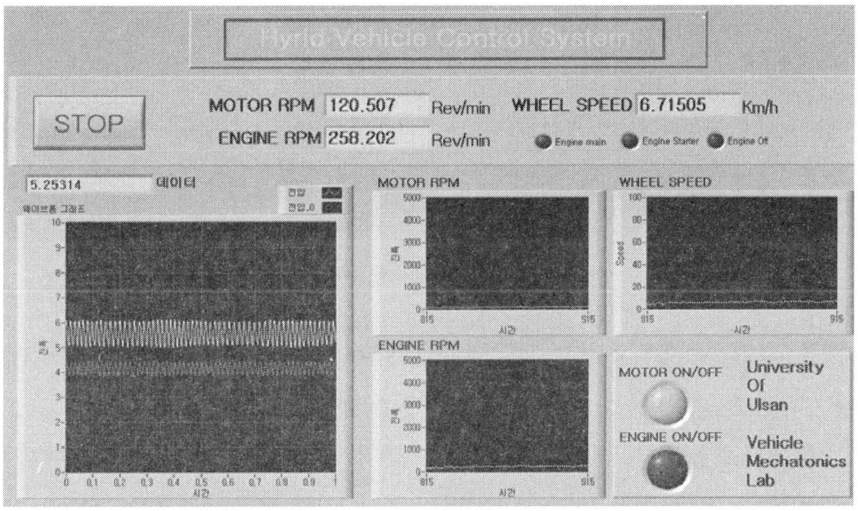

Fig. 5 Case of only motor on (initial start)

차속이 10km/h 이상이 되면 모터가 정지하고 시동모터가 작동하여 엔진을 시동하게 되며, 작동상태는 Fig. 6과 같다. 차속은 약 12.4km/h를 나타내고 있으며, 이때 엔진이 작동되고 시동 중임을 나타내는 Engine main과 Engine starter LED가 on 상태가 되고, ENGINE ON/OFF LED는 켜지고 MOTOR ON/OFF LED는 꺼짐을 확인 할 수 있다. 따라서 엔진이 정상적으로 시동되어 동작하기 시작하는 시점임을 알 수 있다. 마그네틱 클러치는 엔진시동과 동시에 작동되며 Engine main LED의 on/off로 작동상태를 확인할 수 있다. 이때 엔진과 모터의 스프라켓을 통해 계측된 파형은 모터만 구동 시 보다 진폭이 증가하고 주기가 줄어들었음을 알 수 있다. 이를 통하여 차속이 증가한것을 알 수 있다.

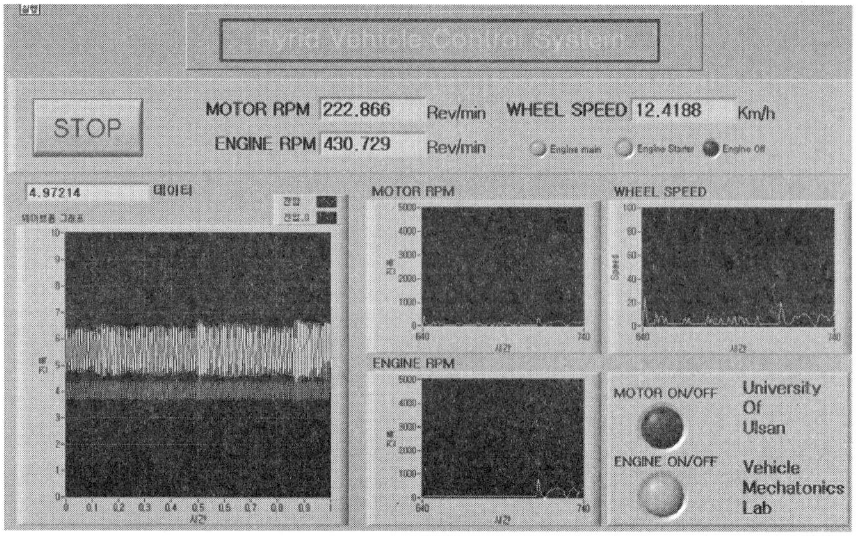

Fig. 6 Case of engine start

엔진 시동 후에는 시동모터는 정지하고 엔진만 작동하게 되며, 작동상태는 Fig. 7과 같다. 차속은 23.5km/h을 나타내고 있으며 Engine main LED와 ENGINE ON/OFF LED가 점등되는 것을 확인할 수 있다. 차속의 증가로 인해 각각의 스프라켓의 센서를 통해 계측된 파형은 모터구동과 엔진시동 시 보다 진폭은 더욱 증가하고 주기는 더욱 짧아졌다.

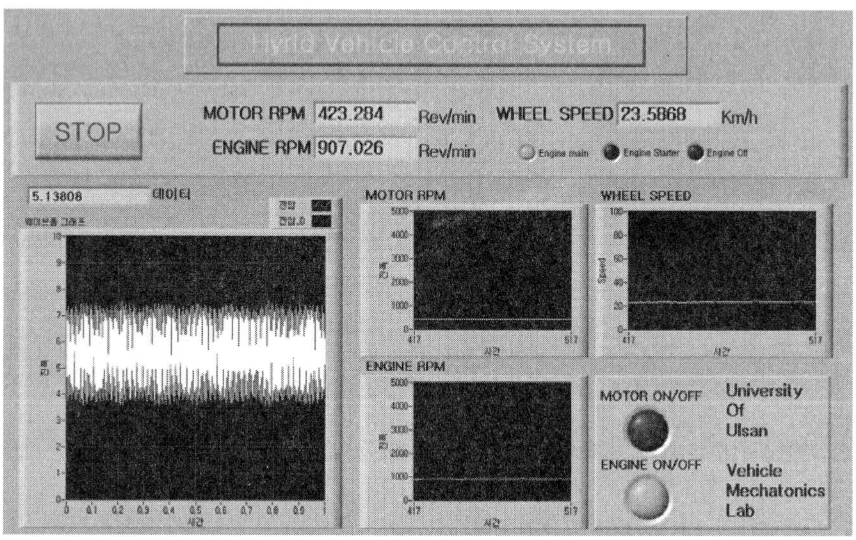

Fig. 7 Case of only engine drive

실험을 통하여 마그네틱 클러치의 작동을 확인하였고, 기존차량에 하이브리드 시스템을 적용 시 모터의 성능이 충분하다면 엔진동력이 차량의 구동력으로 바뀌는 지점에 마그네틱 클러치를 창작하여 최소한 시스템 변경으로 하이브리드 시스템을 구현 가능성을 확인 하였다.

2) 하이브리드 시스템 성능실험

엔진을 동력원으로 사용했을 때와 모터와 엔진을 동력원을 이용(하이브리드 시스템 적용)하여 하였을 때 연료 0.1L 당 주행거리를 5회의 실험으로 비교하였다. 그 결과 하이브리드 시스템 적용 시 약 20%의 연료 효율을 얻을 수 있었다. Fig 8은 실험 결과이다.

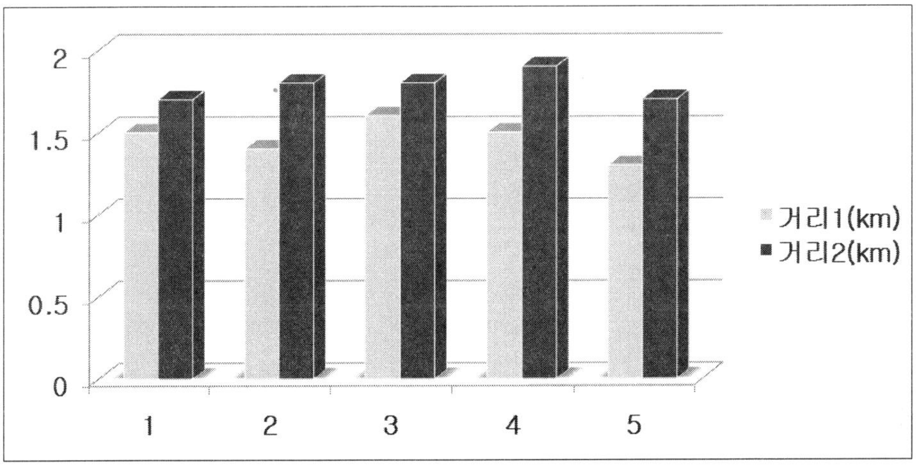

Fig 8 0.1L 로 주행 할 수 있는 거리
(거리1 : 엔진으로 구동, 거리 2 : 엔진과 모터로 구동)

이를 통해 자작형 하이브리드 자동차 시스템이 효율성의 우수함을 알 수 있었다.

6. 결 론

자작형 하이브리드 자동차에 전자클러치 하이브리드 시스템을 적용하고 실차 실험을 통하여 다음과 같은 결론을 얻었다.

- 직접 설계 제작한 하이브리드 전기자동차에 선정한 차량의 제원 및 적용한 하이브리드 시스템을 적용하여 하이브리드 자동차의 설계 방법 및 하이브리드 시스템 이론을 정립하였다.
- 차량의 속도 및 에너지 효율에 따라 모터와 엔진의 동작을 제어하여 병렬형 하이브리드 시스템을 구현하여 하이브리드 시스템의 에너지 효율이 높음을 알 수 있었다.
- 동작모드에 따라 엔진의 동력전달을 위한 마그네틱 클러치를 제작하였고, 마그네틱 클러치의 제작차량에 적용 가능성을 검증하였고, 향후 실차 적용을 위하여 마그네틱의 특성과 클러치의 마찰면의 특성에 대한 연구가 필요하다.

부록4 ••• Introduction of Carsim

1. CarSim

1) 개요

CarSim은 승용, 가벼운 트럭 또는Utility vehicle의 3차원상의 길에서 운전자의 조작에 따른 차량의 거동을 모사하는 Software이다. 다음은 CarSim의 특징이다.

CarSim은 AutoSim(symbolic multibody code generator)를 통해 만들어 진 Software로 그림 81 CarSim 개발 환경와 같이 개발자와 사용자가 사용가능한 영역이 나누어져 있다.

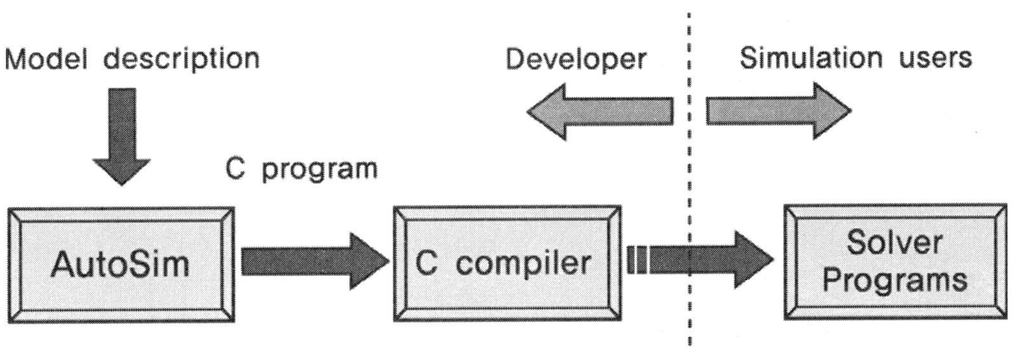

그림 1 CarSim 개발 환경

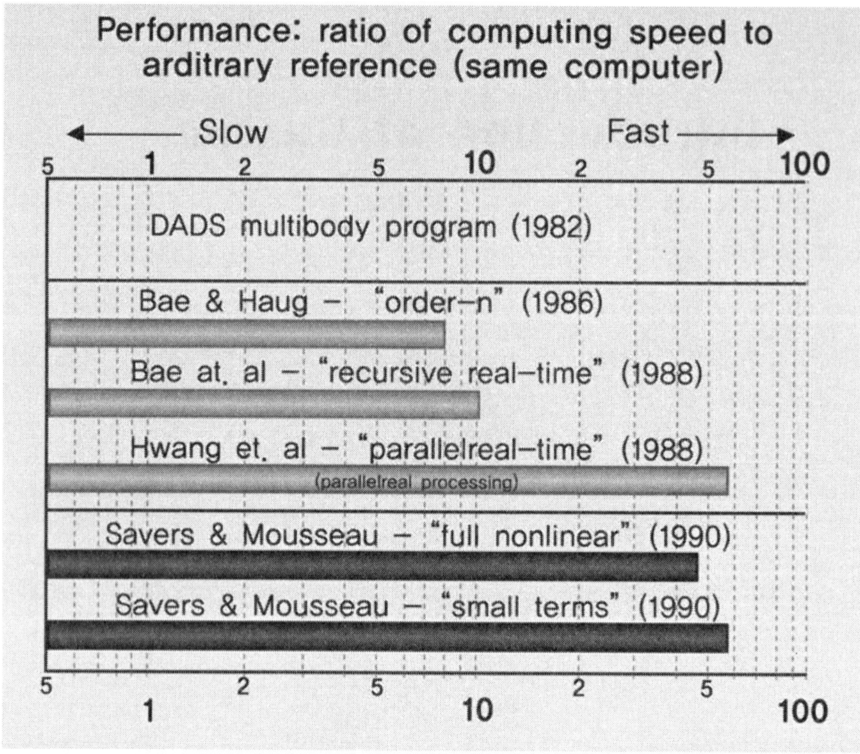

그림 2 계산 속도 비교

차량 모델의 특징은 아래와 같다.

4륜 Full Vehicle(4륜 독립 현가 모델, 후륜 Rigid 서스펜션 모델 2종류가 있으며, 자유도는 그림 3 CarSim 자유도 와 같이 총 27자유도를 사용하여 계산한다.

특성치 입력 데이터의 채용(쎈 변화, Camber 변화, 타이어 특성, Steer 기구, 엔진 특성, Torque converter, Brake)

Compliance의 채용(서스펜션, 조향계)

MacAdam 드라이버모델 사용

조종성, 안정성, 가속, 제동의 시뮬레이션에 유용

차체 강성은 고려되어 있지 않음

진동, 승차감 시뮬레이션에서 약 20 Hz가 한계

차륜의 스트로크는 선형

Camber 변화와 Toe 변화는 비선형

타이어 힘에 의한 Compliance를 고려

스프링의 히스테리시스 특성

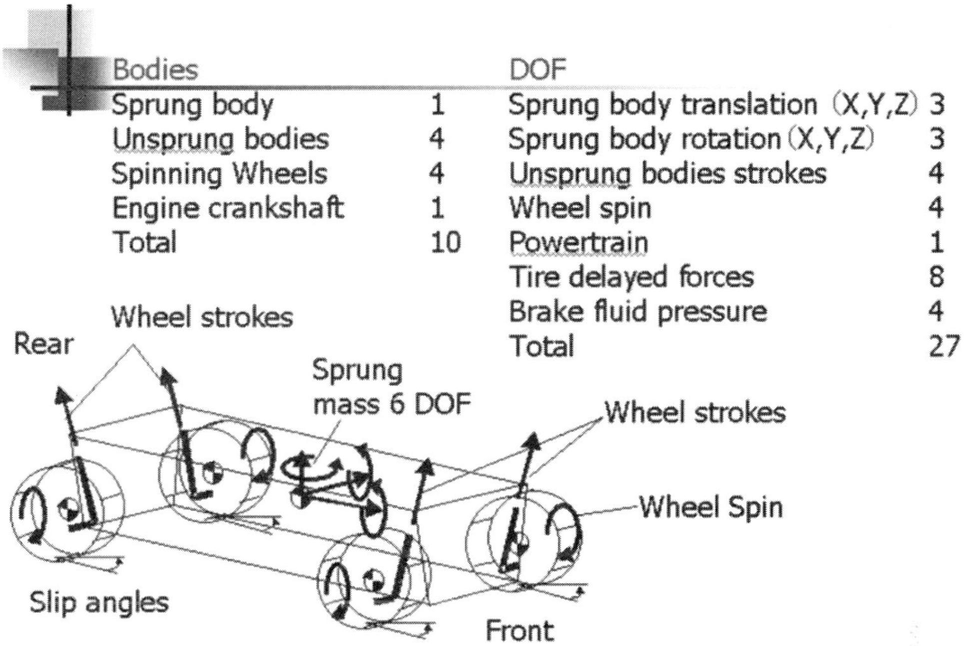

그림 3 CarSim 자유도

2) CarSim 모듈의 구성

CarSim은 데이터 화면 입력과 차량운동동력학 모델을 조합해서 차량 거동을 계산하고 시뮬레이션 결과를 Animator software와 Graphic software에 연동시킨다.

CarSim은 그림 84 CarSim Software 구성같이 밀접하게 연동하는 4개의 모듈로부터 구성되는 통합화 Software이다.

(1) Data 화면

사용자와 CarSim간의 주요한 Interface로 이 화면에서 차량모델의 파라미터, 운전 조작 입력 및 시뮬레이션 설정을 수행한다. Data 화면은 관련Data set의 라이브러리를 관리하는 Database의 일부이다. 100 개 이상의 라이브러리가 상호적으로 링크되어 CarSim Database를 구성한다. 각 라이브러리는 별개의 화념 구성을 사용해서 라이브러리 내의 복수 데이터를 표시한다.

(2) 차량 운동역학의 수학 모델

운동방정식을 풀어서 출력변수를 구하는 것을 시뮬레이션 실행이다. CarSim은 모델을 Dll, Plug in file의 2가지 형식을 가진다

완결형 내장 수학 모델

Simulink로 움직이는 Plug in 모듈

(3) Animator

애니메이션에서 차량 거동 결과를 가시화 한다. Simulation된 차량의 움직임은 카메라 Zoom in, Zoom out, Rotation, 차량 주위를 이동하면서 다양한 카메라 시점에서 관찰 할 수 있다.

(4) Plotter

시간 함수로서의 차량 변수 또는 임의 변수간의 결과를 그래프화 한다. 계산된 다양한 물리량의 결과를 간편하게 볼 수 있고, 임의 변수들의 2차원 결과나 다른 모델의 계산결과를 겹쳐서 비교할 수도 있다.

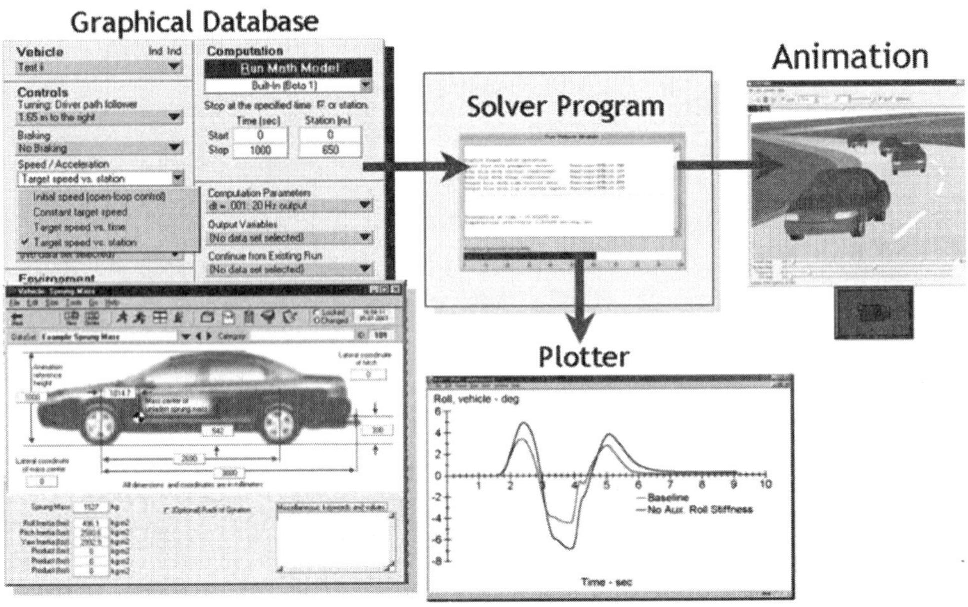

그림 4 CarSim Software 구성

3) CarSim 모델링

CarSim은 Parametric Model로 그림 4 CarSim Software 구성와 같이 차량 및 차량의 Property가 측정된 Data를 이용하여 Table형태로 모델링이 가능하다.

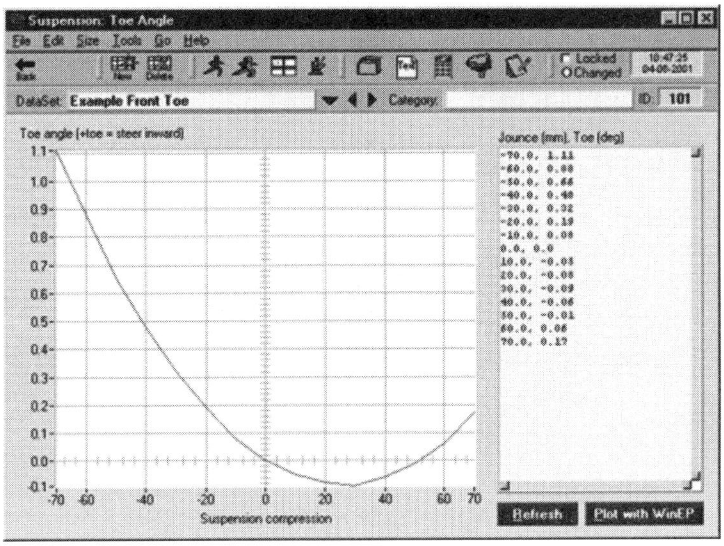

그림 5 서스펜션의 Toe angle 선도

CarSim은 해석 속도를 향상하기 위하여 특별한 고가 사양의 Hardware가 필요하지않으며 그림 5 서스펜션의 Toe angle 선도 과 같이 CarSim의 모델 Data값, 또는 Output을 보기위해 부가적인 software가 필요하지 않다.

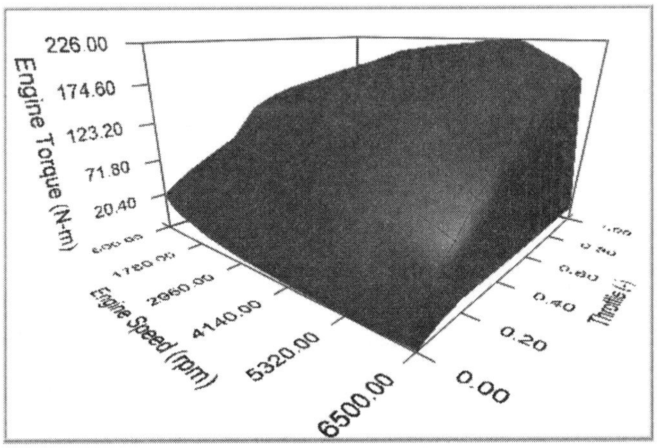

그림 6 엔진 Map data

CarSim은 그림 7 CarSim animator과 같이 자체 Animator를 통해 View point를 변경해 가며 차량은 거동을 볼 수 있으며 특히Real time상황에서도 Animator의 사용이 가능하다. 또한 Overlaid display가 가능하다.

그림 7 CarSim animator

CarSim은 그림 8 모델의 예와 같이 Simulink 의 Control logic에 직접 접합이 가능하다.

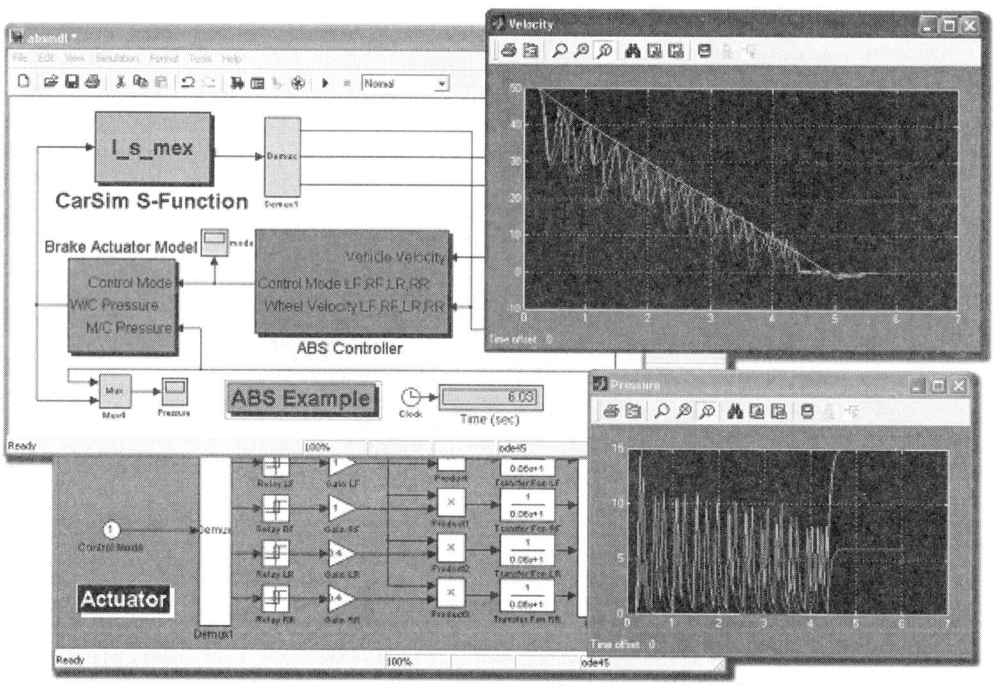

그림 8 모델의 예

4) CarSim의 기본 조작

CarSim의 조작은 다음의 순서에 따른다.

기존의 시뮬레이션 사례로부터 해석 하고 싶은 내용에 가까운 사례를 찾는다. 실행 데이터의 사양을 체크해서 필요한 변경을 실시한다. 이들의 변경은 거의 Full down menu에서 수행할 수 있다.

해석할 차량 재원을 조사한다. 조사된 차량재원을 사용하여 CarSim 라이브러리로부터 다른 모델을 선택하든지 또는 특성변경이나 부품 변경을 행한다.

코너링, 브레이크, 속도제어, 기어 시프트에 관한 운전 조작 입력을 조사해서 필요한 변경을 실시한다.

노면 조건과 바람조건 등의 주행환경의 내용을 조사해서 필요에 따라 변경한다.

시뮬레이션 실행 조건 즉, 개시와 정지시각, 노면의 개시점과 정지점등을 조산한다.

버튼을 클릭하여 수학 모델을 실행하고 차의 거동을 예측한다. 계산의 진행에 동반해서 나중의 관찰과 분석을 위해서 CarSim은 힘과 변수를 출력 파일에 써 나간다.

Animator 버튼을 눌러서 계산결과를 애니메이션으로 관찰한다.

Plot 버튼을 눌러서 그래프상에서 계산결과를 상세하게 관찰한다.